高寒地区冻结掺合土料的力学特性与本构模型

刘恩龙　刘星炎　张革　著

中国水利水电出版社
www.waterpub.com.cn
·北京·

内 容 提 要

本书介绍了冻结掺合土料的力学特性、本构模型以及冻结（融化）过程的多场耦合数值模拟方法。全书共分8章，第1～第4章介绍冻结掺合土料的应力应变特性、蠕变特性、循环加载特性以及细观结构演化特征，第5～第7章介绍冻结掺合土料的强度准则、静（动）本构模型、蠕变本构模型，第8章介绍土冻结（融化）过程中的水热力耦合数值分析。其主要目的是为寒区或高海拔地区的土木、水利、道桥、公路、建筑等各类建筑物的地基、土石坝、边坡及土工结构的应力-应变分析以及稳定计算等方面提供理论分析基础。

本书可作为土木、水利、建筑等相关专业科研工作者、工程技术人员的参考用书，也可作为高等院校相关专业的研究生以及高年级本科生的辅助教材。

图书在版编目（CIP）数据

高寒地区冻结掺合土料的力学特性与本构模型 / 刘恩龙，刘星炎，张革著. -- 北京 : 中国水利水电出版社，2021.8

ISBN 978-7-5170-9836-2

Ⅰ. ①高… Ⅱ. ①刘… ②刘… ③张… Ⅲ. ①寒冷地区－土料－力学性能－研究 Ⅳ. ①TU431

中国版本图书馆CIP数据核字(2021)第167839号

书　　名	**高寒地区冻结掺合土料的力学特性与本构模型** GAOHAN DIQU DONGJIE CHANHE TULIAO DE LIXUE TEXING YU BENGOUMOXING
作　　者	刘恩龙　刘星炎　张　革　著
出版发行	中国水利水电出版社 （北京市海淀区玉渊潭南路1号D座　100038） 网址：www.waterpub.com.cn E-mail：sales@waterpub.com.cn 电话：（010）68367658（营销中心）
经　　售	北京科水图书销售中心（零售） 电话：（010）88383994、63202643、68545874 全国各地新华书店和相关出版物销售网点
排　　版	中国水利水电出版社微机排版中心
印　　刷	清淞永业（天津）印刷有限公司
规　　格	184mm×260mm　16开本　18印张　438千字
版　　次	2021年8月第1版　2021年8月第1次印刷
印　　数	001—500册
定　　价	**98.00**元

前　言

对于高海拔地区水利工程以及寒区工程的建设，冻结掺合土料的力学特性对建（构）筑物的稳定性和安全性有重要的影响。近几十年来，随着青藏铁路、石油管道、输电线基础工程等重大工程在寒区的兴建，在冻土的力学特性及寒区工程的建设方面积累了许多经验，但是对于冻结掺合土料的研究仍缺乏系统性。冻结掺合土料随着粗（细）颗粒含量的变化，表现出不同于冻结砂土或冻结黏土的力学特性。鉴于此，本书从冻结掺合土料的力学特性入手，采用宏观以及宏观细观相结合的研究方法建立其静力、动力以及蠕变本构模型，对其在温度变化时变现出的水热力耦合特性进行数值模拟，以填补当前国内在该方面研究的空白。

本书介绍了冻结掺合土料的力学特性、本构模型以及冻结（融化）过程的多场耦合数值模拟方法，侧重于分析随着粗（细）颗粒含量变化冻结掺合土料所呈现的变形特性及规律。本书的内容分为3个部分：第1部分是试验研究，包括第1～第4章，研究了冻结掺合土料的应力-应变特性、蠕变特性、循环加载特性以及细观结构演化特征；第2部分是本构理论研究，包括第5～第7章，研究了冻结掺合土料的强度准则、静（动）本构模型、蠕变本构模型；第3部分是数值计算，包括第8章的内容，研究了土冻结（融化）过程中的水热力耦合数值分析。列出的主要参考文献供读者了解研究发展方向和进一步学习运用。

本书由刘恩龙教授及其学生共同编著，其中刘星炎参与了第1、第5、第6章的编写，张革参与了第4～第6章的编写，张德参与了第3、第5、第6章的编写，侯丰参与了第2、第7章的编写，李鑫、王番参与了第7章的编写，宋丙堂参与了第2章的编写，王丹参与了第6章的编写，罗会武、尹霄、肖薇参与了第8章的编写。

本书的研究内容主要是在中国科学院百人计划项目——“土冻结过程的水热力三场耦合数值模拟”的资助下完成的，项目的开展得到了中国科学院西北生态环境资源研究院（原中科院寒旱所）以及四川大学的领导、同事的大力支持，特此向他们表示衷心的感谢和致意。与CT配套的负温三轴加载试验装置的研制得到了陈世杰博士的大力支持，在此表示衷心的感谢。

由于作者水平有限，书中难免有不妥和疏漏的地方，希望读者多加指正。

作者

2020年11月

目　录

第1章 冻结掺合土料的三轴压缩特性

三轴压缩特性是土料的重要力学特性，它反映了在轴对称应力条件下土样的应力应变特性。本章研究冻结掺合土料在三轴压缩试验条件下的应力应变特性以及强度特性，重点分析围压、掺合土料配比、温度对其应力-应变特性的影响。

1.1 冻结掺合土料的应力应变特性

1.1.1 试验概况

试验通过在冻结低液限粉质黏土（细料）中掺入不同质量配比（细砾-粉质黏土质量配比分别为：0：100、20：100、40：100、60：100、80：100）的2～4mm粒径的石英质细砾（粗料），用于模拟低温条件下水利工程中所涉及的心墙坝填料以及寒区的天然混合土料。试验采用的温度条件分别为－6℃、－10℃、－15℃，围压条件分别为0.3MPa、1.4MPa、3.0MPa、6.0MPa、10.0MPa、15.0MPa。通过控制围压和温度试验条件，研究其力学特性和变形机理，并进一步对所获得的试验结果进行了总结，详细分析了掺合土料配比对冻结掺合土料强度和变形特性的影响。

试验采用的低液限粉质黏土的颗粒组成见表1.1，基本物理性质见表1.2，塑限w_P＝19.37%，液限w_P＝27.58%，塑性指数I_P＝8.21。

表1.1　　粉质黏土粒径分布表　　%

＜0.005mm	0.005～0.05mm	0.05～0.075mm	0.075～0.10mm	0.10～0.25mm	＞0.25mm
11.21	68.46	14.03	4.54	1.76	0

表1.2　　粉质黏土物理性质　　%

比重（G_s）	液限	塑限	天然含水率
2.72	27.58	19.37	1.352

试验中，冻结掺合土试样的制备方法采用两头压实法，制样步骤如下：

①湿土制备（细料）：为便于压样，湿土目标含水率设定为16%，采用确定质量的去离子水和干土搅拌均匀。②掺细砾（粗料）：试验采用粒径为2～4mm的细砾（比重为2.66）。细砾-粉土的质量配比分别为：0：100、20：100、40：100、60：100和80：100，试样为直径61.8mm、高125mm的圆柱形，控制试样干密度为1.724g/cm^3，将计算后准备好的相应质量的细砾与湿土搅拌混合均匀。③压样：将称量好的混合土倒入内径为61.8mm、高为175mm的钢制模具内，采用压样机经正反两头分两次压实，压制成直径61.8mm、高125mm的标准样。④三瓣模固定：将压好的成型样用千斤顶顶出，装入三

瓣模，两端用透水石固定。⑤抽气和饱水：把经三瓣模和透水石固定后的试样置于真空缸抽气 3h 后饱水，然后静置 12h。⑥速冻：把饱和样从缸内取出，用不透水石取代试样两侧透水石，放入装有去离子水的桶内（防止饱和试样的含水率发生变化）。把装有试样和去离子水的桶一并置于－30℃的恒温箱内，速冻 48h 后再将固定有三瓣模的试样从桶内取出，去掉外围冰。⑦套橡胶膜和加压头：拆掉冻样外侧的三瓣模和两侧不透水石，取出冻样。在冻样外侧套橡胶膜，两侧加盖压头后置于试验设计所需的目标温度的恒温箱存放 12h 以上，目标温度分别为－6℃、－10℃和－15℃。

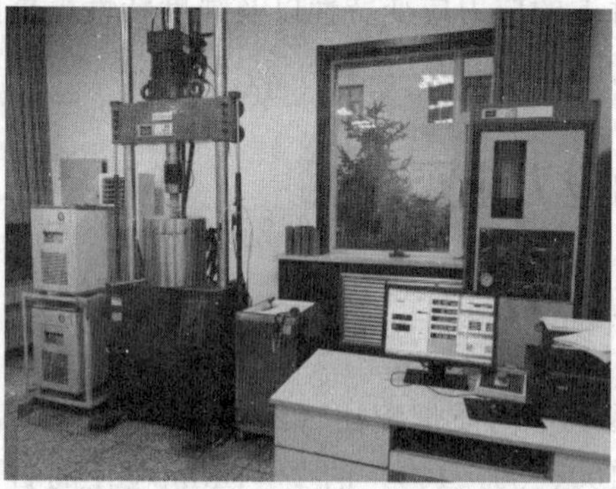

图 1.1　改进的 MTS－810 冻土三轴测试仪

如图 1.1 所示，试验在改进的 MTS－810 冻土三轴测试仪上进行，轴向力最大可以加载至 20t，围压最大可以加载至 40MPa。轴向位移、轴向力及围压位移、围压均由装有加载系统的电脑自行采集。压力室目标温度通过酒精制冷装置控制，温度大小通过温度传感器采集。将冻土试样置于压力室内，待压力室温度达到试验目标温度且稳定后，开始试验。压力室控温精度为 ±0.1℃；试验围压从 0.3MPa 到 15.0MPa；剪切应变速率为 $1.48\times10^{-4}\ s^{-1}$。通过对 90 个冻结混合土圆柱试样经不同试验条件下的三轴压缩试验，采用单变量控制法，可以分别获得冻结掺合土样随配比、围压和温度变化的力学特性，可对变形和强度两方面分别进行阐述。

1.1.2　冻结掺合土料的应力-应变及体变关系

冻结掺合土料的应力-应变特性主要通过它的偏差应力或主应力差-轴向应变-体应变曲线进行描述，冻样在三轴剪切过程中均表现出了应变软化和剪胀特性。采用单变量控制法，随着试验条件（配比、围压和温度）的变化，冻样的变形特征表现出规律性的变化。

1. 随配比的变化特性

规定压应力和体积收缩为正值。不同配比（配比增大则意味着粗颗粒含量增多，细颗粒含量减少）条件下的主应力差-轴向应变的曲线汇总如图 1.2～图 1.4 所示。通过对图 1.2～图 1.4 的总结，可以认为所有冻结掺合土料的主应力差-轴向应变曲线可被划分为 3 个阶段，相应的示意图如图 1.5 所示。

在本书中每一条主应力差-轴向应变曲线中的最大主应力差值被定义为强度或峰值强度 q_f，相对应的轴向应变定义为破坏应变或峰值应变 ε_f。

(1) 第一阶段定义为初始"线性阶段"（$\varepsilon_1\leqslant\varepsilon_i$），在这一阶段冰的强度和变形对冻结掺合土料的强度和变形起支配作用。ε_1 表示轴向应变，ε_i 表示线性阶段对应的轴向应变的极值点。线性段的变形模量 E 可用如下公式表示：

$$E=\frac{d\sigma_1}{d\varepsilon_1}=\frac{\Delta\sigma_1}{\Delta\varepsilon_1} \tag{1.1}$$

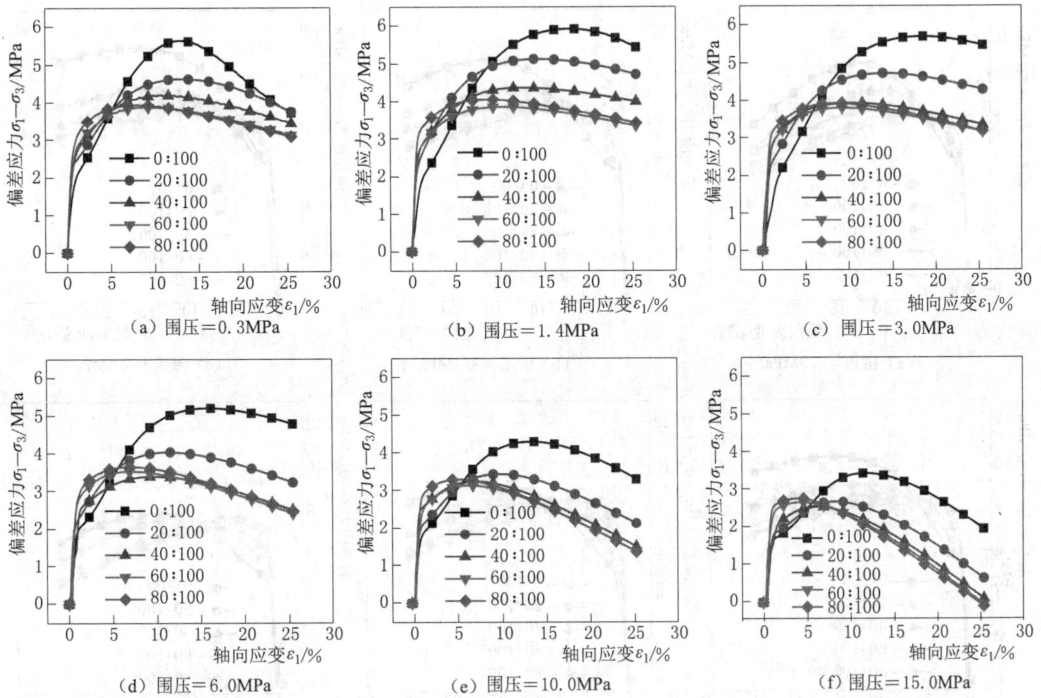

图 1.2 温度为−6℃时不同配比冻结掺合土料的偏差应力-轴向应变曲线汇总图

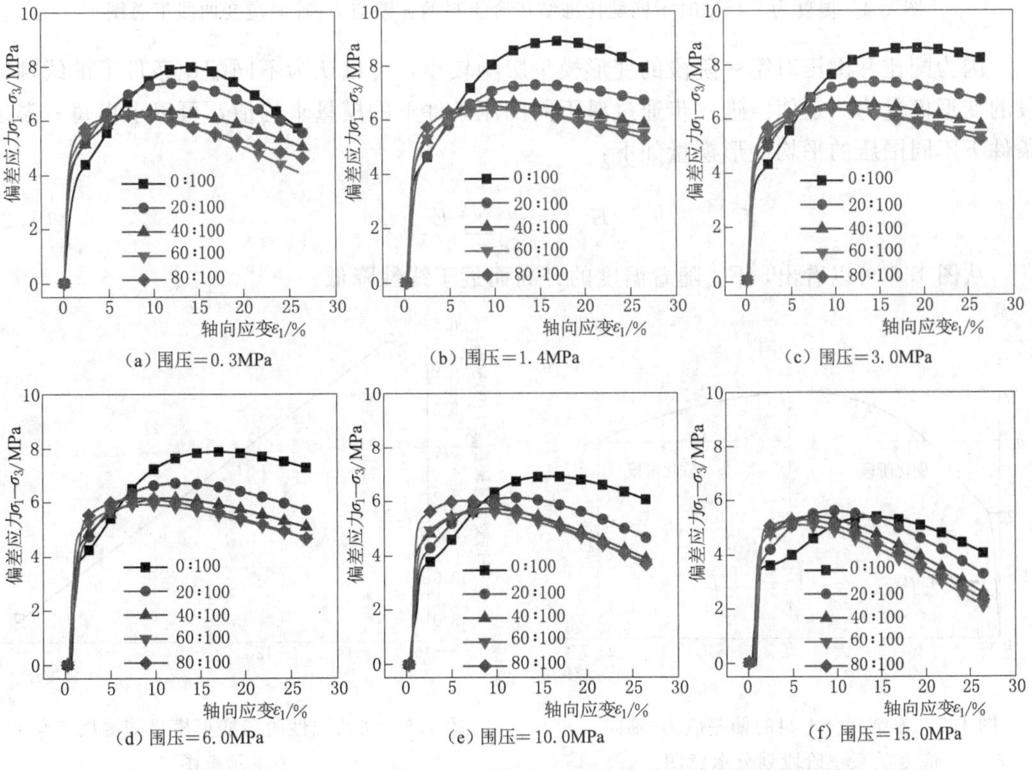

图 1.3 温度为−10℃时不同配比冻结掺合土料的偏差应力-轴向应变曲线汇总图

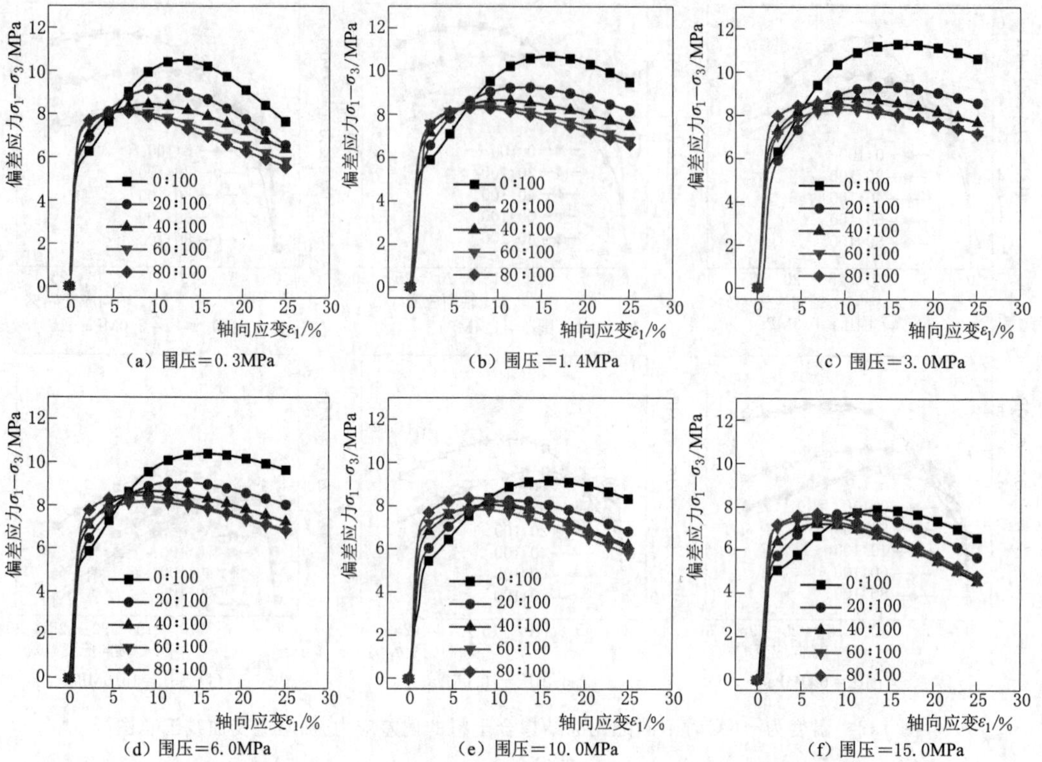

（a）围压＝0.3MPa　（b）围压＝1.4MPa　（c）围压＝3.0MPa

（d）围压＝6.0MPa　（e）围压＝10.0MPa　（f）围压＝15.0MPa

图 1.4　温度为－15℃时不同配比冻结掺合土料的偏差应力-轴向应变曲线汇总图

因为配比和围压对第一阶段的变形模量影响较小，可以认为不同配比条件下的线性阶段的变形模量为一定值。进一步通过对不同围压条件下的模量求均值，可以求出每一温度条件下不同围压的平均变形模量如下：

$$E_{\text{ave}}=\frac{1}{6}\sum_{\sigma_3=0.3}^{\sigma_3=15}E \tag{1.2}$$

从图 1.6 可以看出，E_{ave}随着温度的升高而近于线性降低。

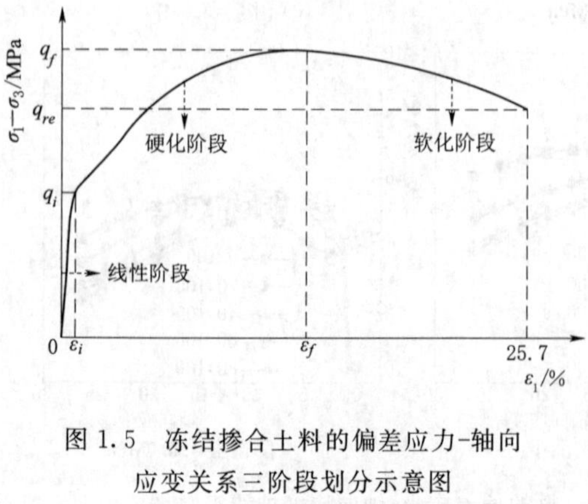

图 1.5　冻结掺合土料的偏差应力-轴向应变关系三阶段划分示意图

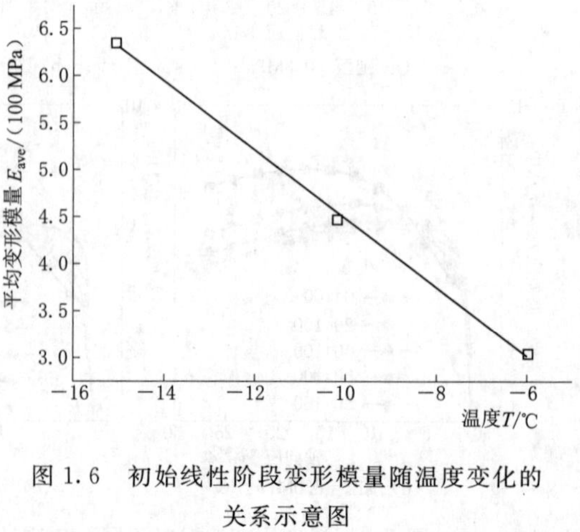

图 1.6　初始线性阶段变形模量随温度变化的关系示意图

根据对试验结果的统计，如图 1.7 所示，初始线性段所对应的轴向应变范围 $\Delta\varepsilon_1=\varepsilon_i\approx 0.874\%$。线性段的极值主应力差 q_i 随着配比的增大而线性增大，且增长的斜率随着温度的降低而增大。

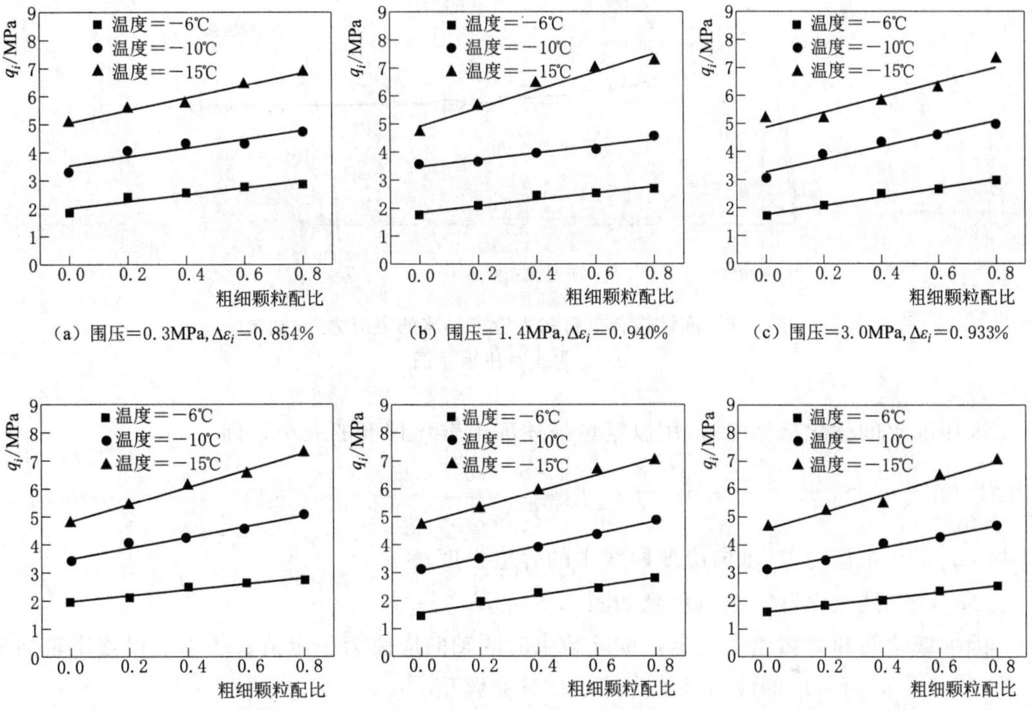

(a) 围压＝0.3MPa, $\Delta\varepsilon_i$＝0.854%　(b) 围压＝1.4MPa, $\Delta\varepsilon_i$＝0.940%　(c) 围压＝3.0MPa, $\Delta\varepsilon_i$＝0.933%

(d) 围压＝6.0MPa, $\Delta\varepsilon_i$＝0.867%　(e) 围压＝10.0 MPa, $\Delta\varepsilon_i$＝0.841%　(f) 围压＝15.0MPa, $\Delta\varepsilon_i$＝0.809%

图 1.7　第一阶段主应力差极值点随配比变化的汇总图

冻结掺合土料和人造多晶冰的主应力差-轴向应变的曲线对比如图 1.8 所示。冻土相较于融土，强度增大主要是因为冻土中冰的存在。冻土的破坏应变远大于冰，反映出冰的脆性远高于冻土，这其中最主要的原因是冻土中土颗粒组分的影响。尽管冻土也属于土的一种类型，但它作为固体材料，跟融土又有很大的差异。冻土的强度相较于融土，增大了一个数量级。同样作为固体材料，冻土和冰亦有很大的差异。冻土应力-应变响应的第一阶段主要是由冰的力学响应起支配作用。然而，总的应力-应变力学响应则是由冰组分和土组分共同影响。

(2) 第二阶段定义为“硬化阶段”（$\varepsilon_i<\varepsilon_1\leqslant\varepsilon_f$），在这一阶段，冻样表现为硬化剪缩。随着配比的增大，第二阶段的应变范围减小。通过图 1.2～图 1.4，可以发现第一阶段和第二阶段之间的临界特征在低配比时相较于高配比时表现更为明显。同时，相较于低围压，高围压时这一临界特征也表现更明显。

(3) 第三阶段定义为“软化阶段”（$\varepsilon_1>\varepsilon_f$），在这一阶段，冻样表现为软化剪胀。随着配比的增大，第三阶段的轴向应变范围增大。

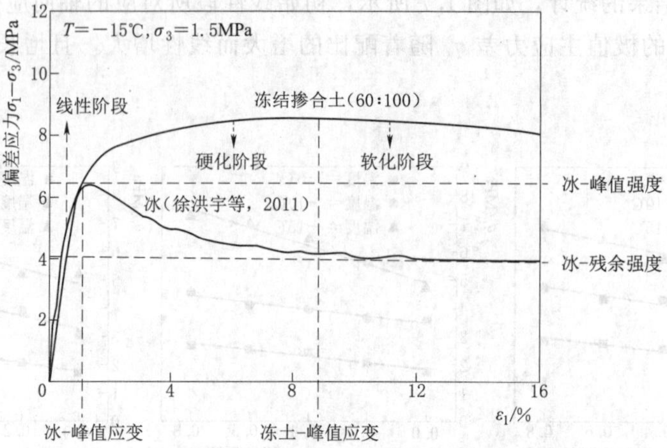

图 1.8 冻结掺合土料和人造多晶冰的主应力差-轴向应变曲线对比示意图

采用冻土的软化指标 IS，用以定量描述冻土软化程度的大小，即

$$IS=\frac{q_f-q_{re}}{q_f} \tag{1.3}$$

式中 q_f——主应力差-轴向应变曲线中的峰值强度；

q_{re}——残余强度，取值示意如图 1.5 所示。

因加载时间和剪切速率确定，试验结束时的轴向应变为一定值。所以可以规定轴向应变为 25.7% 时所对应的应力差值为冻土的残余强度。

从图 1.9 可以看出，破坏应变随配比的增大而减小。低配比时减小得快，高配比时减小得慢。且温度越低，由低配比到高配比之间的变化幅值越小。

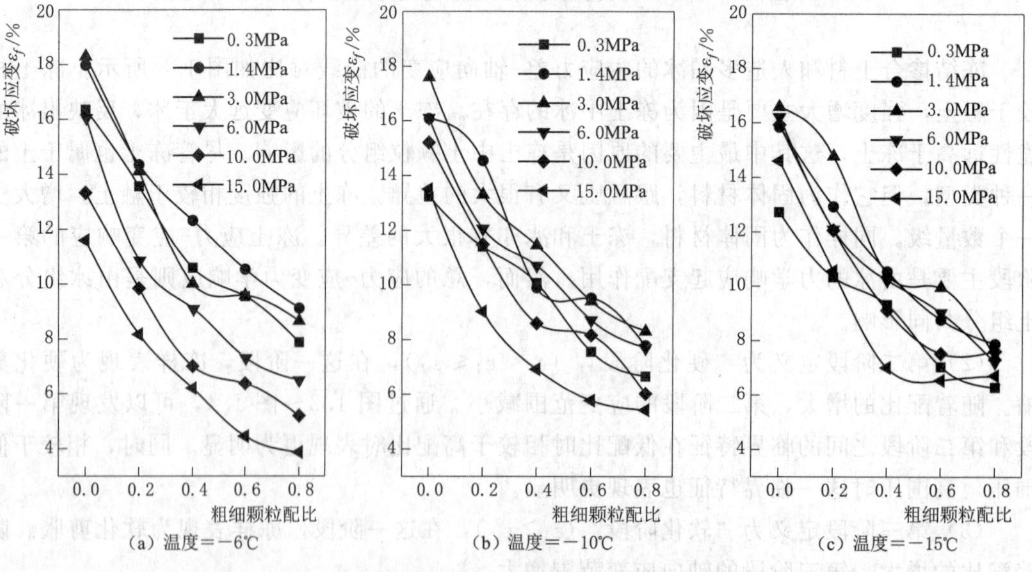

图 1.9 不同围压条件下冻结掺合土料破坏应变随配比的变化关系汇总图

通过上述分析，可以提出一个经验性的公式用于描述冻结掺合土料的主应力差-轴向应变关系的三阶段变化特征。假定冻结掺合土料的软化是由于第一阶段之后的损伤导致。根据广义胡克定律，在三轴应力状态下（$\sigma_1>\sigma_2=\sigma_3$），此处提出一个经验性的损伤演化方程来描述冻结掺合土料的三阶段变形特征，具体表达式如下：

$$d(\sigma_1-\sigma_3)=E_i d\varepsilon_1 (\varepsilon_1<\varepsilon_i) \tag{1.4}$$

$$d(\sigma_1-\sigma_3)=E_S\frac{a^2+2a(b-1)(\varepsilon_1-\varepsilon_i)+b(b-1)(\varepsilon_1-\varepsilon_i)^2}{[a+b(\varepsilon_1-\varepsilon_i)]^2}d\varepsilon_1 (\varepsilon_1\geqslant\varepsilon_i) \tag{1.5}$$

式中　a、b——与材料损伤有关的经验参数；

ε_i——指第一阶段所对应的轴向应变的极值。

在加载过程中，因为第一阶段冰起主导作用，第二、第三阶段土和冰共同作用占据主导，因此认为第一阶段和第二、第三阶段的模量为两个不同的值，分别为 E_i 和 E_S，相应的示意图如图 1.10 所示。

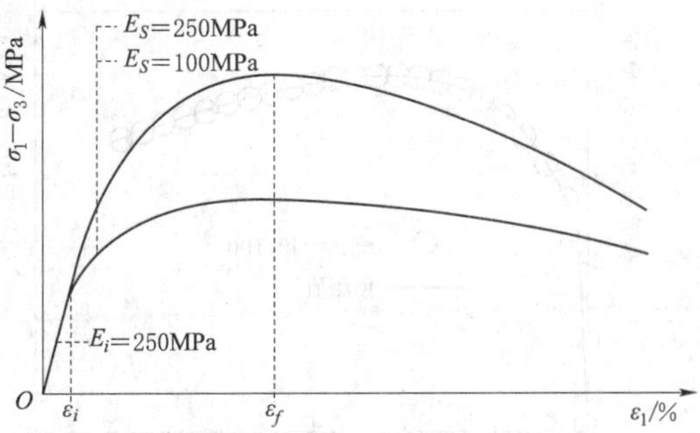

图 1.10　应力-应变关系三阶段示意图

当 $E_i=E_S$，第一阶段的斜率和第二阶段的初始斜率相等。破坏应变 ε_f 的表达式如下：

$$\varepsilon_f=\frac{a}{b}\left(\frac{1}{\sqrt{1-b}}-1\right)+\varepsilon_i \tag{1.6}$$

当 $0<b<1$ 时，b 越小，软化程度越明显；当 $b=1$ 时，应力-应变曲线属于硬化曲线，此时则不存在第三阶段。

最后选取温度为-6℃和围压为 0.3MPa 时的冻结掺合土料的试验数据，用以对比验证此表达式的适用性。

通过图 1.11 可知，此表达式可以用于描述冻结掺合土料的三阶段特性。所有的模型参数列于表 1.3 中，其中 $T=-6$℃，$\sigma_3=0.3$MPa，$E_i=432$MPa，$\varepsilon_i=0.6\%$，$E_S=71$MPa。参数 a 随着配比的增大而线性减小，参数 b 随着配比的增大而线性增大。

表 1.3　应力-应变关系三阶段经验表达式参数汇总表

配比 λ	a	b
0.0	$a=-19.48\lambda+16.334$	$b=0.6745\lambda+0.4662$
0.2		
0.4		
0.6		
0.8		

2. 随围压的变化特性

温度分别为-10℃和-15℃条件下，典型的偏差应力-轴向应变曲线和体变-轴向应变曲线随围压的变化规律分别如图 1.12 和图 1.13 所示。

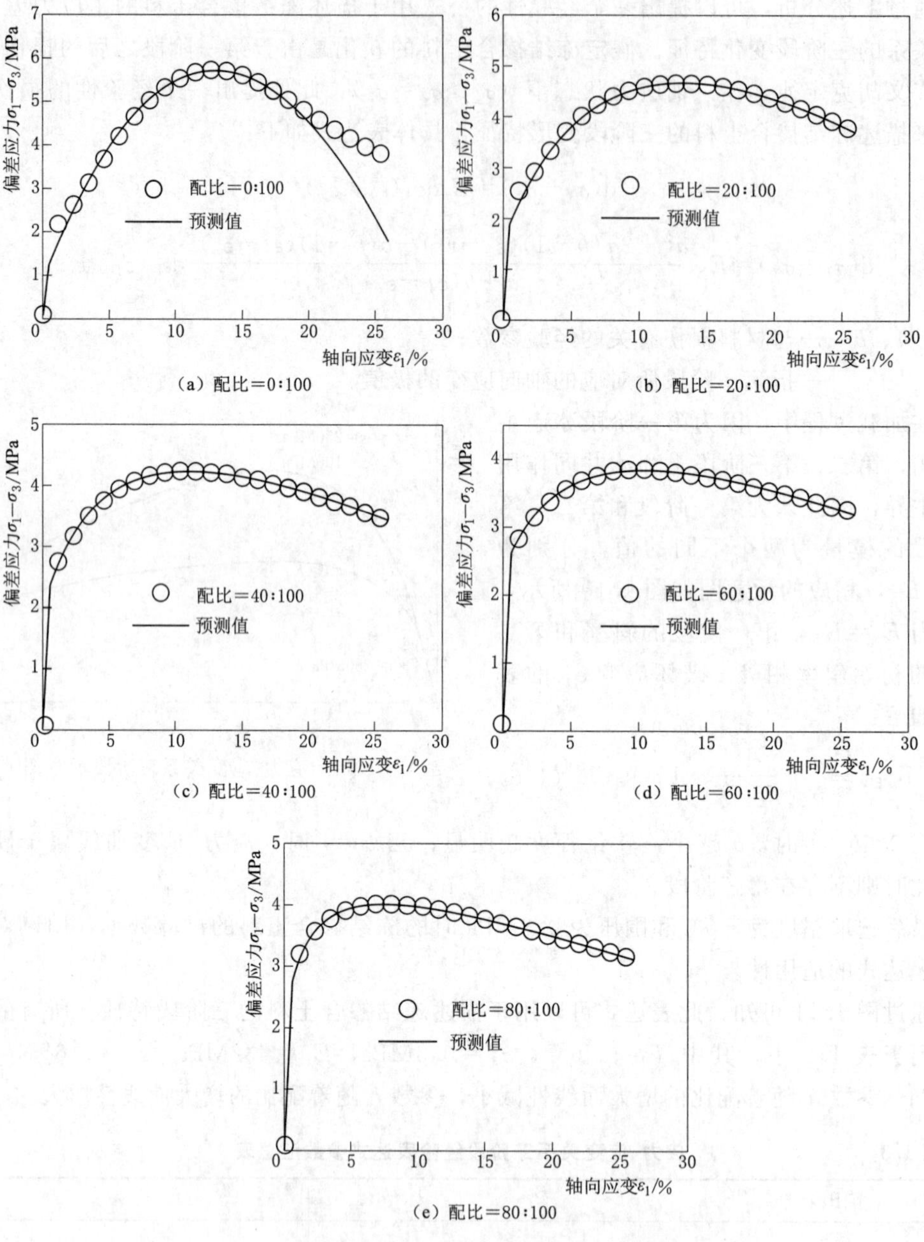

图 1.11　冻结掺合土料三阶段计算与试验数据的对比图

从图 1.12 和图 1.13 可以看出所有冻结掺合土料试样在剪切过程中均表现为应变软化的特征，软化程度随围压的变化而变化。在剪切过程中，所有试样随着轴向应变的增大，表现为先体缩后体胀。从图 1.14 可以进一步看出，最大体缩量和最大体胀量在确定的温度和质量配比条件下，均随围压的增大而减小。并且低围压条件下的变化幅值明显高于高围压条件。导致这一现象的原因是：在三轴剪切前，冻样在恒定围压下保持 30min，围压越大，试样越密实；而在剪切过程中，围压越大，限制试样剪胀的能力则越强。

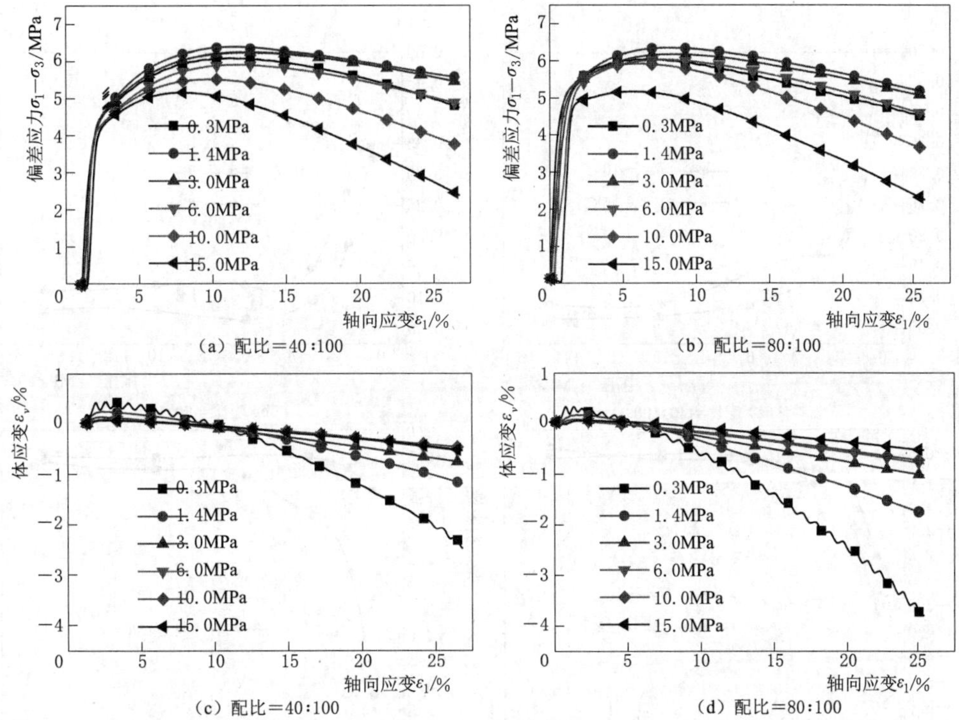

图 1.12 温度为−10℃条件下冻结掺合土料典型的偏差应力-轴向应变-体变随围压的变化关系图

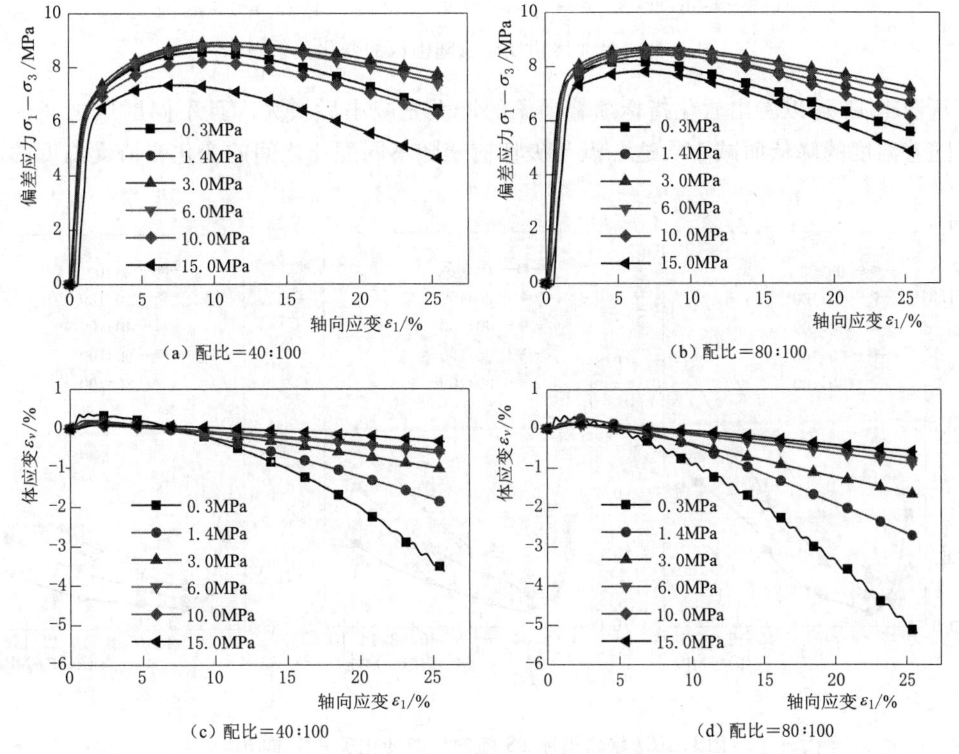

图 1.13 温度为−15℃条件下冻结掺合土料典型的偏差应力-轴向应变-体变随围压的变化关系图

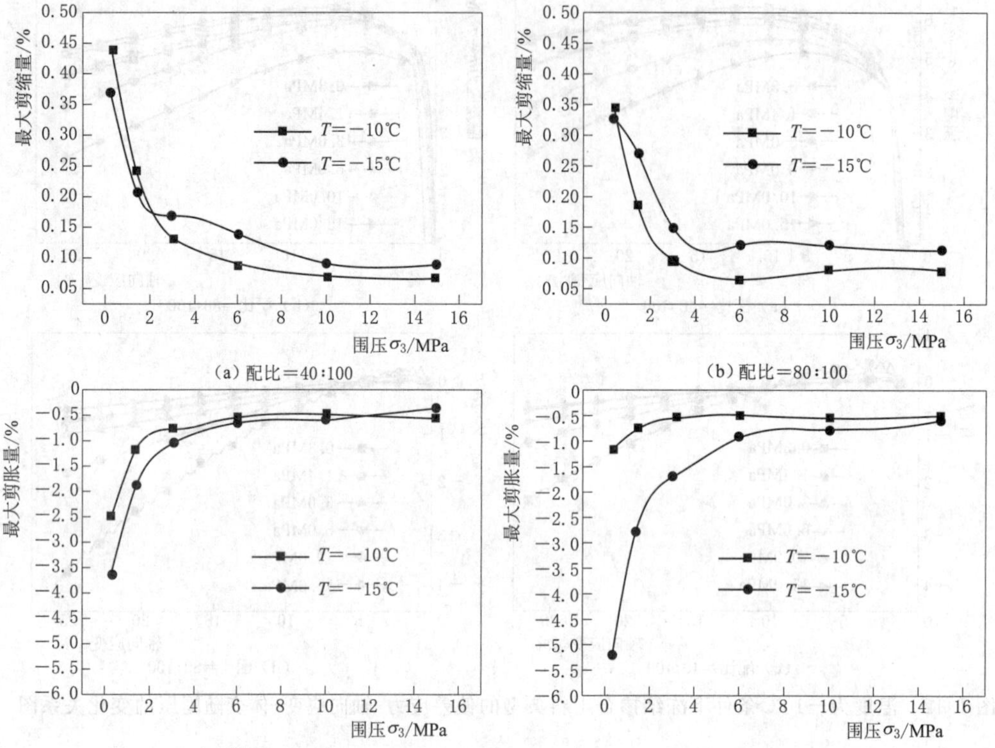

(a) 配比=40∶100　(b) 配比=80∶100

(c) 配比=40∶100　(d) 配比=80∶100

图 1.14　最大体积变化量随围压的变化关系图

从图 1.15 可以看出软化指标随着围压的增大先减小后增大。且不同围压之间的变化幅值随着温度的降低而减小，这一点与破坏应变随不同配比之间的变化幅值受温度的影响

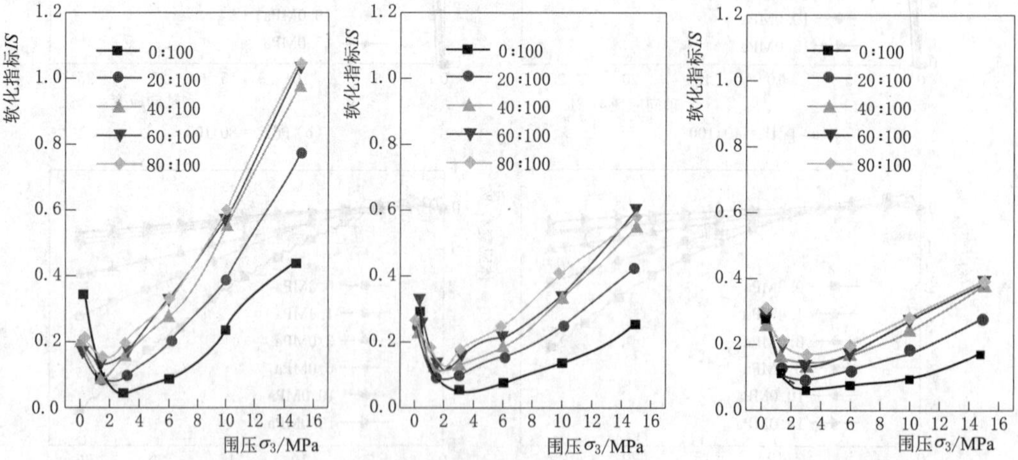

(a) T=−6℃　(b) T=−10℃　(c) T=−15℃

图 1.15　软化指标 IS 随围压的变化关系汇总图

相似。从图 1.15 同样可以看出，软化指标受配比的影响也有较明显的规律，尤其是围压高于 3MPa 后，软化指标随配比的增大而增大。

3. 随温度的变化特性

图 1.16 展示了不同温度条件下典型的主应力差-轴向应变曲线，初始变形模量 E 随着温度的升高而减小；但温度对三阶段所占的轴向应变的比例影响较小。同时结合图 1.15 可以得出：温度越低，软化指标越小。

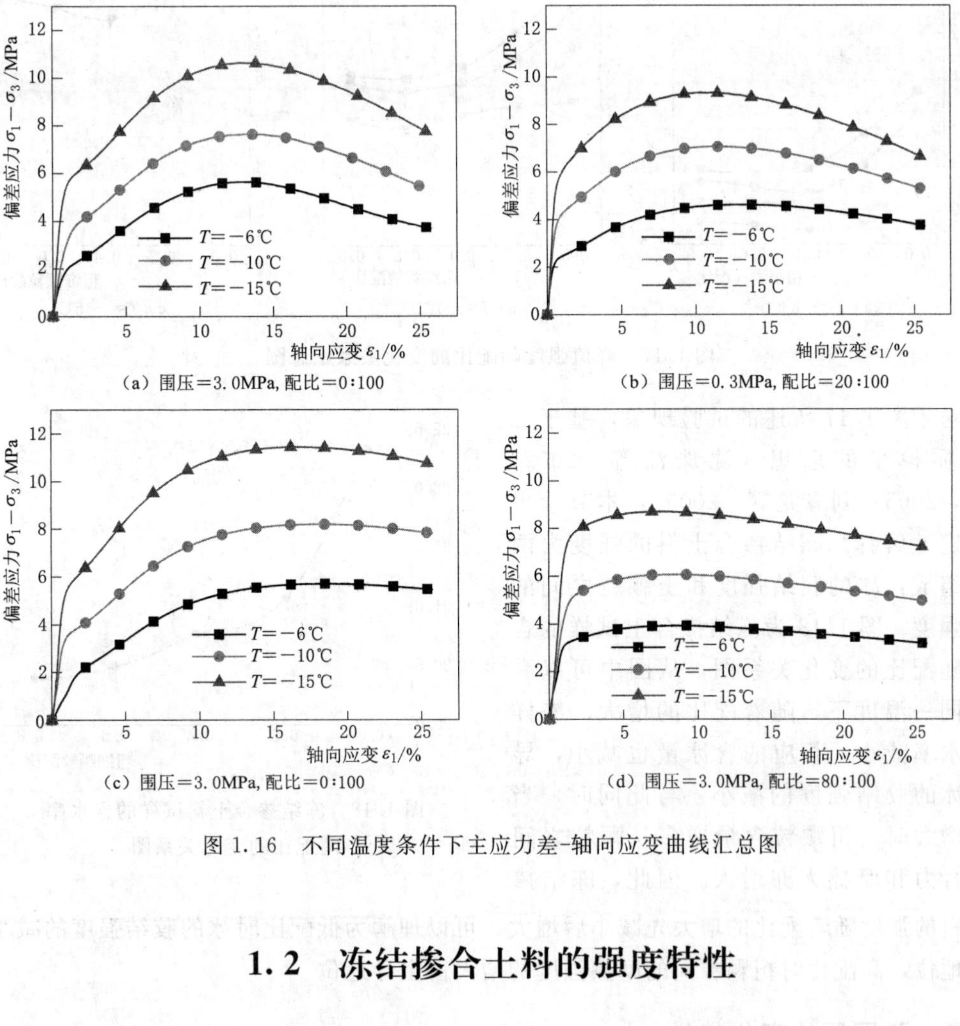

(a) 围压=3.0MPa，配比=0∶100　(b) 围压=0.3MPa，配比=20∶100

(c) 围压=3.0MPa，配比=0∶100　(d) 围压=3.0MPa，配比=80∶100

图 1.16　不同温度条件下主应力差-轴向应变曲线汇总图

1.2　冻结掺合土料的强度特性

本节主要研究冻结掺合土料的峰值强度随配比、围压和温度的变化特性，现总结如下。

1.2.1　随配比的变化特性

当温度和围压相等时，冻结掺合土料的强度随配比的增大先减小后略微增大。图 1.17 给出了温度分别为-6℃、-10℃和-15℃时，不同围压条件下，冻结掺合土料的强度随配比的变化关系。

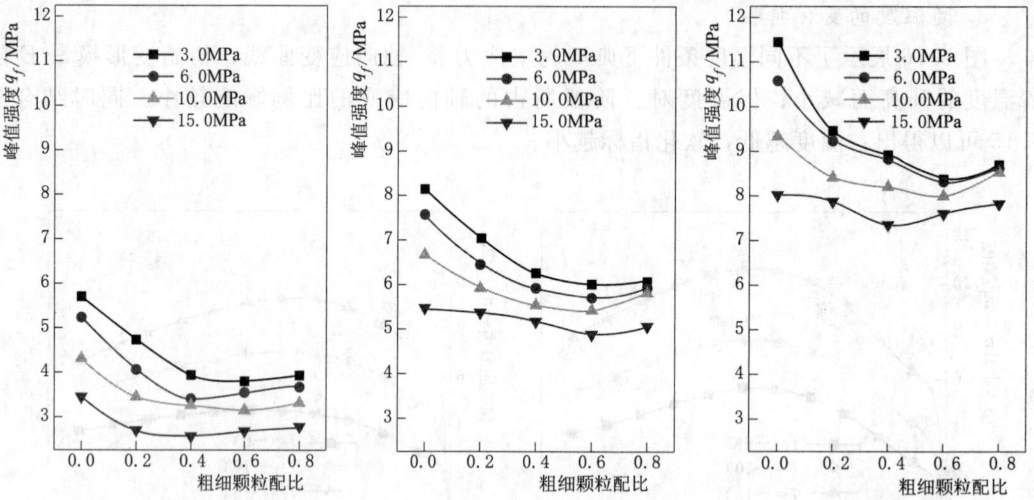

（a）$T=-6℃$　（b）$T=-10℃$　（c）$T=-15℃$

图 1.17　峰值强度随配比的变化关系汇总图

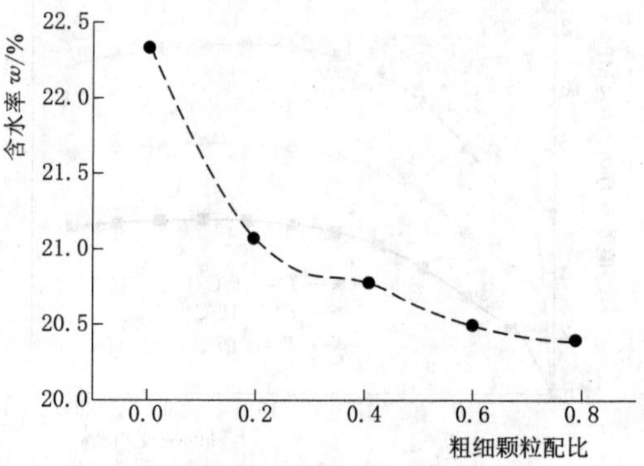

图 1.18　冻结掺合土料试样的含水率随配比的变化关系图

对于图 1.17 所述的试验现象，基于二元介质模型的思想（沈珠江等，2002，2003，2005；刘恩龙等，2005），本节给出一个定性解释。冻结掺合土料的强度由两部分组成：冰的胶结强度和土颗粒之间的摩擦强度。图 1.18 为冻结掺合土试样的含水率随配比的变化关系图，从图中可以看出，同一温度下，随着配比的增大，冻样的含水率减小，相应的含冰量也减小，导致了冰的胶结强度的减小。与此同时，当配比增大时，粗颗粒含量增多，颗粒之间的咬合力和摩擦力亦增大。因此，冻结掺合土料的强度随着配比的增大先减小后增大，可以理解为低配比时冰的胶结强度的减小占主导地位，高配比时粗颗粒间的摩擦强度的增大占主导地位。

1.2.2　随围压的变化特性

图 1.19 给出了温度分别为－6℃、－10℃和－15℃时，不同配比条件下，冻结掺合土料的强度随围压的变化关系。当温度和配比相同时，冻结掺合土料的峰值强度随围压的增大先增大后减小。当围压达到临界围压 σ_{3q} 时，强度达到峰值。临界围压受温度和配比的影响而变化，当配比相同时，临界围压随着温度的降低而增大；当温度相同时，在低配比条件下，临界围压随着配比的减小而增大。

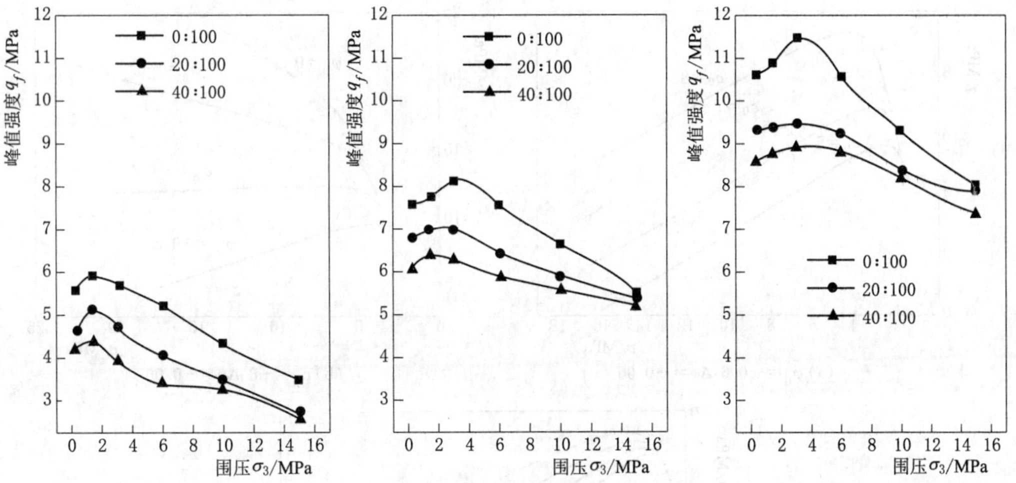

(a) $T=-6$℃ (b) $T=-10$℃ (c) $T=-15$℃

图 1.19 峰值强度随围压的变化关系汇总图

可以采用一个经验性的强度表达式来描述冻结掺合土料的强度随围压的变化规律。在经典土力学中，当应力水平变化不大时摩擦角被认为是一定值，而冻土由于冰的压融和压碎现象的存在，摩擦角采用如下经验公式描述：

$$\varphi=\varphi_0-\Delta\varphi\ln(\sigma_3/p_a) \tag{1.7}$$

式中 φ——摩擦角；

φ_0——围压等于大气压 p_a 时的参考摩擦角；

$\Delta\varphi$——试验参数。

经典莫尔-库仑强度准则主应力形式的表达式表示如下：

$$\sigma_1=\sigma_3\tan^2\left(45°+\frac{\varphi}{2}\right)+2c_0\tan\left(45°+\frac{\varphi}{2}\right) \tag{1.8}$$

式中 σ_1 和 σ_3——最大和最小主应力；

c_0——黏聚力。

三轴应力状态下的平均应力和广义剪应力表达式如下：

$$p=\frac{1}{3}(\sigma_1+2\sigma_3) \tag{1.9}$$

$$q=\sigma_1-\sigma_3 \tag{1.10}$$

式中 q——广义剪应力；

p——平均应力。

值得注意的是由上述公式得到的黏聚力和摩擦角只是一种经验性的假定。尽管这是一个经验性的强度准则，但它具有参数较少的优点，在本章所研究的围压范围内，有一定的实用性。经验性强度曲线随参数的变化规律如图 1.20 所示。从图 1.21 可以看出，这个经验性的强度准则可以用于描述冻结掺合土料的强度变化规律（尤其是高围压阶段）。冻结掺合土料强度试验数据的拟合参数的取值列于表 1.4 中。值得注意的是参数的取值有两组解，选取 c_0 为正值的这一组解。

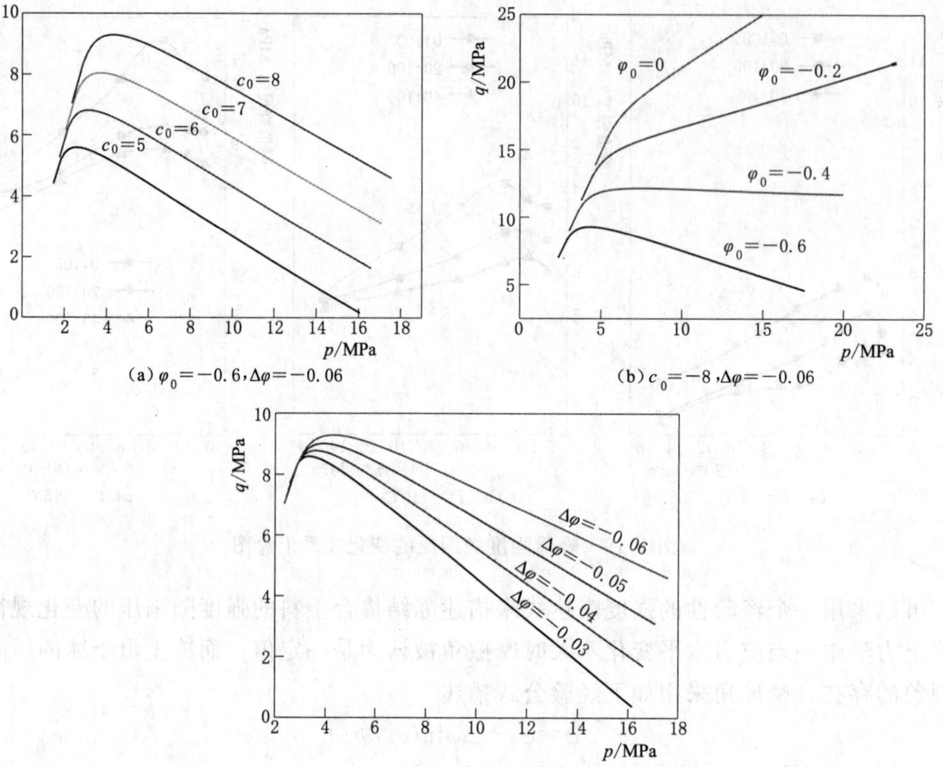

(a) $\varphi_0=-0.6, \Delta\varphi=-0.06$　　(b) $c_0=-8, \Delta\varphi=-0.06$

(c) $c_0=8, \varphi_0=-0.6$

图 1.20　经验性强度曲线随参数的变化关系示意图

表 1.4　经验性强度公式对冻结掺合土料强度试验数据的拟合参数

温度/℃	配比	φ_0	$\Delta\varphi$	c_0/MPa $\Delta T=1$℃
−6				
−10	0 : 100	−0.636	−0.07978	$c_0=-0.4896\dfrac{T}{\Delta T}+2.1746$
−15				
−6				
−10	20 : 100	−0.417	−0.05636	$c_0=-0.2009\dfrac{T}{\Delta T}+2.9753$
−15				
−6				
−10	40 : 100	−0.424	−0.06081	$c_0=-0.4013\dfrac{T}{\Delta T}+0.5494$
−15				
−6				
−10	60 : 100	−0.467	−0.07154	$c_0=-0.2248\dfrac{T}{\Delta T}+2.1687$
−15				
−6				
−10	80 : 100	−0.469	−0.07208	$c_0=-0.3129\dfrac{T}{\Delta T}+1.3593$
−15				

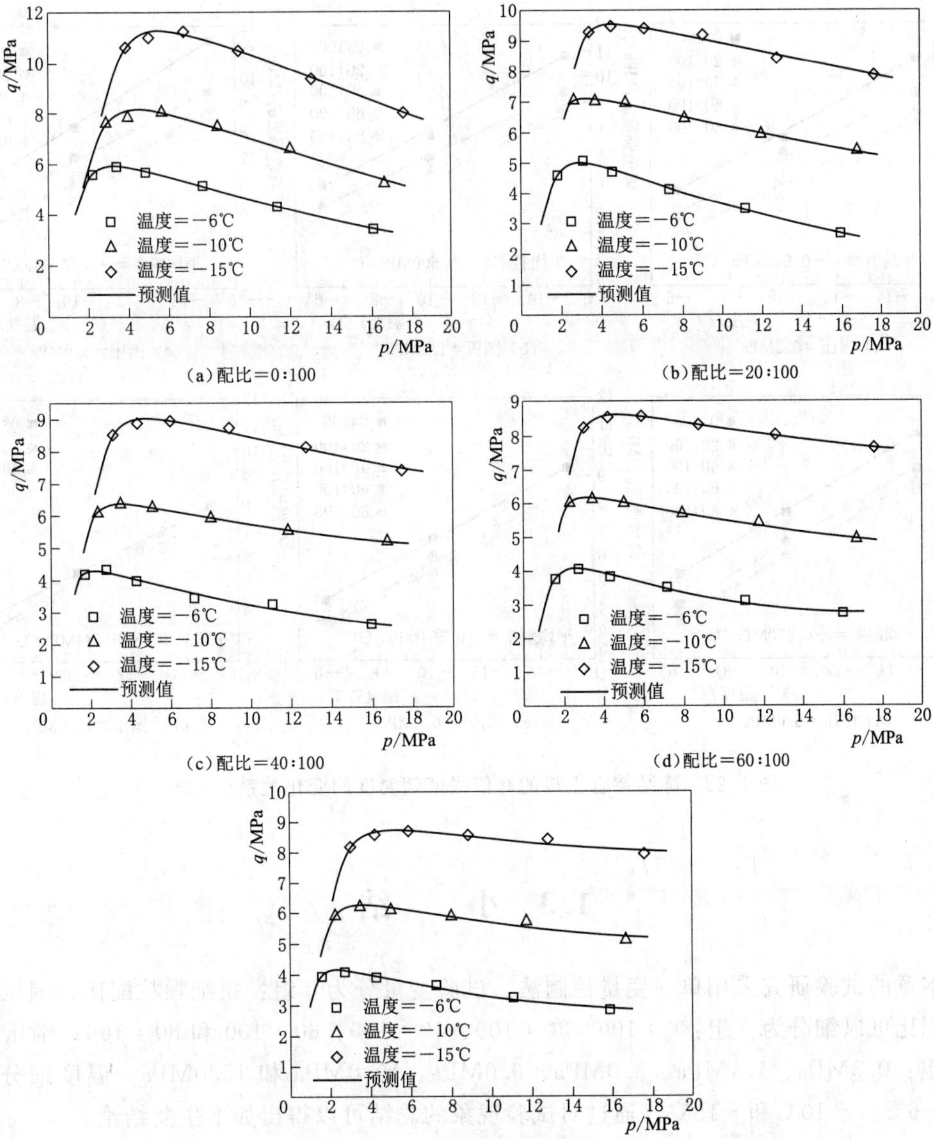

(a) 配比=0:100
(b) 配比=20:100
(c) 配比=40:100
(d) 配比=60:100
(e) 配比=80:100

图 1.21　经验性强度公式的预测值和实测数据的对比汇总图

1.2.3　随温度的变化特性

图 1.22 给出了不同配比和不同围压条件下，冻结掺合土料的峰值强度随温度的变化关系。温度的降低导致了未冻水含量的减少，相应的导致了冻土的强度和刚度的提高。当围压和配比相同时，在所研究的温度范围内，强度随温度的升高而线性降低。温度每升高 1℃，强度平均降低 0.538MPa。结合 1.1 节的研究内容，可以认为软化指标 *IS* 和强度之间存在负相关关系，强度越大，软化指标 *IS* 越小。

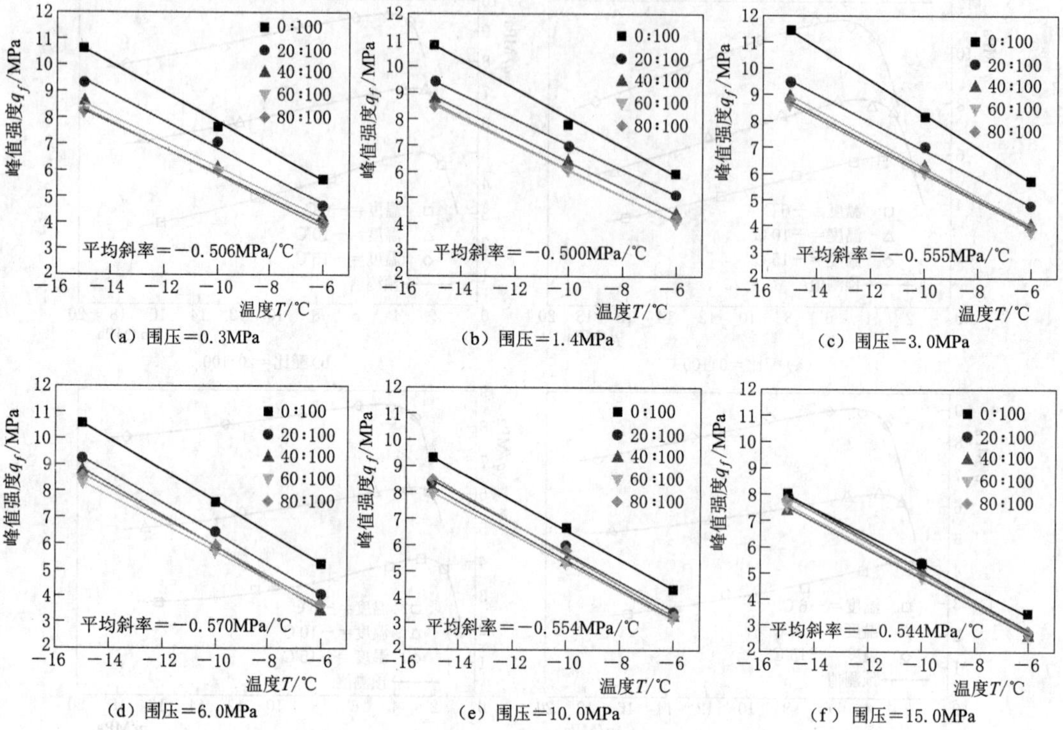

(a) 围压=0.3MPa　(b) 围压=1.4MPa　(c) 围压=3.0MPa

(d) 围压=6.0MPa　(e) 围压=10.0MPa　(f) 围压=15.0MPa

图 1.22　冻结掺合土料的峰值强度随温度的变化关系汇总图

1.3　小　　结

本章的试验研究采用单一变量控制法。试验变量分为 3 组：粗细颗粒配比、围压和温度。配比可以细分为 5 组：0：100、20：100、40：100、60：100 和 80：100；围压细分为 6 组：0.3MPa、1.4MPa、3.0MPa、6.0MPa、10.0MPa 和 15.0MPa；温度细分为 3 组：－6℃、－10℃和－15℃。通过对试验现象的总结可以得出如下主要结论：

(1) 冻结掺合土料在三轴剪切过程中均表现为应变软化的特征；冻结掺合土料的软化指标随着围压的增大先减小后增大。当围压大于 3.0MPa 时，软化指标随着配比的增大而明显增大，随着温度的降低而明显减小。

(2) 冻结掺合土料的体变规律在加载过程中表现为先体缩后体胀。最大体积膨胀量和最大体积收缩量均随围压的增大而减小。

(3) 冻结掺合土料的强度随配比的增大先减小后增大，随围压的增大先增大后减小，随温度的升高而线性降低。在所研究的温度范围内，每升高 1℃，强度降低 0.538MPa。冻结掺合土料软化指标和强度之间存在负相关关系，强度越大，软化指标越小。

关于冻结掺合土料的三轴压缩试验结果汇总见表 1.5。

表 1.5 冻结掺合土料的三轴压缩试验结果汇总表

试样编号	温度/℃	配比	围压/MPa	峰值强度/MPa	峰值应变/%	最大体积收缩量/%	最大体积膨胀量/%
FM-1-6-0-0.3	−6	0.00	0.30	5.64	12.78	0.2	−4.47
FM-2-6-0-1.4	−6	0.00	1.40	5.92	17.98	0.12	−0.81
FM-3-6-0-3.0	−6	0.00	3.00	5.70	18.29	0.03	−0.50
FM-4-6-0-6.0	−6	0.00	6.00	5.23	16.07	0.03	−0.47
FM-5-6-0-10.0	−6	0.00	10.00	4.31	13.33	0.02	−0.38
FM-6-6-0-15.0	−6	0.00	15.00	3.45	11.60	0.04	−0.48
FM-7-6-0.2-0.3	−6	0.20	0.30	4.62	13.56	0.2	−2.12
FM-8-6-0.2-1.4	−6	0.20	1.40	5.12	14.34	0.08	−0.75
FM-9-6-0.2-3.0	−6	0.20	3.00	4.73	14.11	0.06	−0.48
FM-10-6-0.2-6.0	−6	0.20	6.00	4.06	10.88	0.04	−0.42
FM-11-6-0.2-10.0	−6	0.20	10.00	3.45	9.84	0.03	−0.35
FM-12-6-0.2-15.0	−6	0.20	15.00	2.70	8.17	0.05	−0.28
FM-13-6-0.4-0.3	−6	0.40	0.30	4.20	10.59	0.27	−2.28
FM-14-6-0.4-1.4	−6	0.40	1.40	4.36	12.32	0.17	−0.45
FM-15-6-0.4-3.0	−6	0.40	3.00	3.94	10.01	0.12	−0.40
FM-16-6-0.4-6.0	−6	0.40	6.00	3.41	9.12	0.05	−0.48
FM-17-6-0.4-10.0	−6	0.40	10.00	3.26	7.01	0.04	−0.55
FM-18-6-0.4-15.0	−6	0.40	15.00	2.56	6.20	0.05	−0.34
FM-19-6-0.6-0.3	−6	0.60	0.30	3.75	9.55	0.32	−1.93
FM-20-6-0.6-1.4	−6	0.60	1.40	4.04	10.53	0.07	−0.96
FM-21-6-0.6-3.0	−6	0.60	3.00	3.80	9.58	0.06	−0.54
FM-22-6-0.6-6.0	−6	0.60	6.00	3.55	7.33	0.04	−0.44
FM-23-6-0.6-10.0	−6	0.60	10.00	3.15	6.38	0.04	−0.39
FM-24-6-0.6-15.0	−6	0.60	15.00	2.68	4.44	0.03	−0.43
FM-25-6-0.8-0.3	−6	0.80	0.30	3.94	7.88	0.26	−3.06
FM-26-6-0.8-1.4	−6	0.80	1.40	4.05	9.12	0.12	−1.35
FM-27-6-0.8-3.0	−6	0.80	3.00	3.93	8.66	0.08	−0.85
FM-28-6-0.8-6.0	−6	0.80	6.00	3.67	6.49	0.05	−0.68
FM-29-6-0.8-10.0	−6	0.80	10.00	3.31	5.19	0.04	−0.61
FM-30-6-0.8-15.0	−6	0.80	15.00	2.78	3.87	0.04	−0.56
FM-31-10-0-0.3	−10	0.00	0.30	7.64	13.24	0.37	−3.81
FM-32-10-0-1.4	−10	0.00	1.40	7.75	16.07	0.11	−1.40
FM-33-10-0-3.0	−10	0.00	3.00	8.14	17.60	0.12	−0.55
FM-34-10-0-6.0	−10	0.00	6.00	7.57	16.10	0.06	−0.44

续表

试样编号	温度/℃	配比	围压/MPa	峰值强度/MPa	峰值应变/%	最大体积收缩量/%	最大体积膨胀量/%
FM-35-10-0-10.0	-10	0.00	10.00	6.67	15.21	0.04	-0.62
FM-36-10-0-15.0	-10	0.00	15.00	5.47	13.50	0.05	-0.38
FM-37-10-0.2-0.3	-10	0.20	0.30	6.80	11.40	0.25	-3.20
FM-38-10-0.2-1.4	-10	0.20	1.40	6.98	14.54	0.18	-0.98
FM-39-10-0.2-3.0	-10	0.20	3.00	7.00	13.30	0.13	-0.59
FM-40-10-0.2-6.0	-10	0.20	6.00	6.45	12.06	0.07	-0.50
FM-41-10-0.2-10.0	-10	0.20	10.00	5.92	11.48	0.05	-0.67
FM-42-10-0.2-15.0	-10	0.20	15.00	5.37	9.03	0.05	-0.54
FM-43-10-0.4-0.3	-10	0.40	0.30	6.10	10.07	0.44	-2.48
FM-44-10-0.4-1.4	-10	0.40	1.40	6.38	9.90	0.24	-1.19
FM-45-10-0.4-3.0	-10	0.40	3.00	6.26	11.46	0.13	-0.77
FM-46-10-0.4-6.0	-10	0.40	6.00	5.92	10.70	0.09	-0.54
FM-47-10-0.4-10.0	-10	0.40	10.00	5.53	8.60	0.07	-0.48
FM-48-10-0.4-15.0	-10	0.40	15.00	5.17	6.93	0.07	-0.53
FM-49-10-0.6-0.3	-10	0.60	0.30	5.99	7.56	0.37	-4.04
FM-50-10-0.6-1.4	-10	0.60	1.40	6.11	9.52	0.26	-1.42
FM-51-10-0.6-3.0	-10	0.60	3.00	6.01	9.41	0.08	-0.89
FM-52-10-0.6-6.0	-10	0.60	6.00	5.70	8.71	0.09	-0.59
FM-53-10-0.6-10.0	-10	0.60	10.00	5.42	8.17	0.07	-0.62
FM-54-10-0.6-15.0	-10	0.60	15.00	4.88	5.77	0.06	-0.61
FM-55-10-0.8-0.3	-10	0.80	0.30	5.93	6.67	0.35	-3.84
FM-56-10-0.8-1.4	-10	0.80	1.40	6.24	7.79	0.19	-1.79
FM-57-10-0.8-3.0	-10	0.80	3.00	6.07	8.31	0.10	-1.02
FM-58-10-0.8-6.0	-10	0.80	6.00	5.92	7.70	0.06	-0.78
FM-59-10-0.8-10.0	-10	0.80	10.00	5.81	6.03	0.08	-0.73
FM-60-10-0.8-15.0	-10	0.80	15.00	5.07	5.43	0.08	-0.52
FM-61-15-0-0.3	-15	0.00	0.30	10.63	12.73	0.25	-4.12
FM-62-15-0-1.4	-15	0.00	1.40	10.84	15.84	0.17	-1.72
FM-63-15-0-3.0	-15	0.00	3.00	11.44	16.59	0.14	-0.81
FM-64-15-0-6.0	-15	0.00	6.00	10.58	16.22	0.08	-0.50
FM-65-15-0-10.0	-15	0.00	10.00	9.33	15.93	0.10	-0.51
FM-66-15-0-15.0	-15	0.00	15.00	8.02	14.60	0.08	-0.29
FM-67-15-0.2-0.3	-15	0.20	0.30	9.32	10.33	0.35	-4.32
FM-68-15-0.2-1.4	-15	0.20	1.40	9.39	12.93	0.18	-1.57

续表

试样编号	温度/℃	配比	围压/MPa	峰值强度/MPa	峰值应变/%	最大体积收缩量/%	最大体积膨胀量/%
FM-69-15-0.2-3.0	-15	0.20	3.00	9.46	14.77	0.21	-0.80
FM-70-15-0.2-6.0	-15	0.20	6.00	9.23	12.09	0.16	-0.66
FM-71-15-0.2-10.0	-15	0.20	10.00	8.41	12.06	0.08	-0.46
FM-72-15-0.2-15.0	-15	0.20	15.00	7.88	10.56	0.11	-0.30
FM-73-15-0.4-0.3	-15	0.40	0.30	8.57	9.32	0.37	-3.63
FM-74-15-0.4-1.4	-15	0.40	1.40	8.79	10.53	0.21	-1.89
FM-75-15-0.4-3.0	-15	0.40	3.00	8.92	10.45	0.17	-1.04
FM-76-15-0.4-6.0	-15	0.40	6.00	8.82	10.21	0.14	-0.65
FM-77-15-0.4-10.0	-15	0.40	10.00	8.20	9.12	0.09	-0.58
FM-78-15-0.4-15.0	-15	0.40	15.00	7.35	7.01	0.09	-0.35
FM-79-15-0.6-0.3	-15	0.60	0.30	8.23	7.04	0.29	-4.40
FM-80-15-0.6-1.4	-15	0.60	1.40	8.52	8.77	0.25	-1.72
FM-81-15-0.6-3.0	-15	0.60	3.00	8.58	9.96	0.29	-1.21
FM-82-15-0.6-6.0	-15	0.60	6.00	8.32	9.03	0.13	-0.75
FM-83-15-0.6-10.0	-15	0.60	10.00	8.00	7.53	0.10	-0.69
FM-84-15-0.6-15.0	-15	0.60	15.00	7.61	6.55	0.10	-0.46
FM-85-15-0.8-0.3	-15	0.80	0.30	8.21	6.29	0.33	-5.19
FM-86-15-0.8-1.4	-15	0.80	1.40	8.44	7.88	0.27	-2.76
FM-87-15-0.8-3.0	-15	0.80	3.00	8.70	7.42	0.15	-1.69
FM-88-15-0.8-6.0	-15	0.80	6.00	8.62	7.21	0.12	-0.92
FM-89-15-0.8-10.0	-15	0.80	10.00	8.53	7.62	0.12	-0.77
FM-90-15-0.8-15.0	-15	0.80	15.00	7.83	6.72	0.11	-0.59

第2章 冻结掺合土料的蠕变特性

土的蠕变是指在常值荷载作用下随着时间的变化其变形逐渐发展的现象。根据施加的常值荷载的大小，蠕变分为衰减蠕变和非衰减蠕变。本章研究冻结掺合土料在三轴压缩试验条件下的蠕变特性，重点分析围压、剪应力水平、掺合土料配比、温度对其蠕变特性的影响。

2.1 冻结掺合土料蠕变试验及结果

2.1.1 试验概况

如第1章所述，定义掺合比λ为粗颗粒与细颗粒质量之比。试验采用干密度控制（同一掺合比下试样干密度相同），考虑1个温度（－10℃）、4种掺合比、3个围压以及不同的剪应力水平，具体见表2.1。

表2.1 试验安排

温度/℃	围压/MPa	质量掺合比λ	剪应力水平
－10	0.3、1.4和6.0	0.0、0.2、0.4和0.6	与三轴压缩试验相应的5～7个剪应力水平

试验土样由粉质黏土和粒径在2～4mm的砾石掺合而成，物理参数和级配曲线见表2.2和图2.1。将野外取回的土样风干、碾碎、过筛，选取直径小于1mm的粉质黏土进行初始含水率测定，加定量蒸馏水搅拌均匀，配置易于成型的湿土，限制蒸发保持24h使其均匀，根据表2.1的粗粒料土质量比称取相应质量的湿土和石英粗粒料，充分混合后夯实装入直径为61.8mm的模具里面，利用压样机按照一定的下压速率将土体压制成直径为61.8mm、高125mm的试样。接着将试样取出装进三瓣模里抽气3h、静置饱水12h。饱水完成之后，将试样用桶装着放置在－30℃的冰箱里冻结成型。经过24h的冻结之后，脱模，套橡胶套，并在试样两端装上压头，放入恒温箱，恒温箱温度设置为－10℃，恒温24h后进行试验。具体试样制备过程见1.1.1节。

表2.2 物理参数

成 分	干密度 /(g/cm³)	液限 /%	塑限 /%	天然含水率 /%	饱和含水率 /%
粉质黏土	1.70	27.58	19.37	1.35	22.35
粗粒料	2.66	—	—	—	0

试验设备为改造的MTS－810材料试验机，其性能如第1章所述。试验温度为－10℃，在试验过程中温度的误差保证在±0.1℃。试验围压为0.3MPa、1.4MPa和

6.0MPa，先进行三轴压缩试验得出试样的静强度，三轴蠕变试验的轴向荷载范围为根据三轴强度试验得出的土体强度的40%～100%。首先对试样进行120min的等向加压，然后在1min内通过加载轴向应力达到所需要的剪应力水平，之后保持恒定。试验过程中轴向力的误差在±10 kPa，加载路径图如图2.2所示。

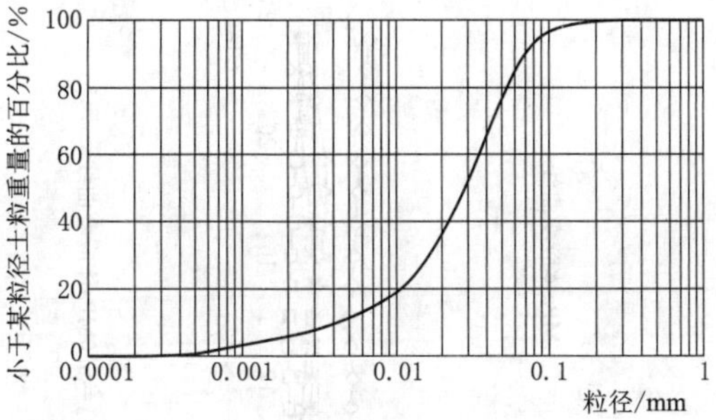

图2.1　粉质黏土的级配曲线

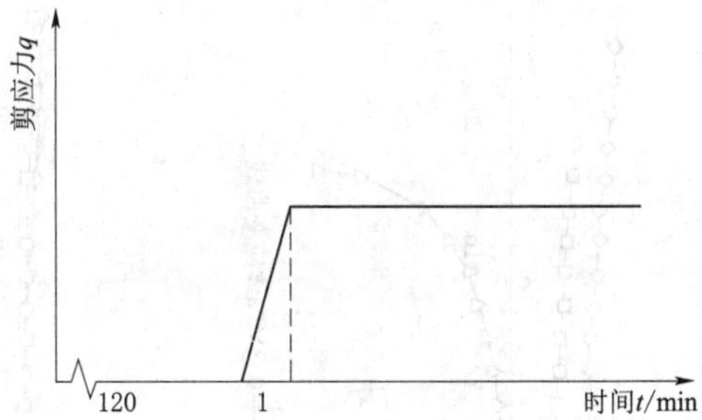

图2.2　加载路径

2.1.2　蠕变试验结果及分析

不同围压（σ_3=0.3MPa、1.4MPa、6.0MPa）、不同掺合比λ情况下试样的轴向应变及体应变随时间的变化曲线如图2.3～图2.6所示。

1. 轴应变曲线规律

从图2.3和图2.4可以看出，在低围压（σ_3=0.3MPa以及部分σ_3=1.4MPa）情况下，试样表现相同的规律：低应力情况下表现为衰减型蠕变，高应力情况下表现为非衰减型蠕变，包括非稳定蠕变阶段、稳定蠕变阶段和加速蠕变阶段三个阶段。另外，从蠕变曲线也可以发现，不同条件下蠕变曲线各阶段所占的时间以及稳定蠕变阶段的应变速率有很大区别，当荷载较大时，非衰减蠕变曲线中的稳定蠕变阶段迅速转变为加速蠕变阶段，稳定蠕变阶段不明显。

在低围压（σ_3=0.3MPa）、高剪应力（q=4.74MPa）情况下，土样经历了三个阶段：①土样在经历极短暂初始应变后开始进入黏性流动状态，孔隙迅速压密，随之趋于较稳定状态（变形速率趋于恒定），此时微结构仍以矿物颗粒的无序化排列占主导地位，强化效应占主导地位。②当土体进入稳定流动阶段，土颗粒团在其原始缺陷周围和某些颗粒接触处（应力集中处）开始萌生微裂纹。部分土颗粒沿剪切面重新定向，损伤发展，在此阶段中结构的强化和弱化作用处于动平衡态，土体以常应变速率流动。③当土体由稳定流进入加速流动阶段后，矿物颗粒沿剪切方向移动加剧，伴随裂纹的增生、扩展和局部贯通，土损伤造成的弱化作用开始占主导地位。应变速率增大，蠕变曲线上翘，最终导致土颗粒团骨架崩溃、承载能力丧失，而以破坏告终。

在高围压（σ_3=6.0MPa）情况下，轴应变随时间的变化规律与低围压的情况区别很大，在剪应力水平低时，试样呈现衰减型蠕变，无论剪应力多大，曲线均没有体现出非衰减型的3个阶段。这是因为围压的升高使得内部孔隙压缩闭合，由于大颗粒尺寸的粗粒料的存在使得土颗粒沿剪切方向移动困难，裂隙发展损伤造成的弱化效应几乎没有得到体现，

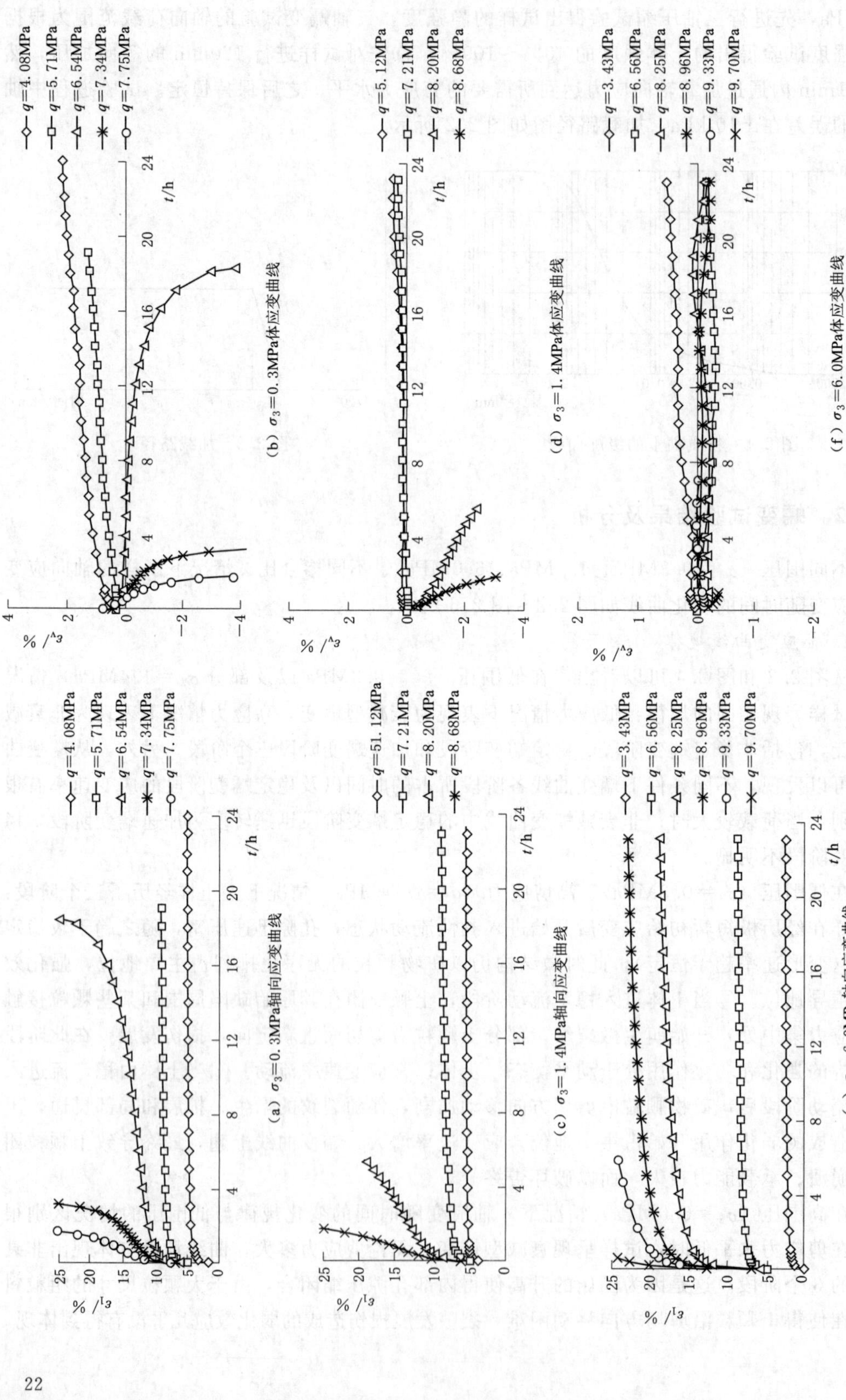

图2.3　λ=0时的蠕变曲线

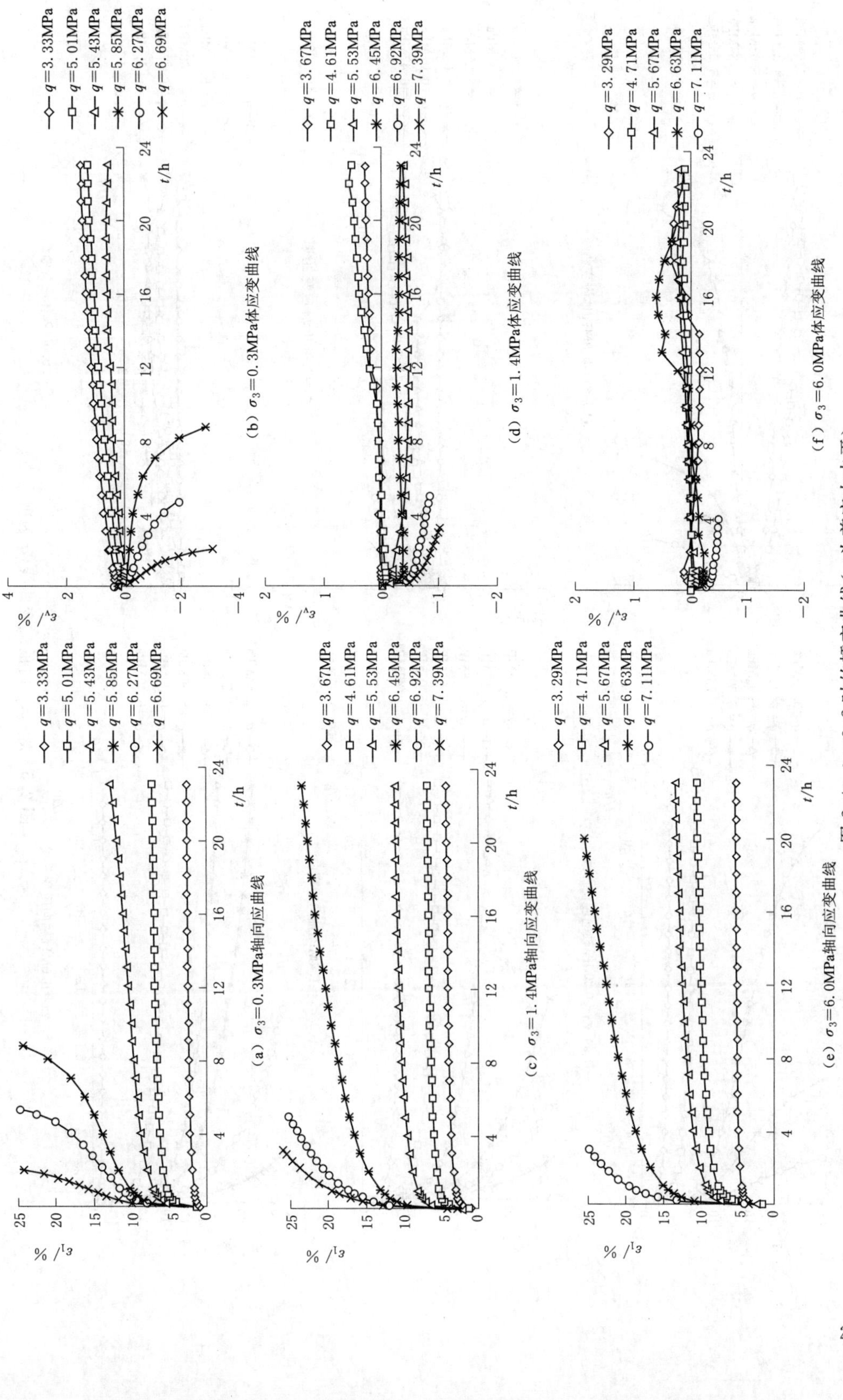

（a）σ_3=0.3MPa轴向应变曲线　（b）σ_3=0.3MPa体应变曲线

（c）σ_3=1.4MPa轴向应变曲线　（d）σ_3=1.4MPa体应变曲线

（e）σ_3=6.0MPa轴向应变曲线　（f）σ_3=6.0MPa体应变曲线

图 2.4 λ=0.2 时的蠕变曲线（q 为剪应力水平）

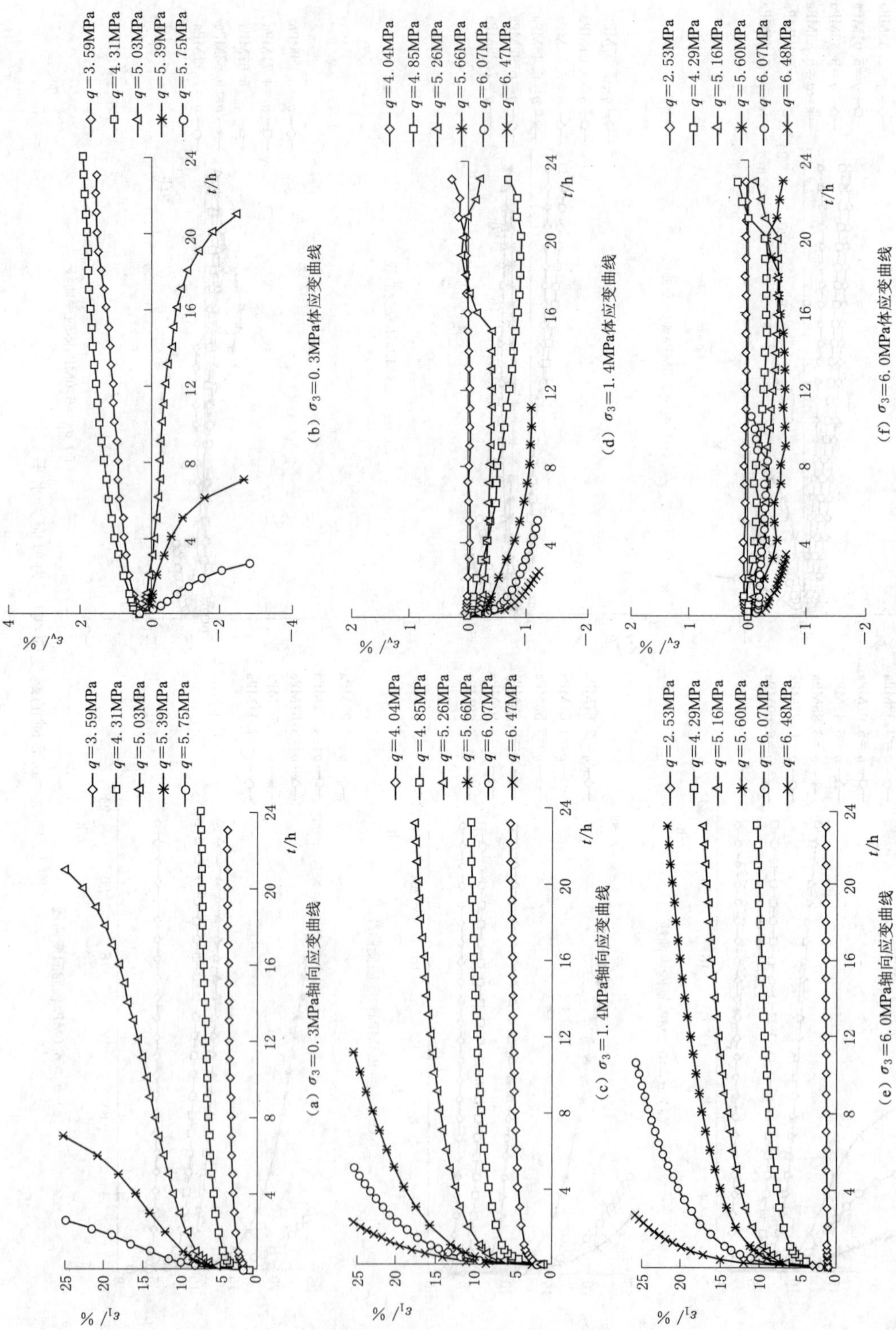

图 2.5　λ=0.4 时的蠕变曲线（q 为剪应力）

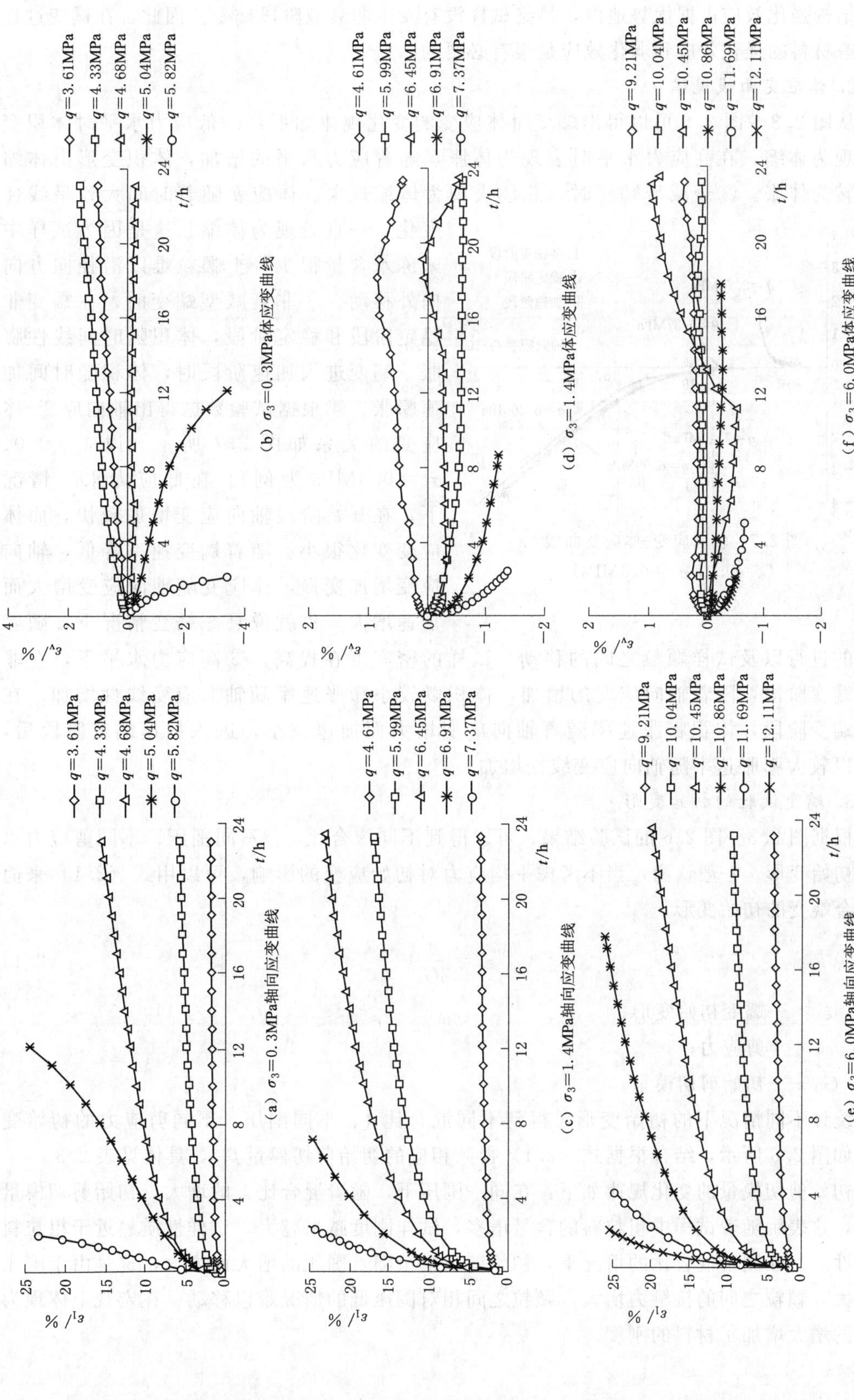

图 2.6　λ=0.6 时的蠕变曲线（q 为剪应力）

此时结构强化效应占据优势地位，最终试样没有发生非衰减阶段蠕变。因此，在蠕变过程中考虑材料的强化效应和弱化效应是很有必要的。

2. 体应变曲线规律

从图 2.3～图 2.6 可以得出蠕变时体应变的变化规律如下：①低应力水平时体积变化表现为体缩，在高应力水平时表现为体胀，随着应力水平的增加，体积变形由体缩逐渐转为体胀。②衰减型蠕变时，总体表现为体缩现象，体应变随着时间大致呈线性变化，一直表现为体缩。这是因为试样中未冻水含量很少，土颗粒难以沿径向方向向外移动。③非衰减型蠕变时，在蠕变非稳定阶段和稳定阶段，体积随时间线性膨胀。蠕变进入加速阶段时，体积随时间加速膨胀。④根据试验数据得出轴向应变-体应变的关系如图 2.7 所示（以 $\lambda=0.0$、$\sigma_3=0.3\text{MPa}$ 为例）。在低应力水平情况下，在开始阶段轴向应变增加较快，而体应变变化很小。随着蠕变速率降低，轴向应变增加变慢，体应变随轴向应变增大而加速增大。也就说衰减蠕变情况下，随着时间的进行以及试样颗粒之间的移动，试样的密实度在提高。⑤高应力水平下，在非稳定蠕变阶段，随着轴向应变的增加，体积以较小膨胀速率随轴向应变线性增加；在稳定蠕变阶段，体积膨胀速率随着轴向应变增大而加速减小；进入加速蠕变阶段后，体积以较大膨胀速率随轴向应变线性增加。

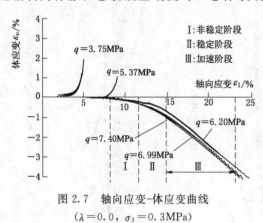

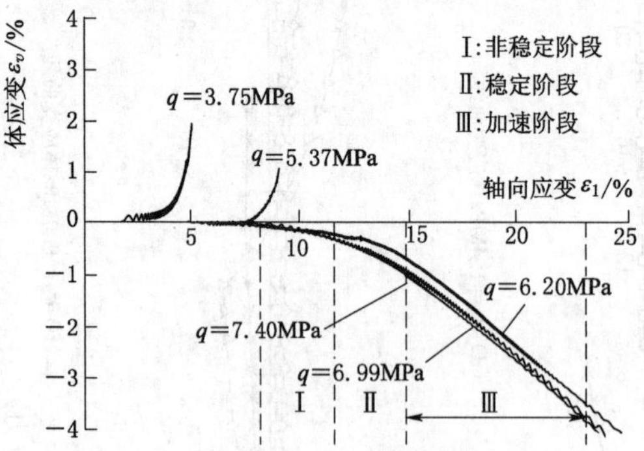

图 2.7　轴向应变-体应变曲线
（$\lambda=0.0$，$\sigma_3=0.3\text{MPa}$）

3. 蠕变试验的初始变形

根据图 2.3～图 2.6 的试验结果，可以得到不同掺合比 λ、不同围压、不同剪应力水平的初始变形。一般认为，当不考虑平均应力对初始应变的影响，可以用式（2.1）来简单拟合蠕变的初始变形。

$$\varepsilon_0=\frac{q}{3G_0} \tag{2.1}$$

式中　ε_0——蠕变初始变形；

q——剪应力；

G_0——初始剪切模量。

统计不同情况下的初始变形，得到不同混合比 λ、不同围压、不同剪应力的初始变形，如图 2.8 所示，结合根据式（2.1）得到相应的初始剪切模量 G_0，具体见表 2.3。

初始剪切模量的变化规律如下：在同一围压下，随着混合比 λ 的增大，初始剪切模量增大，这表示随着试样中粗粒料的含量增多，试样刚度越来越大，试样性质趋近于粗粒料土的性质。在同一混合比的情况下，初始剪切模量随着围压的增大而增大，这是由于围压的增大，颗粒之间的接触力增大，颗粒之间相对围压低的情况难以移动，在宏观上体现为围压的增大增加了材料的刚度。

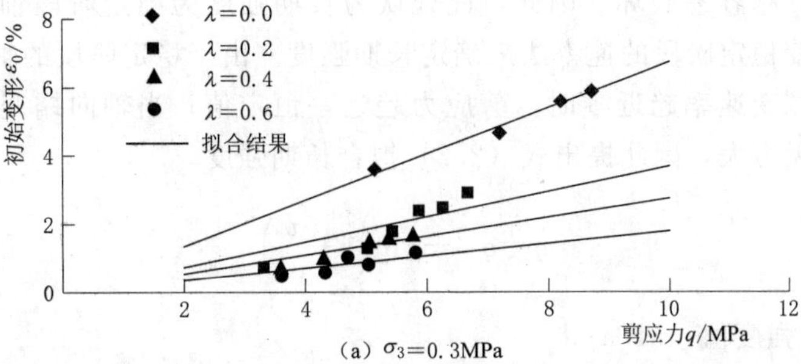

(a) σ_3=0.3MPa

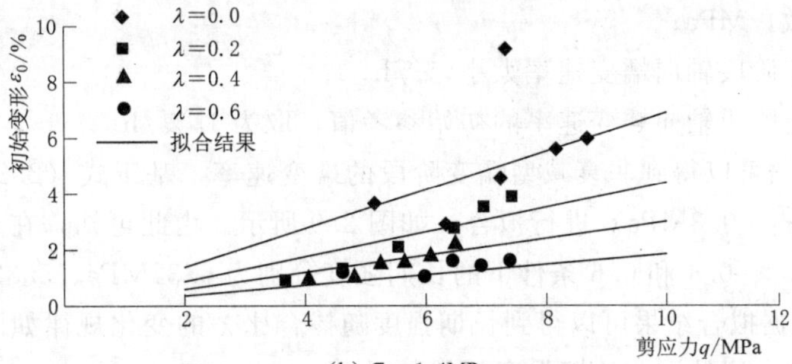

(b) σ_3=1.4MPa

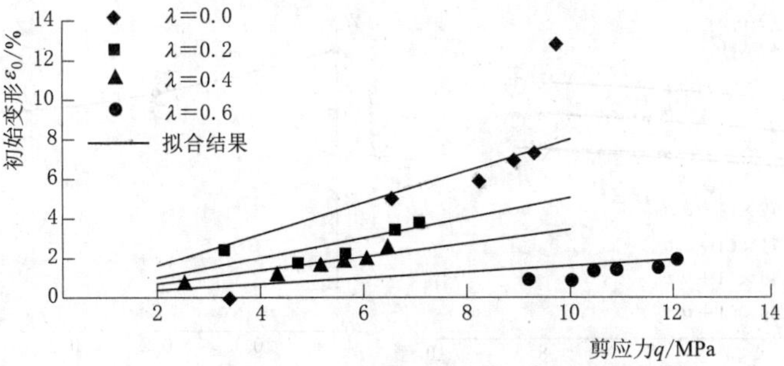

(c) σ_3=6.0MPa

图 2.8 初始变形拟合结果

表 2.3 初始剪切模量拟合结果

掺合比		0.0	0.2	0.4	0.6
G_0/MPa	σ_3=0.3	49.4	90.4	120.9	185.4
	σ_3=1.4	48.0	75.9	111.0	180.0
	σ_3=6.0	41.7	66.1	96.8	175.0

4. 长期强度

长期强度作为蠕变的一个重要指标，对工程稳定使用具有十分重要的意义。由于长期强度是发生衰减型蠕变和非衰减型蠕变剪应力的阈值，如果认为衰减型蠕变也是属于非衰减型蠕变的一种，只是衰减型蠕变的稳定阶段的轴向蠕变速率为零，那么长期强度就是稳定蠕变阶段的轴向蠕变速率为零对应的最大的剪应力。结合试验数据发现，稳定阶段的轴向蠕变速率越大，越容易破坏。因此，此处认为长期强度为稳定阶段轴向蠕变速率的函数，采用基于蠕变稳定阶段的速率法来确定长期强度。由于稳定阶段的轴向蠕变速率有如下性质：当轴向蠕变速率趋近零时，剪应力趋近一恒定值；当轴向蠕变速率趋近无穷大时，剪应力趋向无穷大，因此提出式（2.2）拟合长期强度。

$$q=q_{\infty}+k\ln\left(1+\frac{v}{v_0}\right) \tag{2.2}$$

式中　q——瞬时强度值，MPa；

q_{∞}——长期强度，MPa；

k——参数，MPa；

v——稳定阶段轴向蠕变速率大小，%/h；

v_0——稳定阶段轴向蠕变速率的初始参考值，取为 1，%/h。

根据试验数据可以得到非衰减型蠕变阶段的蠕变速率，基于式（2.2）对存在非衰减型蠕变的情况（σ_3＝0.3MPa）进行拟合，如图 2.9 所示。由此可知，在 0.3MPa 情况下，λ 分别为 0.0、0.2、0.4 和 0.6 条件下的长期强度分别为 6.32MPa、5.32MPa、4.85MPa 和 4.57MPa。根据拟合结果可以得到长期强度随掺合比 λ 的变化规律如图 2.10 所示。从图 2.10 可知，掺合比越大，长期强度越低。

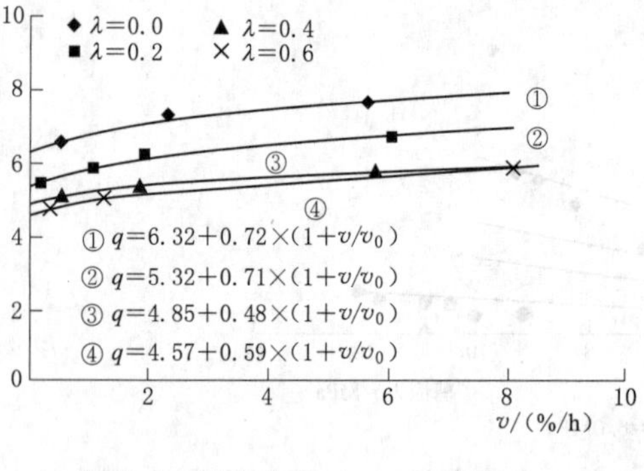

图 2.9　强度曲线（σ_3＝0.3MPa）

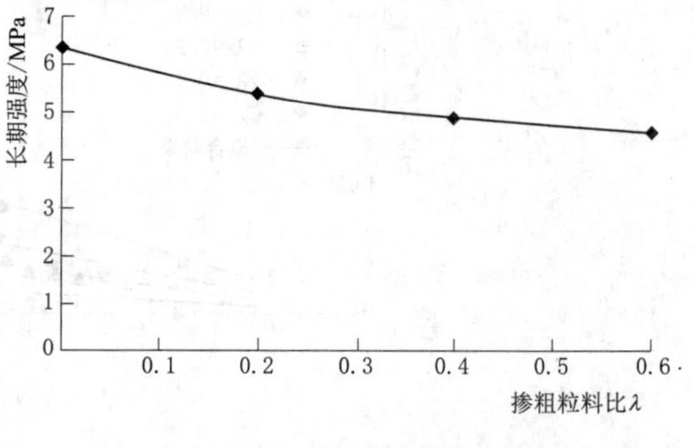

图 2.10　长期强度随混合比的变化曲线（σ_3＝0.3MPa）

第一拐点法以第一拐点对应的时间为依据，而蠕变速率法以稳定蠕变阶段的轴向蠕变速率作为拟合求解长期强度的依据，两者对比可以发现由于本节的方法是需要算出速率，是求解一段直线的斜率，不需要人为找出拐点，一定程度上避免了人为误差。因此，推荐该方法作为确定蠕变长期强度的主要方法。

2.2　温度对冻结掺合土料蠕变特性的影响

本节介绍温度变化时冻结掺合土料的蠕变特性。温度为－15℃、－6℃，围压分别为 0.3MPa、1.4MPa 和 6.0MPa，试样粗颗粒（2～4mm 细砾）含量与粉质黏土质量比分别为 0∶100、20∶100、40∶100 和 60∶100，剪应力水平为 40%～90%三轴压缩强度的蠕变试验。

2.2.1 不同温度下的蠕变试验结果

冻结掺合土料在－15℃、围压为0.3MPa、1.4MPa、6.0MPa及不同配比情况下的三轴蠕变试验如图2.11～图2.13所示。

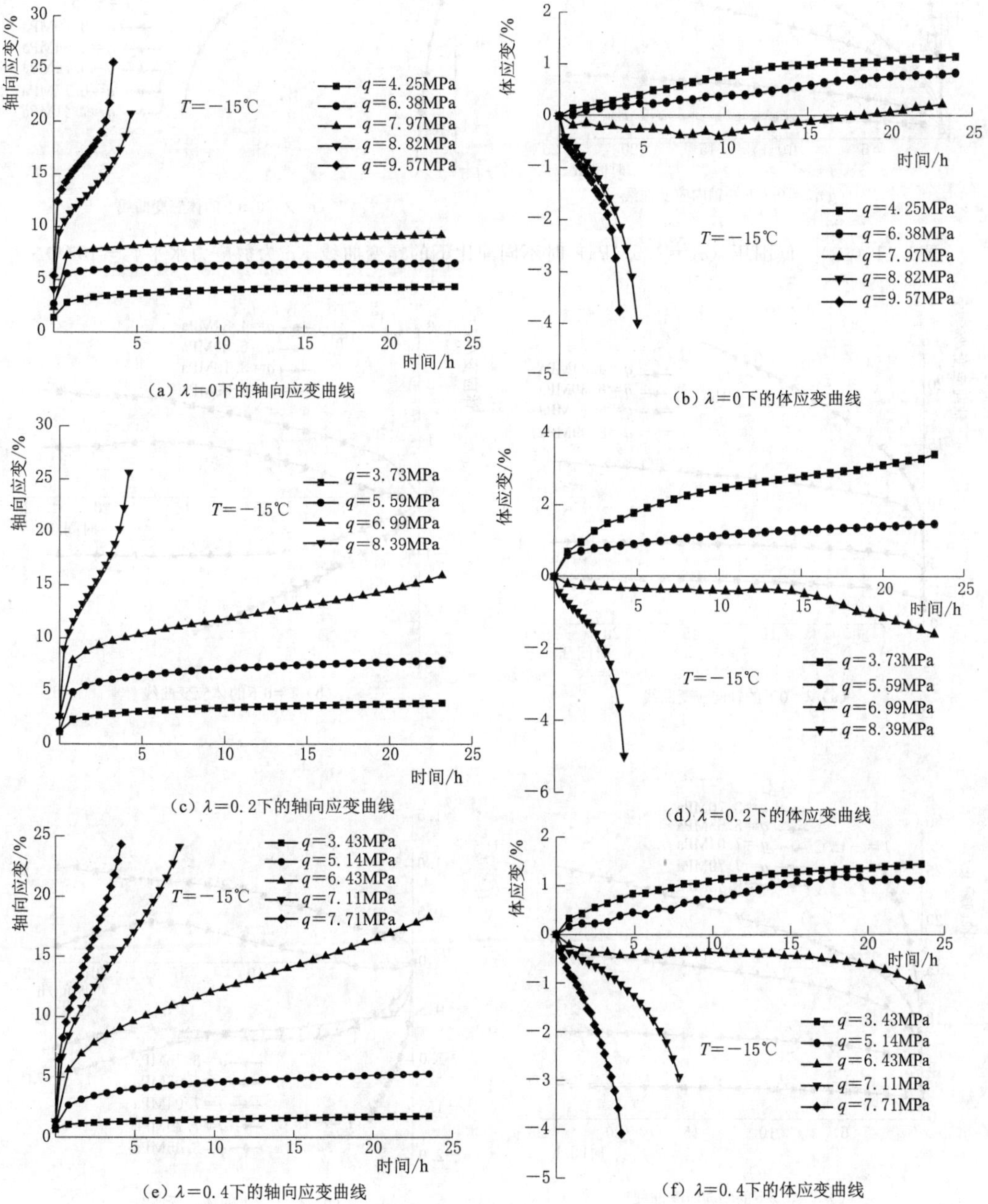

(a) λ=0下的轴向应变曲线　(b) λ=0下的体应变曲线

(c) λ=0.2下的轴向应变曲线　(d) λ=0.2下的体应变曲线

(e) λ=0.4下的轴向应变曲线　(f) λ=0.4下的体应变曲线

图2.11（一）　低围压（σ_3=0.3MPa）时不同配比下的蠕变曲线（q为剪应力水平、－15℃）

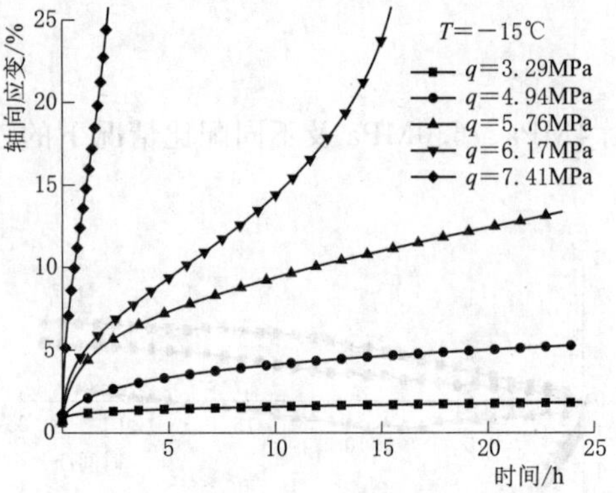

(g) λ=0.6下的轴向应变曲线

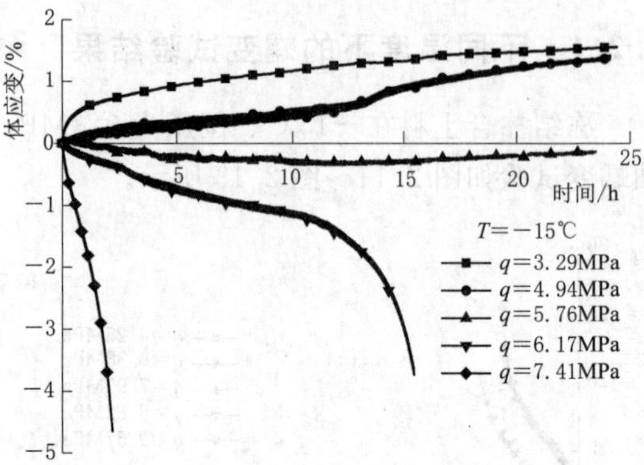

(h) λ=0.6下的体应变曲线

图 2.11（二） 低围压（σ_3＝0.3MPa）时不同配比下的蠕变曲线（q 为剪应力水平、－15℃）

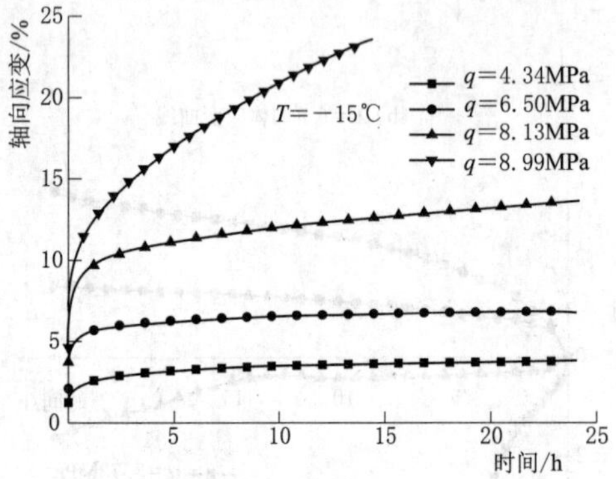

(a) λ=0下的轴向应变曲线

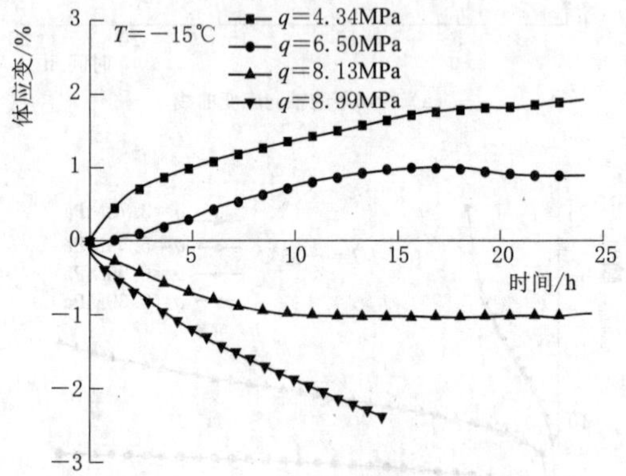

(b) λ=0下的体应变曲线

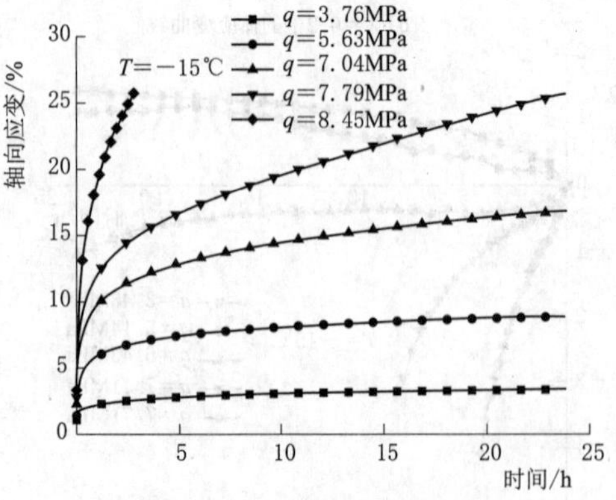

(c) λ=0.2下的轴向应变曲线

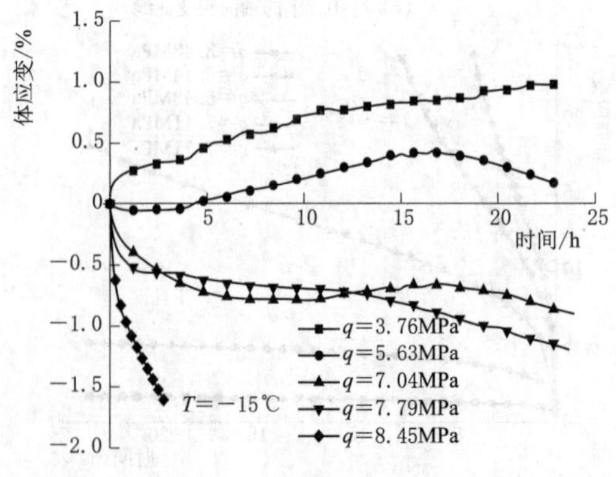

(d) λ=0.2下的体应变曲线

图 2.12（一） 围压 σ_3＝1.4MPa 时不同配比下的蠕变曲线（q 为剪应力水平、－15℃）

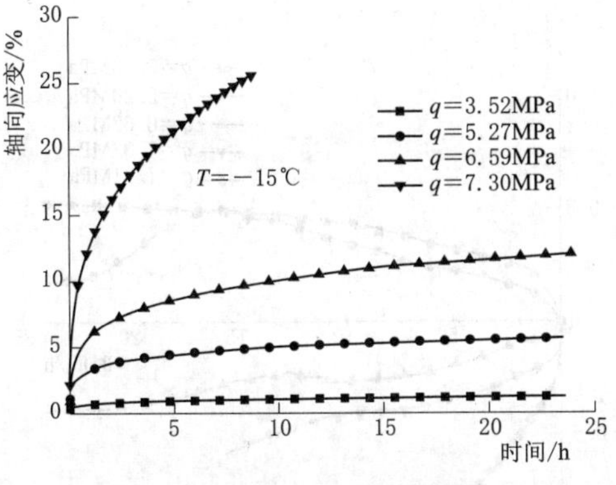

(e) λ=0.4下的轴向应变曲线

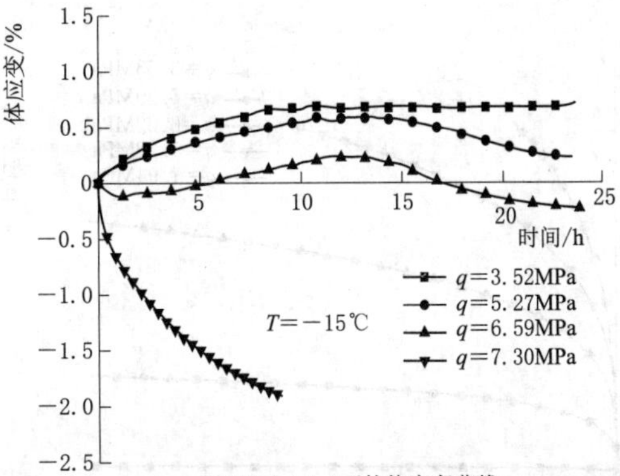

(f) λ=0.4下的体应变曲线

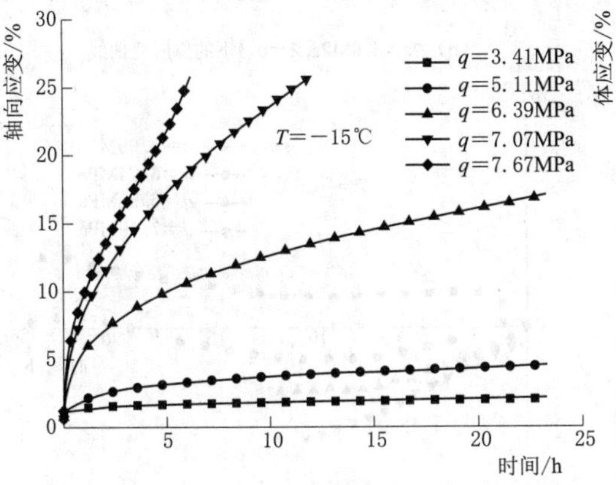

(g) λ=0.6下的轴向应变曲线

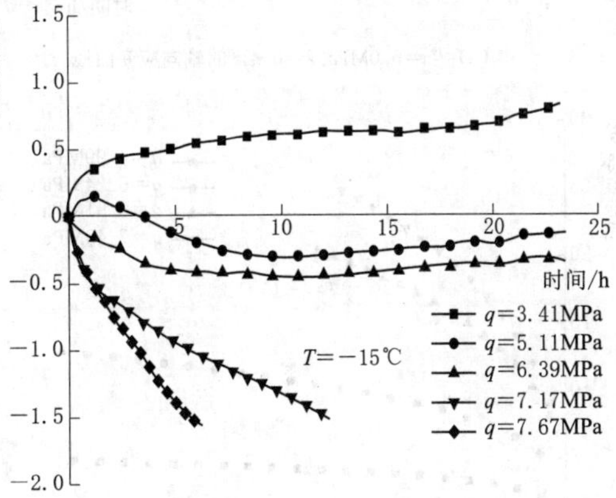

(h) λ=0.6下的体应变曲线

图 2.12（二） 围压 σ_3=1.4MPa 时不同配比下的蠕变曲线（q 为剪应力水平、−15℃）

从图 2.11 可以看出，围压（σ_3=0.3MPa）较低时，根据剪应力水平的大小，蠕变可分为衰减型蠕变和非衰减型蠕变。当应力水平较低时，发生衰减型蠕变，轴向应变速率随时间发展逐渐减缓，并最终趋于零；当应力水平较高时，发生非衰减型蠕变，变形可分为 3 个阶段：非稳定蠕变阶段、稳定蠕变阶段和加速蠕变阶段。在非稳定阶段，轴向应变速率逐渐减小，稳定阶段变形速率大体保持不变，在加速蠕变阶段，变形速率急剧增加，导致土体鼓曲变形并发生破坏。

从图 2.11～图 2.13 的试验结果可以看到，不同于低围压下的蠕变结果，冻结掺合土料在围压较高时，无论剪应力多大，蠕变变形均只有前两个阶段，不存在第三阶段，这是因为围压的增大使土体结构更加紧密，加强了土的塑性硬化程度，相同条件下，越来越难以发生破坏。

根据试验结果，还可以得到试样的体应变-时间曲线。以试样体积收缩为正，由图 2.11～图 2.13 可看出，在不同围压和掺砾量的条件下，体应变与时间的关系曲线表现出相同的规律，试样体积变化也与应力水平有关。当应力水平较低时，试样表现为衰减型蠕变，体积变化表现为体缩。当应力水平较高时，试样表现为非衰减型蠕变，体积变化表现为体胀。在非稳定和稳定蠕变阶段，体积随时间线性膨胀，蠕变进入加速阶段后，体积随时间加速膨胀。

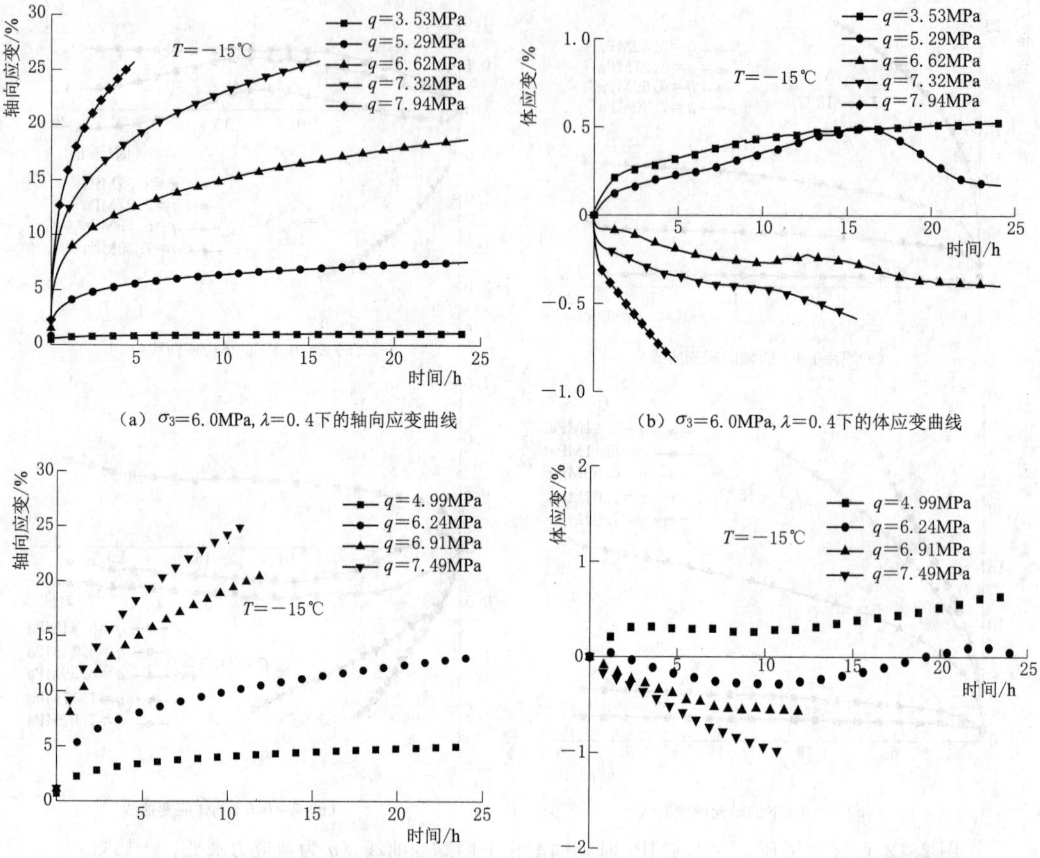

（a）σ_3=6.0MPa，λ=0.4下的轴向应变曲线　（b）σ_3=6.0MPa，λ=0.4下的体应变曲线

（c）σ_3=6.0MPa，λ=0.6下的轴向应变曲线　（d）σ_3=6.0MPa，λ=0.6下的体应变曲线

图 2.13　围压（σ_3＝6.0MPa）时不同配比下的蠕变曲线（q 为剪应力水平、－15℃）

温度为－6℃时不同配比下的冻结掺合土料的蠕变特点是相似的，如图 2.14 所示。

2.2.2　蠕变试验结果分析

1. 轴向应变-体变曲线

温度为－15℃、掺合比为 0.4、围压为 0.3MPa 时的轴向应变与体应变的关系曲线如图 2.15 所示。在开始阶段轴向应变增加较快，而体应变变化很小。随着蠕变速率降低，轴向应变增加变慢，体应变随轴向应变增大而加速增大，也就说衰减蠕变情况下，随着时间的进行以及试样颗粒之间的移动，试样的密实度在提高。在高应力水平下，在非稳定和稳定蠕变阶段，随着轴向应变的增加，体积以较小膨胀速率随轴向应变线性增加；进入加速蠕变阶段后，体积以较大膨胀速率随轴向应变线性增加。

2. 轴向应变速率曲线

温度为－15℃、掺合比为 0.2、围压为 0.3MPa 时轴向应变随时间的变化关系如图 2.16 所示，图中 f 为应力水平，定义为当前剪应力与三轴压缩峰值强度之比。由图可知，

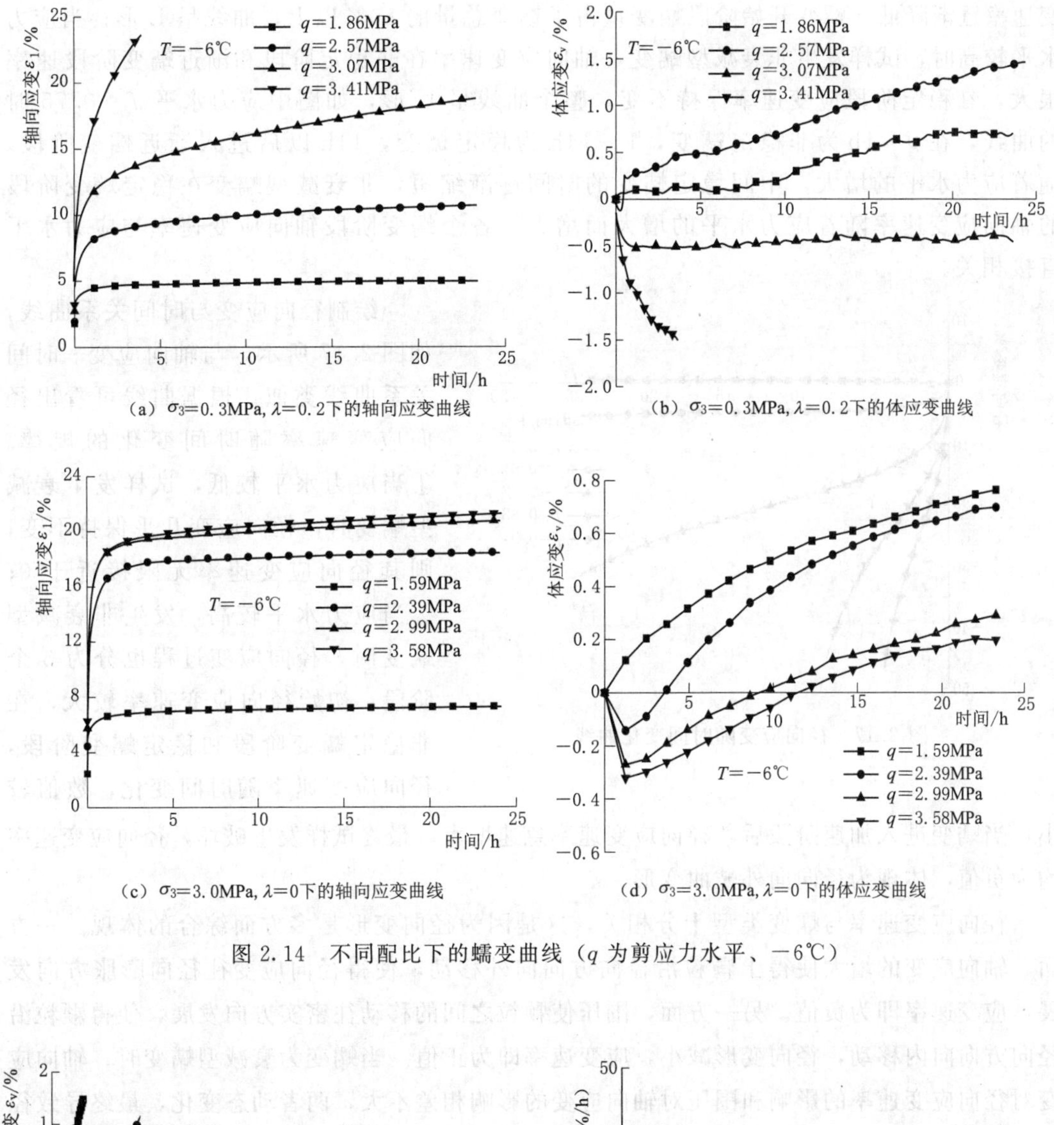

（a）$\sigma_3=0.3$MPa, $\lambda=0.2$下的轴向应变曲线

（b）$\sigma_3=0.3$MPa, $\lambda=0.2$下的体应变曲线

（c）$\sigma_3=3.0$MPa, $\lambda=0$下的轴向应变曲线

（d）$\sigma_3=3.0$MPa, $\lambda=0$下的体应变曲线

图 2.14　不同配比下的蠕变曲线（q 为剪应力水平、$-6℃$）

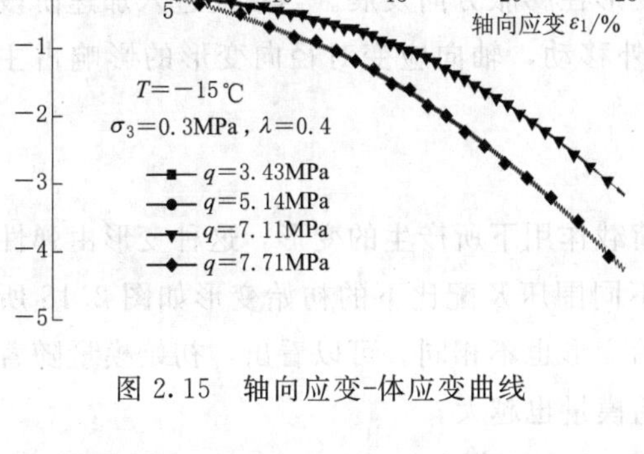

图 2.15　轴向应变-体应变曲线

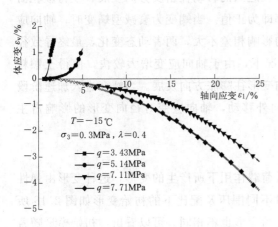

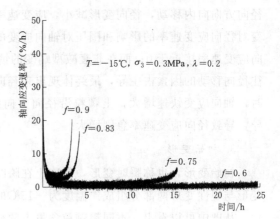

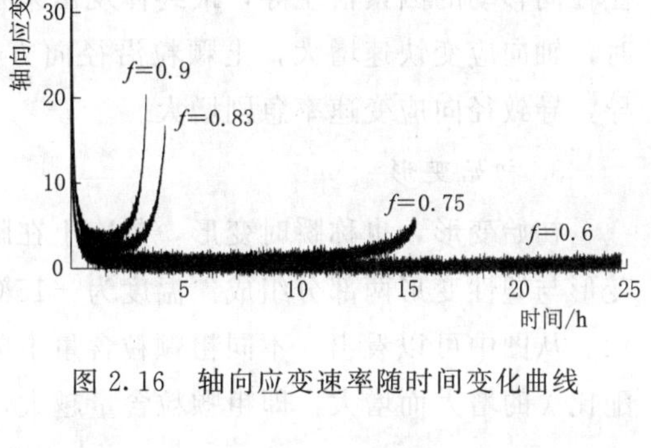

图 2.16　轴向应变速率随时间变化曲线

当应力水平较低时，如图中应力水平 $f=0.6$ 时的曲线，试样发生衰减型蠕变，轴向应变速率逐渐降低，蠕变开始阶段蠕变量占了蠕变总量的 80%以上，曲线呈 L 形；当应力水平较高时，试样发生非衰减型蠕变，轴向应变速率在非稳定阶段和渐近蠕变阶段速率很大，在稳定阶段应变速率保持不变，整个曲线呈 U 形，如图中应力水平 $f=0.75$ 时的曲线，在 0～1h 为非稳定蠕变，1～14h 为稳定蠕变，14h 以后进入渐近蠕变阶段。随着应力水平的增大，中间稳定蠕变的时间逐渐缩短，非衰减型蠕变在稳定蠕变阶段的轴向应变速率随着应力水平的增大而增大，各个蠕变阶段轴向应变速率与应力水平直接相关。

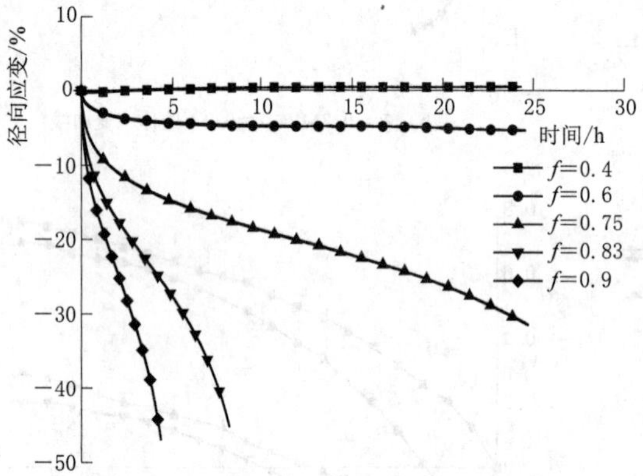

图 2.17　径向应变随时间变化曲线

绘制径向应变与时间关系曲线，如图 2.17 所示，与轴向应变—时间关系曲线类似，根据曲线可看出径向应变速率随时间变化的规律。①当应力水平较低，试样发生衰减型蠕变时，径向应变几乎保持不变，则其径向应变速率无限接近于 0；②当应力水平较高，发生非衰减型蠕变时，径向应变过程也分为 3 个阶段，初始径向应变速率较大，在非稳定蠕变阶段和稳定蠕变阶段，径向应变速率随时间变化，数值较小，当蠕变进入加速阶段后，径向应变速率急速增大，最终试样发生破坏，径向应变速率均为负值，体现为径向向外鼓曲变形。

径向应变速率与蠕变类型十分相关，这是因为径向变形是多方面综合的体现。一方面，轴向应变的增大使得土颗粒沿径向方向向外移动，使得径向应变往径向膨胀方向发展，应变速率即为负值。另一方面，围压使颗粒之间的移动往密实方向发展，使得颗粒沿径向方向向内移动，径向变形减小，应变速率即为正值。当蠕变为衰减型蠕变时，轴向应变对径向应变速率的影响和围压对轴向应变的影响相差不大，两者动态变化，最终导致径向应变速率接近于 0；而在非衰减型蠕变的情况下，由于轴向应变增大较快，使得土颗粒往径向移动的因素占主导，最终体现出来径向变形往膨胀方向发展。当蠕变进入加速阶段时，轴向应变快速增大，土颗粒沿径向方向向外移动，轴向应变对径向变形的影响占主导，导致径向应变速率急剧增大。

3. *初始变形*

初始变形，也称瞬时变形，是冻土在瞬时荷载作用下所产生的变形，这种变形由弹性变形与塑性变形两部分组成。温度为－15℃时不同围压及配比下的初始变形如图 2.18 所示。从图中可以看出，不同粗颗粒含量下的初始变形也不相同。可以看出，初始模量随着配比 λ 的增大而增大，即粗颗粒含量越大，初始模量也越大。

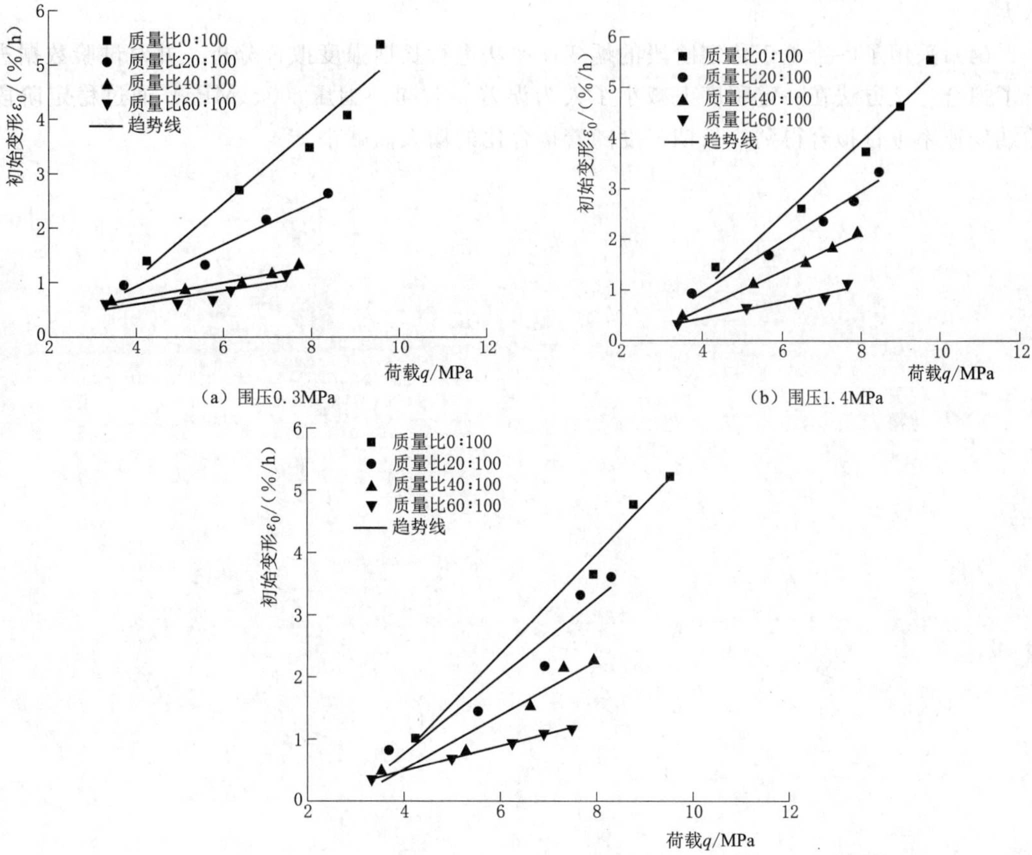

(a) 围压0.3MPa
(b) 围压1.4MPa
(c) 围压6.0MPa

图 2.18 不同配比下的初始变形(−15℃)

2.3 小 结

本章研究冻结掺合土料的三轴蠕变特性,不同负温(−6℃、−10℃、−15℃)下的结果类似,总结如下:

(1)在低围压时:当剪应力较小时,试样发生衰减型蠕变,只包含了衰减阶段一个阶段;当剪应力较大时,试样发生非衰减型蠕变,包含了衰减型阶段、稳定阶段和加速阶段。在高围压时:无论剪应力多大,试样均只发生衰减型阶段。

(2)对于非衰减型蠕变,在衰减阶段硬化效应占据主导地位,损伤效应要比硬化效应小;在稳定蠕变阶段材料的硬化效应和损伤效应效果相差不大,因此蠕变稳定发展;在加速阶段材料的硬化效应被抑制,损伤效应占据主导。

(3)试样的初始变形随着剪应力的增大而增大,剪切模量随着掺合比的增大而增大,这是因为试样中随着含粗粒料量的增多而变得更加呈现粗粒料的性质,即模量增大。试样的初始剪切模量随着围压的增大而减小，表明围压的增大导致试样发生变形的能力越来越大。

（4）采用了一个基于稳定阶段的蠕变速率法进行长期强度拟合分析，并对试验数据进行了拟合，该方法在一定程度上减小了人为误差。对同一围压（0.3MPa）通过稳定阶段的蠕变速率进行拟合得到，长期强度随着掺合比的增大而减小。

第3章 循环荷载作用下冻结掺合土料的力学特性

地震荷载作用下冻结掺合土料的力学特性有别于第1章和第2章介绍的静力和蠕变特性，它反映了在循环荷载作用下冻结掺合土料的动力特性。本章研究冻结掺合土料在三轴循环加载条件下的应力应变特性以及强度特性，重点分析围压、掺合土料配比、动主应力差对其动力特性的影响。

3.1 冻结掺合土料在三轴压缩下的静强度

由于动力三轴试验的轴向动主应力差的施加需要以土料的静强度为基础，所以需要进行静力的三轴试验。

3.1.1 试验概况

本次试验的目的是揭示低温条件下水利工程中的心墙坝填料（一种掺合土料）以及天然混合土料在静力和循环荷载下的基本力学特性，为此根据现场工程条件选用粉质黏土和粒径为2.0～4.0mm的细砾作为室内研究对象，进行了一系列三轴试验来模拟实际工程填料的力学特性，如图3.1所示。将粉质黏土与细砾按照不同质量进行混合，为了表示方便，用W表示掺合土料的配合比，即包含不同质量含量的粉质黏土和细砾，例如$W=100:20$表示一个标准试样中粉质黏土的质量与细砾的质量比为100：20。

(a) 粉质黏土　　(b) 2.0～4.0mm细砾

图3.1　混合土中粉质黏土和细砾示意图

试验掺合土料的细粒（粉质黏土），颗粒级配曲线如图3.2所示。物理性质指标为：天然含水率为8.86%，液限为$w_L=27.58\%$，塑限为$w_P=19.37\%$，塑性指数为$I_P=8.21$，土颗粒密度为$\rho_S=2.62\mathrm{g/cm^3}$。

土样的制样方法与第1章的相同。首先，参考国家规范《土工试验方法标准》（GB/T 50123—1999），将现场土样筛分并去除有机质等杂物；其次，将土样进行晾晒、碾压，测量记录下此时的含水率，装入密封袋备用；然后，以控制标准土样干密度为1.90g/cm³进行配土，误差不超过1g，添加纯净水使土样的含水率达到15%，为确保混合土样的均匀性，将土样置入密封袋静置24h。利用如图3.3所示的制样机和圆柱形模具将混合土制成高为125mm，直径为61.8mm的标准试样，随后从模具中取出试样，侧向套箍三瓣模，

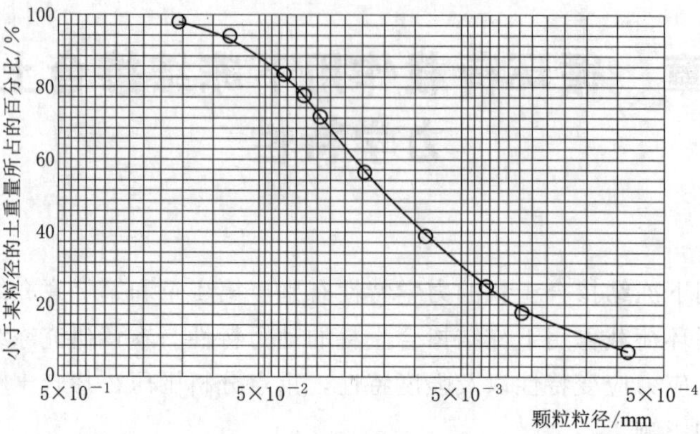

图 3.2　粉土的级配曲线

试样上下两端放置透水石，置入密闭真空饱和压力罐中，抽真空不少于 3h，抽真空完毕后注入纯净水让其充分饱和 12h（保证试样的饱和度大于 95%）；待试样饱和完成后将试样两端的透水石用环氧树脂垫片代替。为防止试样中冰透镜体的形成，将试样放入－30℃的冰箱中快速冻结，冻结时间为 48h。

图 3.3　制样机

待试样冻结完毕后，从－30℃制冷冰箱中取出试样，制备成标准试件大小为 61.8mm×125mm；然后放入－6℃恒温箱中静置 24h，随后进行三轴压缩试验，即将制备好的试样放入 MTS－810 仪器的压力舱内等向加压 5min，控制加载速率为 1.108mm/min 进行剪切试验直至试验完成。进行了 8 个不同的围压（0.3～6.0MPa）和 5 组不同配合比（W＝100：0～100：80），共计 40 组试验。当轴向位移达到 18.75mm（即试件高度的 15%）时认为试样发生破坏，为了便于分析，假设试样在受压条件下的应力和应变值为正。

3.1.2　静力强度特性分析

基于冻土三轴试验结果，得到不同粗颗粒含量冻结掺合土料的强度包络线，如图 3.4 所示。从图中可以看出：①在相同粗颗粒含量条件下，随着平均正应力的增加，冻结掺合土料强度呈先增大后减小的趋势，这与一般冻土强度变化规律类似，如图 3.4（a）所示；②在相同的围压下，随着粗颗粒含量的增大，冻土的强度逐渐减小，如图 3.4（b）所示。

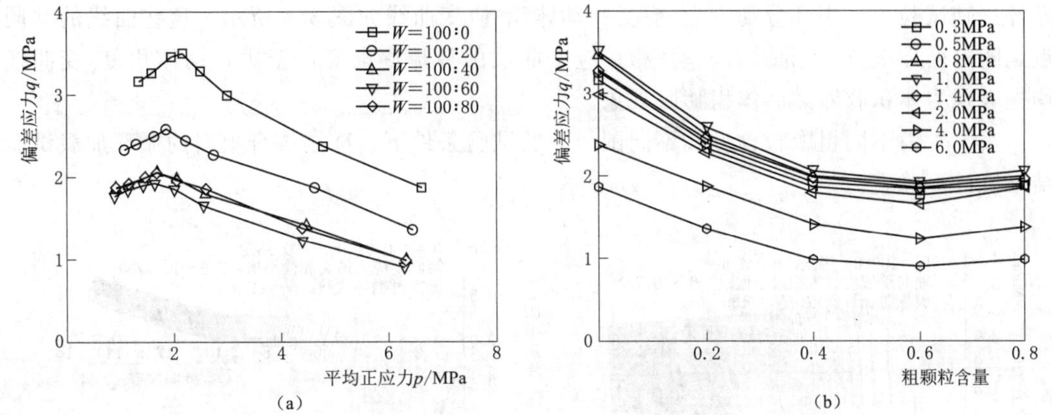

图 3.4 不同围压和粗颗粒含量的冻结掺合土料的强度曲线（−6℃）

3.2 冻结掺合土料的循环加载特性

3.2.1 试验概况

与静力加载试验中的试验材料及制作方法类似，详细的过程和方法可参考 3.1 节，这里不再赘述。

与静力加载试验不同，动力加载试验设计方案如图 3.5 所示，在试样围压施加完成后，此时围压保持不变，通过试样上下两端施加不同的轴向主应力差来模拟往复循环荷载作用，从而得到不同试验条件下的动应力应变和动体积试验结果。需要特别说明的是，轴向应力加载值是按照主应力差的某一比例系数确定的，如应力比为 0.8，此时轴向最大应力 $\sigma_{max}=\sigma_3+0.8(\sigma_1-\sigma_3)_{static}$；为了防止轴向压杆与试样的脱离，轴向最小主应力差采用 0.05 倍静强度 $(\sigma_1-\sigma_3)_{static}$，即 $\sigma_{min}=\sigma_3+0.05(\sigma_1-\sigma_3)_{static}$。破坏标准为轴向应变达到 15%。

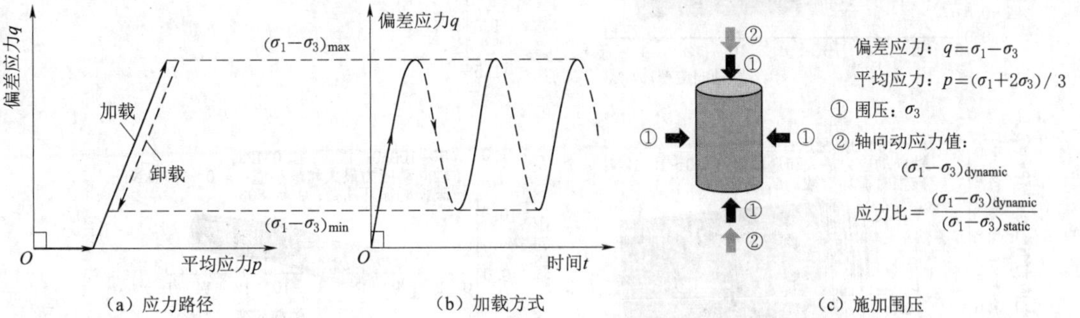

图 3.5 动力加载试验设计方案

3.2.2 循环加载试验结果

基于设计的试验方法，进行了不同粗颗粒含量、不同围压和不同轴向动应力幅值下的循环三轴试验，其中部分动应力-应变和动体积-应变曲线如图 3.6 所示。这些曲线的共同点是随着循环次数 N 的增加，动应力-应变曲线由稀疏逐渐变得密集，动体积-应变曲线均先表现为体积收缩然后体积膨胀现象。

表 3.1 为不同粗颗粒含量和不同围压下的试验条件下，冻结掺合土料的循环加载试验结果统计汇总表。

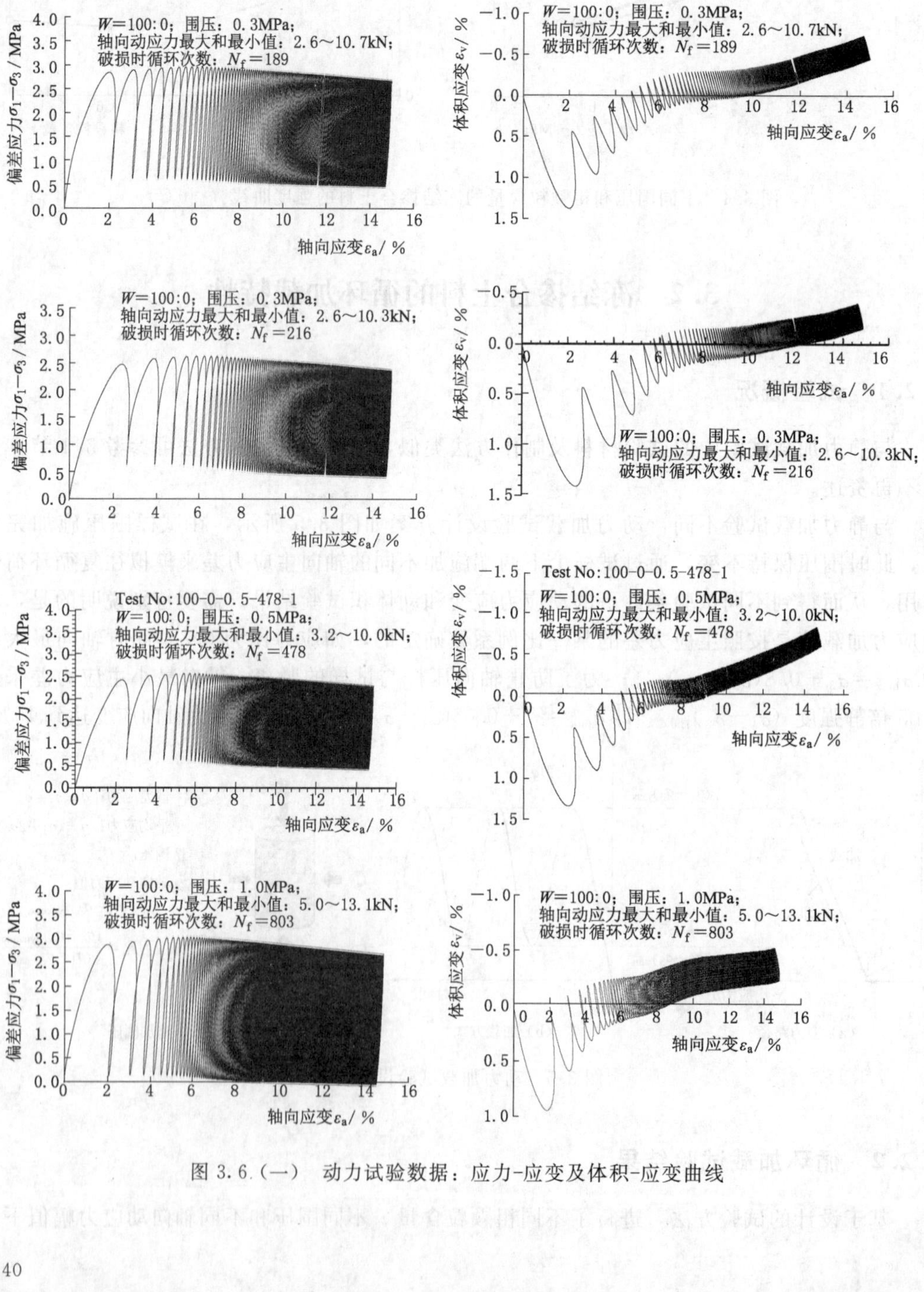

图 3.6（一） 动力试验数据：应力-应变及体积-应变曲线

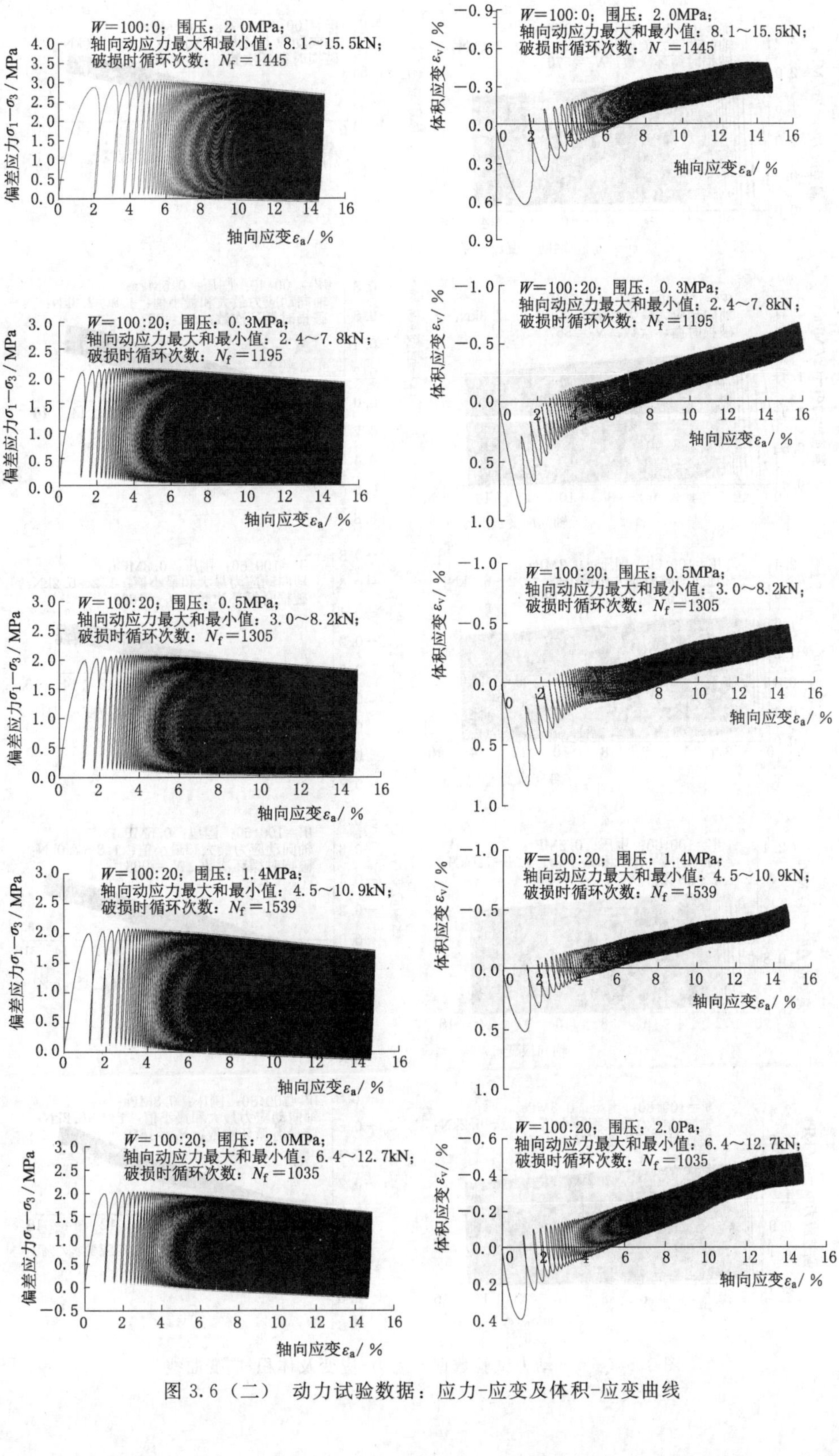

图 3.6（二） 动力试验数据：应力-应变及体积-应变曲线

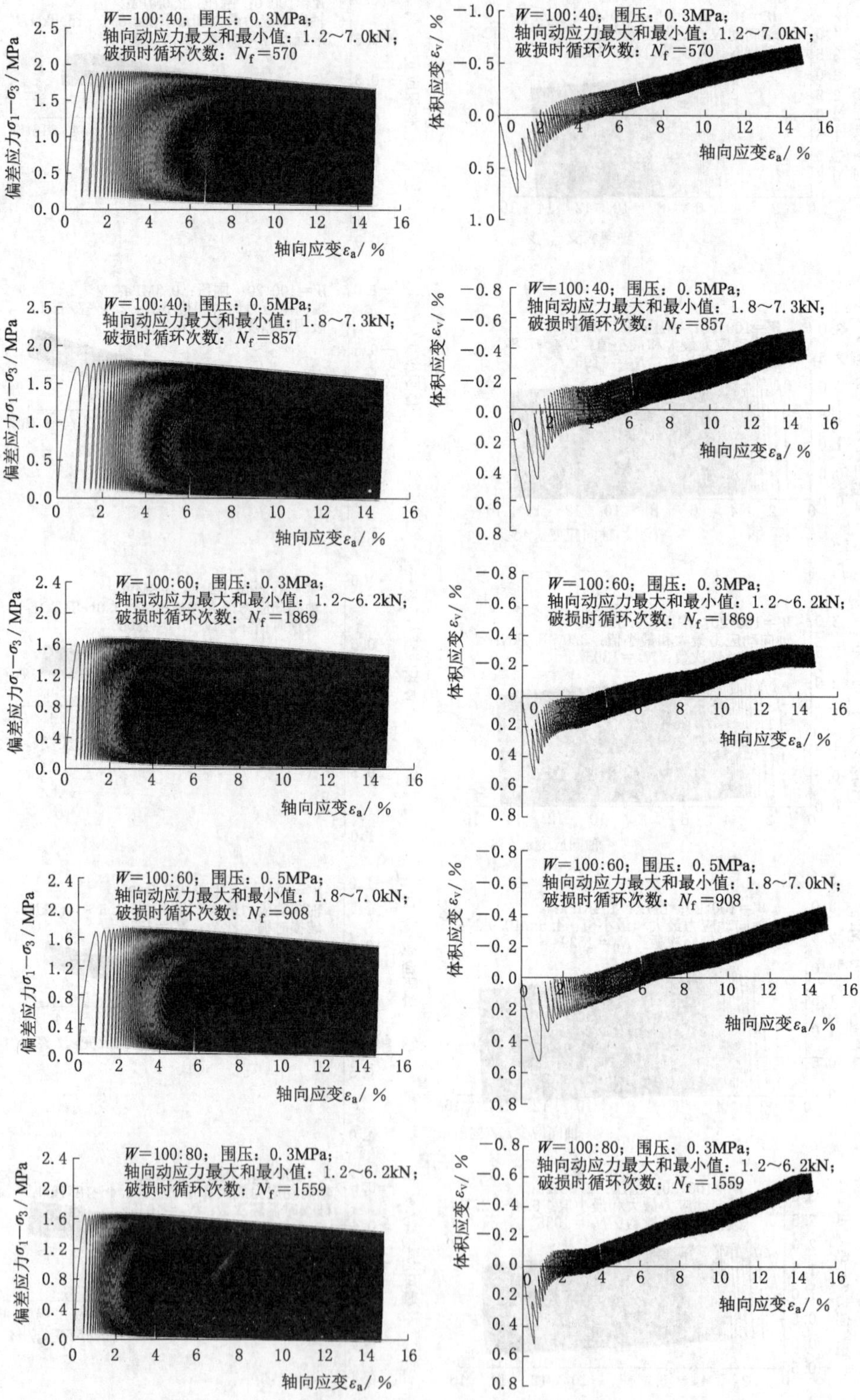

图 3.6（三）　动力试验数据：应力-应变及体积-应变曲线

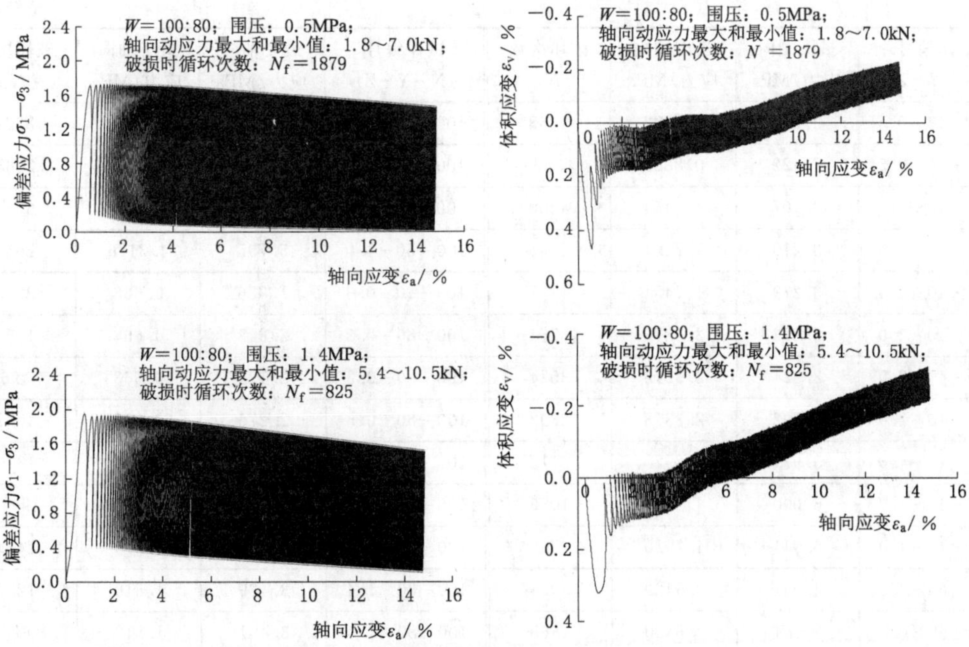

图 3.6（四）　动力试验数据：应力-应变及体积-应变曲线

表 3.1　不同粗颗粒含量和不同围压的试验条件下的循环加载试验结果（−6℃）

试样编号（X-Y-Z）	最大轴向应力/MPa	最小轴向应力/MPa	破坏次数 N_f	试样编号（X-Y-Z）	最大轴向应力/MPa	最小轴向应力/MPa	破坏次数 N_f
100-0-0.3	3.057	0.8684	2811	100-20-0.5	2.566	1.004	1961
100-0-0.3	3.114	0.8684	885	100-20-0.5	2.717	1.004	1305
100-0-0.3	3.426	0.8684	553	100-20-0.5	2.767	1.004	795
100-0-0.5	3.083	1.0740	1064	100-20-1.4	2.240	1.872	1539
100-0-0.5	3.341	1.0740	478	100-20-1.4	2.287	1.872	1315
100-0-1.0	4.224	1.6788	2106	100-20-1.4	2.334	1.872	796
100-0-1.0	4.292	1.6788	1444	100-20-2.0	4.179	2.469	3145
100-0-1.0	4.360	1.6788	803	100-20-2.0	4.226	2.469	1035
100-0-2.0	6.000	3.706	3284	100-20-2.0	4.432	2.469	783
100-0-2.0	6.177	3.706	1445	100-20-4.0	6.088	4.398	3103
100-0-2.0	6.424	3.706	846	100-20-4.0	6.188	4.398	1464
100-0-4.0	6.668	4.464	4089	100-20-4.0	6.287	4.398	984
100-0-4.0	6.784	4.464	1504	100-40-0.3	2.009	0.6676	2040
100-0-4.0	6.900	4.464	466	100-40-0.3	2.064	0.6676	886
100-20-0.3	2.608	0.786	1195	100-40-0.3	2.322	0.6676	579
100-20-0.3	2.657	0.786	703	100-40-0.3	2.506	0.6676	326
100-20-0.3	2.706	0.786	559	100-40-0.5	2.305	0.8882	1980

续表

试样编号 (X-Y-Z)	最大轴向应力/MPa	最小轴向应力/MPa	破坏次数 N_f	试样编号 (X-Y-Z)	最大轴向应力/MPa	最小轴向应力/MPa	破坏次数 N_f
100-40-0.5	2.344	0.8882	1368	100-60-2.0	3.882	2.3620	3322
100-40-0.5	2.422	0.8882	857	100-60-2.0	3.973	2.3620	2064
100-40-1.4	3.107	1.7454	4200	100-60-4.0	5.567	4.3176	6239
100-40-1.4	3.210	1.7454	2068	100-60-4.0	5.795	4.3176	2002
100-40-1.4	3.279	1.7454	1297	100-80-0.3	1.956	0.668	2303
100-40-2.0	3.672	2.3378	3764	100-80-0.3	2.048	0.668	1559
100-40-2.0	3.824	2.3378	3024	100-80-0.3	2.122	0.668	496
100-40-2.0	3.892	2.3378	2392	100-80-0.5	2.276	0.882	4087
100-40-4.0	5.971	4.2920	2112	100-80-0.5	2.334	0.882	1879
100-40-4.0	6.000	4.2920	1056	100-80-0.5	2.391	0.882	994
100-40-4.0	6.044	4.2920	750	100-80-1.4	3.368	1.810	1434
100-60-0.3	2.061	0.6420	3024	100-80-1.4	3.429	1.810	1235
100-60-0.3	2.164	0.6420	1869	100-80-1.4	3.491	1.810	825
100-60-0.5	2.129	0.8834	2102	100-80-2.0	3.674	2.374	3069
100-60-0.5	2.187	0.8834	1989	100-80-2.0	3.739	2.374	1518
100-60-0.5	2.341	0.8834	908	100-80-2.0	3.852	2.374	990
100-60-1.4	3.329	1.7784	1806	100-80-4.0	5.525	4.308	4087
100-60-1.4	3.386	1.7784	1595	100-80-4.0	5.756	4.308	2581
100-60-1.4	3.329	1.7784	1047	100-80-4.0	5.925	4.308	1129

注　X-Y-Z中X-Y表示质量比，Z表示围压。

3.2.3　循环加载力学特性

基于本次动力循环试验结果，下面对动力学指标进行研究分析，主要包括滞回曲线的变化规律、回弹模量、阻尼比、累积塑性变形、动力损伤特性和动强度变化规律。

1. 滞回曲线变化规律

以冻结掺合土料在 $W=100:0$ 和围压 $\sigma_3=0.3$MPa 下的应力应变曲线为例，如图3.7所示，给出了几个典型相邻滞回曲线的示意图，试验揭示了随循环次数 N 增加滞回曲线的变化规律。从图3.7（a）可以看出：①在初始循环次数内，滞回圈并不是标准的椭圆形状，它的下端是张开的，并不封闭，代表着塑性变形的发展规律；②随着循环次数的进一步增大，滞回曲线下端逐渐闭合，呈柳叶形，此时代表着塑性变形越来越小，塑性变形速率趋于稳定。

2. 回弹模量

回弹模量的定义采用如下方法：以某一滞回曲线为例，如图3.8所示，将卸载曲线和再加载曲线交点的斜率视为回弹模量。

基于三轴循环加载试验结果，将不同条件下的回弹模量试验结果进行统计汇总，如图

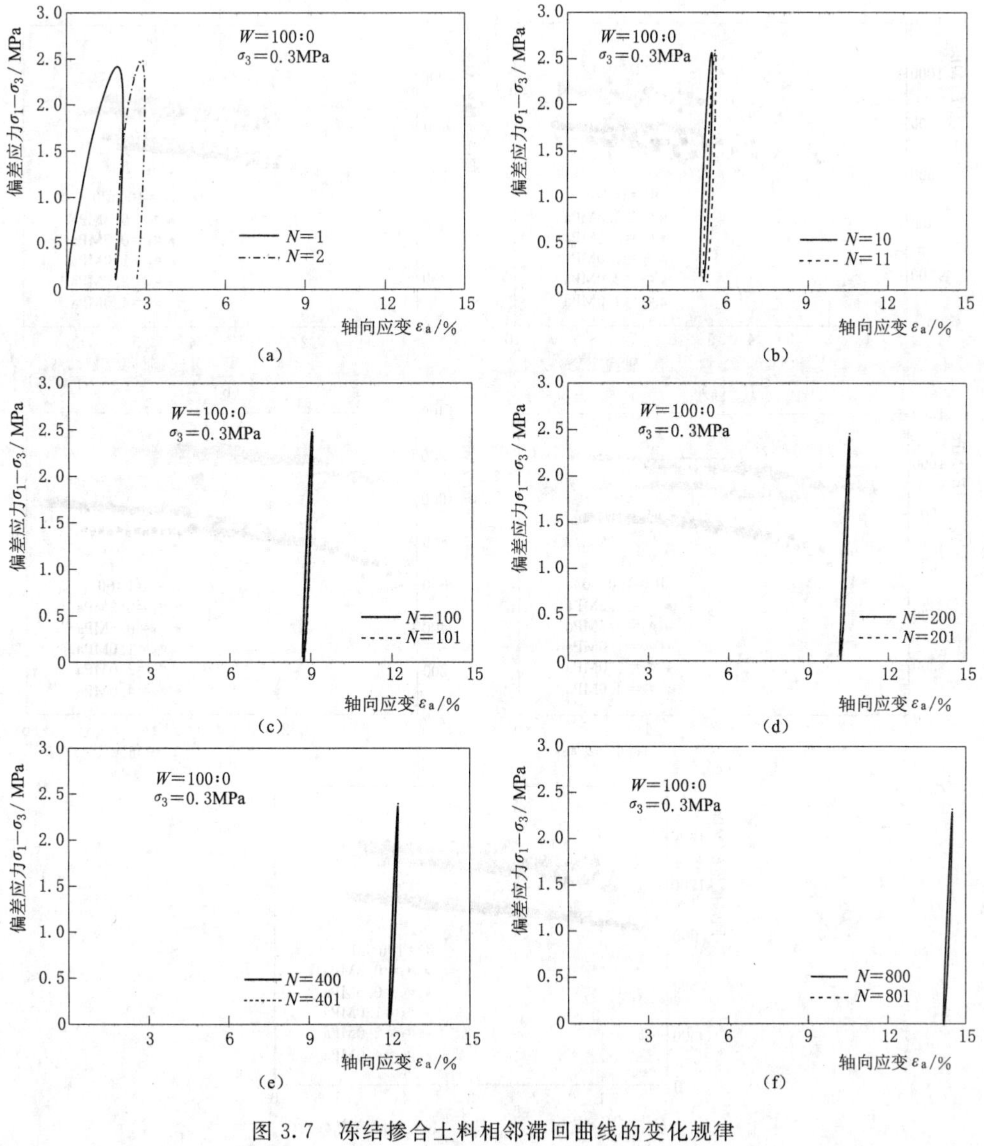

图 3.7 冻结掺合土料相邻滞回曲线的变化规律

3.9 所示，从图中可以看出：①在相同的粗颗粒含量下和不同的围压试验条件下，随着轴向变形的增加，回弹模量呈增加的趋势；②在相同的围压下，随着粗颗粒含量的增加，回弹模量在低围压（0.3MPa 和 0.5MPa）变化不太明显，而在高围压下（2.0MPa 和 4.0MPa），回弹模量逐渐增大。

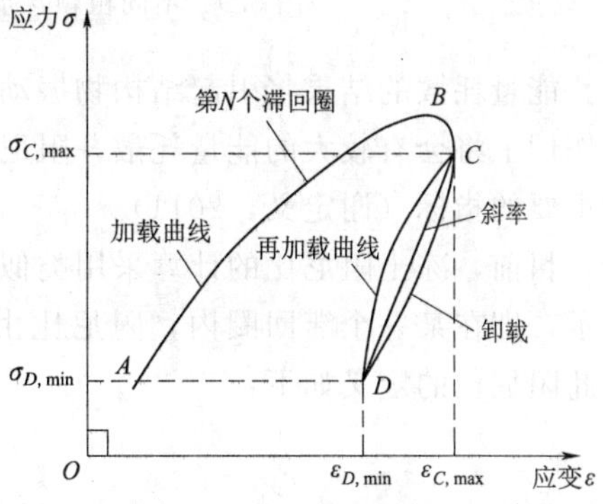

图 3.8 回弹模量的确定方法

3. 阻尼比

在岩土工程中，阻尼比常被视为岩土材料或结构物在循环荷载条件下的能量耗散的一种度

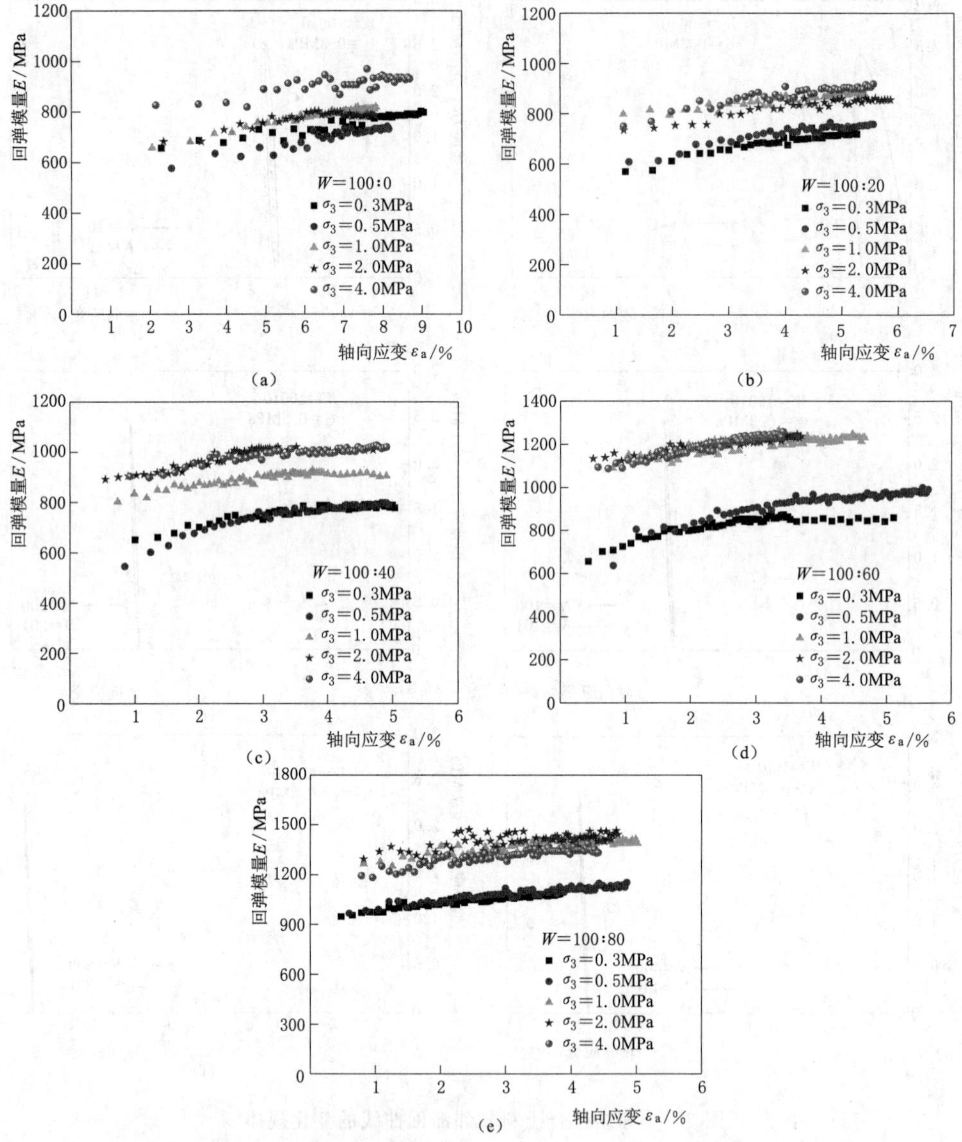

图 3.9　不同粗颗含量和不同围压下的回弹模量变化规律

量。能量耗散的结果将引起结构物振动的衰减，简而言之，具有较大阻尼的材料在动力荷载作用下将会有较大的能量耗散，阻尼比是动力条件下评价建（构）筑物安全性的一个非常重要的指标（谢定义，2011）。

目前，冻土阻尼比的计算采用类似融土中阻尼比的计算方法，如图 3.10 和 3.11（b）所示，即在某一个滞回圈内，阻尼比由滞回圈的面积 ΔW 和三角形阴影的面积 W 确定，因此阻尼比的定义如下：

$$\lambda=\frac{1}{4\pi}\frac{\Delta W}{W} \tag{3.1}$$

由于冻结掺合土料的循环三轴试验结果并不是标准的椭圆，而椭圆下端是张开的，因此在计算其阻尼比的时候，需要利用积分的方法将椭圆的面积进行分块求解，即采用如图 3.11（a）所示的方法，将椭圆的面积 $S_{ABCDEFA}$ 分解成 $S_{OA_1A_2}$、$S_{OA_2A_3}$、$S_{OA_3A_4}$等。基于冻结掺合土料循环三轴试验结果，求出每一个小三角形即阴影部分的面积，然后将三角形面积叠加后通过计算便可得到阻尼比。

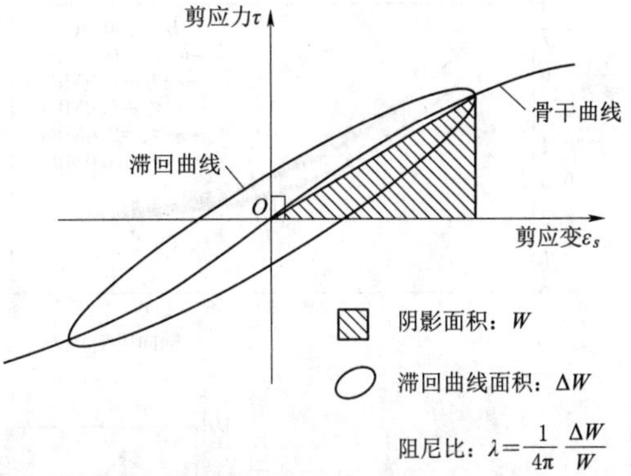

图 3.10　融土中关于阻尼比的确定方法

利用式（3.1）计算的阻尼比，统计的结果如图 3.12 所示，从图中可以看出：①在相同的粗颗粒含量下，随着轴向变形的增大，阻尼比逐渐减小；②当轴向变形 ε_a 大于 6%时，阻尼比逐渐趋于某定值。说明试样内部的耗散逐渐减小直至不再发生变化，此时可解释成冻结掺合土料内部的土颗粒、冰晶和粗颗粒之间的能量达到最优或者处于最低势能状态。

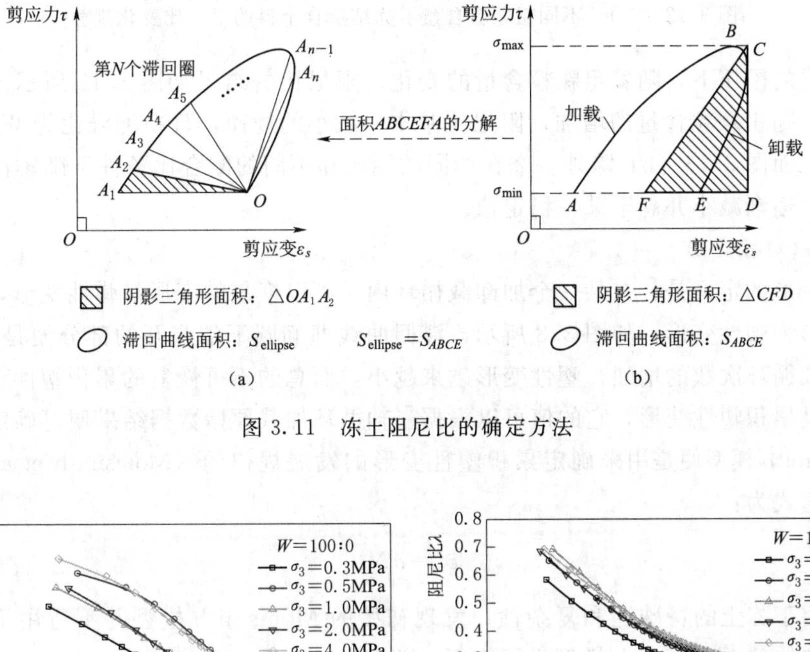

图 3.11　冻土阻尼比的确定方法

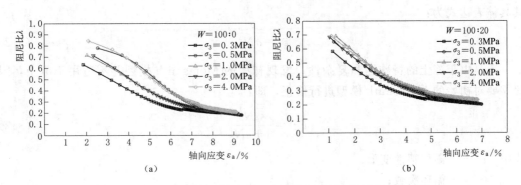

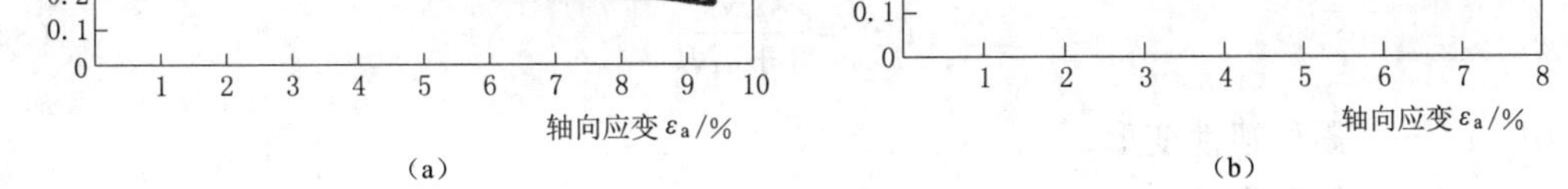

图 3.12（一）　不同粗颗粒含量下冻结掺合土料的阻尼比变化规律

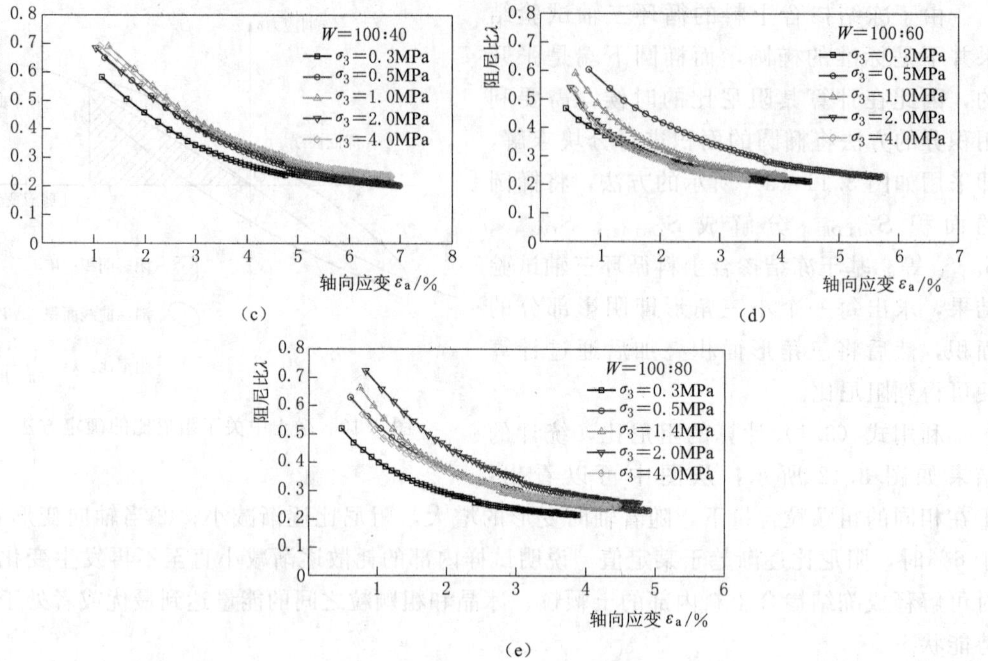

图 3.12（二）　不同粗颗粒含量下冻结掺合土料的阻尼比变化规律

在相同的围压下，随着粗颗粒含量的变化，阻尼比的结果如图 3.13 所示。从图中可以看出：①随粗颗粒含量的增加，阻尼比基本呈减小的规律，且在配合比为 $W=100:60$ 达到最小，而图 3.13（b）除外；②在相同的围压和不同的配合比条件下随轴向变形的增加，阻尼比逐渐减小并趋于某一稳定值。

4. 累积塑性变形

塑性变形的定义是：在某一个加卸载循环内，可以恢复的变形是弹性变形，而不可以恢复的变形为塑性变形，如图 3.8 所示，滞回曲线即椭圆下端张开的部分便是塑性变形。随着加卸载循环次数的增加，塑性变形越来越小，而总的不可恢复的累积塑性变形越来越大，这就是累积塑性变形，它的值可以根据三轴循环加载原始数据结果便可确定。

Monismith 模型便是用来确定累积塑性变形的发展规律的（Monismith et al.，1975），其具体表达式为：

$$\varepsilon^{p}=aN^{b} \tag{3.2}$$

正是由于冻土的特殊性和复杂性，发现初始的 Monismith 模型并不适用于冻土，因此需要对初始的 Monismith 模型进行修正，即：

$$\varepsilon^{p}=\frac{aN^{b}}{1+cN^{b}} \tag{3.3}$$

式中　ε^{p}——累积塑性变形；

N——循环次数；

a、b、c——基于试验结果确定的材料参数。

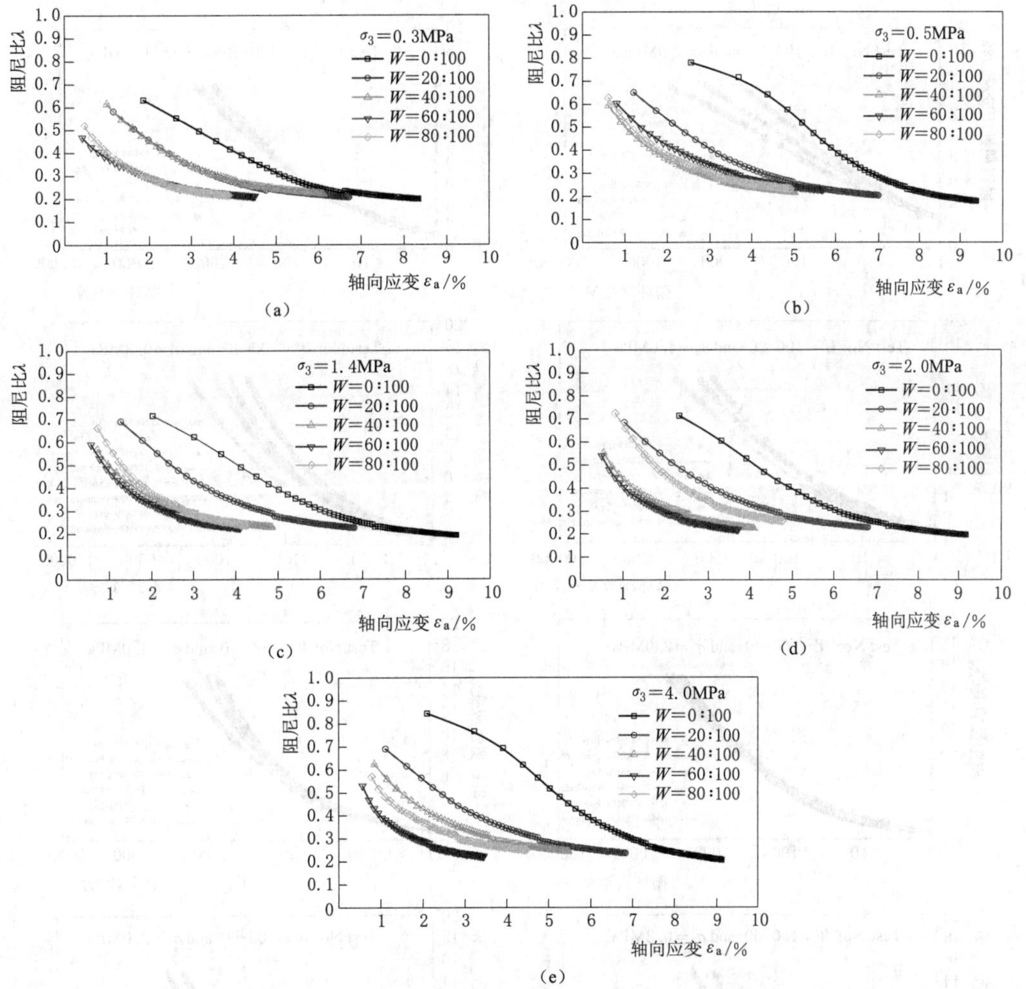

图 3.13 不同围压条件下冻结掺合土料阻尼比变化规律

图 3.14 仅给出了试验的部分累积塑性变形结果（点表示试验结果），随着循环次数的增加，累积塑性变形 ε_{accu} 逐渐增大而发生破坏，利用式（3.3）的修正 Monismith 模型能对累积塑性变形的发展规律有很好的预测（线表示预测结果）。表 3.2 给出了不同粗颗粒含量和围压条件下对式（3.3）中各参数的确定结果。

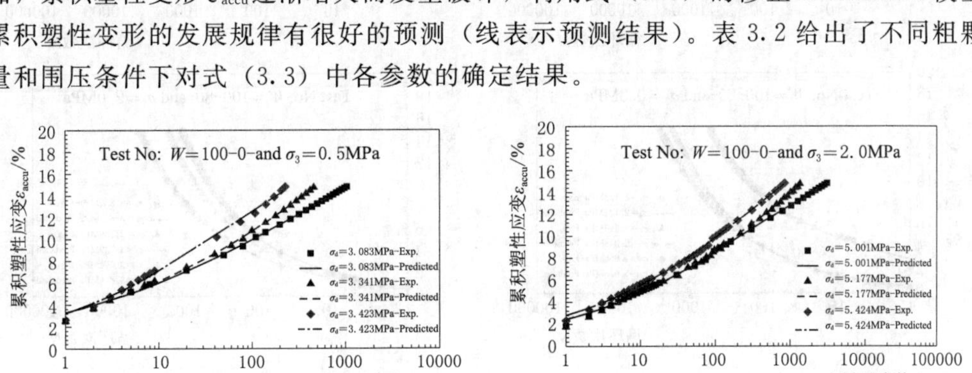

图 3.14（一） 冻结掺合土料累积塑性变形的试验和预测结果对比

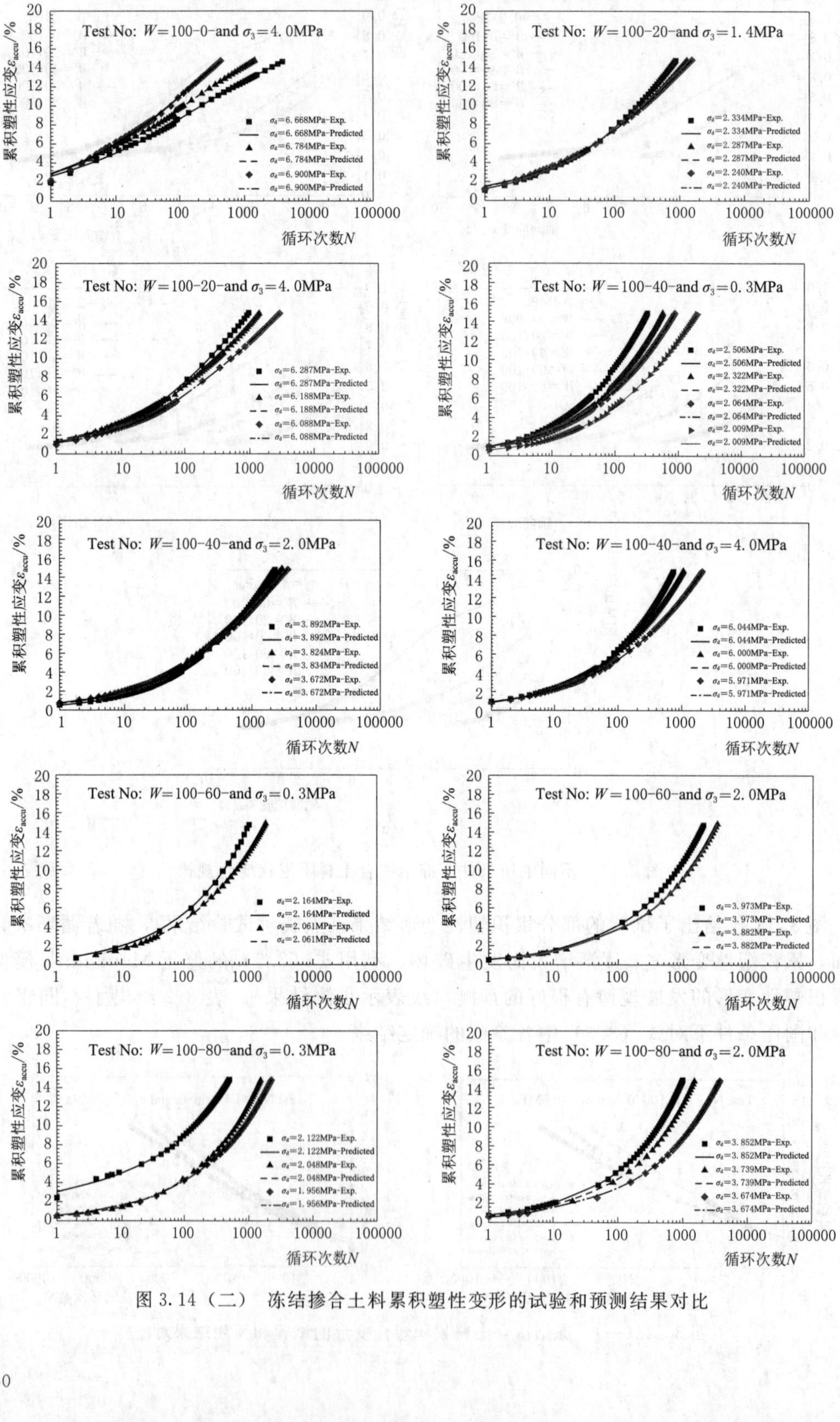

图 3.14（二）　冻结掺合土料累积塑性变形的试验和预测结果对比

表 3.2　　式 (3.3) 中的参数确定

围压 σ_3/MPa	轴向动应力 σ_d/MPa	a	b	c
0.3	3.426	2.385	0.5065	0.1002
	3.114	3.03	0.2977	0.05617
	3.057	1.785	0.3474	0.06031
0.5	3.083	3.747	0.3113	0.1381
	3.341	3.574	0.3132	0.09659
	3.423	3.766	0.4447	0.1705
1.0	4.224	2.913	0.3328	0.123
	4.292	2.841	0.3373	0.1076
	4.360	3.178	0.3889	0.1439
2.0	5.001	2.754	0.3637	0.1338
	5.177	2.684	0.3306	0.09128
	5.424	3.126	0.3464	0.1142
4.0	6.668	3.001	0.353	0.1515
	6.784	3.3	0.3627	0.152
	6.900	3.217	0.3889	0.1257
围压 σ_3/MPa	轴向动应力 σ_d/MPa	a	b	c
0.3	2.706	1.755	0.3964	0.03733
	2.657	1.538	0.4240	0.04041
	2.608	1.618	0.3670	0.03336
0.5	2.767	1.542	0.4116	0.05982
	2.717	1.485	0.4205	0.05108
	2.566	1.344	0.4461	0.03973
1.4	2.334	1.292	0.4382	0.03590
	2.287	1.524	0.3949	0.04410
	2.240	1.583	0.3975	0.05249
2.0	4.320	1.398	0.4486	0.04405
	4.226	1.292	0.4320	0.03731
	4.179	1.316	0.4171	0.05384
4.0	6.287	1.322	0.4251	0.03558
	6.188	1.508	0.3781	0.03810
	6.088	1.188	0.4128	0.04379
围压 σ_3/MPa	轴向动应力 σ_d/MPa	a	b	c
0.3	2.506	1.0310	0.5104	0.01713
	2.322	0.8336	0.5100	0.01692
	2.064	1.0110	0.4406	0.01766
	2.009	0.6165	0.4946	0.01855

续表

围压 σ_3/MPa	轴向动应力 σ_d/MPa	a	b	c
0.5	2.422	0.9860	0.4348	0.01338
	2.344	0.7200	0.4699	0.01498
	2.305	0.7270	0.4581	0.01806
1.4	3.279	0.7061	0.4614	0.01082
	3.210	0.8860	0.4048	0.01399
	3.107	0.7179	0.4267	0.01998
2.0	3.892	0.5130	0.5094	0.01563
	3.824	0.7103	0.4677	0.02408
	3.672	0.7750	0.4391	0.02500
4.0	6.044	0.8422	0.4508	0.00603
	6.000	0.8648	0.4439	0.01268
	5.971	0.9128	0.4143	0.01959

围压 σ_3/MPa	轴向动应力 σ_d/MPa	a	b	c
0.3	2.164	0.6279	0.4653	0.00265
	2.061	0.5608	0.4764	0.01025
0.5	2.341	0.8947	0.4407	0.01065
	2.187	0.5615	0.4678	0.00927
	2.129	0.6356	0.4266	0.00464
1.4	3.444	0.7488	0.4177	0.00438
	3.386	0.5916	0.4491	0.00340
	3.329	0.6235	0.4344	0.00356
2.0	3.973	0.5424	0.4457	0.00332
	3.882	0.5368	0.4113	0.00043
4.0	5.795	0.5358	0.4244	0.00361
	5.667	0.4697	0.4300	0.00864

围压 σ_3/MPa	轴向动应力 σ_d/MPa	a	b	c
0.3	2.122	2.4540	0.1651	−0.19410
	2.048	0.4973	0.4756	0.00319
	1.956	0.5850	0.4300	0.00354
0.5	2.391	0.6693	0.4614	0.00379
	2.334	0.6291	0.4336	0.00439
	2.276	0.5221	0.4228	0.00619
1.4	3.491	0.7930	0.4128	−0.00926
	3.429	0.6950	0.4022	−0.01033
	3.368	0.6265	0.4336	−0.00059

续表

围压 σ_3/MPa	轴向动应力 σ_d/MPa	a	b	c
2.0	3.852	0.7660	0.4089	−0.00815
	3.739	0.6583	0.4068	−0.00664
	3.674	0.5506	0.4032	0.00078
4.0	5.925	0.6402	0.4464	−0.00033
	5.756	1.0090	0.4375	0.01763
	5.525	0.5437	0.3958	0.00195

5. 动力损伤特性

目前，冻土材料中关于动力条件下的损伤变量 D 的定义方法很多，本书通过不同循环次数下的累计塑性变形和破坏最终的累计塑性变形（Liu et al.，2011，2012），来描述冻土的动力损伤特性，即不同循环次数下的动力损伤变量定义如下：

$$D=\frac{\varepsilon_{a,\mathrm{plastic}}^{N}}{\varepsilon_{a,\mathrm{plastic}}^{N_f}} \tag{3.4}$$

式中 D——动力损伤变量；

$\varepsilon_{a,\mathrm{plastic}}^{N}$——第 N 个循环条件下的累积轴向塑性变形；

$\varepsilon_{a,\mathrm{plastic}}^{N_f}$——发生破坏时的累积轴向塑性变形；

N_f——发生破坏时的循环次数。

基于循环三轴试验结果，利用表达式（3.4）预测的动力损伤变量结果如图 3.15 所示。从图中可以看出，随着循环次数的增加，动损伤变量逐渐增大，最终达到破坏；随着围压的变化，动损伤变量规律性不强，同时不同围压之间的动损伤差别不大。

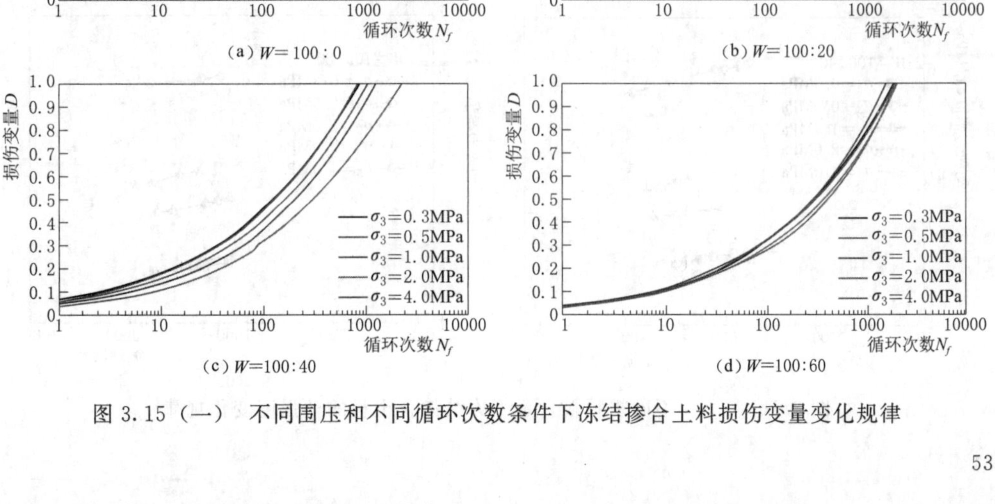

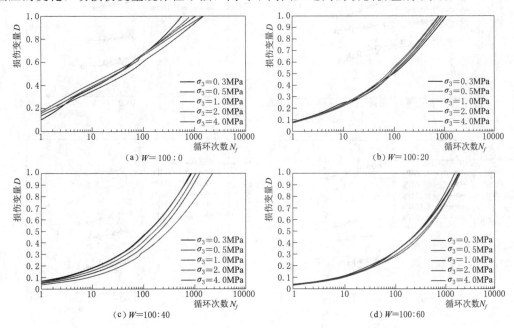

图 3.15（一） 不同围压和不同循环次数条件下冻结掺合土料损伤变量变化规律

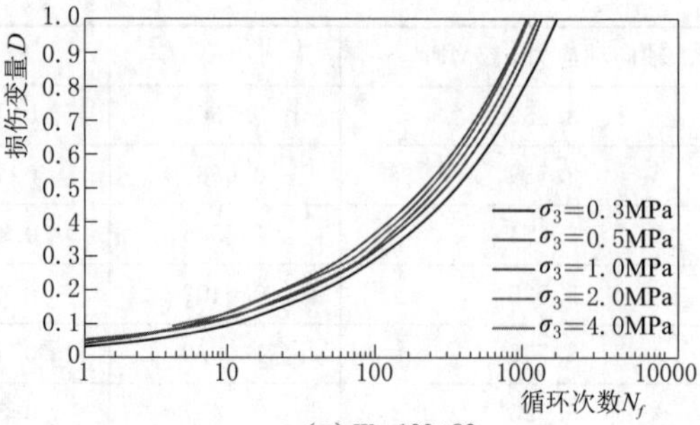

(e) W=100∶80

图 3.15（二）　不同围压和不同循环次数条件下冻结掺合土料损伤变量变化规律

6. 动强度变化规律

对于融土来说，动强度的定义主要采用砂土液化标准、极限破坏法、损伤破坏应变法和屈服应变法等标准。在上述方法中，损伤破坏应变法和屈服应变方法得到了广泛的应用，认为在动荷载作用下，当轴向变形达到 5%时，认为材料发生破坏。由于冻土的弹性模量大约是常规融土的两个数量级。因此，在轴向变形 5%内，冻结掺合土料的弹性行为仍占主导地位，而塑性变形不太明显，此时认为材料发生破坏不太合理。为此，本书认为轴向变形到 15%时冻土达到破坏，不同粗颗粒含量下动强度变化规律结果如图 3.16 所示，纵坐标 σ_d 表示动应力幅值，横坐标 $\lg_{10} N_f$ 表示循环次数的对数关系。试验结果表

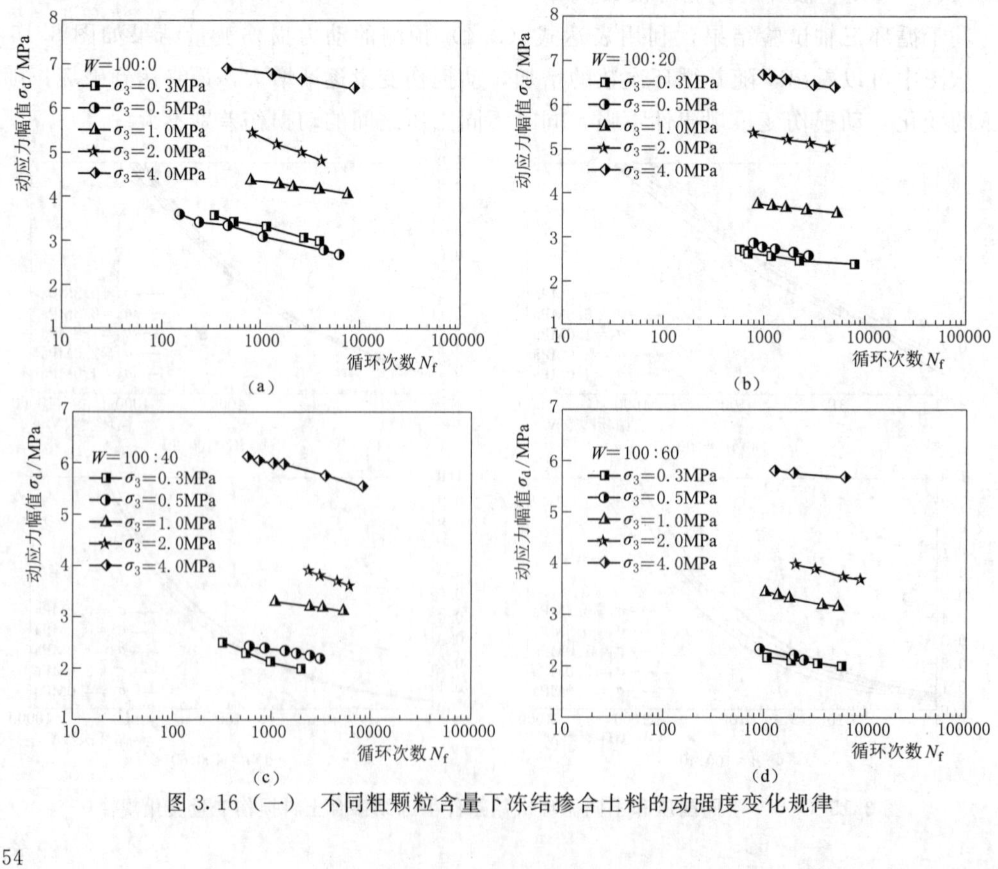

图 3.16（一）　不同粗颗粒含量下冻结掺合土料的动强度变化规律

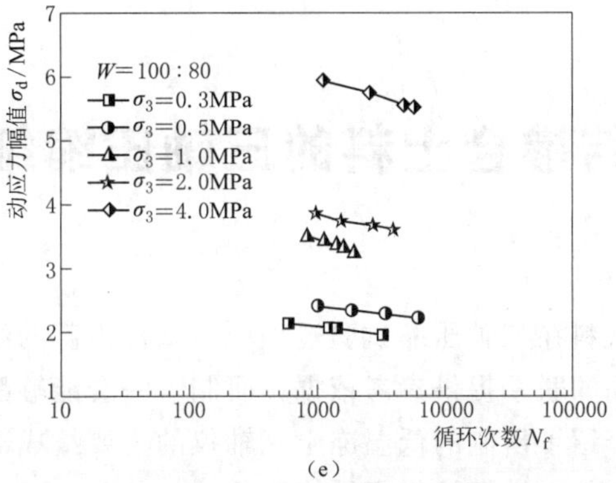

(e)

图 3.16（二）　不同粗颗粒含量下冻结掺合土料的动强度变化规律

明，随着循环次数的增加，冻土的动强度逐渐减小，在单对数坐标系中，动应力幅值与循环次数接近线性关系，同时从图 3.16 可以看出，围压越大，冻土的动强度越大。

3.3 小　结

本章通过利用粉质黏土和不同含量的细砾进行室内静力和循环三轴试验，来模拟现场掺合土料在静力和循环条件下的力学特性，主要得到了如下结论：

（1）冻结掺合土料在静力条件下低围压和高围压作用时均表现为应变软化，试验发现随着粗颗粒含量的增大，冻结掺合土料的强度逐渐降低。同时从体积变形规律结果发现，不同围压条件下，体积应变首先表现为体积压缩现象，随后发生体积膨胀现象；围压越低，初始较小应变下体积压缩量越大，且在大应变条件下体积剪胀量越大；随着围压增大，体积压缩量和膨胀量逐渐减小，这与一般冻土的体积变形规律有一定的区别。

（2）在不同的围压和配合比条件下，冻结掺合土料在循环试验条件下的动应力应变和动体积变形规律基本一致，即随循环次数的增加，动应力-应变曲线由稀疏变得密集；动体积变形曲线由初始的压缩阶段逐渐转变为体积膨胀现象。通过分析三轴循环试验结果，总结出了一些动力学指标的变化特点，如滞回曲线变化规律、回弹模量、阻尼比、累计塑性变形、动力损伤变量特点和动强度变化规律。其中，滞回曲线由初始的非标准椭圆形状逐渐变成柳叶形的闭合曲线；回弹模量随粗颗粒含量的增加和围压的增大而增大；阻尼比代表耗散的发展规律，随轴向变形的增加而减小，同时随粗颗粒含量的增大而减小，最终趋于某一稳定值；累计塑性变形代表不可恢复的塑性变形，在加载初期增大较快，随后逐渐趋于稳定，利用了修正 Monismith 模型对冻结掺合土料的累积塑性变形进行合理的预测；动力损伤变量利用轴向累计塑性变形进行表示，表达式中参数物理意义明确，且随变形的增大，损伤变量逐渐增大；最后给出了冻结掺合土料的动强度的变化规律——随着应变的增加，动强度增大。

第4章　冻结掺合土料的三轴压缩细观结构演化

为了研究冻结掺合土料在三轴压缩试验过程中，试样内部的细观结构演化规律以及为建立宏观与细观力学之间的联系提供参考依据，研制了一套能够配合CT进行动态扫描的冻土低温三轴仪。本章介绍了研制的低温冻土三轴仪的主要组成部分、仪器参数、主要功能等，以及冻结掺合土料的三轴压缩细观结构演化。

4.1　配合医用CT动态扫描的低温三轴仪的研制与调试

4.1.1　引言

计算机断层扫描（CT）作为一种能够无损检测物体内部细观结构的手段被广泛的应用于医疗、食品等各个领域，同时也吸引了岩土工程领域各个方向学者的关注和研究。计算机断层扫描（CT）的原理是通过从同一平面，不同的角度发射X射线穿透被检测的物体，然后利用计算机分析X射线的衰减情况反算出被扫描断面的各个单元对X射线的吸收情况，最后得到扫描断面的CT数分布图像。为此，研制了能够配合计算机断层扫描（CT）的动态扫描低温三轴仪（图4.1）。

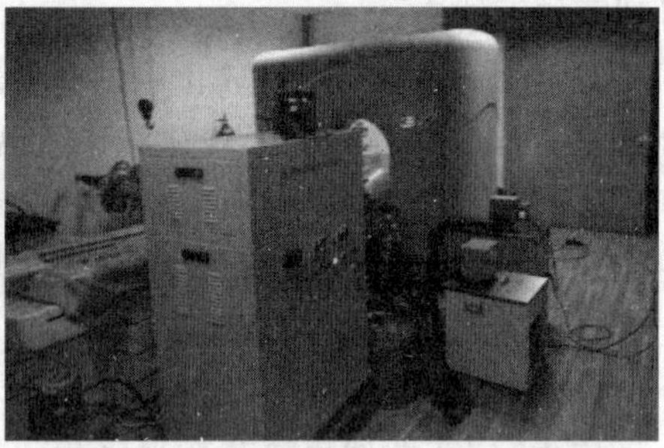

图4.1　能配合CT进行动态扫描的低温冻土三轴仪

该低温三轴仪总共包含三轴主机系统（含传感器）、围压稳定跟踪系统、轴压稳定跟踪系统、控制柜及电气系统、计算机控制采集系统5个部分；围压仓材料采用强度高、对X射线吸收系数小的航空铝来降低围压仓对CT扫描结果的影响，在围压仓的两端各放置一个温度探头来监测试验过程中围压仓内的温度。加工研制的低温三轴仪能够对50mm×100mm和61.8mm×125mm两种国际标准的试样尺寸开展不同围压、不同低温条件下的常规三轴、蠕变、加卸载等试验；低温三轴仪主要的系统参数有：最大的加载围压为10MPa，最大的轴向加载荷载是200kN，最大的轴向加载位移是30mm。在加载的过程中，能够对围压进行伺服控制，对温度数据、轴向荷载和轴向位移数据进行自动采集。由于是自主研制、加工的试验仪器，首先需要对该仪器进行了一段时间的调试以检查试验设备的围压伺服控制系统、轴向加载、数据采集以及零件密封等性能。在设备调试过程中，解决了试验过程中出现的漏油、围压不稳等一系列问题；经过调试后，试验设备能顺利的开展低温条件下的常规三轴、蠕变、加卸载等试验研究，并且能够满足在加载的过程中对试样进行CT扫描。

4.1.2　低温三轴仪测试

为了进一步系统地测试低温三轴仪设备的稳定性能，开展了不同负温、不同围压条件下饱和冻结砂岩三轴压缩试验。选取冻结砂岩作为测试材料主要有两个原因：①冻结砂岩强度高，能够测试设备在接近设计极限荷载情况下的负温控制、轴向加载、围压控制性能的稳定性；②原因二是寒区工程建设过程中不仅涉及到冻土，还会涉及到冻结岩石，比如寒区隧道、岩质边坡、矿区井筒以及人工冻结法施工等，但是目前针对冻结岩石宏观与细观力学性能的研究还相对较少。

1. 试验样品的制备

将季节冻土区取到的块石通过切削、打磨得到50mm×100mm的岩石标准试样，然后将岩石标准试样在105℃的烤箱中进行烘烤24h后，在干燥器内冷却至室温，然后对其进行称重；将干燥后的岩石试样放入抽气饱水罐中进行抽气饱和24h；为了防止水分散失，将饱和后的砂岩试样包裹上保鲜膜放入到－30℃的冰箱中进行迅速的冷冻；经过48h的冷冻后，取出饱和的冻结砂岩进行称重，然后将试样两端用导热不良的环氧树脂垫片固定，并在砂岩外面套上专用的耐油橡皮薄膜，处理好后将试样放入到试验设计温度的恒温箱中静置24h，使样品内部温度达到均匀。部分饱和冻结砂岩样品的物理参数见表4.1。

表4.1　　部分饱和冻结砂岩样品基本物理参数

试样编号	干密度/(g/cm^3)	饱和密度/(g/cm^3)	含冰量/%	孔隙率/%
C7	2.24	2.36	5.60	6.40
A4	2.24	2.37	5.76	6.59
B9	2.28	2.41	5.65	6.56
C3	2.25	2.38	5.53	6.35
A10	2.27	2.39	5.59	6.46
C2	2.26	2.39	5.77	6.65
B10	2.26	2.38	5.83	6.70
C10	2.27	—	—	6.60

注　C10是干燥样品。

2. 试验过程

CT动态扫描条件下，冻结砂岩的三轴压缩试验的步骤主要有以下几个部分：

(1) 从恒温箱中取出已经处于试验设计温度的冻结砂岩，放入到围压室中，然后将轴向压杆放入到环氧树脂的凹槽中，安装上围压密封圈，通过法兰盘和螺杆将围压室紧密的连接在轴向加载装置上（图4.2、图4.3）。

(2) 将围压室套上保温罩后，将围压室的两端各连接上一台冷浴，通过围压室金属壁中的两条独立的液体通道对围压室进行降温，然后使用轴向加载系统使轴向压头与试样接触，随后往围压室注入液压油，排尽围压室的空气后关闭排气阀后静置降温，并通过上下两个温度探头监测围压室的温度变化情况，当两个温度探头监测的温度都接近试验设计温度，并且误差在0.2℃时，认为温度控制达到了稳定（图4.4）。

(3) 通过围压加载系统对冻结砂岩施加试验设计的围压，静置一段时间以使得温度重新恢复稳定；然后将整个装置使用起重机吊上CT仪（图4.5），进行初次CT扫描；随后连接上轴向位移传感器，在计算机操作软件上设置好试验参数后开始轴向加载，轴向加载速率设定为 0.1mm/min；在加载的过程中，对试样进行多次的 CT 动态扫描，以及对数据的实时采集，采集频率为 0.5Hz，当岩石达到破坏后停止试验。

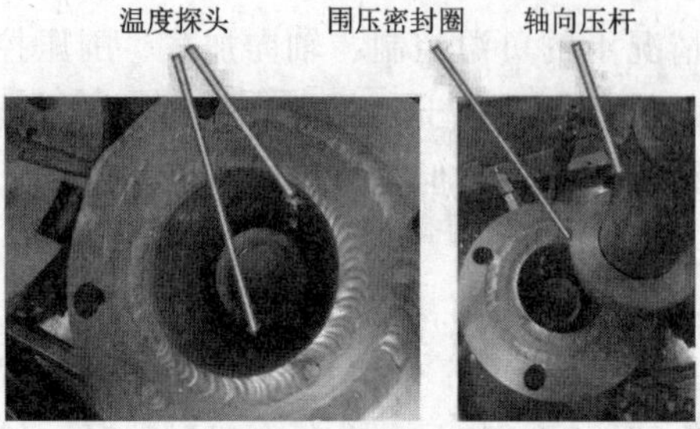

图 4.2　围压室和轴向加载杆

图 4.3　围压室与轴向加载连接

图 4.4　围压室进油排气和降温

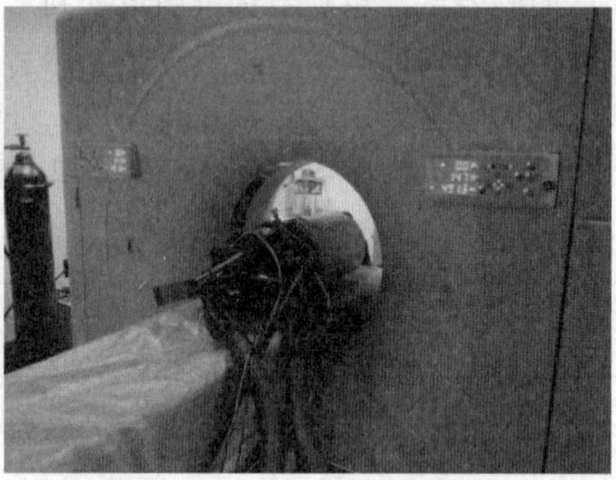

图 4.5　CT 仪对试样进行扫描

3. *冻结砂岩 CT 扫面图像分析*

运用计算机图形学和图像处理技术，将计算机断层扫描（CT）获得的断层二维扫描图像序列按照一定的算法在计算机中重建成三维图像。三维图像的重建技术在医学领域发挥着越来越重要的作用，三维重建对于图像数据的可视化，更加直观的观察物体的形态具有重要的意义。借鉴医学 CT 扫描三维重建技术，将其应用于观测三轴剪切过程试样的破坏过程，对于理解加载过程中试样内部细观结构的变化规律，以及试样的破坏模式具有重要的意义。CT 断层扫描图像的三维重建方法主要有两种方法：第一种是基于表面重建，使用几何单元来拟合实际物体的表面来建立物体的三维结构，主要包括边界轮廓线表示法和表面曲面表示法；第二种是直接体绘制，即直接根据扫描的数据，按照一定的算法直接构建物体的体元素，主要包括基于等值面的体绘制和直接体视法。本节使用医用 CT 图像处理软件，根据冻结岩石破坏后的 CT 扫描图像序列，采用基于表面重建的方法对冻结砂岩破坏后的试样 CT 扫描断面图进行了三维重建，然后采用软件自带的功能提取了冻结岩石的破坏曲面三维形态。图 4.6 显示了试样 CT 扫描横断面图，以及利用破坏后的冻结岩石扫描的 CT 横断面图进行的破坏面三维重建图像。三维重建的方法可以为数值计算提供一种对比的依据，用来验证数值计算的准确性。

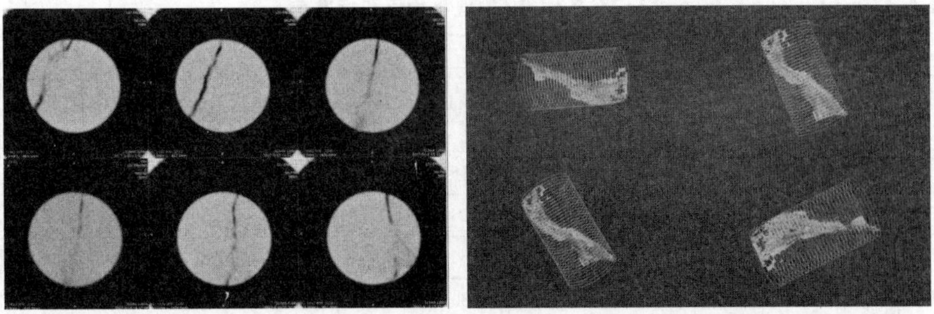

图 4.6 冻结砂岩破坏后的 CT 扫描图像及三维重建图像

CT 图像成像原理已经在许多论文中介绍过了（蒲毅彬，1993；赵玥等，2017），CT 图像是由许多 CT 值组成，CT 值类似于照片的像素值，可以通过单元体对 X 射线的吸收率来计算，定义为：

$$H=1000\times(\mu_{rm}-\mu_{bz})/\mu_{bz} \tag{4.1}$$

式中 μ_{bz}——测定物质的 X 射线衰减系数；

μ_{rm}——标准物质的 X 射线衰减系数。

一般情况下水的 CT 值为 0Hu，空气的 CT 值为−1000Hu，CT 值的大小基本与物质的密度成正比（Raynaud et al.，1989）。在位移加载的过程中，对冻结砂岩样品进行 CT 动态扫描，每个样品确定三个大致相同的 CT 扫描点：第一个扫描点为初始扫描，第二个扫描点定为压密阶段结束、弹性阶段开始的时候，第三个扫描点选择弹性阶段接近结束的时候，其他的扫描点根据应力-应变曲线变化的趋势择机进行 CT 扫描（图 4.7），每次扫描产生 44 张横断面图，每两张横断面图间隔 3mm。

选取 CT 横断面扫描图像中的一个圆形区域［图 4.8（a）］作为感兴趣区域，为了消除端部效应，选择中间 30 层 CT 横断面扫描图像作为分析对象［图 4.8（b）］；利用程序统计计算了所选择的 30 层 CT 横断面扫描图像的感兴趣区域的 CT 数平均值和标准差，认为计算得到的值代表该次扫描整个试样的 CT 值平均值和标准差。表 4.2～表 4.4 列出了不同温度、不同围压条件下每次扫描所对应的整个试样的 CT 值平均值和标准差。

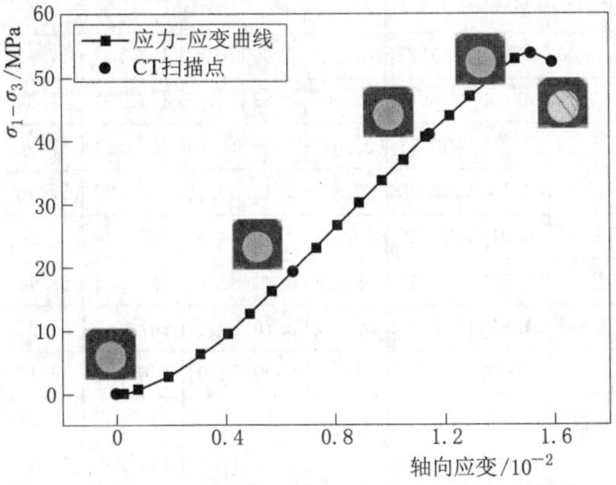

图 4.7 轴向加载过程中 CT 扫描点选取

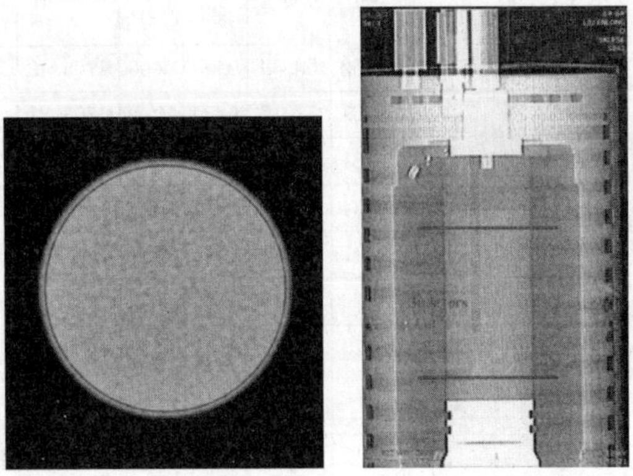

（a）感兴趣区域　（b）分析对象

图 4.8 冻结砂岩 CT 扫描图像研究区域的选取

表 4.2　　　　　　　　　　−2℃条件下CT值平均值和标准差

扫描编号	围压 0MPa				围压 1MPa				围压 2MPa				围压 3MPa			
	应变/%	应力/MPa	平均值	标准差	应变/%	应力/MPa	平均值	标准差	应变/%	应力/MPa	平均值	标准差	应变/%	应力/MPa	平均值	标准差
1	0.00	0.00	1761.62	54.24	0	0.00	1718.20	60.16	0.00	0.00	1710.08	59.36	0	0	1698.13	58.47
2	0.68	24.01	1762.73	53.76	0.69	15.92	1718.96	60.26	0.64	15.99	1710.64	59.25	0.69	14.43	1698.75	58.38
3	1.31	42.53	1762.02	52.97	1.30	31.56	1718.23	61.50	1.32	39.09	1711.26	59.49	1.44	38.80	1698.87	58.50
4	1.50	47.46	1756.46	54.09	1.57	39.78	1717.66	61.80	1.75	53.65	1711.17	59.62	2.02	57.71	1698.83	58.29
5	1.61	47.67	1739.05	87.12	1.99	52.69	1716.47	61.57	1.93	58.37	1710.92	59.41	2.45	70.26	1698.38	58.43
6	1.80	35.95	1650.27	244.4	2.17	57.41	1713.28	63.26	2.15	62.96	1709.54	60.30	2.78	76.31	1695.13	58.83
7	—	—	—	—	2.32	57.52	1698.54	75.88	2.56	67.77	1700.63	64.30	2.90	72.03	1680.62	61.50
8	—	—	—	—	2.42	50.62	1631.82	178.97	2.71	58.55	1646.33	131.52	3.48	66.46	1651.72	120.35

表 4.3　　　　　　　　　　−6℃条件下CT值平均值和标准差

扫描编号	围压 0MPa				围压 1MPa				围压 2MPa				围压 3MPa			
	应变/%	应力/MPa	平均值	标准差	应变/%	应力/MPa	平均值	标准差	应变/%	应力/MPa	平均值	标准差	应变/%	应力/MPa	平均值	标准差
1	0.00	0.00	1755.43	57.27	0.00	0.00	1681.32	57.32	0.00	0.00	1686.21	57.79	0.00	0.00	1712.51	58.07
2	0.71	16.80	1756.02	57.33	0.89	18.74	1681.91	57.73	0.96	16.58	1686.30	57.63	29.18	1.39	1713.02	58.00
3	1.40	40.61	1755.90	57.35	1.58	39.77	1682.13	57.75	1.25	25.79	1686.03	57.55	48.56	2.09	1712.30	59.50
4	1.83	54.43	1753.53	57.00	1.93	50.54	1681.95	57.44	2.30	61.90	1684.92	57.48	52.39	2.25	1711.75	59.83
5	1.99	57.73	1744.94	58.91	2.22	58.49	1681.26	57.52	2.62	70.78	1679.97	57.61	56.65	2.44	1709.15	59.14
6	2.13	55.06	1654.30	365.34	2.42	62.73	1677.57	56.93	2.76	69.63	1662.18	59.43	67.24	3.06	1702.28	59.22
7	—	—	—	—	2.52	63.04	1671.18	58.22	2.81	66.43	1631.71	109.19	66.42	3.41	1662.69	108.47
8	—	—	—	—	2.66	56.07	1613.23	166.36	—	—	—	—	—	—	—	—

表 4.4　　　　　　　　　　−10℃条件下CT值平均值和标准差

扫描编号	围压 0MPa				围压 1MPa				围压 2MPa				围压 3MPa			
	应变/%	应力/MPa	平均值	标准差	应变/%	应力/MPa	平均值	标准差	应变/%	应力/MPa	平均值	标准差	应变/%	应力/MPa	平均值	标准差
1	0.00	0.00	1754.52	58.39	0.00	0.00	1706.42	59.50	0.00	0.00	1690.21	57.97	0.00	0.00	1677.42	57.43
2	0.60	16.95	1755.63	58.17	0.50	14.89	1706.81	59.17	0.50	16.46	1690.5	57.88	0.63	2.62	1677.91	57.64
3	1.29	40.75	1754.51	58.55	1.20	38.64	1706.53	59.40	1.30	42.23	1690.37	57.70	1.59	14.81	1678.11	57.48
4	1.97	64.15	1751.34	58.05	1.74	57.14	1706.02	59.34	2.01	66.14	1689.29	57.40	2.44	39.18	1677.82	57.46
5	2.10	67.38	1746.17	58.11	2.19	70.04	1699.84	58.69	2.35	76.01	1686.82	57.23	2.95	54.35	1677.44	57.50
6	2.22	67.38	1724.29	60.19	2.36	68.46	1680.17	60.03	2.51	77.51	1676.43	59.04	3.31	60.64	1676.64	57.45
7	2.31	63.04	1645.20	469.70	2.47	60.98	1610.58	133.22	2.57	74.34	1631.32	143.22	3.76	70.11	1672.65	56.52
8	—	—	—	—	—	—	—	—	—	—	—	—	4.00	73.91	1666.39	56.17
9	—	—	—	—	—	—	—	—	—	—	—	—	4.12	74.23	1657.62	57.27
10	—	—	—	—	—	—	—	—	—	—	—	—	4.24	71.35	1640.70	62.97
11	—	—	—	—	—	—	—	—	—	—	—	—	4.46	17.05	1586.85	132.92

根据表中的统计数据可以看出第二次扫描的CT值平均值比第一次的要大，而标准差要小，正好对应于岩石的压密阶段；随着轴向荷载的增加，CT值平均值不断减小，说明冻结岩石内部裂纹发育；当冻结砂岩接近破坏时，CT值平均值明显变小，标准差增加，对应于裂纹加速扩展、贯通阶段。

4.2 基于CT实时扫描冻结掺合土料三轴试验及结果分析

4.2.1 试验设计

1. 试验材料及样品制作

由于室内试验仪器的限制，无法开展大尺寸试样的冻结掺合土料三轴压缩试验。为此，本书使用粉质黏土和细砾的混合物模拟冻结掺合土料，以此来探究冻结掺合土料的宏细观力学性质。本书试验所用的土样是将粉质黏土与细砾（2～4mm）按照一定的质量比W进行混合而成（图4.9），例如$W=100:20$表示一个标准样中土颗粒基质的质量与细砾的质量之比为100：20；试样所用的粉质黏土的物理性质指标为：天然含水率为10.23%，粉质黏土的液限、塑限分别为26.32%和18.34%。参考国家规范《土工实验方法标准》（GB/T 50123—1999），将取得的粉质黏土经过晾晒、碾压，然后过筛去除有机物等杂质；将处理后的粉质黏土装袋，测量并且记录下含水率为1.37%。

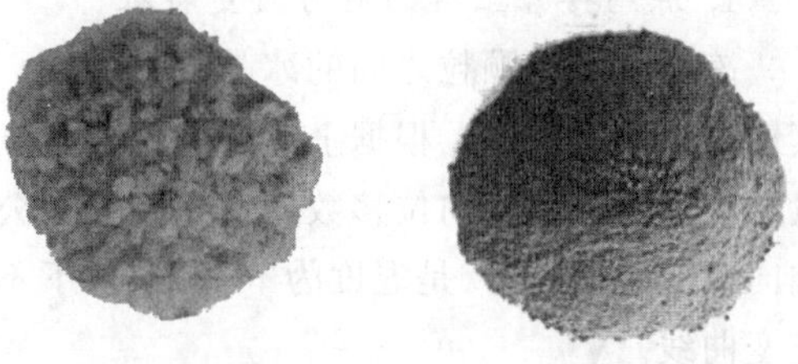

(a) 2～4mm 细砾　　(b) 粉质黏土

图4.9　冻结混合土中粉质黏土和细砾示意图

本次试验采用控制干密度的方法进行试样制作，即根据不同粉质黏土-砾石质量配比所得到的试样的干密度均相同，根据以往冻土三轴试验试样的干密度设置经验，将冻结混合土的干密度设定为1.78g/cm^3。根据设定好的干密度分别计算相对应质量配比的粉质黏土和砾石的质量。为了便于混合物压制成标准试样的形状，在粉质黏土中加入一定量的纯净水使得其含水率达到16%，然后将含水率为16%粉质黏土和细砾按照计算设定的质量放入密封塑料袋中进行混合，然后将掺合土料静置24h以确保混合土中的水分迁移均匀；然后利用特制的制样机和圆柱形模具，将静置好的混合土倒入圆柱形模具中，使用制样机将掺合土料压制成符合国际标准的高为125mm、直径为61.8mm的标准试样，将试样上下两端放置透水石，使用侧向金属三瓣模和固定架将冻结掺合土料固定，然后将处理好的试样放入密闭的真空饱和罐中，抽真空不少于3h之后，向真空饱和罐中注入纯净水，静置12h以确保试样能够充分的饱和；取出饱和罐中的试样，将试样两端的透水石换成塑料垫片，然后将试样放入－30℃的冰箱中快速冷却以防止冰透镜体的产生；冻结时间达到48h后，取出试样后，脱掉三瓣模，套上隔水橡胶套，试样两端的塑料垫片换成能配合冻土三轴仪进行轴向加载的环氧树脂垫片，然后放入恒温箱中静置24h使得试样内外部温度达到一致。

2. 试验方案及过程

借助于调试成功的能配合 CT 进行实时扫描的低温冻土三轴仪，开展了－6℃条件下的不同围压（0.5MPa、1MPa、2MPa、3MPa、）、不同配比（细粒与粗粒的质量比分别为100∶0、100∶10、100∶20、100∶40）的冻结掺合土料的三轴压缩试验。冻结掺合土料的三轴加载过程中的 CT 扫描试验步骤跟第 4.1.2 节冻结砂岩的步骤相同。冻结掺合土料三轴压缩试验的轴向加载的速率设置为 0.3mm/min，在三轴压缩试验的轴向加载过程中，对试样总共进行 8 次 CT 扫描，分别当轴向应变达到 0、2%、4%、6%、8%、10%、12%、15%时进行 CT 扫描。在三轴压缩试验过程中，当试样的轴向应变达到 15%时认为试样已经发生了破坏，所以在执行后最后一次扫描后，轴向加载继续再进行一段时间后终止试验。为了便于分析，本节根据土力学的规定认为试样在受压状态下的应力和应变为正值。

4.2.2 试验结果及分析

1. 冻结掺合土料的应力应变特征

冻土由于土颗粒之间的冰晶胶结作用，使得冻土的力学性质比融土的要更加的复杂，其影响因素也更多。根据上述的冻结掺合土料三轴剪切试验得到的不同围压、不同细砾含量的轴向荷载和轴向位移数据，并且利用公式对轴向应变进行修正，计算得到轴向应力和轴向应变。图 4.10 是温度为－6℃条件下不同围压、不同配比的冻结掺合土料的应力-轴应变曲线。

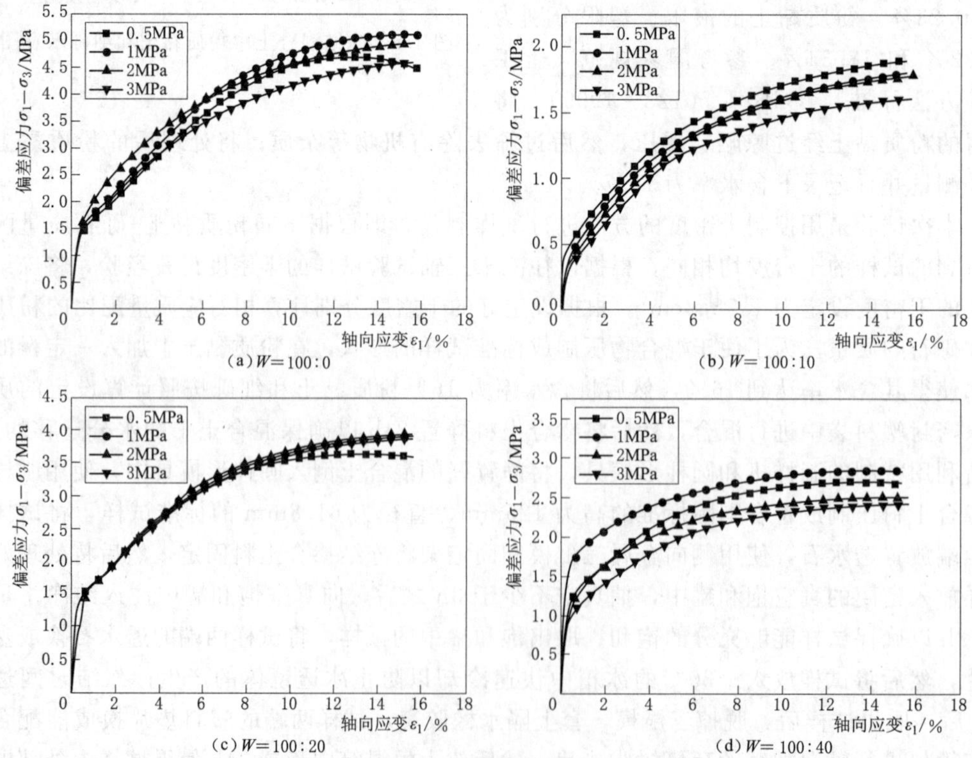

图 4.10 不同围压、不同配比的冻结掺合土料的应力-轴应变曲线

根据偏应力-轴应变曲线可以看出，应力-应变曲线基本上呈现应变硬化的规律；同一细砾含量条件下，随着围压的增加，冻结掺合土料的强度先增加后降低；冻结掺合土料的强度在0.5～1.0MPa的范围内达到最大值，当围压超过1MPa时，冻结掺合土料的强度随着围压的增加不断下降。融土的三轴压缩强度基本上随着围压（通常为基于有效应力原理表示的有效围压）的增加而降低，冻土的强度随着围压的变化规律有所不同主要是因为围压会对冻结基质的冰晶胶结产生作用，从而影响冻土的应力应变特征。

2. 冻结掺合土料的CT扫描结果分析

在三轴压缩加载的过程中对试样进行CT扫描，有利于探究轴向加载过程中试样形态的变化规律；观察试样细观结构，内部裂纹的发育情况等；对建立冻结掺合土料的宏观力学性质与细观结构之间的联系具有重要的意义。

图4.11为轴向应变分别为0、2%、4%、6%、8%、10%、12%和15%时，粉质黏土与细砾的质量配比为100：20的冻结掺合土料的CT纵断面扫描图。从图中可以看出高亮部分是细砾，灰色区域是冻土基质；当轴向应变在0～4%范围内时，整个试样的径向应变基本相等；当轴向应变在8%～15%范围内时，试样的中下部的径向应变明显大于两端的，试样的中下部出现显著的鼓胀。利用该试样CT扫描的横断面图对轴向应变分别为0、6%、10%和15%时CT扫描图像结果，进行了三维重建（图4.12）。三维重建能够更加直观的揭示轴向加载过程中试样的形态变化规律，可以为数值计算所模拟的位移场结果提供对比依据。

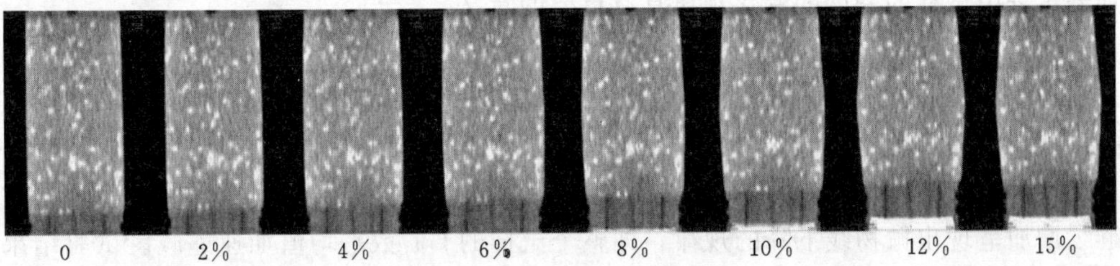

图4.11 不同轴向应变条件下冻结掺合土料的CT纵断面扫描图（W=100：20）

取粉质黏土与细砾的质量配比为100：0的第15号冻土试样，对加载过程中每次扫描的第20层CT横断面进行伪彩色增强图像处理。由于人的生理视觉系统对于灰度值的变化感觉不够敏感，但是对于色彩的变化十分敏感。伪彩色增强图像处理就是根据这一特征，通过一定的数学算法将人眼不敏感的灰度图像映射为人眼敏感的彩色图像，增加人眼对灰色图像细微变换的分辨率。在图像处理技术中，伪彩色增强图像处理应用十分广泛且效果显著。常见的彩色增强技术主要有假彩色增强和伪彩色增强两大类，此处对CT扫描横截面图采用的伪彩色增强，根据灰度值按照一定的映射关系求出R、G、B的值，组成该点的彩色值。经过伪彩色增强图像处理后的图像如图4.13所示，

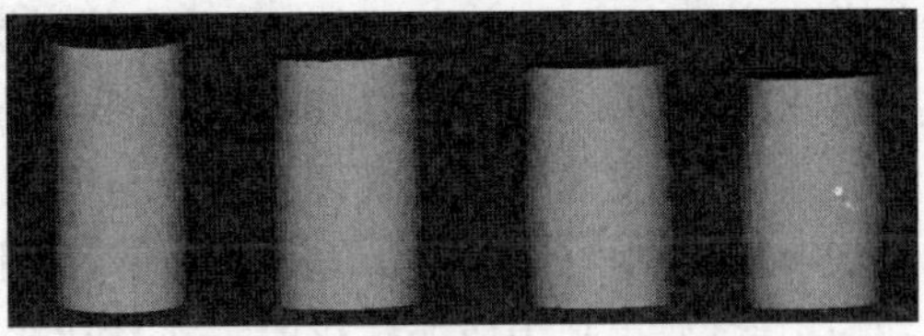

图4.12 不同轴向应变下冻结掺合土料的三维重建图（W=100：20）

由伪彩色增强图像处理后的图像可看出黑色的部分表示高密度区，灰色的部分表示低密度区；在加载的过程中，冻土试样的内部没有明显的裂纹产生，冻土内部发生相对均匀的塑性流动，而不是类似岩石的脆性破坏。

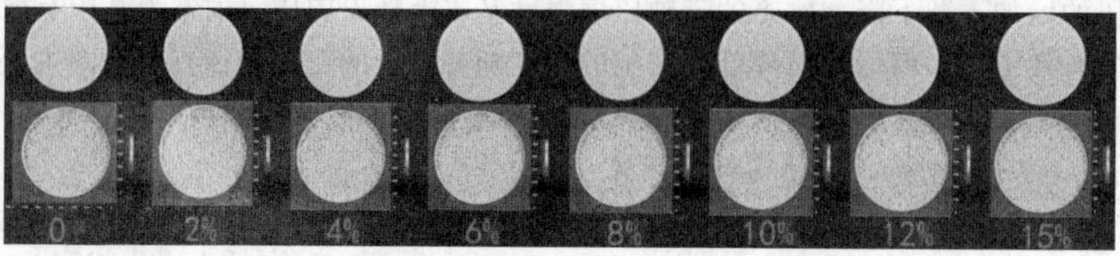

图 4.13　经过伪彩色增强图像处理后的不同轴向应变下冻结掺合土料的 CT 扫描横断面图（$W=100:0$）

在冻结掺合土料的三轴压缩过程中，每个试样按照预先设置的扫描点总共进行了 8 次扫描，每次扫描所得到的 CT 横断面图是由许多像素点组成的灰度图像，灰度的值大小就表示该区域的相对密度的大小。与第 4.1.2 节冻结砂岩的 CT 值分析类似，对每张 CT 扫描的试样横断面图取一个感兴趣区域，然后统计平均中间 20 张 CT 扫描图的感兴趣区域的平均值，认为统计得到的 CT 数平均值是表示整个试样的 CT 数平均值。通过分析统计得到的 CT 数平均值，来分析整个试样在三轴压缩过程中的 CT 数演化规律。由于试样的密度与整个试样的 CT 数平均值有紧密的联系，研究静三轴压缩过程中的 CT 数演化规律对加载过程中试样的密度的变化规律具有重要的意义。

图 4.14 是不同细砾含量条件下，在三轴压缩过程中的整个试样的 CT 值变化规律曲线。从图中 CT 值变化规律曲线并且对照三轴主应力差-轴应变曲线可以看出，当应力-应变关系表现出应变硬化时，整个试样的 CT 数平均值随着轴向应变的增加而线性下降；当应力-应变关系表现出应变软化时，在软化阶段，整个试样的 CT 数平均值随着轴向应变的继续增加呈现出抛物线下降的规律，即整个试样的 CT 数平均值加速递减。试验结果表明整个试样的 CT 数平均值的演化规律与冻土试样内的小裂纹的出现以及扩展有很大的联系。对于冻土中的某一微小单元，微小单元在加载的过程中会出现小的裂纹，随着进一步的加载，裂纹会产生扩展。微小单元内部裂纹的产生和扩展会使得其孔隙率的增加，从而导致其密度的降低；整个试样的 CT 数平均值的降低是由于微小裂纹的发育以及扩展所产生的。应力-应变表现为应变硬化时，整个试样的 CT 数平均值随着轴向应变加载线性降低，表明整个试样的密度随着轴向应变出现降低，裂隙在冻土试样内部稳定的发育和扩展；应力-应变表现为应变软化时，在软化阶段整个试样的 CT 数平均值随着轴向应变加载呈现抛物线下降，表明整个试样的密度随着轴向应变出现降低，裂隙在冻土试样内部加速扩展。通过上述的论述，可知裂纹的加速发育和扩展是出现应变软化的主要原因。

4.2.3　温度对三轴条件下冻土 CT 动态扫描的细观特征影响

冻结掺合土料是由冻土基质和刚性夹杂组成的复合地质材料，4.2.2 节中讨论了不同粗颗粒含量、不同围压条件下的冻结掺合土料的力学性质。由于温度对于冻土的宏细观力学性质有着重要的影响，为了更好的探究冻土的力学性质，本节继续探讨温度对于三轴条

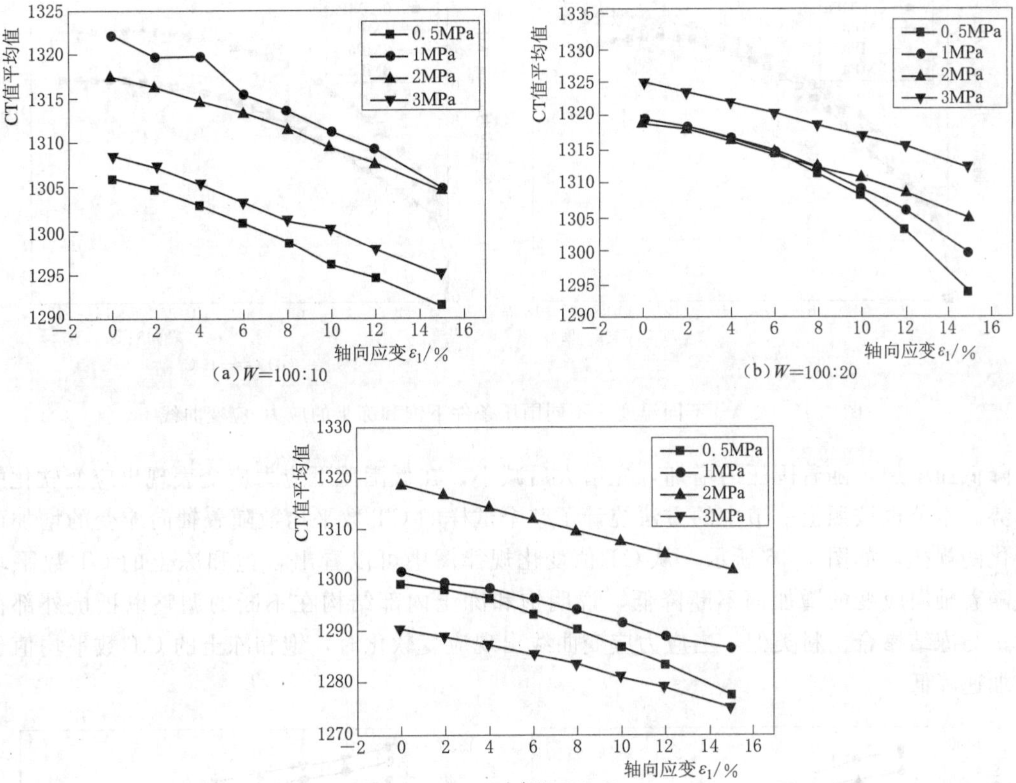

(a) W=100:10

(b) W=100:20

(c) W=100:40

图4.14 冻结掺合土料在加载过程中CT数平均值变化规律

件下冻结掺合土料中冻土基质CT动态扫描的细观特征的影响。利用冻结掺合土料中细颗粒粉质黏土制作成饱和的冻土三轴试样，制作的方法与上述的一样，本节不再赘述。开展了不同温度，不同围压条件下饱和冻土三轴试验，并且在轴向加载的过程中，对试样进行了8次动态扫描。

饱和冻土的应力-应变曲线如图4.15所示，由图可以看出，饱和冻土的强度随着温度

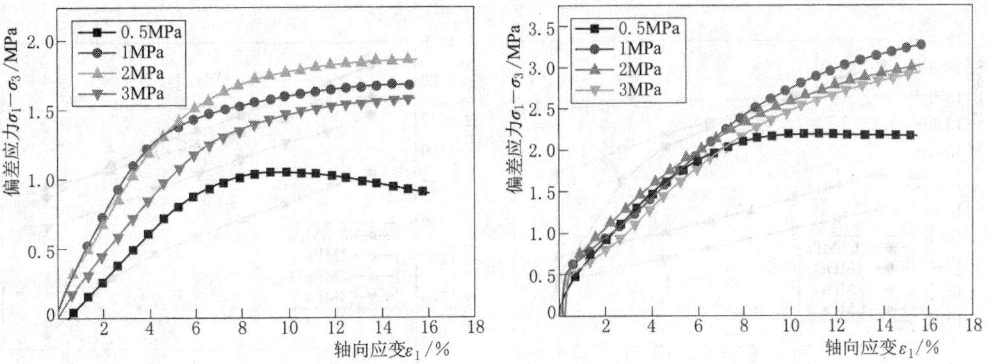

(a) T=−2℃

(b) T=−3℃

图4.15（一） 不同温度、不同围压条件下饱和冻土的应力-应变曲线

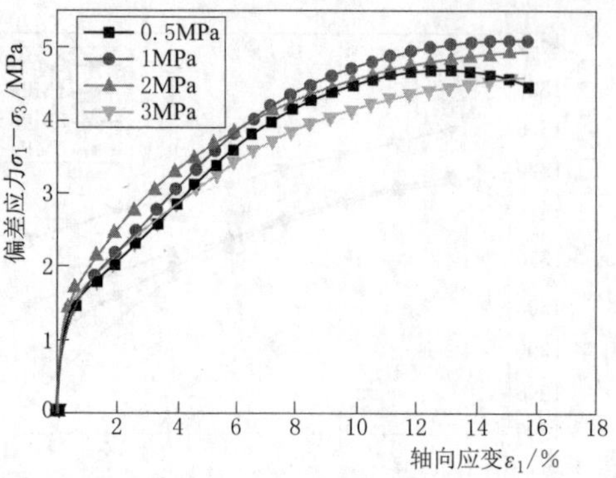

(c) T=−6℃

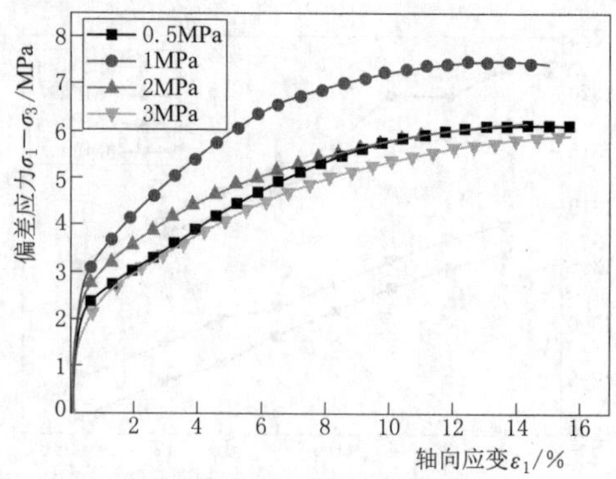

(d) T=−10℃

图 4.15（二）　不同温度、不同围压条件下饱和冻土的应力-应变曲线

的降低而增加，随着围压的增加，先增大后减小；在低围压下应力应变表现出应变软化的趋势。本节也按照上一节中的方法统计了整个试样的 CT 数平均数随着轴向应变的增加而变化的规律，如图 4.16 所示。从 CT 值变化规律图中可以看出，饱和冻土的 CT 数平均值随着轴向应变的增加而不断降低，说明饱和冻土内部结构在不断的调整以抵抗外部荷载；与冻结掺合土料类似，当应力应变曲线出现应变软化时，饱和冻土的 CT 数平均值也是加速降低。

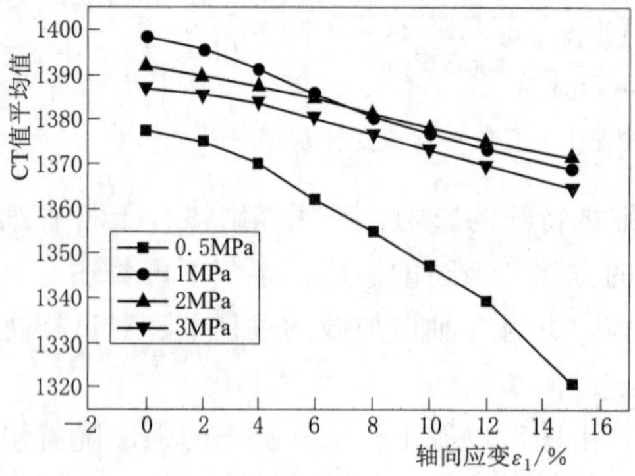

(a) T=−2℃

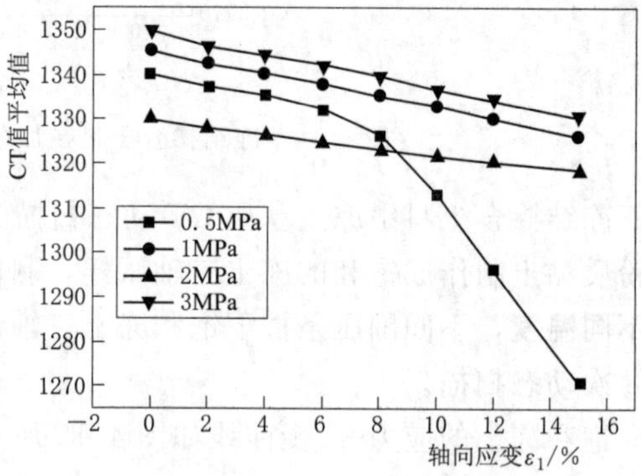

(b) T=−3℃

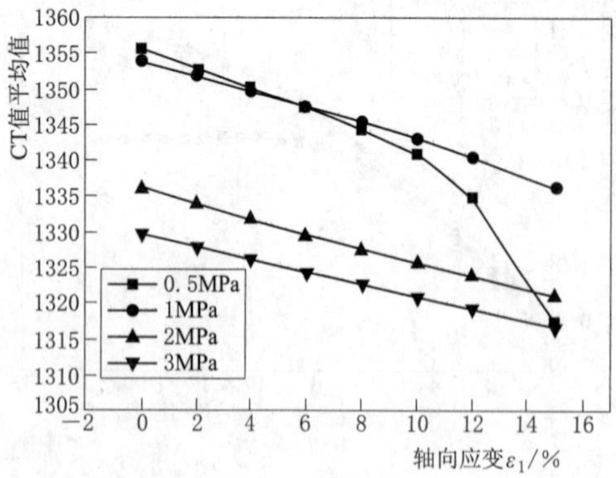

(c) T=−6℃

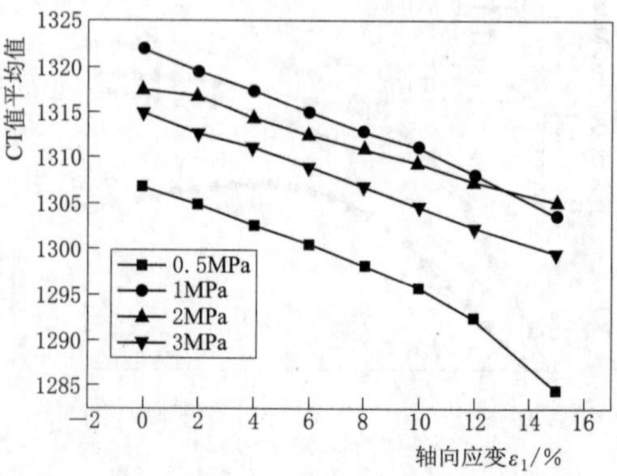

(d) T=−10℃

图 4.16　不同温度饱和冻土 CT 值平均值变化规律

4.3 小　结

（1）为了研究加载的过程中试验内部结构的演化规律，加工研制了一套能够配合 CT 在加载的过程中进行扫描的冻土低温三轴仪。该加工仪器能够开展不同低温、不同围压条件下的冻土静三轴、加卸载、蠕变等试验。本章首先简单地介绍了该研制仪器的基本参数、功能以及操作步骤，然后为了测试冻土低温三轴仪的稳定性，使用强度较高的冻结砂岩开展了不同温度、不同围压条件下的冻结砂岩 CT 实时扫描三轴试验。调试结果表明，冻土低温三轴仪能够很好地配合 CT 进行加载过程中的动态扫描，得到的 CT 扫描图像清晰，三轴压缩试验能够稳定、可靠的进行，并且能够正常的对试验数据进行采集。调试成功的能配合 CT 进行动态扫描的低温冻土三轴仪为探究不同低温、不同围压条件下岩土体的细观结构演化规律和宏观力学特性之间的联系提供了试验手段。统计分析了加载过程中整个试样 CT 数平均值和标准差的演化规律。

（2）通过混合粉质黏土和不同含量的细砾来配制不同粗颗粒含量的冻结掺合土料试样，来模拟以及研究冻结掺合土料的力学特性。本章详细介绍了冻结掺合土料的制样过程，利用调试成功的能配合 CT 进行动态扫描的低温冻土三轴仪，开展了同一温度下，不同围压、不同细砾含量条件下的冻结掺合土料的三轴试验，并且在轴向加载的过程中，对试样进行了多次的 CT 动态扫描。通过试验结果可知，冻结掺合土料的强度随着围压增加表现出先增加后降低的趋势，随着粗颗粒含量的增加大体上表现出下降的趋势；对 CT 扫描图像进行了伪彩色增强处理，发现在加载的过程中，冻结掺合土料试样内部没有出现明显的裂隙，表明三轴剪切条件下冻结掺合土料中出现的是塑性流动破坏；利用三维重建技术对获得的 CT 扫描横断面图像进行了三维重建，使用三维重建技术可以对饱和冻结掺合土料试样在加载的过程中形态进行可视化，可以为数值模拟计算的位移场提供对比的依据；统计分析了不同围压、不同粉质黏土-细砾配比饱和冻结掺合土料试样 CT 值平均值在加载过程中的变化规律，发现当应力应变曲线表现为应变硬化时，试样 CT 值平均值随着轴向应变的增加而线性降低，当应力应变曲线表现为应变软化时，试样 CT 值平均值在软化阶段加速降低。开展了不同负温条件下，基于 CT 动态扫描的饱和冻土三轴试验，分析了饱和冻土的应力应变曲线特征和 CT 数平均值演化规律。

第 5 章　冻结掺合土料的强度准则

强度准则可用于判别岩土体的稳定性，目前的强度准则以宏观唯象强度准则居多，也有尝试采用细观力学方法建立的强度准则。本章介绍冻结掺合土料的强度准则，主要包括冻结掺合土料的计算莫尔-库仑强度准则、双剪统一强度准则、宏-细观强度准则。

5.1　计算莫尔-库仑强度准则

通过改进经典的莫尔-库仑强度准则可以描述冻土的强度变化特性。但是直接通过经验性的公式拟合而获得的黏聚力和摩擦角并不符合黏聚力和摩擦角的定义要求。本节将对此问题进行探讨，通过对试验数据的总结，确定出莫尔圆和强度包络线，然后反推出冻土的黏聚力和摩擦角，此处称之为“计算黏聚力”和“计算摩擦角”。本节将介绍两种方法给出的计算莫尔-库仑强度准则，且一并探讨它们各自的特点和适用性（刘星炎，2020；Liu et al.，2019）。

5.1.1　第一类型的计算莫尔-库仑强度准则

冻土第一类型的计算莫尔-库仑强度准则采用相切线理论。图 5.1 中的曲线代表冻土实际的强度曲线，曲线上每一破坏点均有一条强度等效直线与该点的应力状态莫尔圆相切，同时等效直线与强度包络线也相切。通过这条相切的等效直线与水平线的夹角可以确定出冻土的“计算摩擦角”；通过与剪应力轴的截距可以确定出冻土的“计算黏聚力”。

在低围压阶段，冻土的强度随围压的增大而增大，此时冻土的“计算摩擦角”为正值；在高围压阶段，冻土的强度随围压的增大而减小，此时“计算摩擦角”为负值。对于

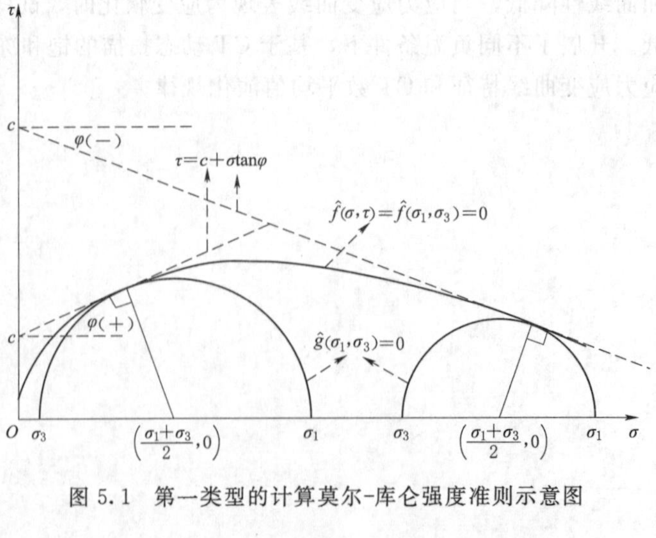

图 5.1　第一类型的计算莫尔-库仑强度准则示意图

摩擦角为负值这一现象，尽管在力学概念上不合理，但是根据莫尔-库仑强度准则的定义，在压缩子午面内的数值计算是精准的。

在主应力空间内，平均正应力和广义剪应力的表达式如下：

$$p=\frac{\sigma_1+\sigma_2+\sigma_3}{3}=\frac{\sigma_{ij}}{3} \tag{5.1}$$

$$q=\sqrt{3J_2}=\sqrt{\frac{3}{2}s_{ij}s_{ij}} \tag{5.2}$$

$$s_{ij}=\sigma_{ij}-\frac{1}{3}\delta_{ij}\sigma_{kk} \tag{5.3}$$

式中　σ_1、σ_2、σ_3——第一、第二和第三主应力；

J_2——第二应力偏量不变量；

σ_{ij}——主应力张量；

s_{ij}——偏应力张量；

δ_{ij}——克朗内克尔符号。

在三轴应力状态下，有如下表达式：

$$p=\frac{\sigma_1+2\sigma_3}{3} \tag{5.4}$$

$$q=\sigma_1-\sigma_3 \tag{5.5}$$

用主应力 σ_1 和 σ_3 表示的第一类型的函数 $\hat{f}$ 如下：

$$\hat{f}(\sigma_1,\sigma_3)=\sigma_1-\sigma_3-\left\{\frac{M_0(\sigma_1+2\sigma_3)}{3}+q_0\right\}\left\{\left[1-\frac{\sigma_1+2\sigma_3}{3p_{\max}}\right]\exp\left[\left(\frac{\sigma_1+2\sigma_3}{3p_{\max}}\right)^n\right]\right\}=0 \tag{5.6}$$

如图 5.1 所示，“计算内摩擦角 φ” 的表达式如下：

$$\tan\varphi=\frac{\dfrac{\sigma_1-\sigma_3}{2}-\sigma}{\tau} \tag{5.7}$$

“计算黏聚力 c” 的表达式如下：

$$c=\tau-\sigma\tan\varphi \tag{5.8}$$

因为冻土的强度在高围压下降低，所以第一类型的冻土的“计算黏聚力”会随围压的增大而一直增大，“计算摩擦角”会随围压的增大而一直减小，甚至为负值。

莫尔圆的数学表达式可用 $\hat{g}$ 函数表示如下：

$$\hat{g}(\sigma_1,\sigma_3)=\left(\sigma-\frac{\sigma_1+\sigma_3}{2}\right)^2+\tau^2-\left(\frac{\sigma_1-\sigma_3}{2}\right)^2=0 \tag{5.9}$$

对 $\hat{f}$ 函数和 $\hat{g}$ 函数全微分可以得到如下表达式：

$$\mathrm{d}\hat{f}(\sigma_1,\sigma_3)=\frac{\partial\hat{f}}{\partial\sigma_1}\mathrm{d}\sigma_1+\frac{\partial\hat{f}}{\partial\sigma_3}\mathrm{d}\sigma_3=0 \tag{5.10}$$

$$\mathrm{d}\hat{g}(\sigma_1,\sigma_3)=\frac{\partial\hat{g}}{\partial\sigma_1}\mathrm{d}\sigma_1+\frac{\partial\hat{g}}{\partial\sigma_3}\mathrm{d}\sigma_3=0 \tag{5.11}$$

因为 σ_1 和 σ_3 相互独立，从式（5.9）～式（5.11）可以得到 $\mathrm{d}\sigma_1/\mathrm{d}\sigma_3$ 的表达式如下：

$$\frac{d\sigma_1}{d\sigma_3}=-\frac{\dfrac{\partial \hat{g}}{\partial \sigma_3}}{\dfrac{\partial \hat{g}}{\partial \sigma_1}} \tag{5.12}$$

$$\frac{\partial \hat{g}}{\partial \sigma_3}=-\sigma+\sigma_1 \tag{5.13}$$

$$\frac{\partial \hat{g}}{\partial \sigma_1}=-\sigma+\sigma_3 \tag{5.14}$$

将式（5.13）和式（5.14）代入式（5.12），可以得到正应力的表达式如下：

$$\sigma=\sigma_3+\frac{\sigma_1-\sigma_3}{1+\dfrac{d\sigma_1}{d\sigma_3}} \tag{5.15}$$

将式（5.15）代入式（5.8），可以得到剪应力 τ 的数学表达式如下：

$$\tau=\frac{\sigma_1-\sigma_3}{1+\dfrac{d\sigma_1}{d\sigma_3}}\sqrt{\frac{d\sigma_1}{d\sigma_3}}=c+\sigma\tan\varphi \tag{5.16}$$

式（5.16）的成立，必须限定如下条件：

$$\frac{d\sigma_1}{d\sigma_3}\geqslant 0 \tag{5.17}$$

同理，根据式（5.6）和式（5.10），可以得到如下表达式：

$$\frac{d\sigma_1}{d\sigma_3}=-\frac{\dfrac{\partial \hat{f}}{\partial \sigma_3}}{\dfrac{\partial \hat{f}}{\partial \sigma_1}} \tag{5.18}$$

$$\begin{aligned}\frac{\partial \hat{f}}{\partial \sigma_3}=&-1-\frac{2M_0}{3}\left[1-\frac{\sigma_1+2\sigma_3}{3p_{\max}}\right]\exp\left[\left(\frac{\sigma_1+2\sigma_3}{3p_{\max}}\right)^n\right]-\left[\frac{M_0(\sigma_1+2\sigma_3)}{3}+q_0\right]\\&\left\{-\frac{2}{3p_{\max}}\exp\left[\left(\frac{\sigma_1+2\sigma_3}{3p_{\max}}\right)^n\right]+\left[1-\frac{\sigma_1+2\sigma_3}{3p_{\max}}\right]\exp\left[\left(\frac{\sigma_1+2\sigma_3}{3p_{\max}}\right)^n\right]n\left(\frac{\sigma_1+2\sigma_3}{3p_{\max}}\right)^{n-1}\frac{2}{3p_{\max}}\right\}\end{aligned} \tag{5.19}$$

$$\begin{aligned}\frac{\partial \hat{f}}{\partial \sigma_1}=&1-\frac{M_0}{3}\left[1-\frac{\sigma_1+2\sigma_3}{3p_{\max}}\right]\exp\left[\left(\frac{\sigma_1+2\sigma_3}{3p_{\max}}\right)^n\right]-\left[\frac{M_0(\sigma_1+2\sigma_3)}{3}+q_0\right]\\&\left\{-\frac{1}{3p_{\max}}\exp\left[\left(\frac{\sigma_1+2\sigma_3}{3p_{\max}}\right)^n\right]+\left[1-\frac{\sigma_1+2\sigma_3}{3p_{\max}}\right]\exp\left[\left(\frac{\sigma_1+2\sigma_3}{3p_{\max}}\right)^n\right]n\left(\frac{\sigma_1+2\sigma_3}{3p_{\max}}\right)^{n-1}\frac{1}{3p_{\max}}\right\}\\=&\frac{1}{2}\frac{\partial \hat{f}}{\partial \sigma_3}+\frac{3}{2}\end{aligned} \tag{5.20}$$

为确保式（5.18）～式（5.20）有意义，同样有下述 4 个限定条件：

$$\frac{d\sigma_1}{d\sigma_3}=-2+\frac{3}{\dfrac{\partial \hat{f}}{\partial \sigma_1}}\geqslant 0 \tag{5.21}$$

$$\frac{\partial \hat{f}}{\partial \sigma_1} \leqslant \frac{3}{2} \tag{5.22}$$

$$\frac{\partial \hat{f}}{\partial \sigma_3} \leqslant 0 \tag{5.23}$$

$$\frac{\partial \hat{f}}{\partial \sigma_1}\frac{\partial \hat{f}}{\partial \sigma_3} \leqslant 0 \tag{5.24}$$

然后将式（5.19）和式（5.20）代入式（5.7）、式（5.8）、式（5.15）和式（5.16），可以得到正应力、剪应力、“计算内摩擦角”和“计算黏聚力”的表达式，具体如下：

$$\sigma = \sigma_3 + \frac{\sigma_1 - \sigma_3}{1 - \dfrac{\dfrac{\partial \hat{f}}{\partial \sigma_3}}{\dfrac{\partial \hat{f}}{\partial \sigma_1}}} \tag{5.25}$$

$$\tau = \frac{\sigma_1 - \sigma_3}{1 - \dfrac{\dfrac{\partial \hat{f}}{\partial \sigma_3}}{\dfrac{\partial \hat{f}}{\partial \sigma_1}}}\sqrt{-\dfrac{\dfrac{\partial \hat{f}}{\partial \sigma_3}}{\dfrac{\partial \hat{f}}{\partial \sigma_1}}} \tag{5.26}$$

$$\varphi = \tan^{-1}\left\{\frac{\dfrac{\sigma_1 - \sigma_3}{2} - \left(\sigma_3 + \dfrac{\sigma_1 - \sigma_3}{1 - \dfrac{\dfrac{\partial \hat{f}}{\partial \sigma_3}}{\dfrac{\partial \hat{f}}{\partial \sigma_1}}}\right)}{\dfrac{\sigma_1 - \sigma_3}{1 - \dfrac{\dfrac{\partial \hat{f}}{\partial \sigma_3}}{\dfrac{\partial \hat{f}}{\partial \sigma_1}}}\sqrt{-\dfrac{\dfrac{\partial \hat{f}}{\partial \sigma_3}}{\dfrac{\partial \hat{f}}{\partial \sigma_1}}}}\right\} \tag{5.27}$$

$$c = \frac{\sigma_1 - \sigma_3}{1 - \dfrac{\dfrac{\partial \hat{f}}{\partial \sigma_3}}{\dfrac{\partial \hat{f}}{\partial \sigma_1}}}\sqrt{-\dfrac{\dfrac{\partial \hat{f}}{\partial \sigma_3}}{\dfrac{\partial \hat{f}}{\partial \sigma_1}}} - \left(\sigma_3 + \frac{\sigma_1 - \sigma_3}{1 - \dfrac{\dfrac{\partial \hat{f}}{\partial \sigma_3}}{\dfrac{\partial \hat{f}}{\partial \sigma_1}}}\right)\tan\varphi \tag{5.28}$$

以不同含盐量和不同温度试验条件下的冻土强度数据为例，从图 5.2 可以看出，两种试验条件下的应力状态莫尔圆均随围压的增大先膨胀后收缩；不同围压条件下的应力状态莫尔圆随温度的降低和含盐量的增大而膨胀；强度包络曲线可以覆盖所有的莫尔圆。

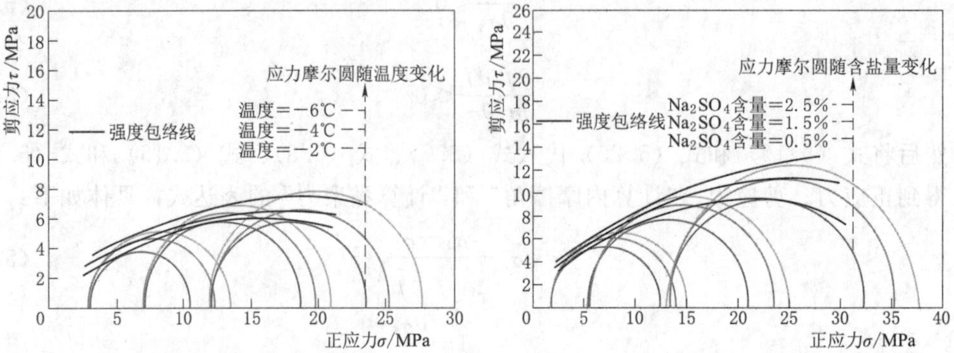

(a) 冻结粉土(青藏线)
(Lai et al.,2010)

(b) 冻结含盐砂(青藏线)
(Lai et al.,2016)

图 5.2　应力莫尔圆随围压的变化规律图

基本力学参数（φ 和 c）和平均正应力 p 在不同温度和不同含盐量条件下的关系如图 5.3 和图 5.4 所示。通过对数据的拟合分析，“计算内摩擦角”和“计算黏聚力”在不同试验条件下可以被如下两个经验表达式描述：

$$\varphi = m - n\ln(p/p_0 + t) \tag{5.29}$$

$$c = u(v^p - 1) \tag{5.30}$$

式中　m、n、t、u、v——通过试验数据确定的拟合参数，它们和试验控制条件有关；

p——平均正应力，MPa，p/p_0 需用 1MPa 进行无量纲化处理。

通过这两个经验表达式，冻土第一类型的“计算黏聚力”和“计算内摩擦角”可以更为方便的求得，可以进一步用于各种强度理论的使用。

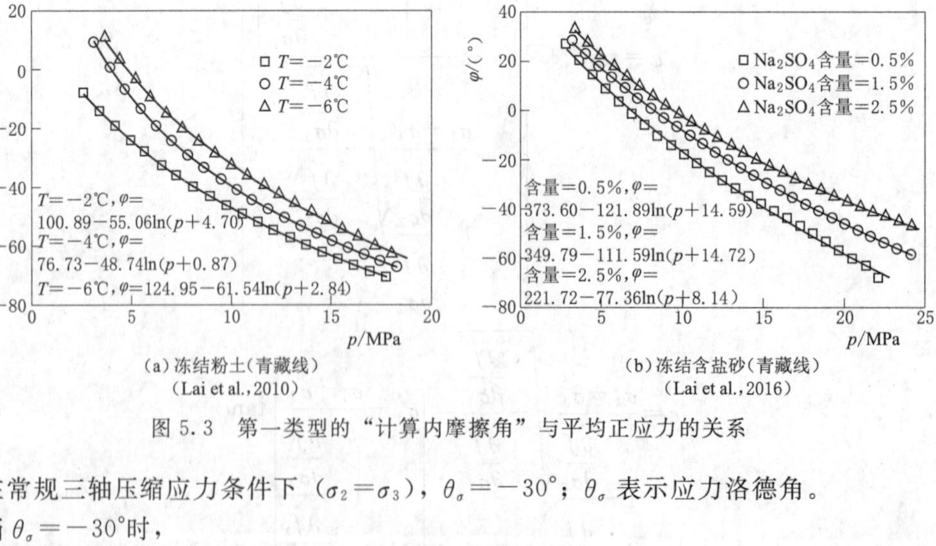

(a) 冻结粉土(青藏线)
(Lai et al.,2010)

(b) 冻结含盐砂(青藏线)
(Lai et al.,2016)

图 5.3　第一类型的“计算内摩擦角”与平均正应力的关系

在常规三轴压缩应力条件下（$\sigma_2 = \sigma_3$），$\theta_\sigma = -30°$；θ_σ 表示应力洛德角。

当 $\theta_\sigma = -30°$时，

$$q_{m-c} = k = M_0^* p + q_0^* \tag{5.31}$$

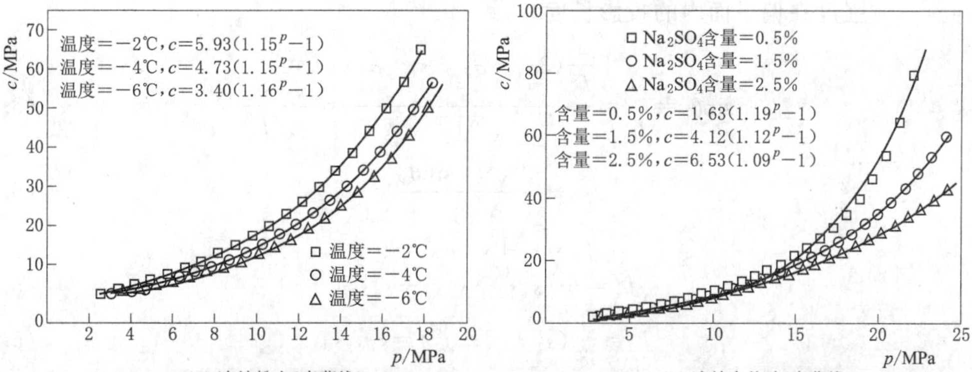

(a) 冻结粉土(青藏线)
(Lai et al.，2010)

(b) 冻结含盐砂(青藏线)
(Lai et al.，2016)

图 5.4 不同试验条件下第一类型的“计算黏聚力”与平均正应力的关系

式中 $q_0^*=q_0\left[1-\dfrac{p}{p_{\max}}\right]\exp\left(\dfrac{p}{p_{\max}}\right)^n$，$M_0^*=M_0\left[1-\dfrac{p}{p_{\max}}\right]\exp\left(\dfrac{p}{p_{\max}}\right)^n$；$q_0$ 为强度曲线在压缩子午面内与 q_{m-c} 轴的截距，M_0 为强度曲线的初始斜率；$p_{\max}$ 为描述强度曲线在高围压下强度降低的参数，当 $p=p_{\max}$ 时，$q_{m-c}=0$；n 为用来描述强度曲线在压缩子午面内非对称性的参数，可以通过对试验数据的拟合求得。

$$q_{m-c}=k\,\tilde{g}(\theta_\sigma)_{m-c} \tag{5.32}$$

在上述公式中 $\tilde{g}(\theta_\sigma)_{m-c}$ 是指莫尔-库仑强度准则在偏平面内的形函数。

莫尔-库仑强度准则可以进一步用函数 F_{m-c} 表示如下：

$$F_{m-c}=\tau-c-\sigma\tan\varphi=0 \tag{5.33}$$

式 (5.33) 可以进一步用主应力描述如下：

$$F_{m-c}=(\sigma_1-\sigma_3)-(\sigma_1+\sigma_3)\sin\varphi-2c\cos\varphi=0 \tag{5.34}$$

主应力在偏平面内的分量表达式如下：

$$\sigma_1'=\sqrt{\frac{2}{3}}\sigma_1 \tag{5.35}$$

$$\sigma_2'=\sqrt{\frac{2}{3}}\sigma_2 \tag{5.36}$$

$$\sigma_3'=\sqrt{\frac{2}{3}}\sigma_3 \tag{5.37}$$

洛德角定义如图 5.5 所示，其详细推导过程如下：

$$x=\sigma_1'\cos30^\circ-\sigma_3'\cos30^\circ=\frac{1}{\sqrt{2}}(\sigma_1-\sigma_3) \tag{5.38}$$

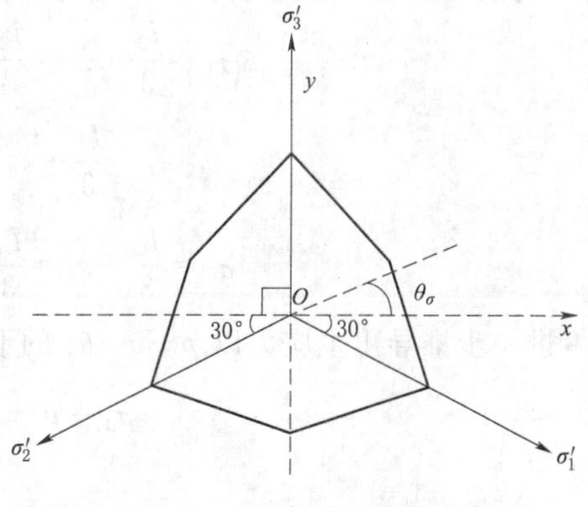

图 5.5 应力洛德角的示意图

$$y=\sigma_2'-(\sigma_1'+\sigma_3')\cos60^\circ=\frac{1}{\sqrt{6}}(2\sigma_2-\sigma_1-\sigma_3) \tag{5.39}$$

$$r=\sqrt{2J_2} \tag{5.40}$$

式中　r——强度在偏平面内的投影长度。

$$\sin\theta_\sigma=\frac{y}{r}=\frac{\frac{1}{\sqrt{6}}(3\sigma_2-\sigma_1-\sigma_2-\sigma_3)}{\sqrt{2J_2}}=\frac{\sqrt{3}s_2}{2\sqrt{J_2}} \tag{5.41}$$

$$s_2=\frac{2\sqrt{J_2}\sin\theta_\sigma}{\sqrt{3}} \tag{5.42}$$

$$J_1=s_1+s_2+s_3=0 \tag{5.43}$$

$$J_2=-(s_1s_2+s_2s_3+s_3s_1) \tag{5.44}$$

$$J_3=\frac{1}{3}(s_1^2+s_2^2+s_3^2)=s_1s_2s_3 \tag{5.45}$$

式中　s_i——指主应力偏量。主应力偏量和应力洛德角的关系可以进一步推导如下：

$$\sin3\theta_\sigma=3\sin\theta_\sigma-4\sin^3\theta_\sigma=\frac{3\sqrt{3}}{2J_2^{\frac{3}{2}}}(s_2J_2-s_2^3)=-\frac{3\sqrt{3}}{2}\frac{J_3}{J_2^{\frac{3}{2}}} \tag{5.46}$$

$$s_1s_3=\left(-\cos^2\theta_\sigma+\frac{\sin^2\theta_\sigma}{3}\right)J_2 \tag{5.47}$$

$$s_1+s_3=-\frac{2\sqrt{J_2}\sin\theta_\sigma}{\sqrt{3}} \tag{5.48}$$

$$s_1^2+s_1\frac{2\sqrt{J_2}\sin\theta_\sigma}{\sqrt{3}}+J_2\frac{\sin^2\theta_\sigma}{3}-J_2\cos^2\theta_\sigma=0 \tag{5.49}$$

$$s_1=\sqrt{J_2}\cos\theta_\sigma-\frac{\sqrt{J_2}}{\sqrt{3}}\sin\theta_\sigma=-\frac{2}{\sqrt{3}}\sqrt{J_2}\sin(\theta_\sigma-60°) \tag{5.50}$$

$$s_3=-\sqrt{J_2}\cos\theta_\sigma-\frac{\sqrt{J_2}}{\sqrt{3}}\sin\theta_\sigma=-\frac{2}{\sqrt{3}}\sqrt{J_2}\sin(\theta_\sigma+60°) \tag{5.51}$$

因此，当$-30°\leqslant\theta_\sigma\leqslant30°$，主应力和洛德角的关系如下：

$$\sigma_1=\frac{I_1}{3}+s_1=\frac{I_1}{3}-\frac{2}{\sqrt{3}}\sqrt{J_2}\sin(\theta_\sigma-60°) \tag{5.52}$$

$$\sigma_2=\frac{I_1}{3}+s_2=\frac{I_1}{3}+\frac{2}{\sqrt{3}}\sqrt{J_2}\sin\theta_\sigma \tag{5.53}$$

$$\sigma_3=\frac{I_1}{3}+s_3=\frac{I_1}{3}-\frac{2}{\sqrt{3}}\sqrt{J_2}\sin(\theta_\sigma+60°) \tag{5.54}$$

进一步推导出主应力以 $p-q-\theta_\sigma$ 的形式表示如下：

$$\sigma_1=p-\frac{2}{3}q\sin(\theta_\sigma-60°) \tag{5.55}$$

$$\sigma_2=p+\frac{2}{3}q\sin\theta_\sigma \tag{5.56}$$

$$\sigma_3=p-\frac{2}{3}q\sin(\theta_\sigma+60°) \tag{5.57}$$

至此，冻土第一类型的莫尔-库仑强度准则表达式如下：

$$q_{m-c}=\frac{3}{2}\frac{p\sin\varphi+c\cos\varphi}{\sin\varphi\sin\theta_\sigma\cos60°+\cos\theta_\sigma\sin60°} \tag{5.58}$$

式中 c——“计算黏聚力”；

φ——“计算内摩擦角”，可以通过式（5.27）和式（5.28）求得。

当 $\theta_\sigma=-30°$时，

$$q_{m-c}=k=6\,\frac{p\sin\varphi+c\cos\varphi}{3-\sin\varphi} \tag{5.59}$$

通过式（5.59），可以进一步推导出冻土的莫尔-库仑强度准则的形函数式（5.60）。针对冻土力学的研究现状而言，应力空间内的强度包络线的确切形状还缺少详细的试验数据，尤其是高围压下强度降低时的形状。通过试算，可以把第一类型的莫尔-库仑强度准则在应力空间内的演化示意图求得，如图 5.6 所示。摩擦角的绝对值越大，偏平面内的强

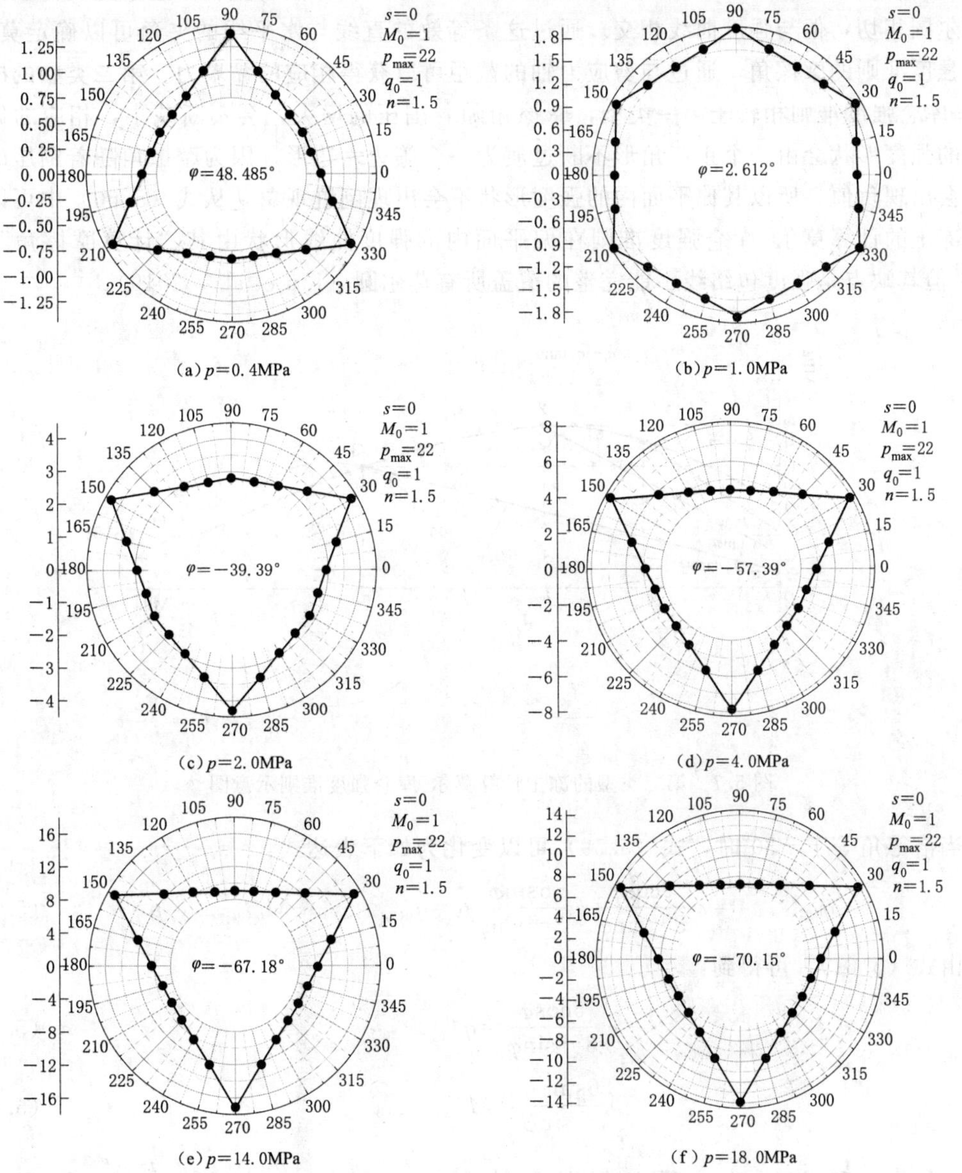

(a) $p=0.4$MPa (b) $p=1.0$MPa (c) $p=2.0$MPa (d) $p=4.0$MPa (e) $p=14.0$MPa (f) $p=18.0$MPa

图 5.6 第一类型计算莫尔-库仑强度准则在偏平面上的强度包络线随平均应力增大的示意图

度形状越接近三角形，绝对值越小越接近等边六边形；当摩擦角由正值变为负值时，偏平面内的强度形状会发生倒置；随着围压的增大，偏平面内的强度包络线形成的多边形会先膨胀后收缩。

$$\tilde{g}_{m-c}(\theta_\sigma)=\frac{q_{m-c}(\theta_\sigma)}{k}=\frac{1}{2}\frac{3-\sin\varphi}{\sin\varphi\sin\theta_\sigma+\sqrt{3}\cos\theta_\sigma} \tag{5.60}$$

5.1.2 第二类型的计算莫尔-库仑强度准则

冻土第二类型的计算莫尔-库仑强度准则采用相交线理论。如图 5.7 所示，实线代表冻土的真实强度曲线。强度曲线上的任何一点可以作一条等效的直线，这条直线与应力状态莫尔圆相切，但与强度曲线相交。通过这条等效的直线与水平线的夹角可以确定莫尔-库仑强度准则的摩擦角，通过与剪应力轴的截距可以获得相应的黏聚力。第二类型的冻土莫尔-库仑强度准则相较于第一类型，摩擦角随着围压的增大，会不断减小，相应的偏平面内的强度形状会由一个正三角形不断过渡为一个等边六边形。因为摩擦角随着围压的变化不会出现负值，所以其偏平面内的强度形状不会出现倒置现象［从式（5.60）中可以看出，冻土的计算莫尔-库仑强度准则在偏平面内的强度曲线形状由其“计算摩擦角”决定］。但其缺点是强度包络线不能完整的覆盖所有莫尔圆（Liu et al.，2019）。

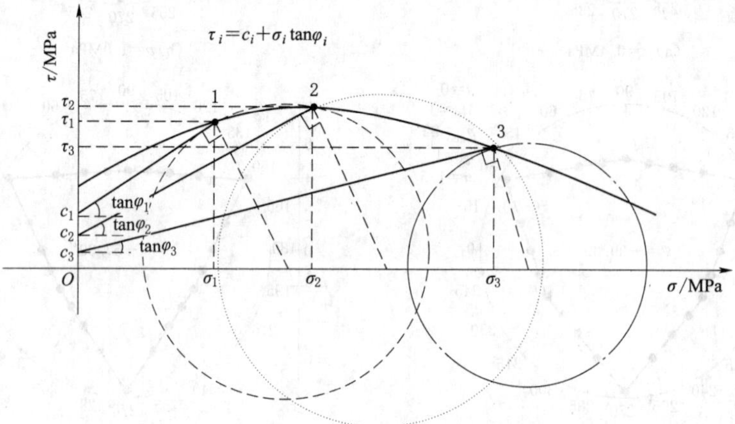

图 5.7　第二类型的冻土计算莫尔-库仑强度准则示意图

当洛德角等于−30°时，式（5.59）可以变化为如下表达式：

$$q_{(\theta_\sigma=-30^\circ)}=c\,\frac{6\cos\varphi}{3-\sin\varphi}+\frac{6\sin\varphi}{3-\sin\varphi}p=q^*_{0(\theta_\sigma=-30^\circ)}+M^*_{0(\theta_\sigma=-30^\circ)}p \tag{5.61}$$

由式（5.61），可得到：

$$c\,\frac{6\cos\varphi}{3-\sin\varphi}=q^*_{0(\theta_\sigma=-30^\circ)} \tag{5.62}$$

$$\frac{6\sin\varphi}{3-\sin\varphi}=M^*_{0(\theta_\sigma=-30^\circ)} \tag{5.63}$$

$q^*_{0(\theta_\sigma=-30^\circ)}$ 和 $M^*_{0(\theta_\sigma=-30^\circ)}$ 可以分别通过 $q_0^*=q_0\left(1-\frac{p}{p_{\max}}\right)\exp\left(\frac{p}{p_{\max}}\right)^n$ 和 $M_0^*=$

$M_0\left[1-\dfrac{p}{p_{\max}}\right]\exp\left(\dfrac{p}{p_{\max}}\right)^n$ 求得。进一步可以求得第二类型的莫尔-库仑强度准则的“计算摩擦角”和“计算黏聚力”是正应力 p 的函数，具体表达式如下：

$$\varphi=\arcsin\left\{\frac{3M^*_{0(\theta_\sigma=-30°)}}{6+M^*_{0(\theta_\sigma=-30°)}}\right\} \tag{5.64}$$

$$c=\frac{q^*_{0(\theta_\sigma=-30°)}(3-\sin\varphi)}{6\cos\varphi} \tag{5.65}$$

通过式（5.64）和式（5.65）可以得出计算黏聚力和计算摩擦角正切的比值为常数，如式（5.66）所示。

$$\frac{c}{\tan\varphi}=\frac{q^*_{0(\theta_\sigma=-30°)}}{M^*_{0(\theta_\sigma=-30°)}}=\frac{q_0}{M_0}=\text{constant} \tag{5.66}$$

图 5.8 和图 5.9 分别为采用本节所述的计算莫尔-库仑强度准则对已有的一些不同类型的冻土在不同试验条件下的强度数据所做的“计算摩擦角”和“计算黏聚力”的预测值。对比图 5.3 和图 5.4，因为摩擦角一直为正值，所以相应偏平面的强度形状不存在倒置现象。又因为摩擦角随着平均应力 p 的增大而不断减小，所以其偏平面内的形状会首先由正三角形慢慢过渡为正梨形（经典的莫尔-库仑强度准则在偏平面内的曲线形状），再

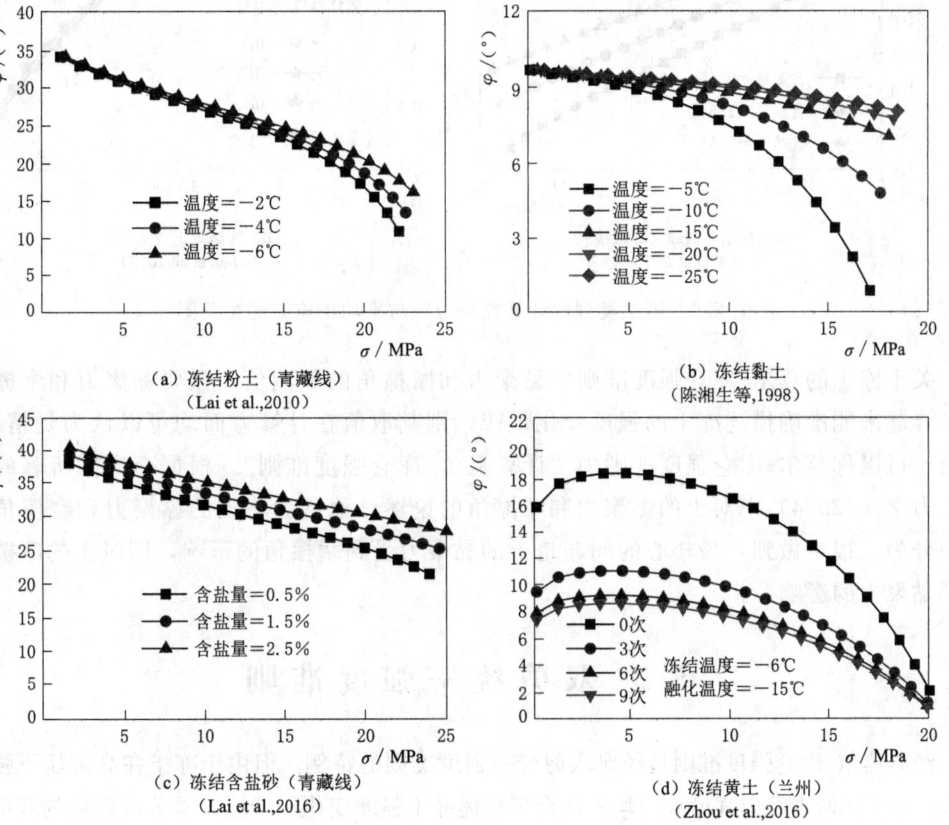

（a）冻结粉土（青藏线）
（Lai et al.,2010）

（b）冻结黏土
（陈湘生等,1998）

（c）冻结含盐砂（青藏线）
（Lai et al.,2016）

（d）冻结黄土（兰州）
（Zhou et al.,2016）

图 5.8 第二类型“计算内摩擦角”与平均正应力的关系图

无限接近于正六边形；一直到摩擦角等于 0 时，偏平面内的强度曲线形状转化为正六边形。

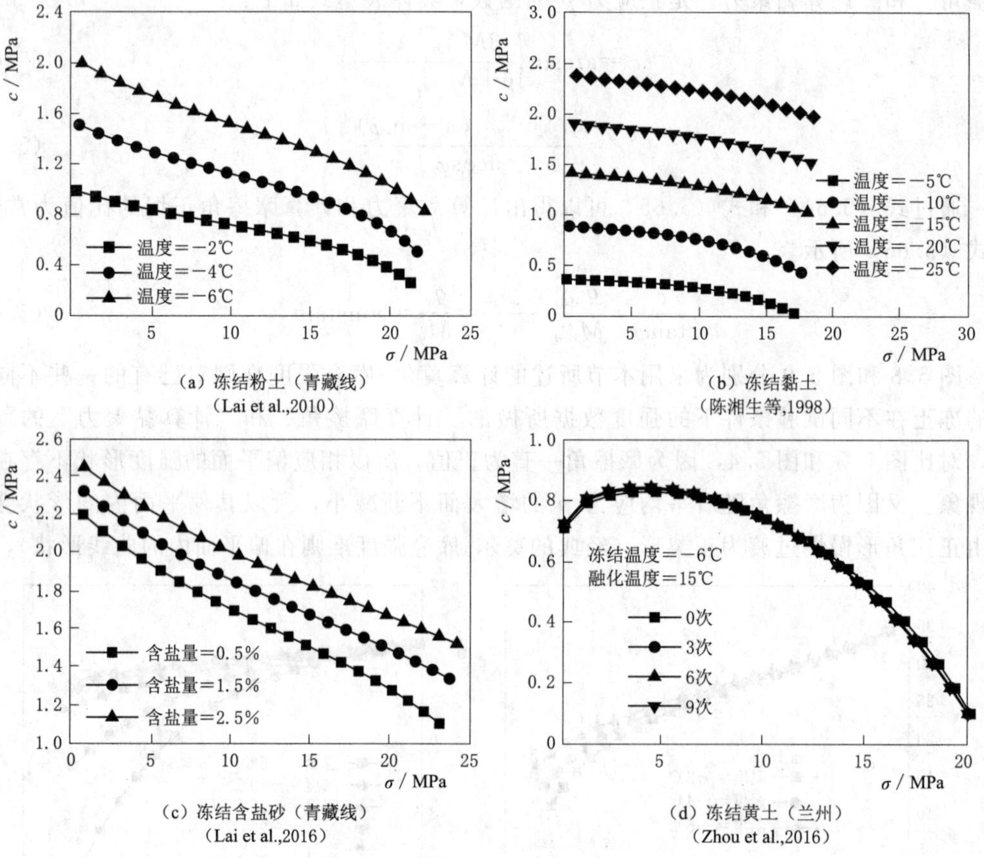

图 5.9　第二类型“计算黏聚力”与平均正应力的关系图

关于冻土的莫尔-库仑强度准则中黏聚力和摩擦角的预测值，只要黏聚力和摩擦角二者结合起来能准确描述冻土的强度变化规律，则其取值在计算方面均可以认为是精准的。此处，可以称莫尔-库仑强度准则为“计算莫尔-库仑强度准则”。根据李广信所著的《高等土力学》(2004) 中对土的黏聚力和摩擦角的论述，他认为将土的黏聚力和摩擦角准确地一分为二很难做到，最核心的问题是土的黏聚力受到摩擦角的影响，同时土的摩擦角又受到黏聚力的影响。

5.2　双剪统一强度准则

经典莫尔-库仑强度准则是经典双剪统一强度准则的特例，但由于冻土在高围压下强度会降低，故上述两者经典强度准则均不能合理描述冻土强度变化的特性。本节以经典的双剪系列强度准则为依据，考虑冻土强度变化的特征，提出了两种类型的新的双剪统一强度准则。经典的双剪系列强度准则均为新的双剪统一强度准则的特例，且 5.1 节中所述的两种类型的冻土的计算莫尔-库仑强度准则也分别是新的两种类型的双剪统一强度准则的特例（Liu et al.，2020）。

5.2.1 第一类型的双剪统一强度准则

双剪应力单元考虑的是一个应力点的问题，空间上无限小，可以认为它是一个多面体（俞茂宏等，1998）。在已有的强度理论研究中，六面体主应力单元和八面体应力单元经常被采用，如图 5.10（a）、（b）所示，例如：米塞斯屈服准则和德鲁克-普拉格强度准则等。除此之外，单剪应力单元，如图 5.10（c）、（d）和（e）所示，亦经常被采用，例如：莫尔-库仑强度准则和特雷斯卡屈服准则等。单剪应力强度准则最主要的缺点是因为

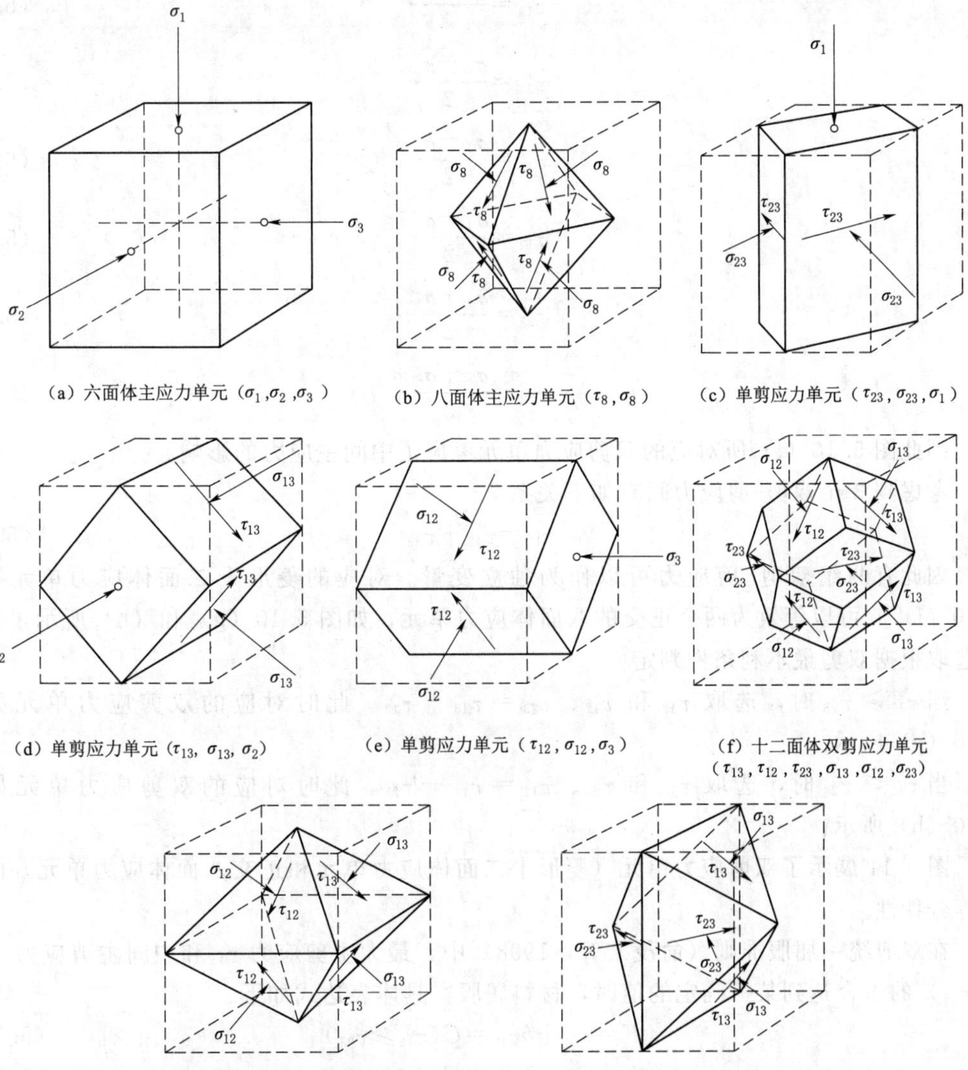

（a）六面体主应力单元（σ_1，σ_2，σ_3）（b）八面体主应力单元（τ_8，σ_8）（c）单剪应力单元（τ_{23}，σ_{23}，σ_1）

（d）单剪应力单元（τ_{13}，σ_{13}，σ_2）（e）单剪应力单元（τ_{12}，σ_{12}，σ_3）（f）十二面体双剪应力单元（τ_{13}，τ_{12}，τ_{23}，σ_{13}，σ_{12}，σ_{23}）

（g）正交八面体双剪应力单元（$\tau_{12} \geqslant \tau_{23}$）（$\tau_{13}$，$\tau_{12}$，$\sigma_{13}$，$\sigma_{12}$）（h）正交八面体双剪应力单元（$\tau_{12} \leqslant \tau_{23}$）（$\tau_{13}$，$\tau_{23}$，$\sigma_{13}$，$\sigma_{23}$）

图 5.10 各种强度准则所对应的应力单元汇总图

没有考虑中间主应力的影响而使设计趋于保守。数学上，中间主应力可以是 σ_1、σ_2 和 σ_3 中的任何一个，因此忽略不同的中间主应力的单剪应力单元可以分别对应于图 5.10 (c)、(d) 和 (e) 所示。为满足连续介质力学的基本要求，以上应力单元均应满足空间等分的特性，既在应力空间中可以被应力单元填满而不产生空隙。

图 5.10 (f) 是一种新的空间等分应力单元，为菱形十二面体，可以通过取图 3.18 (c)、(d) 和 (e) 的公共部分获得。三组双剪-剪应力 τ_{13}、τ_{12} 和 τ_{23} 分别作用在这个十二面体上，对应的双剪-正应力分别为 σ_{13}、σ_{12} 和 σ_{23}。

双剪应力和主应力之间的关系如下所示：

$$\tau_{12}=\frac{\sigma_1-\sigma_2}{2} \tag{5.67}$$

$$\tau_{23}=\frac{\sigma_2-\sigma_3}{2} \tag{5.68}$$

$$\tau_{13}=\frac{\sigma_1-\sigma_3}{2} \tag{5.69}$$

$$\sigma_{12}=\frac{\sigma_1+\sigma_2}{2} \tag{5.70}$$

$$\sigma_{23}=\frac{\sigma_2+\sigma_3}{2} \tag{5.71}$$

$$\sigma_{13}=\frac{\sigma_1+\sigma_3}{2} \tag{5.72}$$

因此图 5.10 (f) 所对应的双剪应力单元考虑了中间主应力的影响。

考虑到 3 个双剪-剪应力间有如下关系：

$$\tau_{13}=\tau_{12}+\tau_{23} \tag{5.73}$$

因此有两组双剪-剪应力可以作为独立变量。对应的菱形十二面体应力单元［图 5.10 (f)］可以等效为两个正交的八面体应力单元，如图 5.10 (g) 和 (h) 所示，具体的选取根据双剪最不利条件判定。

当 $\tau_{12}\geqslant\tau_{23}$ 时，选取 τ_{13} 和 τ_{12}、$\tau_{23}=\tau_{13}-\tau_{12}$。此时对应的双剪应力单元如图 5.10 (g) 所示。

当 $\tau_{12}\leqslant\tau_{23}$ 时，选取 τ_{13} 和 τ_{23}、$\tau_{12}=\tau_{13}-\tau_{23}$。此时对应的双剪应力单元如图 5.10 (h) 所示。

图 5.11 展示了双剪应力单元（菱形十二面体应力单元和正交八面体应力单元）的空间等分特性。

在双剪统一屈服准则（俞茂宏等，1998）中，最大主剪应力 τ_{13} 和中间主剪应力（τ_{12} 或 τ_{23}）的组合达到某一确定的值时，材料屈服，具体表达式如下：

$$F=\tau_{13}+b\tau_{12}=C(\tau_{12}\geqslant\tau_{23}) \tag{5.74a}$$

$$F=\tau_{13}+b\tau_{23}=C(\tau_{23}\geqslant\tau_{12}) \tag{5.74b}$$

式中　b——中间主剪应力作用面的权重系数；

C——材料的强度参数。根据双剪应力准则的定义，$0\leqslant b\leqslant 1$，详细的证明过程可见于 5.2.2 节。

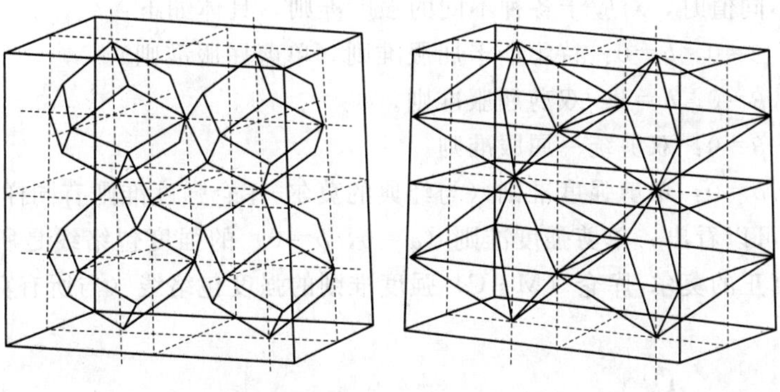
(a)　　(b)

图 5.11 双剪应力单元空间等分特性示意图

在式（5.74）中，因为正应力 σ 的影响没有考虑进去，所以双剪统一屈服准则不能用于描述拉压强度不等的材料。为了建立一个适用于更广泛材料的统一强度准则，考虑了双剪应力单元上的所有应力及它们的不同影响，俞茂宏（1998）相继提出了双剪统一强度准则如下：

$$F=\tau_{13}+b\tau_{12}+\beta(\sigma_{13}+b\sigma_{12})=C(\tau_{12}+\beta\sigma_{12}\geqslant\tau_{23}+\beta\sigma_{23}) \tag{5.75a}$$

$$F=\tau_{13}+b\tau_{23}+\beta(\sigma_{13}+b\sigma_{23})=C(\tau_{23}+\beta\sigma_{23}\geqslant\tau_{12}+\beta\sigma_{12}) \tag{5.75b}$$

在式（5.75）中，β 是反应正应力对材料破坏影响的参数。

根据式（5.74）和式（5.75），当材料破坏时，经典的双剪系列强度理论认为在双剪应力作用面上剪应力 τ 和正应力 σ 之间为线性关系，可以从图 5.12 中看出（$T-S$ 屈服和 $T-S$ 强度）。由于冻土具有在高围压下强度降低的特性，因此经典的双剪系列强度准则不能用于描述冻土的强度变化特征。

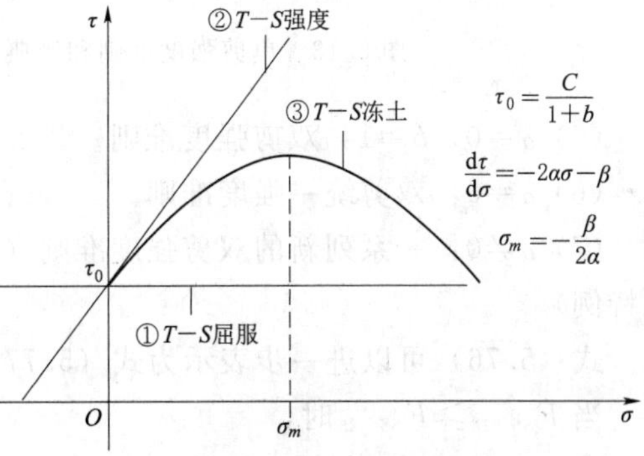

图 5.12 双剪应力作用面上剪应力和正应力间关系对比图

在本节中，结合冻土的强度变化规律，提出了能够描述冻土强度变化特征的新的双剪统一强度准则如下：

当 $\tau_{12}+\beta\sigma_{12}+\alpha\sigma_{12}^2\geqslant\tau_{23}+\beta\sigma_{23}+\alpha\sigma_{23}^2$ 时，

$$F_{TS}=\tau_{13}+b\tau_{12}+\beta(\sigma_{13}+b\sigma_{12})+\alpha(\sigma_{13}^2+b\sigma_{12}^2)=C \tag{5.76a}$$

当 $\tau_{23}+\beta\sigma_{23}+\alpha\sigma_{23}^2\geqslant\tau_{12}+\beta\sigma_{12}+\alpha\sigma_{12}^2$ 时，

$$F_{TS}=\tau_{13}+b\tau_{23}+\beta(\sigma_{13}+b\sigma_{23})+\alpha(\sigma_{13}^2+b\sigma_{23}^2)=C \tag{5.76b}$$

式中 α——非线性系数；

F_{TS}——双剪强度。

当参数取不同值时，对应于各种不同的强度准则，具体如下：

(1) $\alpha=0$，$\beta=0$，$b=0$：特雷斯卡屈服准则（单剪屈服准则）。

(2) $\alpha=0$，$\beta=0$，$b=1$：双剪屈服准则。

(3) $\alpha=0$，$\beta=0$：双剪统一屈服准则。

(4) $\alpha=0$，$b=0$：单剪强度准则（与经典的莫尔-库仑强度准则有同样的函数形式）。

从图 5.13 可以看出，单剪强度准则（$\alpha=0$，$b=0$）的强度包络线是所有莫尔圆顶点的连线，它比真正的莫尔-库仑（M－C）强度准则的强度包络线（与所有莫尔圆相切）要更加安全。

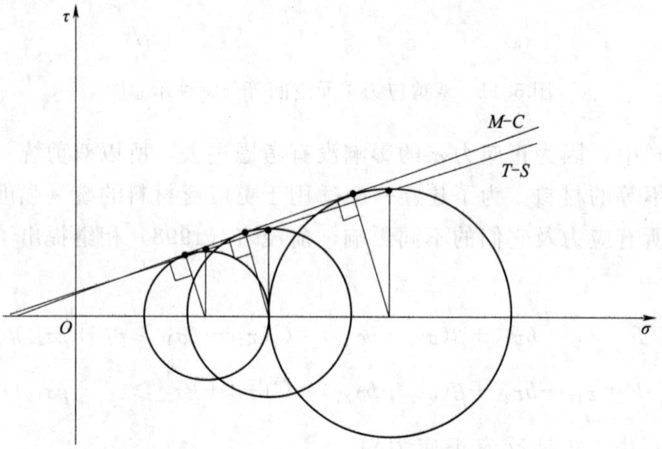

图 5.13　单剪强度准则和经典莫尔-库仑强度准则的差异说明图

(5) $\alpha=0$，$b=1$：双剪强度准则。

(6) $\alpha=0$：双剪统一强度准则。

(7) $\alpha\neq0$：一系列新的双剪强度准则（第一类型的计算莫尔-库仑强度准则可视为它的特例）。

式 (5.76) 可以进一步表示为式 (5.77)。

当 $F_{SS-12}\geqslant F_{SS-23}$ 时，

$$F_{TS}=F_{SS-13}+bF_{SS-12}=C \tag{5.77a}$$

当 $F_{SS-23}\geqslant F_{SS-12}$ 时，

$$F_{TS}=F_{SS-13}+bF_{SS-23}=C \tag{5.77b}$$

上二式中　F_{SS-13}、F_{SS-12} 和 F_{SS-23}——单剪强度准则，分别可以表述为如下表达式：

$$F_{SS-13}=\tau_{13}+\beta\sigma_{13}+\alpha\sigma_{13}^2=\frac{C}{1+b} \tag{5.77c}$$

$$F_{SS-12}=\tau_{12}+\beta\sigma_{12}+\alpha\sigma_{12}^2=\frac{C}{1+b}(F_{SS-12}\geqslant F_{SS-23}) \tag{5.77d}$$

$$F_{SS-23}=\tau_{23}+\beta\sigma_{23}+\alpha\sigma_{23}^2=\frac{C}{1+b}(F_{SS-23}\geqslant F_{SS-12}) \tag{5.77e}$$

从式 (5.77) 中，可以看出这个新的双剪统一强度准则在双剪应力作用面上的剪应力

τ（包括：τ_{13}、τ_{12}和τ_{23}）和正应力σ（包括：σ_{13}、σ_{12}和σ_{23}）之间的关系是非线性的，具体表示如下：

$$\tau=-\alpha\sigma^2-\beta\sigma+\frac{C}{1+b} \tag{5.78}$$

$$\frac{\mathrm{d}\tau}{\mathrm{d}\sigma}=-2\alpha\sigma-\beta \tag{5.79}$$

$$\sigma_m=-\frac{\beta}{2\alpha} \tag{5.80}$$

$$\tau_0=\frac{C}{1+b} \tag{5.81}$$

从式（5.79）可以看出，α 越大，强度曲线的非线性越明显。双剪应力作用面上的经典的双剪系列强度理论的τ-σ之间的关系与新的双剪统一强度准则的τ-σ之间的关系的对比图如图5.12所示。

如图5.14所示，在偏平面上，σ'_1、σ'_2、σ'_3分别是主应力σ_1、σ_2、σ_3的投影；当应力洛德角$\theta_\sigma=-30°$时，$\tau_{23}=0$；当$\theta_\sigma=30°$时，$\tau_{12}=0$；在x轴和y轴的交点处，$\tau_{13}=\tau_{12}=\tau_{23}=0$。广义剪应力$q$和平均正应力$p$与主应力和双剪应力之间的关系如下：

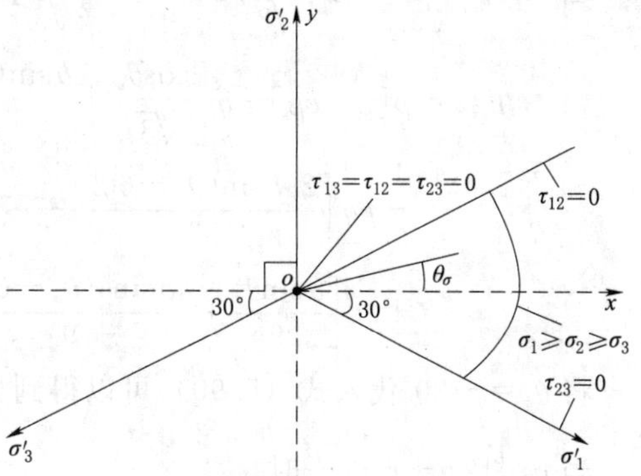

图5.14 偏平面内双剪应力特征图

$$p=\frac{\sigma_1+\sigma_2+\sigma_3}{3}=\frac{\sigma_{12}+\sigma_{13}+\sigma_{23}}{3} \tag{5.82}$$

$$q=\frac{1}{\sqrt{2}}\sqrt{(\sigma_1-\sigma_2)^2+(\sigma_2-\sigma_3)^2+(\sigma_3-\sigma_1)^2}=\sqrt{2}\sqrt{\tau_{12}^2+\tau_{23}^2+\tau_{13}^2} \tag{5.83}$$

因此，双剪应力用p-q-θ_σ的形式表示如下：

$$\tau_{13}=\frac{1}{\sqrt{3}}q\cos\theta_\sigma \tag{5.84}$$

$$\tau_{12}=\frac{1}{\sqrt{3}}q\cos(\theta_\sigma+60°) \tag{5.85}$$

$$\tau_{23}=\frac{1}{\sqrt{3}}q\sin(\theta_\sigma+30°) \tag{5.86}$$

$$\sigma_{13}=p-\frac{q}{3}\sin\theta_\sigma \tag{5.87}$$

$$\sigma_{12}=p+\frac{q}{3}\sin(\theta_\sigma+60°) \tag{5.88}$$

$$\sigma_{23}=p+\frac{q}{3}\sin(\theta_\sigma-60°) \tag{5.89}$$

将式（5.84）～式（5.89）代入式（5.76），新的双剪统一强度准则用p-q-θ_σ的形

式表示如下：

当 $\sin\theta_\sigma-\frac{\beta}{\sqrt{3}}\cos\theta_\sigma-\frac{2}{\sqrt{3}}p\alpha\cos\theta_\sigma-\frac{1}{3\sqrt{3}}q\alpha\cos\theta_\sigma\sin\theta_\sigma\leqslant 0$ 时，

$$
\begin{aligned}
F_{TS}=&p[\beta+b\beta]+q\left[\frac{\cos\theta_\sigma}{\sqrt{3}}+\frac{b\cos(\theta_\sigma+60°)}{\sqrt{3}}-\frac{\beta\sin\theta_\sigma}{3}+\frac{b\beta\sin(\theta_\sigma+60°)}{3}\right]\\
&+pq\left[\frac{2\alpha b\sin(\theta_\sigma+60°)}{3}-\frac{2\alpha\sin\theta_\sigma}{3}\right]+p^2[\alpha+\alpha b]\\
&+q^2\left[\frac{\alpha\sin\theta_\sigma^2}{9}+\frac{\alpha b\sin^2(\theta_\sigma+60°)}{9}\right]=C
\end{aligned}
\tag{5.90a}
$$

当 $\sin\theta_\sigma-\frac{\beta}{\sqrt{3}}\cos\theta_\sigma-\frac{2}{\sqrt{3}}p\alpha\cos\theta_\sigma-\frac{1}{3\sqrt{3}}q\alpha\cos\theta_\sigma\sin\theta_\sigma\geqslant 0$ 时，

$$
\begin{aligned}
F_{TS}=&p[\beta+b\beta]+q\left[\frac{\cos\theta_\sigma}{\sqrt{3}}+\frac{b\sin(\theta_\sigma+30°)}{\sqrt{3}}-\frac{\beta\sin\theta_\sigma}{3}+\frac{b\beta\sin(\theta_\sigma-60°)}{3}\right]\\
&+pq\left[\frac{2\alpha b\sin(\theta_\sigma-60°)}{3}-\frac{2\alpha\sin\theta_\sigma}{3}\right]+p^2[\alpha+\alpha b]\\
&+q^2\left[\frac{\alpha\sin\theta_\sigma^2}{9}+\frac{\alpha b\sin^2(\theta_\sigma-60°)}{9}\right]=C
\end{aligned}
\tag{5.90b}
$$

将 $\theta_\sigma=-30°$ 代入式（5.90）可以得到如下表达式：

当 $q\leqslant 12p+6\,\frac{1+\beta}{\alpha}$ 时，

$$
F=p\beta+q\left(\frac{1}{2}+\frac{\beta}{6}\right)+pq\,\frac{\alpha}{3}+p^2\alpha+q^2\,\frac{\alpha}{36}=\frac{C}{1+b}
\tag{5.91a}
$$

当 $q>12p+6\,\frac{1+\beta}{\alpha}$ 时，

$$
\begin{aligned}
F=&p(1+b)\beta+q\left[\frac{\beta}{6}(1-2b)+\frac{1}{2}\right]+pq\left[\frac{\alpha}{3}(1-2b)\right]+p^2(1+b)\alpha\\
&+q^2\left[\frac{\alpha}{36}(1+4b)\right]=C
\end{aligned}
\tag{5.91b}
$$

要使式（5.91）有意义（当 $p=0$ 时，$q\geqslant 0$），并且根据新的双剪统一强度理论的假定（图 5.12 中抛物线开口向下），可以推导出如下 3 个限定条件：

$$
0\leqslant\frac{1+\beta}{\alpha}<+\infty
\tag{5.92}
$$

$$
\alpha\geqslant 0
\tag{5.93}
$$

$$
-1\leqslant\beta\leqslant 0
\tag{5.94}
$$

图 5.15～图 5.19 展示了第一类型的双剪统一强度准则在应力空间内的变化特征。其中图 5.15～图 5.18 展示的是不同参数影响下的偏平面内强度曲线随平均应力 p 的变化关系；图 5.19 展示的是压缩子午面内不同参数影响下的 $p-q$ 曲线变化关系。

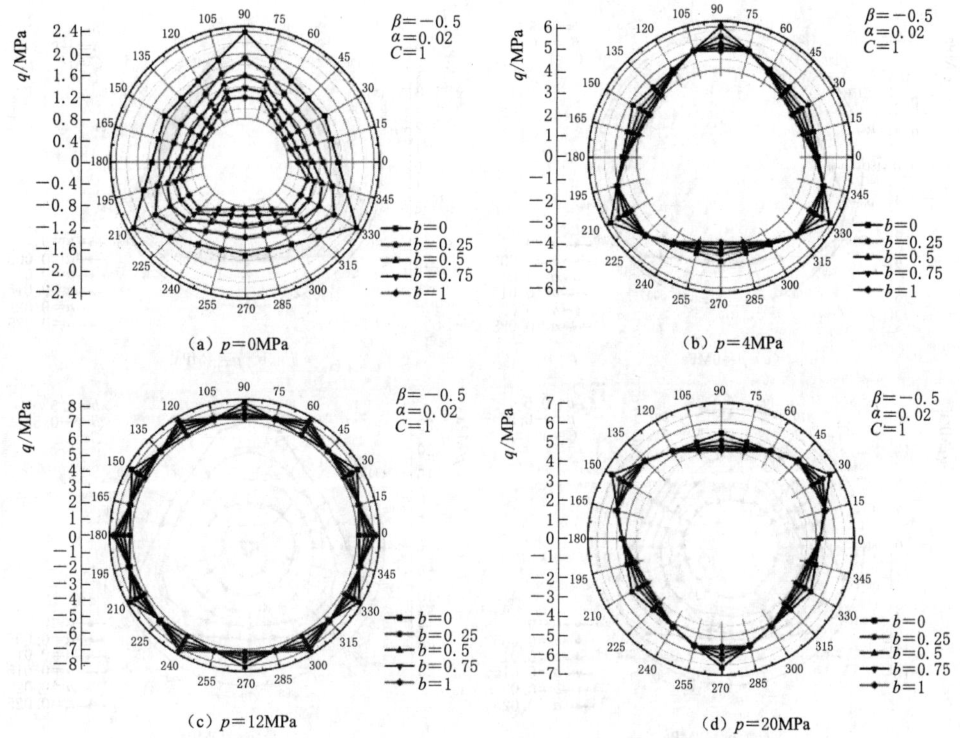

图 5.15 不同 b 值对偏平面内强度形状的影响说明图

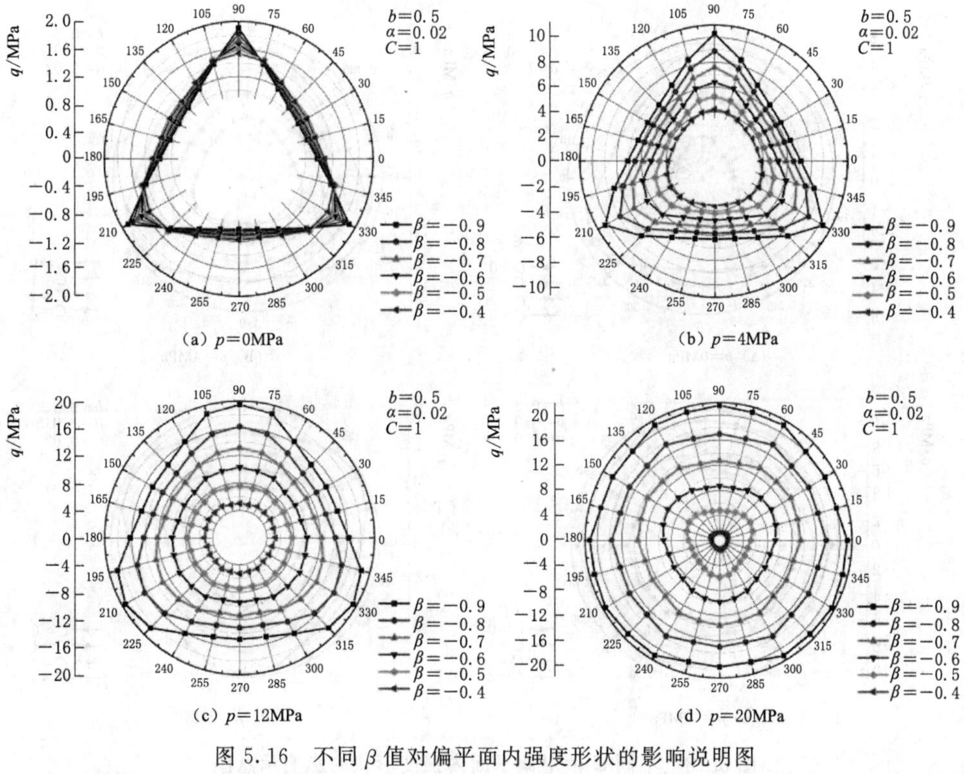

图 5.16 不同 β 值对偏平面内强度形状的影响说明图

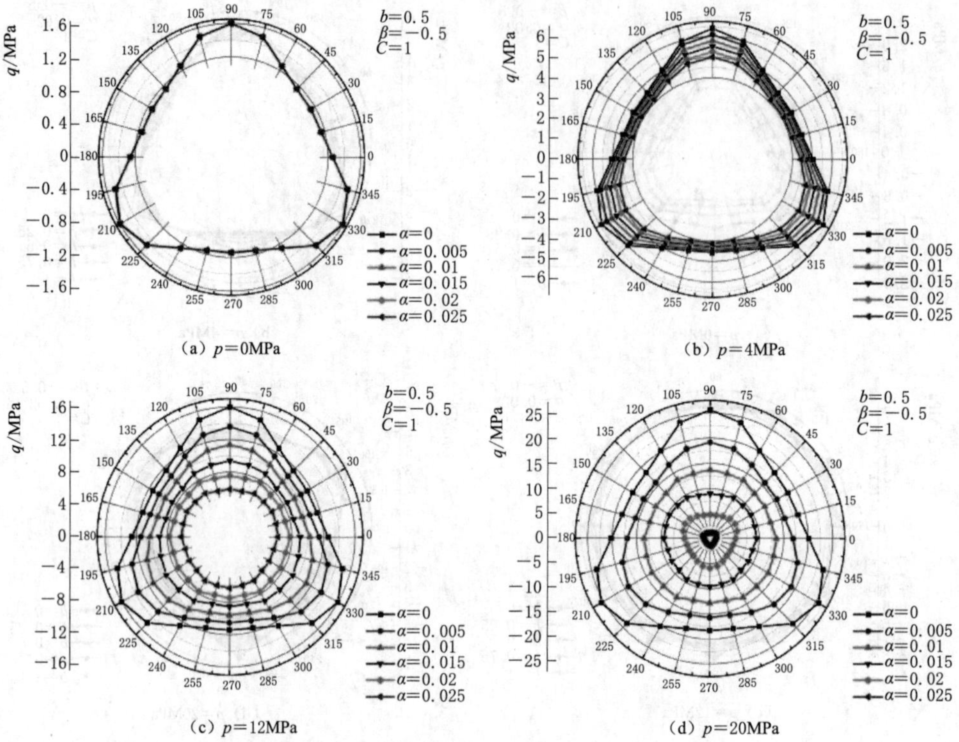

图 5.17　不同 α 值对偏平面内强度形状的影响示意图

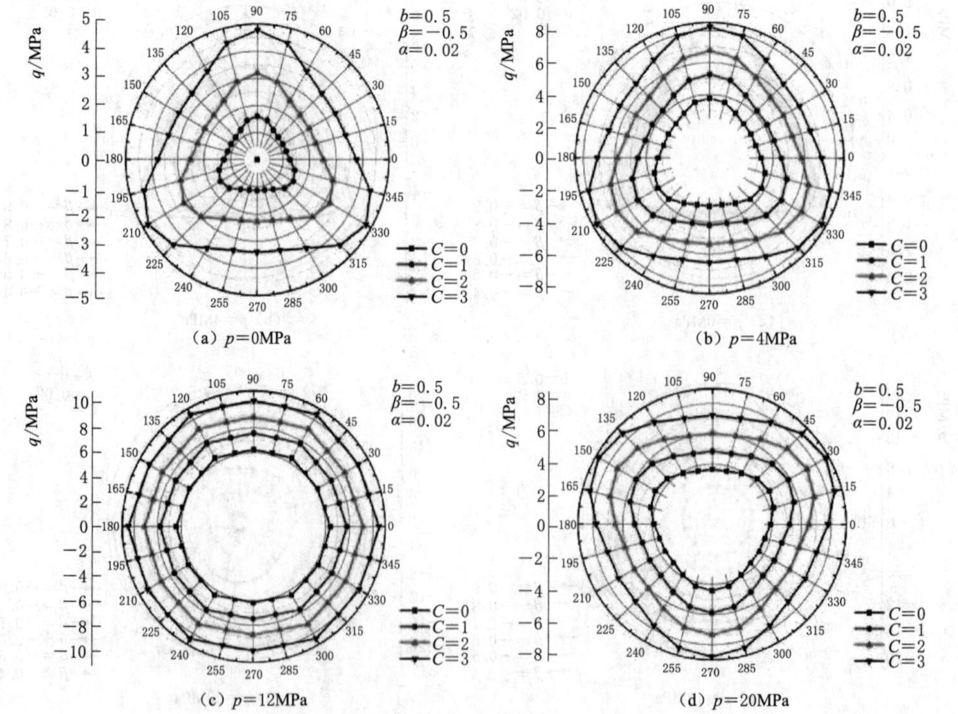

图 5.18　不同 C 值对偏平面内强度形状的影响示意图

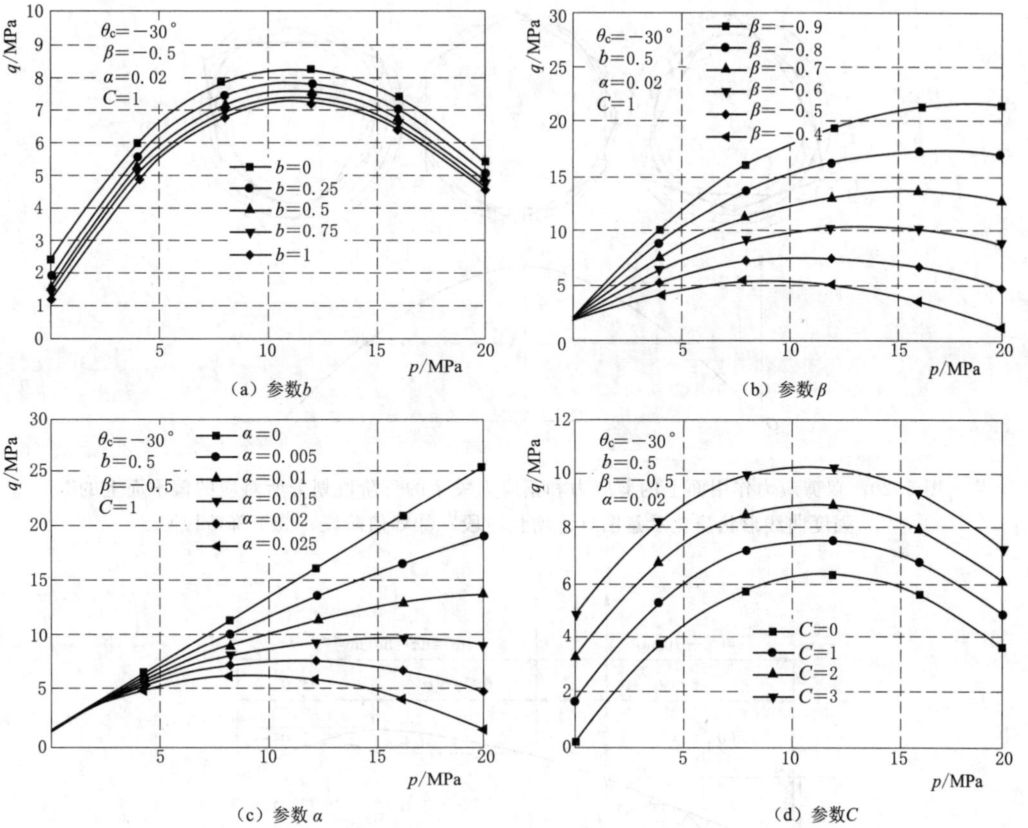

图 5.19 压缩子午面内的强度参数对强度曲线的影响示意图

根据对强度曲线变化特性的总结，如图 5.20 所示，在双剪应力作用面上，当剪应力随正应力的增大而增大时，相应的偏平面内的强度形状由正梨形渐渐过渡为圆形（等边形）；当剪应力达到最大值时，偏平面内的强度形状为圆形（等变形）；当剪应力随正应力的增大而降低时，相应的偏平面内的强度形状由圆形（等边形）渐渐过渡为倒梨形。这种偏平面内强度包络曲线形状倒置的现象，在 5.1.1 节第一类型的莫尔-库仑强度准则中同样存在。所以，5.1.1 节提出的冻土的第一类型莫尔-库仑强度准则可视为本节的新的双剪统一强度准则的特例。

在材料力学中，材料的单轴试验往往是最经济和最简易的试验。本节将进一步推导如何通过简单的单轴试验（单轴压缩强度 σ_c，单轴拉伸强度 σ_t 和纯剪切强度 τ_s）来确定这个新的双剪统一强度准则的参数取值。材料的单轴强度示意图如图 5.21 所示。

土力学中相应的单轴压缩、单轴拉伸和纯剪切的力学状态分别由式（5.95）～式（5.97）所示。

$$\sigma_1=\sigma_c,\sigma_2=\sigma_3=0 \tag{5.95}$$

$$\sigma_1=\sigma_2=0,\sigma_3=-\sigma_t \tag{5.96}$$

$$\sigma_1=\tau_s,\sigma_2=0,\sigma_3=-\tau_s \tag{5.97}$$

将上述 3 个公式根据双剪的判断条件，分别代入相应的强度表达式中，可以得到

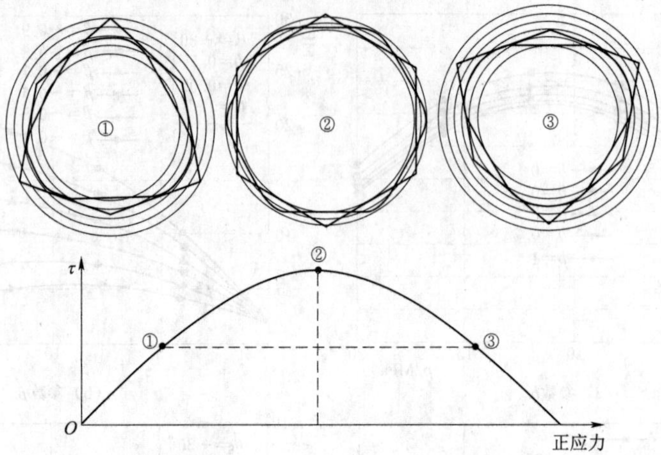

图 5.20　双剪应力作用面上的剪应力和正应力关系的三阶段划分所对应的偏平面上的强度曲线形状演化示意图（①增长阶段；②峰值阶段；③下降阶段）

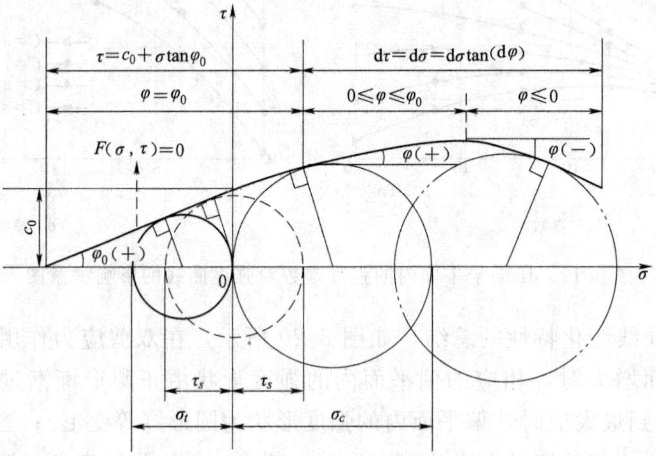

图 5.21　材料的单轴强度示意图

式（5.98）～式（5.100）。

$$\tau_{12}+\beta\sigma_{12}+\alpha\sigma_{12}^{2}>\tau_{23}+\beta\sigma_{23}+\alpha\sigma_{23}^{2} \tag{5.98a}$$

$$F_{TS}=\frac{1+b}{2}\sigma_c+\beta\frac{1+b}{2}\sigma_c+\alpha\frac{1+b}{4}\sigma_c^2=C \tag{5.98b}$$

$$\tau_{12}+\beta\sigma_{12}+\alpha\sigma_{12}^{2}<\tau_{23}+\beta\sigma_{23}+\alpha\sigma_{23}^{2} \tag{5.99a}$$

$$F_{TS}=\frac{1+b}{2}\sigma_t-\beta\frac{1+b}{2}\sigma_t+\alpha\frac{1+b}{4}\sigma_t^2=C \tag{5.99b}$$

$$\tau_{12}+\beta\sigma_{12}+\alpha\sigma_{12}^{2}<\tau_{23}+\beta\sigma_{23}+\alpha\sigma_{23}^{2} \tag{5.100a}$$

$$F_{TS}=\tau_s+\frac{b}{2}\tau_s-\frac{\beta b}{2}\tau_s+\frac{\alpha b}{4}\tau_s^2=C \tag{5.100b}$$

通过联立式（5.98）～式（5.100），可以确定出这个新的双剪统一强度准则的参数用单轴压缩强度σ_c、单轴拉伸强度σ_t和纯剪切强度τ_s表示如下：

$$\alpha=\frac{4(1+b)\sigma_c(\sigma_t-\tau_s)-4\tau_s\sigma_t}{(\sigma_c+\sigma_t)[b\tau_s(\sigma_c-\sigma_t+\tau_s)-(1+b)\sigma_c\sigma_t]} \tag{5.101}$$

$$C=(1+b)\left(\frac{\sigma_c\sigma_t}{\sigma_c+\sigma_t}+\alpha\frac{\sigma_c\sigma_t}{4}\right) \tag{5.102}$$

$$\beta=-\frac{\sigma_c-\sigma_t}{\sigma_c+\sigma_t}-\alpha\frac{\sigma_c-\sigma_t}{2} \tag{5.103}$$

材料的拉压比为

$$\eta=\frac{\sigma_t}{\sigma_c} \tag{5.104}$$

将式（5.104）代入式（5.102）和式（5.103）中，可以求得用拉压比η表示的材料参数的表达式如下：

$$C=(1+b)\left[\frac{\sigma_t}{1+\eta}+\alpha\frac{\frac{\sigma_t}{4}}{\sigma_c}\right] \tag{5.105}$$

$$\beta=-\frac{1-\eta}{1+\eta}-\alpha\frac{1-\eta}{\frac{2}{\sigma_c}} \tag{5.106}$$

本节将用这个新的双剪统一强度准则的预测值与冻结掺合土料的试验数据进行对比，用于验证压缩子午面内这个新的双剪统一强度准则对冻土的适用性。从图 5.22 可以看出，这个新的双剪统一强度准则可以较好的描述压缩子午面内不同温度条件下的冻结掺合土料的强度变化规律。在所有的配比条件下，b和α可以认为是两个常数而不随温度T的改变而变化，β随温度的降低而线性减小，C随温度的降低而线性增大。由于缺少其他应力洛德角的实验数据，可以假定在偏平面内的强度曲线介于单剪边界和双剪边界之间，所以参数b的取值设定为 0.5。最后，给出了考虑温度变化的双剪统一强度准则的表达式如下：

当$\tau_{12}+\beta(T)\sigma_{12}+\alpha\sigma_{12}^2\geqslant\tau_{23}+\beta(T)\sigma_{23}+\alpha\sigma_{23}^2$时，

$$F_{TS}=\tau_{13}+b\tau_{12}+\beta(T)(\sigma_{13}+b\sigma_{12})+\alpha(\sigma_{13}^2+b\sigma_{12}^2)=C(T) \tag{5.107a}$$

当$\tau_{23}+\beta(T)\sigma_{23}+\alpha\sigma_{23}^2\geqslant\tau_{12}+\beta(T)\sigma_{12}+\alpha\sigma_{12}^2$时，

$$F_{TS}=\tau_{13}+b\tau_{23}+\beta(T)(\sigma_{13}+b\sigma_{23})+\alpha(\sigma_{13}^2+b\sigma_{23}^2)=C(T) \tag{5.107b}$$

式中　$\beta(T)$ 和 $C(T)$ ——两个与温度有关的线性函数。

5.2.2 第二类型的双剪统一强度准则

第一类型的双剪统一强度准则，当剪应力随正应力的增大而减小时会发生偏平面内强度包络曲线的形状倒置现象；与经典的双剪系列理论相比，当$b=1$时，第一类型的冻土双剪统一强度准则在偏平面内的强度曲线随着平均应力p的增大并不总是对应着外边界；而当$b=0$时，也并不总是对应着内边界；这一现象是上一节所述的双剪统一强度准则的一些不同于经典双剪系列强度理论的新现象。由于缺乏其他应力洛德角条件下的冻土试验数据的验证，其正确与否还有待于进一步的试验研究。

本节将提出第二类型的双剪统一强度准则，它具有经典双剪系列强度理论的特点，当

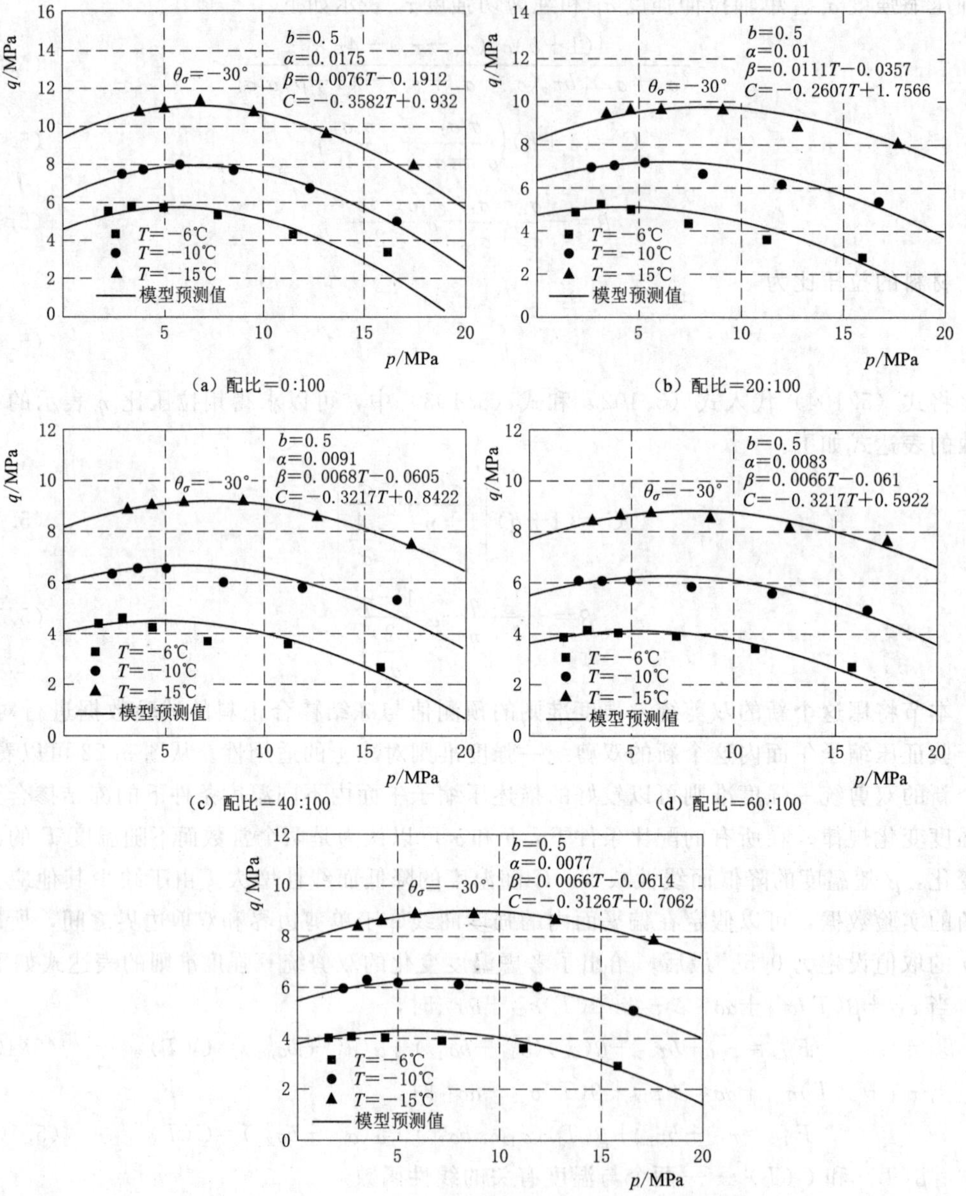

图 5.22　第一类型的双剪统一强度准则在压缩子午面的预测值与冻结掺合土料土的试验数据的对比图

$b=1$ 时，偏平面内的强度曲线随着平均应力 p 的增大会一直对应着外边界；当 $b=0$ 时，则一直对应着内边界；同时第二类型的双剪统一强度准则在压缩子午面内因采用了第二类型的冻土计算莫尔-库仑强度准则来描述冻土在压缩子午面内的非线性特征，故第二类型的计算莫尔-库仑强度准则可视为本节所述强度准则的一个特例。同为第二类型的强度准则，两者有一个共同特征是：在高围压下，当冻土强度降低时，偏平面内的强度形状不会发生倒置现象。

因为经典的双剪统一强度准则（俞茂宏，2004）在偏平面内为线性变化，导致了角点的奇异性。为了克服这一缺憾，本节在经典的双剪统一强度准则的基础上，通过引入权重系数 s，在其后引入三剪强度准则。新的统一强度准则的表达式如下：

当 $\tau_{12}+\beta\sigma_{12}\geqslant\tau_{23}+\beta\sigma_{23}$ 时，

$$F=(1-s)[\tau_{13}+b\tau_{12}+\beta(\sigma_{13}+b\sigma_{12})]+s(\tau_8+\beta\sigma_8)=C \tag{5.108a}$$

当 $\tau_{23}+\beta\sigma_{23}\geqslant\tau_{12}+\beta\sigma_{12}$ 时，

$$F=(1-s)[\tau_{13}+b\tau_{23}+\beta(\sigma_{13}+b\sigma_{23})]+s(\tau_8+\beta\sigma_8)=C \tag{5.108b}$$

式中 β——考虑正应力对材料破坏的影响系数；

b——中间主剪应力作用面的权重系数；

C——材料的强度参数；其中，s 是介于 0 至 1 之间的值。

式（5.108）可以进一步表述为式（5.109）如下：

$$F=(1-s)F_{TS}+sF_{OS}=C(\tau_{12}+\beta\sigma_{12}\geqslant\tau_{23}+\beta\sigma_{23}) \tag{5.109a}$$

$$F=(1-s)F_{TS}+sF_{OS}=C(\tau_{23}+\beta\sigma_{23}\geqslant\tau_{12}+\beta\sigma_{12}) \tag{5.109b}$$

因为 F_{OS} 含有 3 个剪应力（τ_{13}，τ_{12}，τ_{23}），F_{TS} 含有两个剪应力（τ_{13}，τ_{12}）或者（τ_{13}，τ_{23}），所以 F_{TS} 在本书中被称为双剪应力强度准则；F_{OS} 被称为三剪应力强度准则；其具体表达式如下：

$$F_{TS}=\tau_{13}+b\tau_{12}+\beta(\sigma_{13}+b\sigma_{12})=C(\tau_{12}+\beta\sigma_{12}\geqslant\tau_{23}+\beta\sigma_{23}) \tag{5.109c}$$

$$F_{TS}=\tau_{13}+b\tau_{23}+\beta(\sigma_{13}+b\sigma_{23})=C(\tau_{23}+\beta\sigma_{23}\geqslant\tau_{12}+\beta\sigma_{12}) \tag{5.109d}$$

$$F_{OS}=\tau_8+\beta\sigma_8=\frac{2}{3}(\tau_{12}^2+\tau_{23}^2+\tau_{13}^2)^{1/2}+\beta(\sigma_{12}+\sigma_{13}+\sigma_{23})/3=C \tag{5.109e}$$

当 $s=1$ 时，$F=F_{OS}=C$，对应的 F 为三剪强度准则；

当 $s=0$ 时，$F=F_{TS}=C$，对应的 F 为经典的双剪统一强度准则；

当 $0<s<1$ 时，$F=(1-s)F_{TS}+sF_{OS}=C$，对应的 F 为一系列新的强度准则；

当 $s>1$ 或 $s<0$ 时，F_{TS} 或 F_{OS} 对总的 F 的贡献为负值，此种取值没有力学意义。

所以，s 的取值必须介于 0～1 之间。

以同样的证明方式，可以证明 b 的取值同样介于 0～1 之间。式（5.109c）、式（5.109d）可以改写为式（5.110）。

$$F_{TS}=\tau_{13}+\beta\sigma_{13}+b(\tau_{12}+\beta\sigma_{12})=C(\tau_{12}+\beta\sigma_{12}\geqslant\tau_{23}+\beta\sigma_{23}) \tag{5.110a}$$

$$F_{TS}=\tau_{13}+\beta\sigma_{13}+b(\tau_{23}+\beta\sigma_{23})=C(\tau_{23}+\beta\sigma_{23}\geqslant\tau_{12}+\beta\sigma_{12}) \tag{5.110b}$$

式（5.109e）和式（5.110）可以进一步表述为式（5.111）和式（5.112）。

$$F_{OS}-C=\tau_8+\beta\sigma_8-C=\frac{2}{3}(\tau_{12}^2+\tau_{23}^2+\tau_{13}^2)^{1/2}+\beta(\sigma_{12}+\sigma_{13}+\sigma_{23})/3-C=0 \tag{5.111}$$

当 $\tau_{12}+\beta\sigma_{12}\geqslant\tau_{23}+\beta\sigma_{23}$ 时，

$$F_{TS}-C=\left(\tau_{13}+\beta\sigma_{13}-\frac{C}{1+b}\right)+b\left(\tau_{12}+\beta\sigma_{12}-\frac{C}{1+b}\right)=0 \tag{5.112a}$$

当 $\tau_{23}+\beta\sigma_{23}\geqslant\tau_{12}+\beta\sigma_{12}$ 时，

$$F_{TS}-C=\left(\tau_{13}+\beta\sigma_{13}-\frac{C}{1+b}\right)+b\left(\tau_{23}+\beta\sigma_{23}-\frac{C}{1+b}\right)=0 \tag{5.112b}$$

式（5.112）又可以表述为式（5.113）。

当 $F_{SS-12}\geqslant F_{SS-23}$ 时，

$$F_{TS}-C=\left(F_{SS-13}-\frac{C}{1+b}\right)+b\left(F_{SS-12}-\frac{C}{1+b}\right)=0 \tag{5.113a}$$

当 $F_{SS-12}<F_{SS-23}$ 时，

$$F_{TS}-C=\left(F_{SS-13}-\frac{C}{1+b}\right)+b\left(F_{SS-23}-\frac{C}{1+b}\right)=0 \tag{5.113b}$$

在式（5.113）中，因为 F_{SS} 只含有一个剪应力 τ_{13} 或者 τ_{12} 或者 τ_{23}，所以 F_{SS} 在本文被称为单剪强度准则，可以分别表述为如下公式：

$$F_{SS-13}=\tau_{13}+\beta\sigma_{13}=\frac{C}{1+b} \tag{5.114a}$$

$$F_{SS-12}=\tau_{12}+\beta\sigma_{12}=\frac{C}{1+b}(F_{SS-12}\geqslant F_{SS-23}) \tag{5.114b}$$

$$F_{SS-23}=\tau_{23}+\beta\sigma_{23}=\frac{C}{1+b}(F_{SS-23}\geqslant F_{SS-12}) \tag{5.114c}$$

将式（5.114）代入式（5.109c）和式（5.109d）可以得出式（5.115）。

$$F_{TS}=F_{SS-13}+bF_{SS-12}=C(F_{SS-12}\geqslant F_{SS-23}) \tag{5.115a}$$

$$F_{TS}=F_{SS-13}+bF_{SS-23}=C(F_{SS-23}\geqslant F_{SS-12}) \tag{5.115b}$$

当 $b=1$ 时，$F_{TS}=F_{SS-13}+F_{SS-12}=C$ 或者 $F_{TS}=F_{SS-13}+F_{SS-23}=C$。此时，$F_{TS}$ 为双剪强度准则。

当 $b=0$ 时，$F_{TS}=F_{SS-13}=C$。此时，F_{TS} 为单剪强度准则（函数形式与经典莫尔莫尔-库仑强度准则一致）。

当 $0<b<1$ 时，$F_{TS}=F_{SS-13}+bF_{SS-12}=C$ 或者 $F_{TS}=F_{SS-13}+bF_{SS-23}=C$。此时，$F_{TS}$ 为双剪统一强度准则。

当 $b<0$ 时，F_{SS-12} 或者 F_{SS-23} 对总的 F_{TS} 的贡献为负值，此种取值没有力学意义。

当 $b>1$ 时，F_{SS-12} 或者 F_{SS-23} 对 F_{TS} 的贡献大于 F_{SS-13} 对 F_{TS} 的贡献。因为 $\tau_{13}\geqslant\tau_{12}$ 且 $\tau_{13}\geqslant\tau_{23}$，所以此种取值情况也不符合模型的假设。

所以，b 的取值必须介于 0～1 之间。

将式（5.111）和式（5.115）代入式（5.109），可以得出总的强度总则 F 与单剪强度准则 F_{SS-13}，F_{SS-12}，F_{SS-23} 和三剪强度准则 F_{OS} 之间的关系如下：

$$F=(1-s)(F_{SS-13}+bF_{SS-12})+sF_{OS}=C(F_{SS-12}\geqslant F_{SS-23}) \tag{5.116a}$$

$$F=(1-s)(F_{SS-13}+bF_{SS-23})+sF_{OS}=C(F_{SS-23}\geqslant F_{SS-12}) \tag{5.116b}$$

至此我们讨论了双剪、单剪和三剪强度准则之间的关系。从上一节所述可以知道，β 和 C 是用于描述双剪应力作用面上剪应 τ 和正应力 σ 之间的关系。对于传统的子午面内强度线性变化的材料或者上一节所述的第一类型的新的双剪统一强度准则，β 和 C 是两个定值。但对于传统的子午面内强度非线性变化的材料或者本节将要阐述的第二类型的双剪统一强度准则，β 和 C 则是两个变量，它们随着正应力 σ 或平均应力 p 的变化而变化。

为了能够描述冻土在子午面内的强度非线性，尤其高围压条件下强度降低的特征，参数 β 和参数 C 与平均应力 p 之间的关系可以表述为式（5.117）和式（5.118）所示。

$$\beta=\frac{\left[-\frac{1}{2}(1-s)(1+b)-\frac{\sqrt{2}}{3}s\right]M^{*}_{0(\theta_\sigma=-30°)}}{\frac{1}{6}M^{*}_{0(\theta_\sigma=-30°)}(1-s)(1+b)+(1+b-sb)} \tag{5.117}$$

$$C=-\frac{\left[-\frac{1}{2}(1-s)(1+b)-\frac{\sqrt{2}}{3}s\right]q^{*}_{0(\theta_\sigma=-30°)}}{\frac{1}{6}M^{*}_{0(\theta_\sigma=-30°)}(1-s)(1+b)+(1+b-sb)}(1+b-sb) \tag{5.118}$$

在上述表达式中，$q^{*}_{0(\theta_\sigma=-30°)}$ 和 $M^{*}_{0(\theta_\sigma=-30°)}$ 可以分别选用式（5.31）中的表达式求得。如图 5.23 所示，对于采用子午面内的“对称型”的强度准则，参数 β 随着 p 的增大而线性增大，参数 C 随着 p 的增大而线性减小；对于采用子午面内的“非对称型”的强度准则，参数 β 随着 p 的增大而非线性增大，参数 C 随着 p 的增大而非线性减小。“对称型”强度准则的 $q^{*}_{0(\theta_\sigma=-30°)}$ 和 $M^{*}_{0(\theta_\sigma=-30°)}$ 表达式如式（5.119）和式（5.120）所示。

$$q^{*}_{0(\theta_\sigma=-30°)}=q_0\left[1-\frac{p}{p_{\max}}\right] \tag{5.119}$$

$$M^{*}_{0(\theta_\sigma=-30°)}=M_0\left[1-\frac{p}{p_{\max}}\right] \tag{5.120}$$

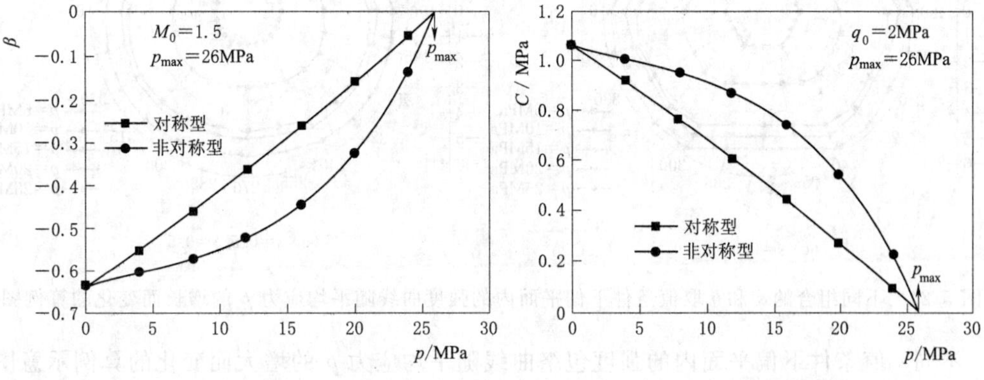

图 5.23 冻土第二类型的双剪统一强度准则中参数 β 和参数 C 随平均应力 p 的变化关系示意图

综上所述，在本节中所提的强度准则有 6 个参数，它们分别为：s、b、M_0、q_0、$p_{\max}$、n。如果子午面内采用对称型强度准则，参数可以进一步减少为 5 个：s、b、M_0、q_0、$p_{\max}$。当 s 和 b 分别取一个介于 0～1 之间的数，分别对应于一个相应的具体强度准则，参数可以进一步减少为 3 个：M_0、q_0、$p_{\max}$。存在对称轴的强度准则定义为对称型强度准则，比如抛物线强度准则，其余的为非对称型强度准则。

强度准则在偏平面内的变化特征讨论如下。不同组合的 s 和 b 取值条件下，偏平面内的强度包络曲线随平均应力 p 的增长而变化的算例示意图如图 5.24 所示。可以看到，所有的强度曲线（对应于不同的 s 和 b 值）随着 p 的增大先膨胀后收缩。当平均应力 p 较小时，应力洛德角为 $-30°$ 时的强度值大于洛德角为 $30°$ 时的强度值。随着 p 的增大，洛德角为 $-30°$ 时的强度值渐渐等于洛德角为 $30°$ 时的强度值。p 值越大，偏平面内的强度曲线越接近于一个等边六边形，如图 5.24（a）和（c）所示；或者接近于一个圆，如图 5.24（d）所示。

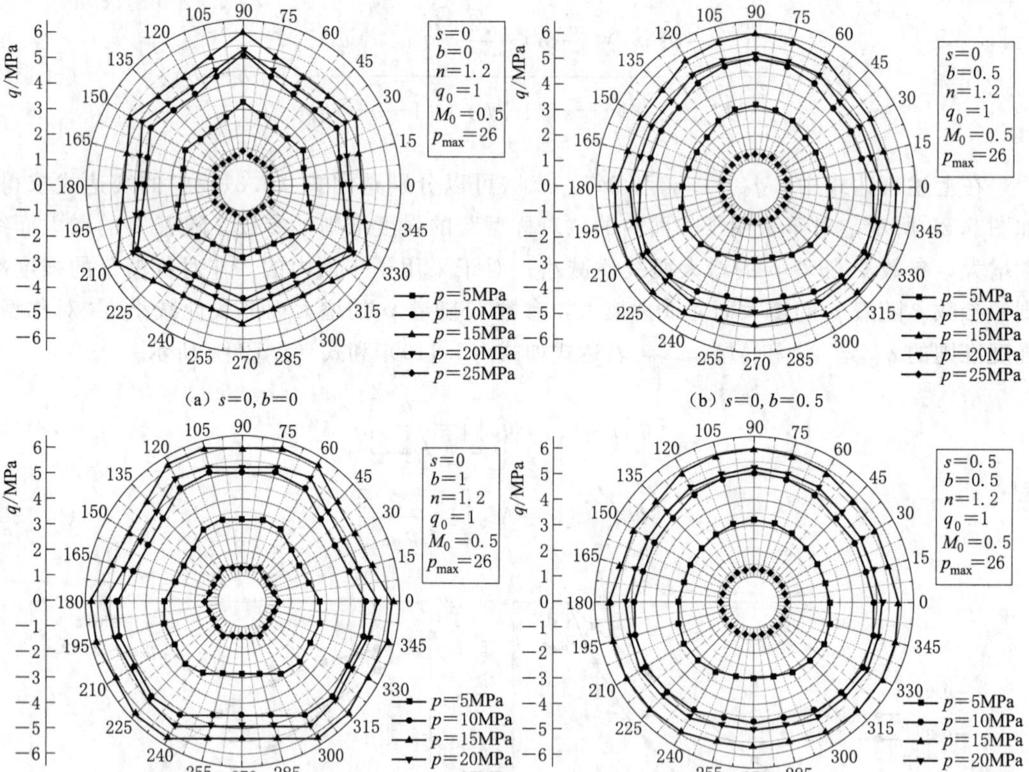

（a）$s=0, b=0$　（b）$s=0, b=0.5$

（c）$s=0, b=1$　（d）$s=0.5, b=0.5$

图 5.24　不同组合的 s 和 b 取值条件下偏平面内的强度曲线随平均应力 p 的增长而变化的算例图

不同 s 值条件下偏平面内的强度包络曲线随平均应力 p 的增大而变化的算例示意图如图 5.25 所示。在给定的 3 组条件下（$s=0$、$s=0.5$ 和 $s=1$），当 p 值较小时，三剪强度（$s=1$）的强度曲线对应于外接圆；然而，当 p 值较大时，三剪强度（$s=1$）的强度曲线对应于内接圆。

不同 b 值条件下偏平面内的强度曲线随平均应力 p 的增长而变化的算例示意图如图 5.26 所示。在任意的 p 值和任意洛德角的条件下，双剪强度（$b=1$）均大于单剪强度（$b=0$）；而当 $0<b<1$ 时，对应的强度值介于双剪边界和单剪边界之间。

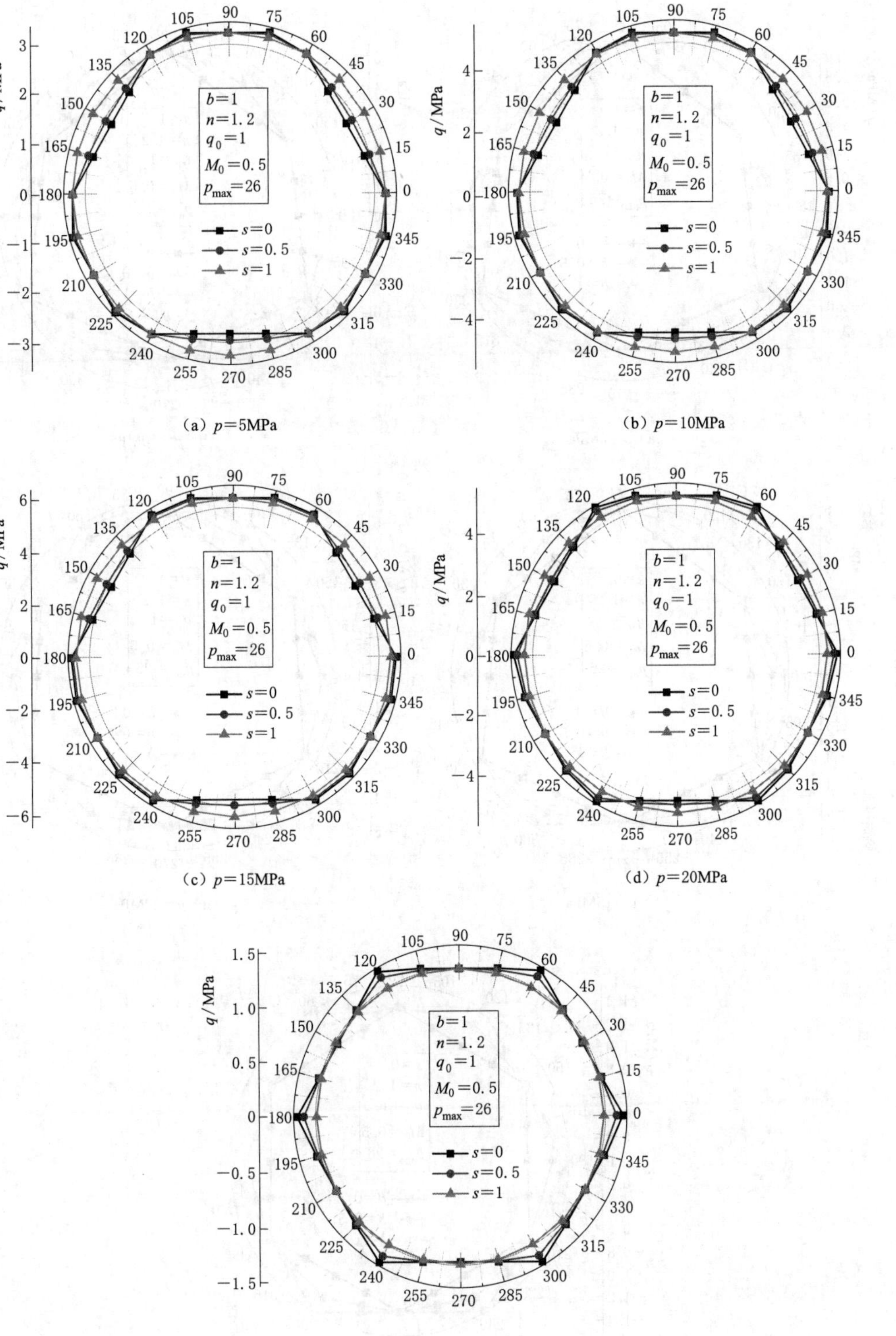

(a) p=5MPa (b) p=10MPa (c) p=15MPa (d) p=20MPa (e) p=25MPa

图 5.25 不同 s 值条件下偏平面内的强度曲线随平均应力 p 的增长而变化的算例示意图

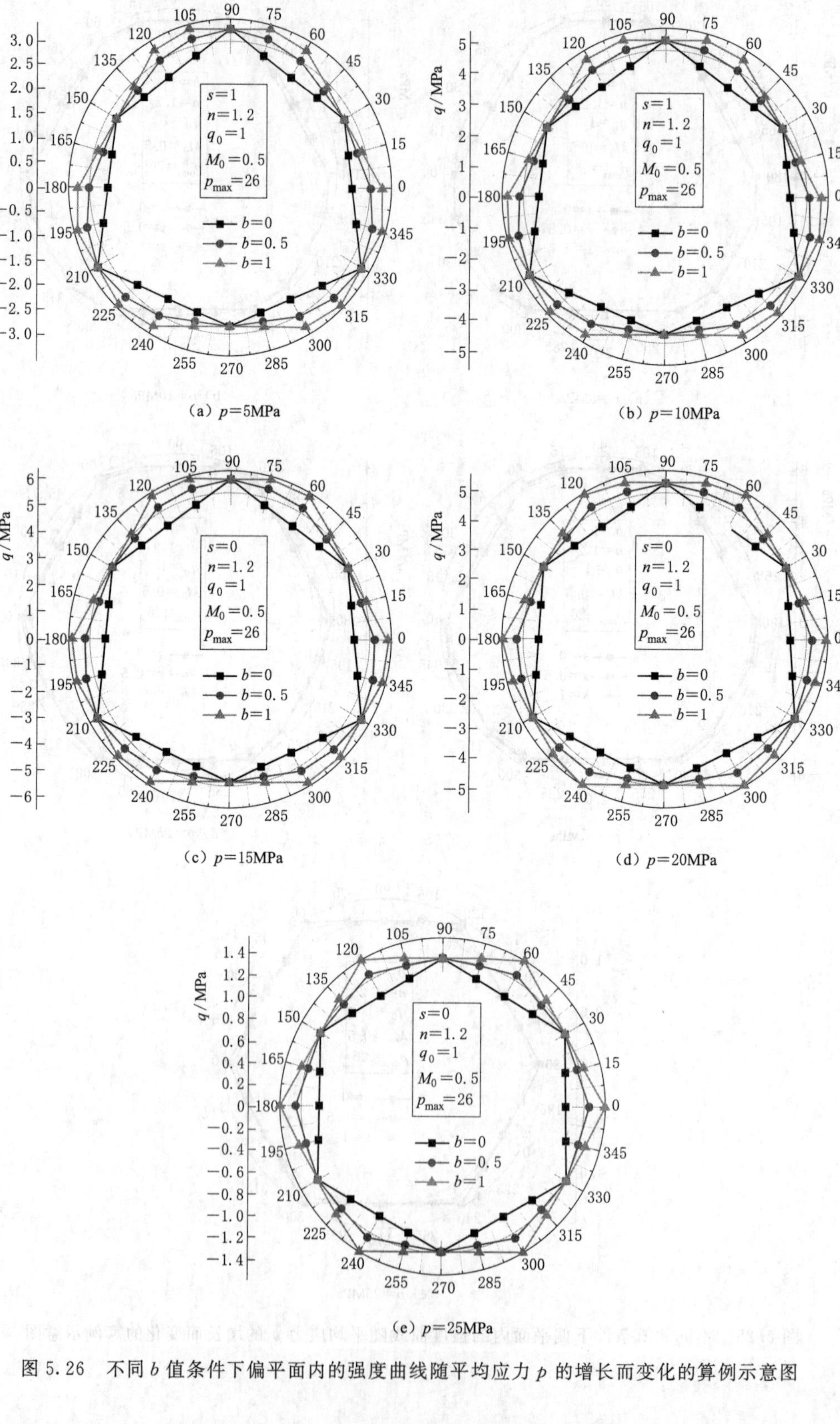

(a) p=5MPa

(b) p=10MPa

(c) p=15MPa

(d) p=20MPa

(e) p=25MPa

图 5.26　不同 b 值条件下偏平面内的强度曲线随平均应力 p 的增长而变化的算例示意图

5.3 宏-细观强度准则

虽然目前建立冻土的强度准则与试验结果较好地吻合，但是这些强度准则暂时还不能考虑土颗粒和冰晶之间的相互作用，以及冰晶独特的胶结特性。鉴于此，本节从细观角度建立了一个非线性强度准则，用于评价冻土的宏观强度特性。在该方法中，假定冻土代表性单元中的土基质颗粒和冰晶分别用不同的强度规律表示，随后利用连续介质力学方法中的 Mori - Tanaka 方法来考虑土颗粒和冰晶之间的相互作用，同时引入了一个 ψ 破损函数来描述冰晶的破碎和压融现象，在细观耗散和宏观耗散等效的基础上建立了一个冻土的宏-细观强度准则。最后，根据文献中的试验结果确定材料参数，验证了包括冻结粉土、冻结黄土和冻结砂土在内的强度规律。与以往提出关于冻土的半经验强度准则相比，本节提出的宏-细观强度准则中参数具有明确的物理意义，同时也可以定性和定量地模拟冻土的宏观强度特性（张德，2019）。

5.3.1 细观力学基础

岩土类材料往往不是均匀分布的，而是由许多组分构成，因此在进行变形机理分析时，需要考虑这类材料的各相之间的微观构型，利用材料内部的微细结构及其相互作用来预测材料的宏观力学特性的行为，这便是细观连续介质力学的基本任务。

细观损伤力学（余寿文等，1997），是从材料的细观结构出发，对不同的细观损伤机制加以区分，通过对细观结构变化的物理力学过程来了解材料的破坏，通过体积平均化的方法从细观分析结果导出材料的宏观性质。细观损伤力学常与材料的力学行为和变形过程相联系，其研究的尺度范围介于连续介质力学和微观力学之间，微观力学是用固体物理学的手段研究微空穴、位错、原子结合力等的行为。与连续损伤力学方法相比，细观损伤力学方法的另一个重要差别在于：在细观力学方法中必须采用一种均匀化方法，以把细观结构损伤机制研究的结果反映到材料的宏观力学行为的描述中去。比较典型的方法有：不考虑微缺陷之间相互作用的非相互作用方法，亦称 Taylor 方法；考虑微缺陷之间弱相互作用的自恰方法、微分方法、Mori - Tanaka 方法（Mori et al.，1973）、广义自治方法、Hashin - Shtrikman 界限方法；考虑微缺陷之间强相互作用的统计细观力学方法等。

因此，细观损伤力学一方面忽略了损伤的过于复杂的微观物理过程，避免了统计力学浩繁的计算，另一方面又包含了不同材料的细观损伤的几何和物理特征，为损伤变量和损伤演化方程提供了较明晰的物理背景。

1. Eshelby 相变问题

Eshelby（1957、1959）和 Hashin 等（1961）研究过含椭球核的全空间的弹性力学问题，此问题在复合材料力学、断裂力学中有着广泛的应用。Mura（1987）提出本征应变的概念，并发展了一套方法来解决与椭球核夹杂相关的这类问题。

假设在图 5.27 所示的无限大均质介质中，区域 V_c 内的材料由于某些非弹性的物理因素，例如热应力、不均匀性、空洞、裂纹以及位错等导致物体有了变形，所引起的应变为 ε^t 为一个常张量，ε^t 称为特征应变（eigenstrain）。如果区域 V 的材料是自由的，即不受

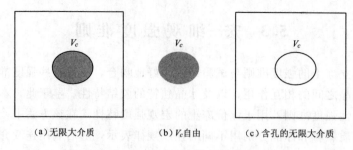

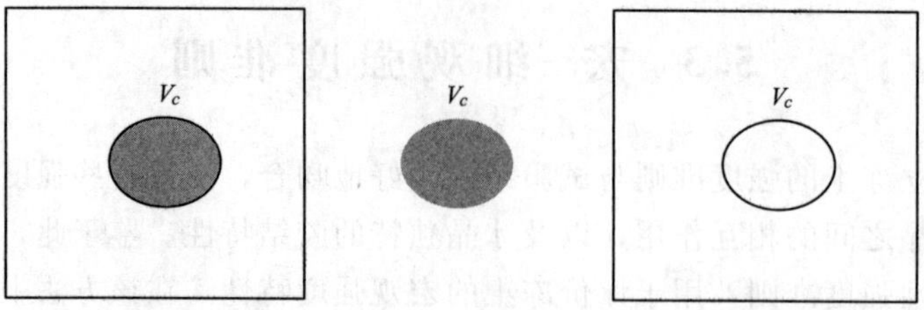

(a) 无限大介质　　(b) V_c自由　　(c) 含孔的无限大介质

图 5.27　Eshelby 相变问题示意图

约束，如图 5.27（b）所示，它的应变就是由于相变或温度变化引起的特征应变 ε^t。但实际上，图 5.27（a）中区域 V 的材料是处于无限大介质中，它受到周围介质的约束，不能自由地变形，因而必然受到来自周围介质力的作用，从而限制它的应变。因此图 5.27（a）中无限大介质区域 V 的实际应变不是 ε^t，而是 ε^*，ε^* 称为约束应变。

Eshelby 证明：设介质为线弹性，当区域 V 的形状为椭球体时，只要特征应变 ε^t 是一个常张量，即在区域 V 内不随位置而变化，则约束应变 ε^* 也是一个常张量，其值为

$$\varepsilon^* = S\varepsilon^t \tag{5.121}$$

式中　$\boldsymbol{S}$——四阶张量，称为 Eshelby 张量。$\boldsymbol{S}$ 可利用弹性力学求出，它与夹杂的弹性性质及椭球的形状和取向有关。特别地，当夹杂介质为球形时，其 Eshelby 张量可表述成

$$\boldsymbol{S}_{ijkl} = (\alpha - \beta)\frac{1}{3}\delta_{ij}\delta_{kl} + \beta\frac{1}{2}(\delta_{ik}\delta_{jl} + \delta_{il}\delta_{jk}) \tag{5.122a}$$

式（5.122a）也可表示为

$$\boldsymbol{S} = (\alpha, \beta) \tag{5.122b}$$

其中：

$$\alpha = 3 - 5\beta = \frac{3K}{3K + 4G} \tag{5.122c}$$

$$\beta = \frac{6}{5}\frac{K + 2G}{3K + 4G} = \frac{2}{15}\frac{4 - 5\nu}{1 - \nu} \tag{5.122d}$$

$$\nu = \frac{3K - 2G}{6K + 2G} \tag{5.122e}$$

式中　K、G 和 ν——基体的体积模量、剪切模量和泊松比。

2. 应力或应变集中张量

（1）弹性约束张量。对图 5.27（b）所示的 V 椭球形区域（可称为内域）来说，图 5.27（c）所示的含孔的无限大介质（可称为外域）可以看作“弹性约束”。正因为有这个弹性约束的存在，使得图 5.27（b）的内域材料不能自由地变形 ε^t，而只能变形 ε^*。按照 Eshelby 方法，假设内域为椭球形，则 σ^* 和 ε^* 均为常张量，以 σ^* 表示内域应力，由于实际应变 ε^* 减去相变应变 ε^t 才是由于应力 σ^* 而产生的应变，则内域的弹性本构关系为

$$\sigma^* = \boldsymbol{C}(\varepsilon^* - \varepsilon^t) = -\boldsymbol{C}(S^{-1} - \boldsymbol{I})\varepsilon^* = -\boldsymbol{C}^*\varepsilon^* \tag{5.123}$$

式中　$\boldsymbol{C}$——基体弹性刚度张量；

$\boldsymbol{I}$——单位等同张量；

$\boldsymbol{C}^*$——弹性约束张量，即$\boldsymbol{C}^*=\boldsymbol{C}(\boldsymbol{S}^{-1}-I)$。

$$\boldsymbol{I}_{ijkl}=\frac{1}{2}(\delta_{ik}\delta_{jl}+\delta_{il}\delta_{jk}) \tag{5.124}$$

$$\boldsymbol{C}=(3K,2G)=(3K-2G)\frac{1}{3}\delta_{ij}\delta_{kl}+2G\boldsymbol{I}_{ijkl} \tag{5.125}$$

假设内域夹杂区域V为圆球形，认为该介质是各向同性弹性体，因此弹性约束刚度张量为

$$\boldsymbol{C}^*=(3K,2G)\left(\frac{1}{\alpha}-1,\frac{1}{\beta}-1\right)=\left(\frac{3K(1-\alpha)}{\alpha},\frac{2G(1-\beta)}{\beta}\right)=\left(4G,\frac{G(9K+8G)}{3(K+2G)}\right) \tag{5.126}$$

(2) 夹杂问题。设将一个夹杂嵌入无限大均匀介质中，该介质受到无限远处的应力σ^∞和应变ε^∞，其中夹杂所占的体积为V_c，称为内域，而区域V_c以外称为外域，如图5.28所示。需要特别指出的是，内域V_c和外域是由两种不同的材料组成，它们具有不同的物理力学特性，因此，外域的弹性本构关系为

$$\sigma=\boldsymbol{C}\varepsilon \text{ 或 } \varepsilon=\boldsymbol{M}\sigma \tag{5.127}$$

内域V_c的弹性本构关系为

$$\sigma_c=\boldsymbol{C}_c\varepsilon_c \text{ 或 } \varepsilon_c=\boldsymbol{M}_c\sigma_c \tag{5.128}$$

式中 $\boldsymbol{C}$、$\boldsymbol{M}$——外域的材料的弹性刚度和弹性柔度张量；

$\boldsymbol{C}_c$、$\boldsymbol{M}_c$——内域即夹杂的弹性刚度和弹性柔度张量；

下标c——夹杂。

将图5.28中含夹杂物的介质进行分解成图5.28 (a) ～ (c)，同时将图5.28 (c) 含孔无限大介质的应力进行分解。对图5.28 (d) 和 (e) 进行分析，以外域为研究对象，将夹杂从均匀介质中取出，此时外域内表面受到内域的反作用力σ_c，外域表面受到均匀的应力σ^∞。将外域内表面的力进行分解，即$\sigma_c=\sigma^\infty+(\sigma_c-\sigma^\infty)$，因此在均匀的应力$\sigma^\infty$作用下，外域的应变为$\varepsilon_1=\varepsilon^\infty$；在约束应力$\sigma_c-\sigma^\infty$作用下，约束应变为$\varepsilon_2$，所以无限大介质总的变形为

$$\varepsilon=\varepsilon_1+\varepsilon_2 \tag{5.129}$$

如图5.28 (d) 所示，应力应变关系满足

$$\sigma^\infty=C\varepsilon^\infty \text{ 或 } \varepsilon^\infty=M\sigma^\infty \tag{5.130}$$

如图5.28 (e) 所示，应力应变关系满足

$$\sigma_c-\sigma^\infty=-C^*\varepsilon_2 \text{ 或 } \varepsilon_2=-M^*(\sigma_c-\sigma^\infty) \tag{5.131}$$

为了建立基体与夹杂之间的变形协调条件，由图5.28 (b) 和 (c) 可知，基体的变形与夹杂的变形是相等的，即

$$\varepsilon=\varepsilon_c \tag{5.132}$$

因此，由式 (5.129)～式 (5.132)，可得

$$\sigma_c-\sigma^\infty=-\boldsymbol{C}^*(\varepsilon_c-\varepsilon^\infty) \tag{5.133}$$

根据基体上的应力应变关系$\sigma^\infty=\boldsymbol{C}\varepsilon^\infty$和夹杂上的应力应变关系$\sigma_c=\boldsymbol{C}_c\varepsilon_c$，可得：

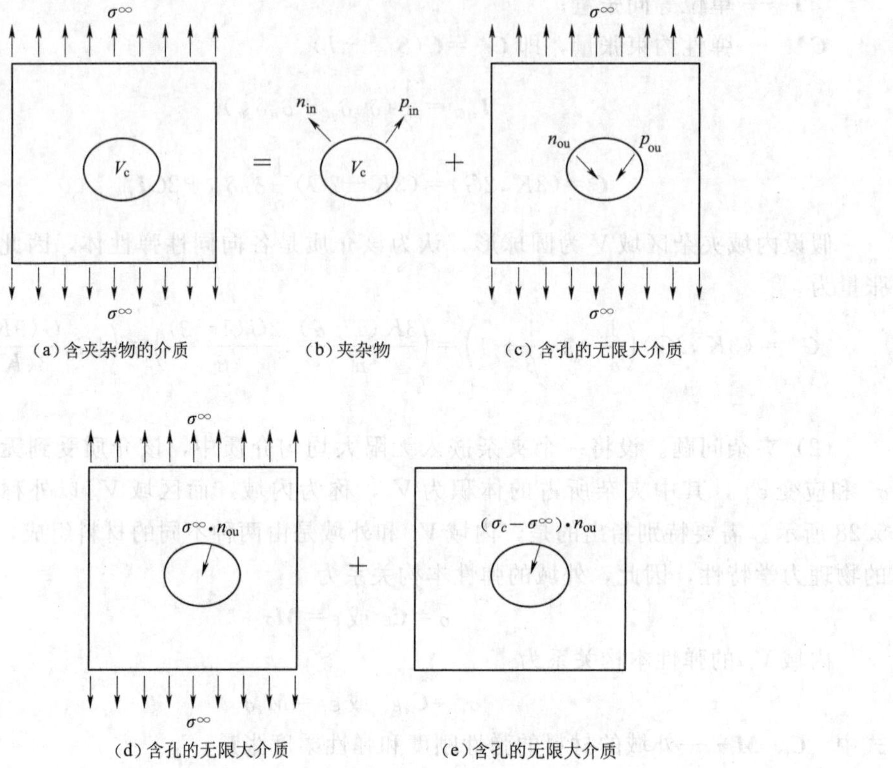

图 5.28　夹杂问题的分解[(c)=(d)+(e)，黄克智等，1999]

$$\varepsilon_c = A_c \varepsilon^\infty \tag{5.134}$$

其中应变集中系数 A_c 可表示成

$$A_c = (\boldsymbol{C}^* + \boldsymbol{C}_c)^{-1}(\boldsymbol{C}^* + \boldsymbol{C}) \tag{5.135}$$

根据式（5.126）约束张量 $\boldsymbol{C}^*$ 的结果，应变集中系数 A_c 可进一步表示为

$$A_c = \{I + SM(C_c - \boldsymbol{C})\}^{-1} \tag{5.136}$$

当无限大介质与夹杂均为各向同性弹性介质，夹杂物 V_c 形状为圆球形时，应变集中张量为

$$A_c = \left(\frac{K}{(K_c - K)\alpha + K}, \frac{G}{(G_c - G)\beta + G}\right) \tag{5.137}$$

式中　K_c、G_c——夹杂的体积模量和剪切模量。

（3）Mori－Tanaka 方法。细观力学中的 Mori－Tanaka 方法是一种独特的、具有清晰物理意义的方法，它是基于能量方法而导出的（Mori et al.，1973）。下面进行详细的介绍：将多相复合材料的单元体作为研究对象，它是由若干各向弹性材料组成，假设各相材料在空间上表现为均质性。设一共有 $N-1$ 个夹杂嵌于基体中，其弹性刚度张量为 $\boldsymbol{C}^I$（$I=1, 2, \cdots, N-1$），夹杂的本构关系为

$$\boldsymbol{\sigma} = \boldsymbol{C}^I : \boldsymbol{\varepsilon} \tag{5.138}$$

各夹杂相与基体的体积分数分别为 η_I（$I=1, 2, \cdots, N-1$）和 $1-\sum \eta_I$。设复合材

料在宏观空间上表现为各向同性，其弹性本构关系可记作

$$\boldsymbol{\sigma}=\overline{\boldsymbol{C}}:\boldsymbol{\varepsilon} \tag{5.139}$$

为了确定复合材料的平均弹性模量$\overline{\boldsymbol{C}}$，在复合材料表面上施加均匀的应力$\sigma^0$，则复合材料的应变能为

$$U=\frac{1}{2}\boldsymbol{\sigma}^0:\overline{\boldsymbol{M}}:\boldsymbol{\sigma}^0 V=\frac{1}{2}\overline{M}_{ijkl}\sigma_{ij}^0\sigma_{kl}^0 V \tag{5.140}$$

另外，应变能也可以通过各个相（包含基体）中的应力和应变，从而建立相应的关系。

$$U=\frac{1}{2}\int_V \boldsymbol{\sigma}:\boldsymbol{\varepsilon}\,\mathrm{d}V=\frac{1}{2}\int_V \sigma_{ij}\varepsilon_{ij}\,\mathrm{d}V=\frac{1}{2}\int_V \sigma_{ij}u_{i,j}\,\mathrm{d}V=\frac{1}{2}\oint_S \sigma_{ij}n_j u_i\,\mathrm{d}S \tag{5.141}$$

式中 u_i——位移；

n_i——表面 S 的单位外法线矢量 $\boldsymbol{n}$ 的分量。其中，式（5.141）的推导应用到了应变与位移关系 $\varepsilon_{ij}=0.5(u_{i,j}+u_{j,i})$，应力对称性 $\sigma_{ij}=\sigma_{ji}$，应力平衡条件 $\mathrm{div}(\boldsymbol{\sigma})=\sigma_{ij,j}=0$ 以及散度定理。

由式（5.141）可得：

$$U=\frac{1}{2}\oint_S \sigma_{ij}n_j u_i\,\mathrm{d}S=\frac{1}{2}\sigma_{ij}^0\oint_S n_j u_i\,\mathrm{d}S=\frac{1}{2}\sigma_{ij}^0\oint_S \varepsilon_{ij}\,\mathrm{d}V \tag{5.142}$$

下面对$\oint_S \varepsilon_{ij}\,\mathrm{d}V$这一项进行计算：

$$\oint_S \varepsilon_{ij}\,\mathrm{d}V=\oint_S \{M_{ijkl}\sigma_{kl}+\varepsilon_{ij}-M_{ijkl}\sigma_{kl}\}\mathrm{d}V \tag{5.143}$$

由式（5.142）和式（5.143），可得到总应变能为

$$U=\frac{1}{2}\sigma_{ij}^0 M_{ijkl}\int_V \sigma_{kl}\,\mathrm{d}V+\frac{1}{2}\sigma_{ij}^0\int_V(\varepsilon_{ij}-M_{ijkl}\sigma_{kl})\mathrm{d}V \tag{5.144}$$

式（5.144）右端第一项可以简化成

$$\frac{1}{2}\sigma_{ij}^0 M_{ijkl}\int_V \sigma_{kl}\,\mathrm{d}V=\frac{1}{2}\sigma_{ij}^0\sigma_{kl}^0 V \tag{5.145}$$

由于式（5.144）右端第二项的被积函数在基体材料中为0，因此第二项为

$$\begin{aligned}\frac{1}{2}\sigma_{ij}^0\int_V(\varepsilon_{ij}-M_{ijkl}\sigma_{kl})\mathrm{d}V&=\frac{1}{2}\sigma_{ij}^0\sum_{I=1}^{N-1}(\varepsilon_{ij}^I-M_{ijkl}\sigma_{kl}^I)\mathrm{d}V=\frac{1}{2}\sigma_{ij}^0\sum_{I=1}^{N-1}(I-M_{ijkl}C_{klmn}^I)\int_V \varepsilon_{mn}^I\,\mathrm{d}V\\&=\frac{1}{2}\sigma_{ij}^0\sum_{I=1}^{N-1}\eta_I(I-M_{ijkl}C_{klmn}^I)\bar{\varepsilon}_{mn}^I\end{aligned}$$

式中 $V_I=\eta_I V$，$\bar{\varepsilon}_{mn}^I=\frac{1}{V_I}\int_V \varepsilon_{mn}^I\,\mathrm{d}V$。

因此，复合材料各个相的应变能可表述为

$$U=\frac{1}{2}V\{\boldsymbol{\sigma}^0:\boldsymbol{M}:\boldsymbol{\sigma}^0+\boldsymbol{\sigma}^0:\textstyle\sum_{I=1}^{N-1}\eta_I(\boldsymbol{I}-\boldsymbol{M}:\boldsymbol{C}^I):\bar{\boldsymbol{\varepsilon}}^I\} \tag{5.146}$$

基于微观角度上的应变能与宏观角度上的应变能等效原则，即式（5.140）与式（5.146）相等，因此可得能量等效的精确表达式，即

$$\boldsymbol{\sigma}^0:\overline{\boldsymbol{M}}:\boldsymbol{\sigma}^0=\boldsymbol{\sigma}^0:\boldsymbol{M}:\boldsymbol{\sigma}^0+\boldsymbol{\sigma}^0:\textstyle\sum_{I=1}^{N-1}\eta_I(\boldsymbol{I}-\boldsymbol{M}:\boldsymbol{C}^I):\bar{\boldsymbol{\varepsilon}}^I \tag{5.147}$$

下面利用 Mori - Tanaka 方法来推导复合材料宏观平均体积模量和剪切模量。

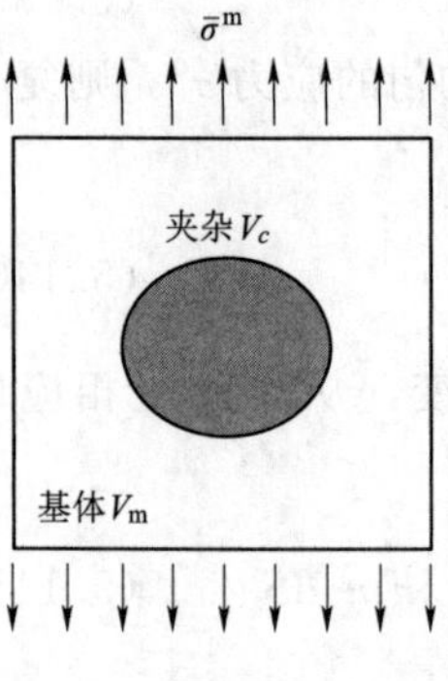

图 5.29　Mori - Tanaka 方法示意图

为了充分考虑基体与夹杂之间的相互作用，夹杂被认为嵌入无限大的基体材料中，但基体在远处所受的应力不是外部施加的平均应力 σ^0，而是基体的平均应力 σ^m（基体为 matrix）。因此，只需要在稀疏解法的基础上把外部施加的应力 σ^0 和 τ^0 改为基体的平均应力 $\bar{\sigma}^m$ 和 $\bar{\tau}^m$，即

$$\bar{\varepsilon}_{kk}^{c}=\frac{1}{(K_c-K)\alpha+K}\bar{\sigma}^{m} \tag{5.148}$$

$$\bar{\varepsilon}_{33}^{c}=\frac{1}{(G_c-G)\beta+G}\bar{\tau}^{m} \tag{5.149}$$

假定夹杂和基体按体积平均的应力 $\bar{\sigma}$ 等于外部施加的应力 σ^0，即

$$\bar{\sigma}=\sigma^0=\eta\sigma_c+(1-\eta)\bar{\sigma}^m \tag{5.150}$$

将式（5.150）化解，得

$$\bar{\sigma}^m-\eta[I-C_cA_cM]\bar{\sigma}^m=\sigma^0 \tag{5.151}$$

局部应变集中系数 A_c 可表示为

$$A_c=(C_c-C)^{-1}C\{S+C(C_c-C)^{-1}\}^{-1} \tag{5.152}$$

最终得到在外加静力压力 $\boldsymbol{\sigma}^0=\sigma^0\boldsymbol{\delta}$ 下，平均基体静力压力的标量形式为

$$\bar{\sigma}^m=\frac{(K_c-K)\alpha+K}{(K_c-K)[\alpha+\eta(1-\alpha)]+K}\sigma^0 \tag{5.153}$$

$$\bar{\tau}^m=\frac{(G_c-G)\beta+G}{(G_c-G)[\beta+\eta(1-\beta)]+G}\tau^0 \tag{5.154}$$

结合式（5.146）和式（5.147），运用 Mori - Tanaka 方法求出的复合材料体积模量 $\bar{K}$ 和剪切模量 $\bar{G}$ 分别为

$$\bar{K}=K\left\{1+\frac{\eta\left(\frac{K_c}{K}-1\right)}{[1+\alpha(1-\eta)]\left(\frac{K_c}{K}-1\right)}\right\} \tag{5.155}$$

$$\bar{G}=G\left\{1+\frac{\eta\left(\frac{G_c}{G}-1\right)}{[1+\beta(1-\eta)]\left(\frac{G_c}{G}-1\right)}\right\} \tag{5.156}$$

式（5.155）和式（5.156）是 Mori - Tanaka 方法的预测宏观平均体积模量和剪切模量的方法，在后面的微观强度理论中将会使用到。此处参考了黄克智等（1999）的著作。

5.3.2　基本假设

为了便于分析，忽略冻土中未冻水的影响，即假定冻土仅由两相材料体系组成，即基质（土基质骨架）和夹杂物（冰晶），它们具有不同的力学特性和强度变化规律。此外，在冰晶的强度准则中定义一个 ψ 型破损函数来描述冰晶的破碎和压融现象。为了便于区

分宏观应力和细观应力，定义了以下符号，即

$$\boldsymbol{\Sigma}=\frac{1}{3}\mathrm{tr}\boldsymbol{\Sigma}+\boldsymbol{S}\ 和\ \boldsymbol{E}=\frac{1}{3}\mathrm{tr}\boldsymbol{E}+\boldsymbol{\Delta} \tag{5.157}$$

式中　$\boldsymbol{\Sigma}$ 和 $\boldsymbol{E}$——单元 RVE 上的宏观应力和应变；宏观平均应力 $\boldsymbol{\Sigma}_m$ 和有效偏差应力 $\boldsymbol{\Sigma}_d$ 定义如下：

$$\boldsymbol{\Sigma}_m=\frac{1}{3}\mathrm{tr}\boldsymbol{\Sigma}\ 和\ \boldsymbol{\Sigma}_d=\sqrt{\frac{1}{2}\boldsymbol{S}:\boldsymbol{S}} \tag{5.158}$$

细观角度上的应力 $\boldsymbol{\sigma}$ 和应变 $\boldsymbol{d}$ 定义如下：

$$\boldsymbol{\sigma}=\frac{1}{3}\mathrm{tr}\boldsymbol{\sigma}+\boldsymbol{s}\ 和\ \boldsymbol{d}=\frac{1}{3}\mathrm{tr}\boldsymbol{d}+\boldsymbol{\varepsilon} \tag{5.159}$$

同时定义：

$$\boldsymbol{d}_v=\mathrm{tr}\boldsymbol{d},\boldsymbol{d}_d=\sqrt{\frac{1}{2}\boldsymbol{\epsilon}:\boldsymbol{\epsilon}}\ 和\ J_2=\frac{1}{2}\boldsymbol{s}:\boldsymbol{s} \tag{5.160}$$

式中　$\boldsymbol{d}_v$——细观体积应变；

$\boldsymbol{d}_d$——细观偏应变；

J_2——第一和第二应力不变量。

5.3.3 均匀化方法

以多孔介质复合材料的代表性单元 RVE 为例，不同相之间表现为不同的力学行为。代表性单元内部由两种介质组成，即包括体积为 V_s 的基体相和体积为 V_c 的夹杂相，利用体积均匀化方法，在体积 V 上的平均应力表示如下：

$$\boldsymbol{\sigma}_{(V)}=\frac{1}{V}\int_V\boldsymbol{\sigma}(x)\mathrm{d}V \tag{5.161}$$

将冻土中的土颗粒视为基体相，冰晶视为夹杂相，因此，基体和夹杂相上的应力应变关系可分别表示为

$$\boldsymbol{\sigma}_s=\frac{1}{V_s}\int_{V_s}\boldsymbol{\sigma}(x)\mathrm{d}V \tag{5.162}$$

$$\boldsymbol{\sigma}_c=\frac{1}{V_c}\int_{V_c}\boldsymbol{\sigma}(x)\mathrm{d}V \tag{5.163}$$

式中　V_s、V_c——土颗粒和冰晶的体积分数。需在后文中特别注意的是，下标 s、c 分别表示土颗粒（solid particles）和冰晶（ice crystals）。

土颗粒和冰晶的应力应变关系满足：

$$\boldsymbol{\sigma}_s=C_s\boldsymbol{\varepsilon}_s\ 和\ \boldsymbol{\sigma}_c=C_c\boldsymbol{\varepsilon}_c \tag{5.164}$$

式中　C_s 和 C_c——土颗粒和冰晶的刚度张量。

在冻土试样中冰晶具有较强的胶结作用，随着外加载荷的增加，冰晶和土颗粒之间易发生断裂。定义冰晶的体积分数为 $\eta^c=V_c/V$，因此土颗粒的体积分数是 $1-\eta^c$，在代表性单元 RVE 中，总的体积关系满足 $V=V_s+V_c$。因此，应用体积均匀化方法，宏观平均应力和应变分别表示为

$$\boldsymbol{\Sigma}=\frac{1}{V}\int_{V}\boldsymbol{\sigma}\,\mathrm{d}V=\frac{1}{V}\int_{V_s+V_c}\boldsymbol{\sigma}\,\mathrm{d}V=\frac{V_s}{V}\underbrace{\left(\frac{1}{V_s}\int_{V_s}\boldsymbol{\sigma}\,\mathrm{d}V\right)}_{\boldsymbol{\sigma}_s}+\frac{V_c}{V}\underbrace{\left(\frac{1}{V_c}\int_{V_c}\boldsymbol{\sigma}\,\mathrm{d}V\right)}_{\boldsymbol{\sigma}_c} \tag{5.165}$$

$$\boldsymbol{E}=\frac{1}{V}\int_{V}\boldsymbol{d}\,\mathrm{d}V=\frac{1}{V}\int_{V_s+V_c}\boldsymbol{d}\,\mathrm{d}V=\frac{V_s}{V}\underbrace{\left(\frac{1}{V_s}\int_{V_s}\boldsymbol{d}\,\mathrm{d}V\right)}_{\boldsymbol{d}_s}+\frac{V_c}{V}\underbrace{\left(\frac{1}{V_c}\int_{V_c}\boldsymbol{d}\,\mathrm{d}V\right)}_{\boldsymbol{d}_c} \tag{5.166}$$

将式（5.165）和式（5.166）进行化解，可得

$$\boldsymbol{\Sigma}=(1-\eta^c)\boldsymbol{\sigma}_s+\eta^c\boldsymbol{\sigma}_c \tag{5.167}$$

$$\boldsymbol{E}=(1-\eta^c)\boldsymbol{d}_s+\eta^c\boldsymbol{d}_c \tag{5.168}$$

根据 5.3.1 节中关于细观应变 $\boldsymbol{d}$ 和宏观应变 $\boldsymbol{E}$ 的关系，引入局部应变集中系数$\mathbb{A}_s$ 或 $\mathbb{A}_c$，也就是 $\boldsymbol{d}_s=\mathbb{A}_s:\boldsymbol{E}$ 和 $\boldsymbol{d}_c=\mathbb{A}_c:\boldsymbol{E}$，因此，可得：

$$(1-\eta^c)\mathbb{A}_s+\eta^c\,\mathbb{A}_c=\boldsymbol{I} \tag{5.169}$$

结合式（5.130）至式（5.132），RVE 宏观角度的均匀张量$\mathbb{C}^{hom}$可表示为

$$\mathbb{C}^{\text{hom}}=\mathbb{C}_s+\eta^c(\mathbb{C}_c-\mathbb{C}_s)\mathbb{A}_c \tag{5.170}$$

式中局部应变集中系数$\mathbb{A}_c$ 为

$$\mathbb{A}_c=(\mathbb{C}_c+\mathbb{C}^*)^{-1}:(\mathbb{C}_s+\mathbb{C}^*)\text{和}\mathbb{C}^*=\mathbb{C}_s(S^{-1}-I) \tag{5.171}$$

定义 S 为等效 Eshelby 张量，对于球形夹杂而言，S 可表示为

$$S=(\alpha,\beta)=\frac{1}{3}\alpha\delta_{ij}\delta_{kl}+\beta\left(I-\frac{1}{3}\delta_{ij}\delta_{kl}\right) \tag{5.172}$$

其中

$$\alpha=\frac{3k_s}{3k_s+4\mu_s} \tag{5.172a}$$

$$\beta=\frac{6}{5}\frac{k_s+2\mu_s}{3k_s+4\mu_s} \tag{5.172b}$$

式中　k_s、μ_s——基体的体积模量和剪切模量。

根据式（5.135），局部应变集中张量$\mathbb{A}_c$ 为

$$\mathbb{A}_c=\{I+S\,\mathbb{C}_s^{-1}(\mathbb{C}_C-\mathbb{C}_s)\}^{-1} \tag{5.173}$$

应用 Mori - Tanaka 方法得到局部应变集中张量$\mathbb{A}_c$，则在宏观角度上代表性单元 RVE 上的体积模量和剪切模量分别表示为

$$k^{\text{hom}}=k_s\frac{(1-\eta^c)\lambda_1+\eta^c k_c}{(1-\eta^c)\lambda_1+\eta^c k_s} \tag{5.174}$$

$$\mu^{\text{hom}}=\mu_s\frac{(1-\eta^c)\lambda_2+\eta^c\mu_c}{(1-\eta^c)\lambda_2+\eta^c\mu_s} \tag{5.175}$$

式中　k^{hom}，μ^{hom}——宏观体积模量和剪切模量，参数 λ_1 和 λ_2 为

$$\lambda_1=(1-\alpha)k_s+\alpha k_c\text{ 和 }\lambda_2=(1-\beta)\mu_s+\beta\mu_c \tag{5.176}$$

定义一个支撑函数 $\pi(\boldsymbol{d})$，它表示细观角度上材料所抵抗变形产生的最大耗散 (Dormieux et al.，2017；Maghous et al.，2009)，表达式为

$$\pi(\boldsymbol{d})=\sup(\boldsymbol{\sigma}:\boldsymbol{d}) \tag{5.177}$$

在细观角度上，将复合材料看出由基体相和夹杂相组成，因此细观角度上的耗散函数

$\pi(\boldsymbol{d})$ 可表示为

$$\pi(\boldsymbol{d})=\pi_s(\boldsymbol{d})+\pi_c(\boldsymbol{d})=(1-\eta^c)(\boldsymbol{\sigma}:\boldsymbol{d})_s+\eta^c(\boldsymbol{\sigma}:\boldsymbol{d})_c \tag{5.178}$$

将代表性单元内部的细观应力分解成球应力作用的影响和偏差应力的影响，因此式（5.178）中的各相的耗散为

$$\pi(\boldsymbol{d})=(1-\eta^c)\left\{\frac{1}{2}k_s(d_v^s)^2+\mu_s(d_d^s)^2\right\}+\eta^c\left\{\frac{1}{2}k_c(d_v^c)^2+\mu_c(d_d^c)^2\right\} \tag{5.179}$$

宏观角度上的耗散能 $\widetilde{\Pi}(\boldsymbol{E})$ 为

$$\widetilde{\Pi}(\boldsymbol{E})=\frac{1}{2}k^{\mathrm{hom}}(\mathrm{tr}\boldsymbol{E})^2+\mu^{\mathrm{hom}}\Delta:\Delta \tag{5.180}$$

将细观角度和宏观角度上的耗散能对基体的体积模量 k_s 和剪切模量 μ_s 进行微分，得到如下关系式：

$$\frac{\partial\pi(d)}{\partial k_s}=\frac{\partial\widetilde{\Pi}(\boldsymbol{E})}{\partial k_s} \tag{5.181}$$

$$\frac{\partial\pi(d)}{\partial\mu_s}=\frac{\partial\widetilde{\Pi}(\boldsymbol{E})}{\partial\mu_s} \tag{5.182}$$

化解式（5.181）和式（5.182），可得

$$(1-\eta^c)(d_v^s)^2=(tr\boldsymbol{E})^2\frac{\partial k^{\mathrm{hom}}}{\partial k_s}+2\Delta:\Delta\frac{\partial\mu^{\mathrm{hom}}}{\partial k_s} \tag{5.183}$$

$$2(1-\eta^c)(d_d^s)^2=(tr\boldsymbol{E})^2\frac{\partial k^{\mathrm{hom}}}{\partial\mu_s}+2\Delta:\Delta\frac{\partial\mu^{\mathrm{hom}}}{\partial\mu_s} \tag{5.184}$$

同理，可得

$$\frac{\partial\pi(d)}{\partial k_c}=\frac{\partial\widetilde{\Pi}(E)}{\partial k_c} \tag{5.185}$$

$$\frac{\partial\pi(d)}{\partial\mu_c}=\frac{\partial\widetilde{\Pi}(\boldsymbol{E})}{\partial\mu_c} \tag{5.186}$$

将细观耗散和宏观耗散表达式代入式（5.185）和式（5.186），得

$$\eta^c(d_v^c)^2=(tr\boldsymbol{E})^2\frac{\partial k^{\mathrm{hom}}}{\partial k_c}+2\Delta:\Delta\frac{\partial\mu^{\mathrm{hom}}}{\partial k_c} \tag{5.187}$$

$$2\eta^c(d_d^c)^2=(tr\boldsymbol{E})^2\frac{\partial k^{\mathrm{hom}}}{\partial\mu_c}+2\Delta:\Delta\frac{\partial\mu^{\mathrm{hom}}}{\partial\mu_c} \tag{5.188}$$

5.3.4 强度准则

为了推导宏观上的强度准则，首先，确定代表性单元 RVE 内的基体相和夹杂相的相互作用关系；其次，根据两相之间的变形特性，将冻土中土颗粒的强度特性用 $f^s(\sigma_s)$ 表示，冰晶的强度特性用 $f^c(\sigma_c)$ 表示，同时将破损函数 ψ 引入强度准则 $f^c(\sigma_c)$ 中来考虑冰晶的破碎和压融现象；然后利用体积均匀化方法、Mori - Tanaka 方法和宏微观能量等效原则建立一个强度准则（Zhou et al.，2018；Zhu et al.，2015）。

1. 细观上土颗粒的强度准则

已有研究结果表明，从细观上将土体颗粒的破坏认为是由摩擦滑动和剪切滑移引起的，因此莫尔-库仑类强度准则或椭圆强度准则均能很好描述土颗粒材料的破损过程，为了更具一般性，采用椭圆强度来描述，即

$$f^s(\sigma_s)=\left(\frac{I_1^s}{L}\right)^2+J_2^s-A_1^2\leqslant 0 \tag{5.189}$$

为获得土颗粒的塑性体积应变和塑性剪切应变，应用相关联流动法则并结合弹塑性力学理论，得到塑性应变的方向平行于$\partial f^s/\partial\sigma^s$，因此土颗粒的塑性体积应变 d_v^s 和塑性剪切应变 d_d^s 可表述为

$$d_v^s=\Lambda_s\frac{\partial f^s}{\partial p^s}\text{和}\, d_d^s=\frac{1}{2}\Lambda_s\frac{\partial f^s}{\partial q^s} \tag{5.190}$$

对式（5.190）进行计算，则土颗粒的第一应力和第二应变不变量的表达式为

$$I_1^s=\frac{L^2}{6\Lambda_s}d_v^s\text{ 和}\sqrt{J_2^s}=\frac{d_d^s}{\Lambda_s} \tag{5.191}$$

式中　Λ_s——土颗粒的非负塑性乘子；$p^s=\frac{1}{3}I_1^s$ 和 $q^s=\sqrt{J_2^s}$。

2. 细观上冰晶的强度

由于冰晶具有极强的抗拉特性，因此我们假设冰晶的屈服准则 $f^c(\sigma_c)$ 满足如下表达式：

$$f^c(\sigma_c)=\psi(I_1^c)^2+J_2^c-B_1^2\leqslant 0 \tag{5.192}$$

需要注意的是：当屈服准则中的变量 $\psi=0$ 时，冰晶的破坏函数满足经典 Tresca 屈服准则；当 $\psi=1$ 时，冰晶破坏形式满足椭圆型破坏准则，变化规律与土颗粒式（5.189）类似。为了反映冰晶的胶结特性和压融现象，引入一个破碎函数 ψ，其具体表达式为

$$\psi=\psi_m-(\psi_m-\psi_r)\exp\{-n_1(\textstyle\sum_m)^n\} \tag{5.193}$$

式中　ψ_m，ψ_r，n_1 和 n——材料参数。

采用相关流动法则，应用弹塑性理论中的正交法则，冰晶的塑性体积应变 d_v^c 和塑性剪切应变 d_d^c 可表示为

$$d_v^c=\Lambda_c\frac{\partial f^c}{\partial p^c}\text{和}\, d_d^c=\frac{1}{2}\Lambda_c\frac{\partial f^c}{\partial q^c} \tag{5.194}$$

由式（5.194）可得

$$I_1^c=\frac{1}{6\psi\Lambda_c}d_v^c\text{ 和}\sqrt{J_2^c}=\frac{d_d^c}{\Lambda_c} \tag{5.195}$$

式中　Λ_c——冰晶的非负塑性乘子；$p^c=I_1^c/3$ 和 $q^c=\sqrt{J_2^c}$。

为了将土颗粒和冰晶中的细观信息反映到宏观角度，将 I_1^s，$\sqrt{J_2^s}$，I_1^c 和$\sqrt{J_2^c}$分别代入到相应的屈服函数表达式中，因此，土颗粒中非负塑性乘子Λ_s 和冰晶中的非负塑性乘子Λ_c 可表示为

$$\Lambda_s=\frac{1}{A_1}\sqrt{\frac{L^2}{36}(d_v^s)^2+(d_d^s)^2} \tag{5.196}$$

$$\Lambda_c=\frac{1}{B_1}\sqrt{\frac{1}{36\psi^2}(d_v^c)^2+(d_d^c)^2} \tag{5.197}$$

将细观耗散表达式对应变进行微分，则代表性单元体上的细观应力为

$$\boldsymbol{\sigma}=\frac{\partial\pi(d)}{\partial\boldsymbol{d}}=\mathbb{C}(d):\boldsymbol{d}=(3k_s\mathbb{J}+2\mu_s\mathbb{K}):\boldsymbol{d} \tag{5.198}$$

式中 δ——二阶等同张量；

$\mathbb{J}$——四阶等同张量（$\mathbb{J}=\delta\otimes\delta/3$）；

$\mathbb{K}$——四阶特殊等同张量（$\mathbb{K}=\mathbb{I}-\delta\otimes\delta/3$）；

$\mathbb{I}$——四阶单位张量。

张量$\mathbb{J}$和$\mathbb{K}$有如下特征：

$$\mathbb{J}:\mathbb{J}=\mathbb{J};\mathbb{K}:\mathbb{K}=\mathbb{K}\text{和}\mathbb{J}:\mathbb{K}=\mathbb{K}:\mathbb{J}=0 \tag{5.199}$$

土颗粒的体积模量 k_s 和剪切模量 μ_s 可表示成

$$k_s=\frac{1}{d_v^s}\frac{\partial\pi(d)}{\partial d_v^s}\text{和}\mu_s=\frac{1}{2d_d^s}\frac{\partial\pi(d)}{\partial d_d^s} \tag{5.200}$$

同理，冰晶的体积模量 k_c 和剪切模量 μ_c 为

$$k_c=\frac{1}{d_v^c}\frac{\partial\pi(d)}{\partial d_v^c}\text{和}\mu_c=\frac{1}{2d_d^c}\frac{\partial\pi(d)}{\partial d_d^c} \tag{5.201}$$

在细观角度上土颗粒和冰晶的总耗散函数可表示成

$$\pi(\boldsymbol{d})=(1-\eta^c)\boldsymbol{\sigma}^s:\Lambda_s\frac{\partial f^s}{\partial\boldsymbol{\sigma}^s}+\eta^c\boldsymbol{\sigma}^c:\Lambda_c\frac{\partial f^c}{\partial\sigma^c} \tag{5.202}$$

应用欧拉理论，式（5.202）可重新表示为

$$\pi(\boldsymbol{d})=2(1-\eta^c)\Lambda_s f^s+2\eta^c\Lambda_c f^c \tag{5.203}$$

最终，由式（5.296）、式（5.297）、式（5.200）和式（5.201）可得到如下表达式：

$$\begin{cases}k_s^2\left\{\dfrac{L^2}{36}(d_v^s)^2+(d_d^s)^2\right\}=4(1-\eta^c)^2\left(\dfrac{L^2}{36}A_1\right)^2\\ \mu_s^2\left\{\dfrac{L^2}{36}(d_v^s)^2+(d_d^s)^2\right\}=(1-\eta^c)^2A_1^2\end{cases} \tag{5.204}$$

同理，可得

$$\begin{cases}k_c^2\left\{\dfrac{1}{36\psi^2}(d_v^c)^2+(d_d^c)^2\right\}=4(\eta^c)^2\left(\dfrac{B_1}{36\psi^2}\right)^2\\ \mu_c^2\left\{\dfrac{1}{36\psi^2}(d_v^c)^2+(d_d^c)^2\right\}=(\eta^c)^2B_1^2\end{cases} \tag{5.205}$$

为了简化计算和表述简洁，引入两个参数 ρ_s 和 ρ_c，表达式如下：

$$\rho_s=\frac{k_s}{\mu_s}=\frac{L^2}{18}\text{和}\rho_c=\frac{k_c}{\mu_c}=\frac{1}{18\psi^2} \tag{5.206}$$

由于冻土单元体宏观体积模量 k^{hom} 和剪切模量 μ^{hom} 是微观土颗粒和冰晶的函数，可另外表示为

$$k^{\text{hom}}=k_sY_1(\rho_s)+k_cY_2(\rho_s) \tag{5.207}$$

$$\mu^{\text{hom}}=\mu_sM_1(\rho_s)+\mu_cM_2(\rho_s) \tag{5.208}$$

式中　Y_1、Y_2、M_1 和 M_2——ρ_s 的函数形式。

将式（5.207）分别对 k_s，μ_s，k_c 和 μ_c 进行微分，可得到如下表达式：

$$\begin{cases}\dfrac{\partial k^{\text{hom}}}{\partial k_s}=Y_1(\rho_s)+\rho_s\dfrac{\partial Y_1(\rho_s)}{\partial \rho_s}+\dfrac{k_c}{\mu_s}\dfrac{\partial Y_2(\rho_s)}{\partial \rho_s}\\ \dfrac{\partial k^{\text{hom}}}{\partial \mu_s}=-\rho_s^2\dfrac{\partial Y_1(\rho_s)}{\partial \rho_s}-\dfrac{k_c}{k_s}\rho_s^2\dfrac{\partial Y_2(\rho_s)}{\partial \rho_s}\\ \dfrac{\partial k^{\text{hom}}}{\partial k_c}=Y_2(\rho_s)\\ \dfrac{\partial k^{\text{hom}}}{\partial \mu_c}=0\end{cases} \tag{5.209}$$

同理，将式（5.208）分别对 k_s，μ_s，k_c 和 μ_c 进行微分，可得

$$\begin{cases}\dfrac{\partial \mu^{\text{hom}}}{\partial k_s}=\dfrac{\partial M_1(\rho_s)}{\partial \rho_s}+\dfrac{\mu_c}{\mu_s}\dfrac{\partial M_2(\rho_s)}{\partial \rho_s}\\ \dfrac{\partial \mu^{\text{hom}}}{\partial \mu_s}=M_1(\rho_s)-\rho_s\dfrac{\partial M_1(\rho_s)}{\partial \rho_s}+\dfrac{\mu_c}{k_s}\rho_s^2\dfrac{\partial M_2(\rho_s)}{\partial \rho_s}\\ \dfrac{\partial \mu^{\text{hom}}}{\partial \mu_c}=M_2(\rho_s)\\ \dfrac{\partial \mu^{\text{hom}}}{\partial k_c}=0\end{cases} \tag{5.210}$$

因此，通过式（5.20）和式（5.205）计算，可以得到

$$(1-\eta^c)\left\{\frac{L^2}{36}(d_v^s)^2+(d_d^s)^2\right\}=(tr\boldsymbol{E})^2\left\{\frac{L^2}{36}\frac{\partial k^{\text{hom}}}{\partial k_s}+\frac{1}{2}\frac{\partial k^{\text{hom}}}{\partial \mu_s}\right\}+2\boldsymbol{\Delta}:\boldsymbol{\Delta}\left\{\frac{L^2}{36}\frac{\partial \mu^{\text{hom}}}{\partial k_s}+\frac{1}{2}\frac{\partial \mu^{\text{hom}}}{\partial \mu_s}\right\} \tag{5.211}$$

$$\eta^c\left\{\frac{1}{36\psi^2}(d_v^c)^2+(d_d^c)^2\right\}=(tr\boldsymbol{E})^2\left\{\frac{1}{36\psi^2}\frac{\partial k^{\text{hom}}}{\partial k_c}+\frac{1}{2}\frac{\partial k^{\text{hom}}}{\partial \mu_c}\right\}+2\boldsymbol{\Delta}:\boldsymbol{\Delta}\left\{\frac{1}{36\psi^2}\frac{\partial \mu^{\text{hom}}}{\partial k_c}+\frac{1}{2}\frac{\partial \mu^{\text{hom}}}{\partial \mu_c}\right\} \tag{5.212}$$

对式（5.209）和式（5.210）进行数学转换，可得

$$\rho_s\frac{\partial k^{\text{hom}}}{\partial k_s}+\frac{\partial k^{\text{hom}}}{\partial \mu_s}=\rho_s Y_1(\rho_s) \tag{5.213}$$

$$\rho_c\frac{\partial k^{\text{hom}}}{\partial k_c}+\frac{\partial k^{\text{hom}}}{\partial \mu_c}=\rho_c Y_2(\rho_s) \tag{5.214}$$

由式（5.213）和式（5.214），均匀化后的体积模量 k^{hom} 可表示成

$$k^{\text{hom}}=\mu_s\left\{\rho_s\frac{\partial k^{\text{hom}}}{\partial k_s}+\frac{\partial k^{\text{hom}}}{\partial \mu_s}\right\}+\mu_c\left\{\rho_c\frac{\partial k^{\text{hom}}}{\partial k_c}+\frac{\partial k^{\text{hom}}}{\partial \mu_c}\right\} \tag{5.215}$$

根据土颗粒和冰晶的强度准则进行一系列计算，最终，得到单元体宏观角度上的强度准则

$$\frac{(\Sigma_m)^2}{k^{\text{hom}}}+\frac{(\Sigma_d)^2}{\mu^{\text{hom}}}=2\mu_s(1-\eta^c)^3\left(\frac{L^2A_1}{18k_s}\right)^2+2\mu_c(\eta^c)^3\left(\frac{B_1}{18k_c\psi^2}\right)^2 \tag{5.216}$$

5.3.5 强度准则验证

本节主要根据已有冻土强度三轴试验结果，来验证本文提出的宏细观强度准则的合理性和适用性。在目前已经提出的大部分宏观强度准则中，许多参数是通过试验结果拟合得到，因此不能反映代表性单元中基体相和夹杂相之间的相互作用关系。本书的强度准则中的参数只随内部结构（冻土类型），或者外部条件而变化，如温度、加载方式以及不同围压等，同时冰晶中的破碎参数 ψ 能合理反映冰晶的破碎和压融现象。为了进一步说明细观强度准则的适用性，举个例子来说明，例如当试验土样为冻结粉土，此时土颗粒的细观参数 k_s、μ_s、L 和 A_1 均为常数，冰晶的细观参数 k_c、μ_c 和 B_1 也为常数，仅仅是随外部温度而变化。同时也可以发现，k_c、μ_c 和 B_1 随温度的降低而增大，这主要是由于温度越低，氢原子活性越低造成的。

为了获得冰晶屈服准则中的细观参数，根据 Zhou et al.（2016）进行的纯冰试验来确定；而土颗粒诸如粉土、黄土和砂土则根据现有文献中的试验结果确定。以下是对已有的试验结果进行合理的预测。需要注意的是，由于本书对偏差应力的定义方式不同，采用 $\Sigma_d=\sqrt{\boldsymbol{S}:\boldsymbol{S}/2}$ 的定义方法，而有的文献中采用 $\sigma_d=\sqrt{3\boldsymbol{S}:\boldsymbol{S}/2}$，因此本书的偏差应力试验结果应与原始文献数据有一定的区别。

1. 冻结粉土验证

冻结粉土试验数据来源于 Lai et al.（2010），进行了围压从 0～14.0MPa，温度为−2℃、−4℃和−6℃的常规三轴压缩试验，预测结果如图 5.30 所示，发现与试验结果吻合较好。强度准则中的参数值取值见表 5.1，从表中可以看出，土颗粒参数 k_s，μ_s，L 和 A_1 保持不变，k_c，μ_c 和 B_1 随温度的降低而增大，这可能是由于温度越低，冻土冰晶中的氢原子活性越低造成的。

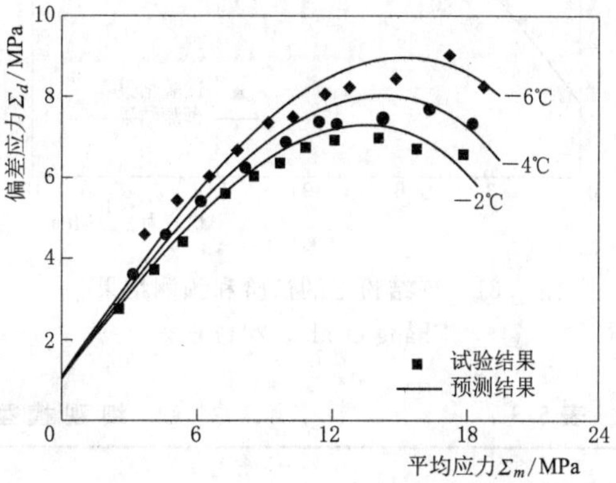

图 5.30 冻结粉土的试验和预测结果（Lai et al.，2010）

表 5.1 微观模型参数取值

温度/℃	参数确定											
	k_s	k_c	μ_s	μ_c	L	A_1	B_1	ψ_m	ψ_r	η^c	n_1	n
−2	620	1000	520	800	1.4	11	5.7	0.03	0.46	0.22	1.41	0.32
−4		1200		1000			6.15					
−6		1500		1300			6.8					

另外一组冻结粉土试验结果来源于 Zhang et al.（2017），预测结果如图 5.31 所示，与试验结果亦有较好的吻合。强度准则中的模型参数结果见表 5.2，有趣的是，表 5.1 和表 5.2 参数结果相同，仅仅不同的是冰晶的体积模量和剪切模量，这是因为温度梯度差造成的，同样是由于冰晶中的氢原子活性造成的。

表 5.2　　　　微观模型参数取值

温度	参数确定											
	k_s	k_c	μ_s	μ_c	L	A_1	B_1	ψ_m	ψ_r	η^c	n_1	n
−5℃	620	1300	520	1100	1.4	11	5.62	0.03	0.46	0.22	1.41	0.32

2. 冻结黄土验证

冻结黄土试验数据来源于 Zhou et al.（2016），对不同围压和不同温度条件下进行了一系列三轴压缩试验，试验结果和预测结果如图 5.32 所示，能反映随平均应力的增大，偏应力逐渐增加到最大值，然后逐渐减小的现象，冻结黄土中的模型参数值见表 5.3。

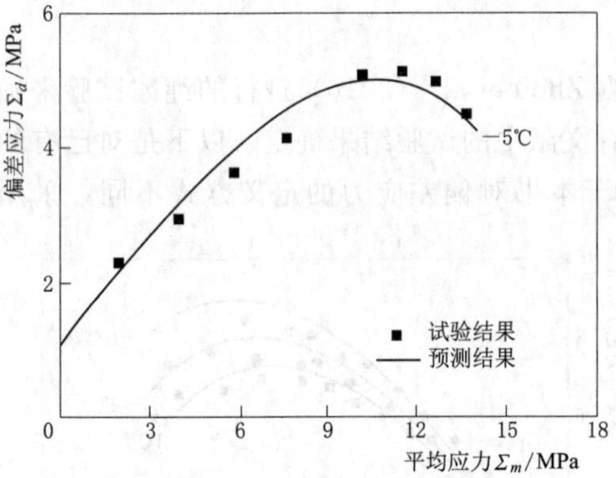

图 5.31　冻结粉土的试验和预测结果（Zhang et al.，2017）

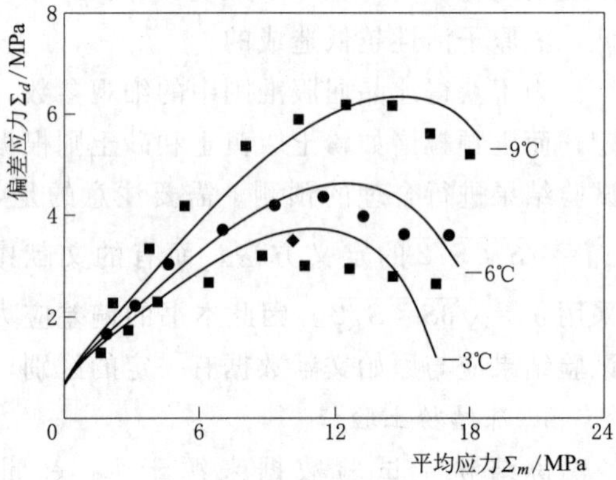

图 5.32　冻结黄土的试验和预测结果数据来自 Zhou et al.（2016）

表 5.3　　　　细观模型参数取值

温度	参数确定											
	k_s	k_c	μ_s	μ_c	L	A_1	B_1	ψ_m	ψ_r	η^c	n_1	n
−3℃		1100		850			5.34					
−6℃	420	1500	320	1300	1.2	10	5.9	0.026	0.45	0.23	1.36	0.32
−9℃		1800		1550			6.75					

3. 冻结砂土验证

根据文献结果，选取了两种不同的冻结砂，两种的预测结果分别如图 5.33 和图 5.34 所示，强度准则中的参数结果参见表 5.4 和表 5.5。

表 5.4　　　　细观模型参数取值

温度	参数确定											
	k_s	k_c	μ_s	μ_c	L	A_1	B_1	ψ_m	ψ_r	η^c	n_1	n
−2℃	850	900	760	830	1.5	10	3.9	0.03	0.25	0.23	1.4	0.5
−3.5℃		1100		900			4.8	9				

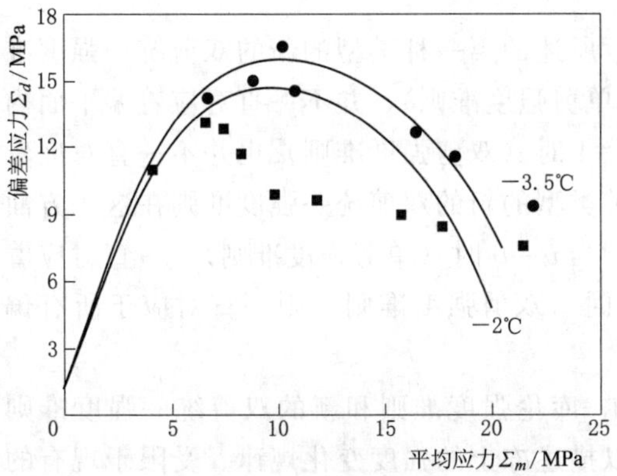

图 5.33 冻结砂的试验和预测结果数据
来自 Qi et al.（2007）

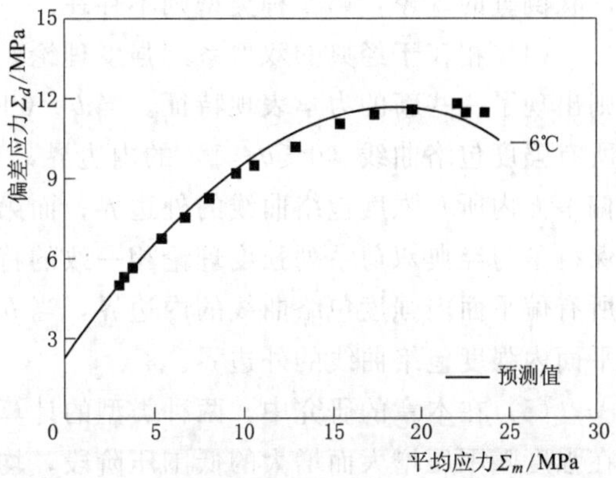

图 5.34 冻结砂的试验和预测结果数据
来自 Lai et al.（2016）

表 5.5　　　　细观模型参数取值

温度	参数确定											
	k_s	k_c	μ_s	μ_c	L	A_1	B_1	ψ_m	ψ_r	η^c	n_1	n
−6℃	920	1500	810	1300	1.7	16	7.55	0.029	0.48	0.235	1.4	0.277

5.4 小　结

（1）冻土的计算莫尔-库仑强度准则被分为两种类型。第一种类型采用“强度包络线相切理论”，其计算摩擦角随围压的增大而减小，计算黏聚力随围压的增大而增大。当高围压下强度降低时，计算摩擦角为负值。其偏平面内的强度包络曲线形状随着平均应力的增大，会由正三角形渐渐过渡为等边六边形，再慢慢过渡成倒三角形。第二种类型采用“强度包络线相交理论”，其计算摩擦角和计算黏聚力均随围压的增大而减小。当高围压下强度降低时，计算摩擦角仍为正值。其偏平面内的强度包络曲线形状随着平均应力的增大，会由正三角形无限接近等边六边形。

（2）新的双剪统一强度准则仍有两种类型。第一种类型是基于经典双剪系列强度理论提出，具有双剪系列强度理论形式简洁、物理意义明确的优点，克服了经典双剪系列理论仅能用于线性描述的缺点，现有的经典强度准则均为其特例。随着平均应力的增大，其偏平面内强度曲线形状由正梨形渐渐接近于圆形。当高围压下强度降低时，则由圆形渐渐过渡为倒梨形。第二种类型的双剪统一强度准则，在经典双剪统一强度准则的基础上，通过权重系数引入三剪应力用于描述偏平面内的非线性。描述拉压不等性的参数 β 和材料参数 C 均为平均应力 p 的函数，进而可以描述冻土在高围压下强度降低的特性。随着平均应力的增大，其偏平面内强度曲线形状由正梨形无限接近于圆形。

（3）第一种类型的冻土莫尔-库仑强度准则可视为第一种类型的双剪统一强度准则的特例；第二种类型的冻土莫尔-库仑强度准则可视为第二种类型的双剪统一强度准则的特例；第一种类型的强度准则（包括莫尔-库仑和双剪两种）在偏平面内存在强度包络曲线

形状倒置的现象，第二种类型则不存在。

(4) 相较于经典的双剪系列强度理论，本章所述的第一种类型的新的双剪统一强度准则出现了一些新的力学表现特征。当 $b=0$ 时（单剪强度准则），并不一直对应着偏平面内所有强度包络曲线（$0\leqslant b\leqslant 1$）的内边界，当 $b=1$ 时（双剪强度准则）也并不一直对应着偏平面内所有强度包络曲线的外边界；而第二种类型的新的双剪统一强度准则在这一方面保持了与经典双剪系列强度理论相一致的特征，当 $b=0$ 时（单剪强度准则），一直对应着所有偏平面内强度包络曲线的内边界，当 $b=1$ 时（双剪强度准则）则一直对应于所有偏平面内强度包络曲线的外边界。

(5) 在本章的研究中，两种类型的计算莫尔-库伦强度准则和新的双剪统一强度准则在强度随围压增大而增大的低围压阶段，均可以描述冻土的强度变化规律。受限于现有的冻土强度试验研究现状，当高围压下强度降低时，究竟冻土在偏平面内的强度包络曲线形状更接近于哪种类型还有待于进一步的试验论证。

(6) 本章所述的强度准则主要适用于描述冻土强度在压缩子午面内两阶段的变化特征（冻土强度随着平均应力的增大，先增大后降低）。国外曾有学者认为冻土强度在压缩子午面内呈现三阶段的变化特征（冻土强度随平均应力的增大，先增大后降低再增大）。关于三阶段的变化特征，国内学者还未能做出类似的如此高围压（120MPa）条件下的试验结果，且国外学者亦仅有一篇文献（Chamberlain et al.，1972）阐述了三阶段的变化特征。因年代久远，试验的重复性还有待于进一步的论证。

(7) 将饱和冻土代表性单元 RVE 看成由土颗粒基体相和冰晶夹杂相组成，土颗粒和冰晶用不同的强度变化规律表示，在冰晶的屈服准则引入一个破损函数以此来考虑冰晶的破碎和压融现象。利用体积均匀化方法、细观 Mori - Tanaka 方法考虑基体相和夹杂相之间的相互作用，分别借助支撑函数（耗散能）建立了细观角度上的土颗粒和冰晶的耗散能表达式，同时建立了宏观角度上的耗散表达式，基于细观角度和宏观角度上的能量耗散等效原则，建立了细观变形机制作用下冻土的强度准则。

(8) 从细观强度准则的预测结果来看，本章提出的强度准则能合理反映冻土强度变化规律，能合理反映冰晶在外荷载作用下逐渐破损现象。本章提出的细观强度准则中包含的模型参数较少，且这些参数具有明确的物理意义，与土颗粒和冰晶的细观强度特性有关。基于连续介质力学中的体积均匀化方法和 Mori - Tanaka 方法提出的细观强度准则与文献不同条件下的试验数据吻合较好。

第 6 章　冻结掺合土料的本构模型

本构模型可用于岩土体的应力变形分析，当前岩土材料的本构模型主要有宏观本构模型、基于细观变形机理的宏观与细观本构模型。本章主要介绍冻结掺合土料的双硬化本构模型、考虑细观变形机理的本构模型，以及二元介质本构模型。

6.1　双硬化本构模型

弹塑性本构理论认为材料的变形主要分为两部分：可恢复的弹性变形与不可恢复的塑性变形。经典弹塑性理论主要包括三部分：屈服条件、流动法则和硬化准则。其中屈服条件用以判断是否产生塑性应变，流动法则用以确定塑性应变增量的方向，硬化准则用以确定塑性应变的大小（罗汀等，2010；屈智炯和刘恩龙，2011）。

本节建议的冻土双硬化弹塑性本构模型采用相关联流动法则，由冻土的强度变化特征反演出冻土可能的屈服函数形式。采用两个硬化函数控制冻土塑性势面在加载过程中的演化规律，通过控制塑性势面的膨胀和收缩来反映冻土应力-应变关系的硬化和软化。通过控制应力路径和塑性势面的相对位置来反映冻土的剪胀和剪缩。当应力路径与塑性势面的交点位于塑性势面最大值轴（p_m 轴）右侧时，表现为剪缩；当应力路径与塑性势面的交点位于塑性势面最大值轴左侧时，表现为剪胀。本模型认为不同的影响因素，例如：围压、温度和土料配比等的不同，主要是通过对塑性势面的影响，进而影响冻土的本构关系。

6.1.1　模型推导

在本模型中，由于采用的是相关联的流动法则，强度准则可以视为屈服函数随着塑性变形的积累逐步演化至破坏时的状态。因此，冻土双硬化弹塑性本构模型的屈服函数建议如下：

$$f=q-[q_0+M_0p]\left[1-\frac{p}{p_{\max}}\right]\exp\left[\left(\frac{p}{p_{\max}}\right)^n\right] \tag{6.1}$$

式中　q——剪应力；

p——平均应力。

从图 6.1 可以看出屈服面主要受到 4 个硬化参数的影响。由于本节论述的是双硬化弹塑性本构模型，因此需从 4 个硬化参数中挑选其中的 2 个作为硬化函数，剩下的 2 个硬化参数可以认为在加载过程中保持不变。类似的方法，可以从 4 个硬化参数中选取其中的 3 个或 4 个作为硬化函数，建立三硬化或者四硬化本构模型。在本节中，为了减少模型参数，可以认为不同的围压、温度和配比（土的类型）等试验条件主要是通过影响 $p_{\max}$ 和

M_0 两个硬化参数。因此，可以假定 $p_{max}(\varepsilon_v^p)$ 和 $M_0(\varepsilon_s^p)$ 是两个硬化函数，它们分别是塑性体应变 ε_v^p 和塑性剪应变 ε_s^p 的函数。在本模型的推导过程中认为应力主轴的方向和应变增量主轴的方向一致，也就是说 p 轴的方向与 $d\varepsilon_v^p$ 轴的方向一致，q 轴的方向与 $d\varepsilon_s^p$ 轴的方向一致。

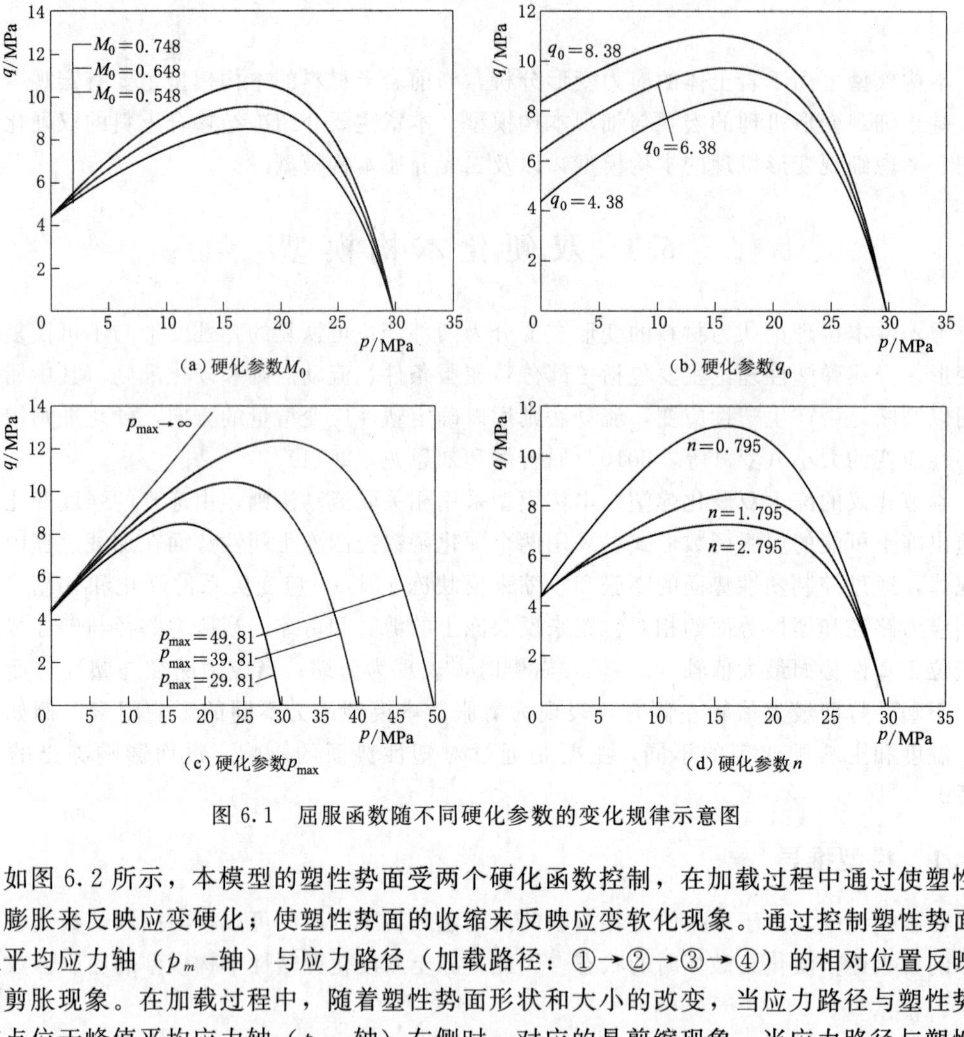

图 6.1　屈服函数随不同硬化参数的变化规律示意图

如图 6.2 所示，本模型的塑性势面受两个硬化函数控制，在加载过程中通过使塑性势面的膨胀来反映应变硬化；使塑性势面的收缩来反映应变软化现象。通过控制塑性势面的峰值平均应力轴（p_m-轴）与应力路径（加载路径：①→②→③→④）的相对位置反映剪缩和剪胀现象。在加载过程中，随着塑性势面形状和大小的改变，当应力路径与塑性势面的交点位于峰值平均应力轴（p_m -轴）右侧时，对应的是剪缩现象；当应力路径与塑性势面的交点位于峰值平均应力轴（p_m -轴）左侧时，对应的是剪胀现象。因此在双硬化机制下，塑性势面在先膨胀后收缩的同时，塑性势面的形状也发生改变。

本模型的详细推导过程如下：

$$p=\frac{1}{3}\sigma_{kk} \tag{6.2}$$

$$q=\sqrt{\frac{3}{2}s_{ij}s_{ij}} \tag{6.3}$$

$$s_{ij}=\sigma_{ij}-\frac{1}{3}\sigma_{kk}\delta_{ij} \tag{6.4}$$

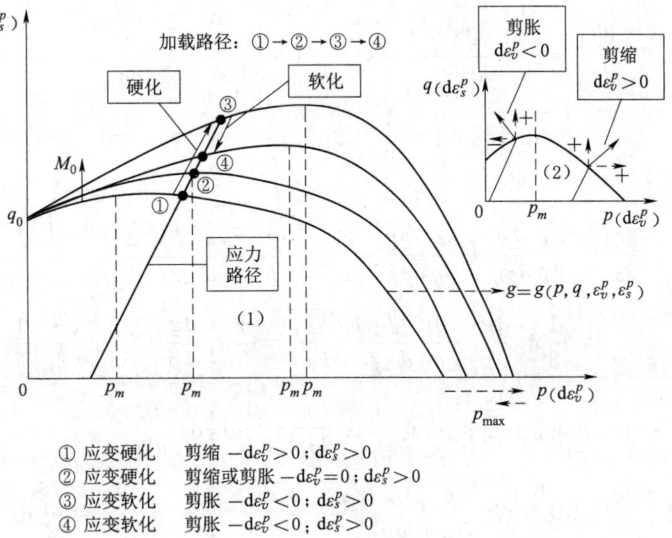

图 6.2 双硬化弹塑性本构模型关于应变硬化-软化和剪胀-剪缩的原理示意图

$$\varepsilon_v=\varepsilon_{kk} \tag{6.5}$$

$$\varepsilon_s=\sqrt{\frac{2}{3}e_{ij}e_{ij}} \tag{6.6}$$

$$e_{ij}=\varepsilon_{ij}-\frac{1}{3}\varepsilon_{kk}\delta_{ij} \tag{6.7}$$

上几式中 σ_{ij}——应力张量；

ε_{ij}——应变张量；

s_{ij}——偏应力张量；

e_{ij}——偏应变张量；

ε_v——体应变；

ε_s——剪应变；

δ_{ij}——克朗内克尔符号。

根据式（6.5）～式（6.7）可以得到塑性应变的表达式如下：

$$\varepsilon_v^p=\varepsilon_{ii}^p \tag{6.8}$$

$$\varepsilon_s^p=\sqrt{\frac{2}{3}e_{ij}^p e_{ij}^p} \tag{6.9}$$

$$e_{ij}^p=\varepsilon_{ij}^p-\frac{1}{3}\delta_{ij}\varepsilon_{kk}^p \tag{6.10}$$

根据式（6.8），可以求得塑性体应变增量的表达式如下：

$$d\varepsilon_v^p=d\varepsilon_{ii}^p=d\lambda\frac{\partial g}{\partial\sigma_{ii}}=d\lambda\frac{\partial g}{\partial p} \tag{6.11}$$

根据塑性理论有如下表达式：

$$s_{mm}=0 \tag{6.12}$$

$$\frac{\partial J_2}{\partial \sigma_{ij}}=\frac{\partial\left(\frac{1}{2}s_{mn}s_{mn}\right)}{\partial \sigma_{ij}}=s_{mn}\frac{\partial s_{mn}}{\partial \sigma_{ij}}=s_{mn}\frac{\partial\left(\sigma_{mn}-\frac{1}{3}\sigma_{kk}\delta_{mn}\right)}{\partial \sigma_{ij}}$$
$$=s_{mn}\left(\delta_{im}\delta_{jn}-\frac{1}{3}\delta_{ik}\delta_{jk}\delta_{mn}\right)=s_{ij}-s_{mm}\frac{1}{3}\delta_{ij}=s_{ij} \tag{6.13}$$

$$\frac{\partial g}{\partial \sigma_{ij}}=\frac{\partial g}{\partial p}\frac{\partial p}{\partial \sigma_{ij}}+\frac{\partial g}{\partial q}\frac{\partial q}{\partial \sigma_{ij}}=\frac{1}{3}\delta_{ij}\frac{\partial g}{\partial p}+\frac{\partial g}{\partial q}\frac{\partial\left(\sqrt{\frac{3}{2}s_{ij}s_{ij}}\right)}{\partial J_2}\frac{\partial J_2}{\partial \sigma_{ij}}$$
$$=\frac{1}{3}\delta_{ij}\frac{\partial g}{\partial p}+\frac{\partial g}{\partial q}\frac{\partial J_2}{\partial \sigma_{ij}}\frac{\partial\sqrt{3J_2}}{\partial J_2}=\frac{1}{3}\delta_{ij}\frac{\partial g}{\partial p}+\frac{\partial g}{\partial q}s_{ij}\frac{\sqrt{3}}{2}\frac{1}{\sqrt{J_2}} \tag{6.14}$$

$$\mathrm{d}e_{ij}^{p}=\mathrm{d}\varepsilon_{ij}^{p}-\frac{1}{3}\delta_{ij}\,\mathrm{d}\varepsilon_{kk}^{p}=\mathrm{d}\lambda\,\frac{\partial g}{\partial \sigma_{ij}}-\frac{1}{3}\delta_{ij}\,\mathrm{d}\lambda\,\frac{\partial g}{\partial p}$$
$$=\mathrm{d}\lambda\left[\frac{1}{3}\delta_{ij}\frac{\partial g}{\partial p}+\frac{\partial g}{\partial q}s_{ij}\frac{\sqrt{3}}{2}\frac{1}{\sqrt{J_2}}\right]-\frac{1}{3}\delta_{ij}\,\mathrm{d}\lambda\,\frac{\partial g}{\partial p}=\frac{\sqrt{3}}{2}\mathrm{d}\lambda\,\frac{\partial g}{\partial q}\frac{s_{ij}}{\sqrt{J_2}} \tag{6.15}$$

结合式（6.12）～式（6.15）可以进一步求得塑性剪应变增量的表达式如下：

$$\mathrm{d}\varepsilon_s^{p}=\sqrt{\frac{2}{3}\mathrm{d}e_{ij}^{p}\,\mathrm{d}e_{ij}^{p}}=\sqrt{\frac{2}{3}}\left[\frac{\sqrt{3}}{2}\mathrm{d}\lambda\,\frac{\partial g}{\partial q}\frac{s_{ij}}{\sqrt{J_2}}\right]=\mathrm{d}\lambda\,\frac{\partial g}{\partial q} \tag{6.16}$$

式中　J_2——第二应力偏量不变量；

$\mathrm{d}\varepsilon_v^{p}$ 和 $\mathrm{d}\varepsilon_s^{p}$——塑性体应变增量和塑性剪应变增量。

塑性势函数 g 的表达式如下：

$$g=g(p,q,\varepsilon_v^{p},\varepsilon_s^{p}) \tag{6.17}$$

由于采用相关联流动法则，因此 g 函数的具体形式如下：

$$g=f=q-[q_0+M_0p]\left[1-\frac{p}{p_{\max}}\right]\exp\left[\left(\frac{p}{p_{\max}}\right)^{n}\right] \tag{6.18}$$

一致性条件的表达式如下：

$$\mathrm{d}f=\frac{\partial f}{\partial p}\mathrm{d}p+\frac{\partial f}{\partial q}\mathrm{d}q+\frac{\partial f}{\partial \varepsilon_v^{p}}\mathrm{d}\varepsilon_v^{p}+\frac{\partial f}{\partial \varepsilon_s^{p}}\mathrm{d}\varepsilon_s^{p}=0 \tag{6.19}$$

将式（6.11）和式（6.16）代入式（6.19），可以得到式（6.20）。

$$\frac{\partial f}{\partial p}\mathrm{d}p+\frac{\partial f}{\partial q}\mathrm{d}q+\mathrm{d}\lambda\left(\frac{\partial f}{\partial \varepsilon_v^{p}}\frac{\partial g}{\partial p}+\frac{\partial f}{\partial \varepsilon_s^{p}}\frac{\partial g}{\partial q}\right)=0 \tag{6.20}$$

进一步可以得出塑性增量乘子的表达式如下：

$$\mathrm{d}\lambda=-\frac{\frac{\partial f}{\partial p}\mathrm{d}p+\frac{\partial f}{\partial q}\mathrm{d}q}{\frac{\partial f}{\partial \varepsilon_v^{p}}\frac{\partial g}{\partial p}+\frac{\partial f}{\partial \varepsilon_s^{p}}\frac{\partial g}{\partial q}}$$
$$=-\frac{\frac{\partial f}{\partial p}\mathrm{d}p+\frac{\partial f}{\partial q}\mathrm{d}q}{\left(\frac{\partial f}{\partial p_{\max}}\frac{\partial p_{\max}}{\partial \varepsilon_v^{p}}+\frac{\partial f}{\partial M_0}\frac{\partial M_0}{\partial \varepsilon_v^{p}}\right)\frac{\partial g}{\partial p}+\left(\frac{\partial f}{\partial p_{\max}}\frac{\partial p_{\max}}{\partial \varepsilon_s^{p}}+\frac{\partial f}{\partial M_0}\frac{\partial M_0}{\partial \varepsilon_s^{p}}\right)\frac{\partial g}{\partial q}} \tag{6.21}$$

设塑性硬化模量 H 的表达式如下：

$$H=-\frac{\partial f}{\partial p_{\max}}\frac{\partial p_{\max}}{\partial \varepsilon_v^p}\frac{\partial g}{\partial p}-\frac{\partial f}{\partial M_0}\frac{\partial M_0}{\partial \varepsilon_s^p}\frac{\partial g}{\partial q} \tag{6.22}$$

将式（6.22）代入式（6.21），塑性增量乘子 $\mathrm{d}\lambda$ 的表达式可以进一步简化为式（6.23）。

$$\mathrm{d}\lambda=\frac{\dfrac{\partial f}{\partial p}\mathrm{d}p+\dfrac{\partial f}{\partial q}\mathrm{d}q}{H} \tag{6.23}$$

由于双硬化模型中最关键的一步就是通过两个硬化函数控制加载过程中塑性势面的演化，因此硬化函数的具体形式的选取至关重要。由式（6.18）可知塑性势函数本身是应力的表达式（不含有塑性应变），再结合式（6.17），为了考虑加载过程中塑性变形的累积，可以设定两个硬化参数是塑性应变的函数。本书认为 $p_{\max}$ 受塑性体应变影响，M_0 受塑性剪应变影响，它们的具体表达式如下：

$$p_{\max}(\varepsilon_v^p)=p'_{\max}\left[\exp(\varepsilon_v^p)\right]^{\frac{1}{\Gamma_v}} \tag{6.24}$$

$$M_0(\varepsilon_s^p)=M'_0-\frac{\Delta M}{\left[\exp(\varepsilon_s^p)\right]^{\frac{1}{\Gamma_s}}} \tag{6.25}$$

上二式中　$p'_{\max}$，Γ_v，M'_0，ΔM，Γ_s——硬化函数中的 5 个参数，用于反映两个硬化参数（$p_{\max}$，M_0）与塑性体应变 ε_v^p 和塑性剪应变 ε_s^p 之间的关系。其中，Γ_v 是塑性体应变的影响因子，Γ_s 是塑性剪应变的影响因子，ΔM 是 M_0 的允许变化范围，$p'_{\max}$ 是硬化参数 $p_{\max}$ 的初始参考值，M'_0 是硬化参数 M_0 的最终参考值。

如图 6.3 和图 6.4 所示，在加载过程中，随着轴向应变 ε_1 的增大，塑性体应变 ε_v^p 先增大后减小（压缩为正，膨胀为负），塑性剪应变 ε_s^p 一直增大。因此，在加载过程中，硬化参数 M_0 的初始参考值为 $M'_0-\Delta M$，在加载过程中，先增长的快，后增长的慢，最终

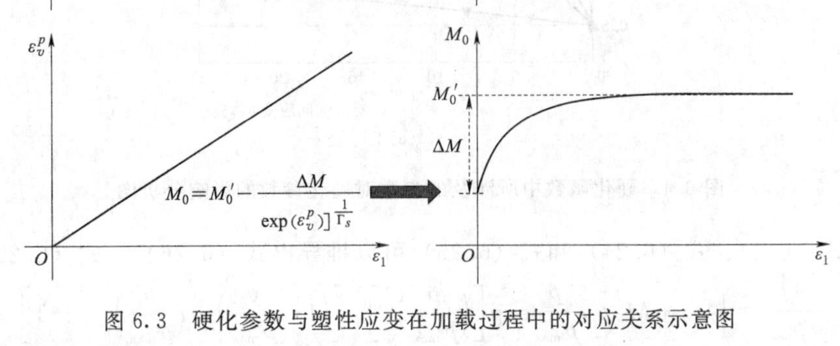

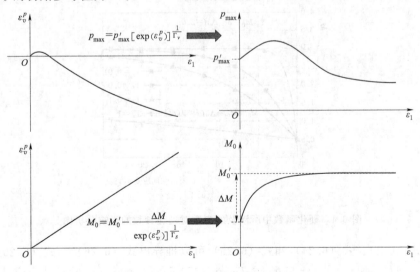

图 6.3　硬化参数与塑性应变在加载过程中的对应关系示意图

趋于一个稳定值 M_0'；而硬化参数 $p_{\max}$ 的初始值为 $p_{\max}'$，在加载过程中，先增大后减小，最终趋于稳定。结合图 6.4（b）和（e）可以看出 Γ_v 和 Γ_s 这两个参数分别控制 $p_{\max}$ 和 M_0 两个硬化参数最终达到稳定状态的速率。Γ_v 和 Γ_s 越大，硬化参数 $p_{\max}$ 和 M_0 达到稳定状态越滞后。

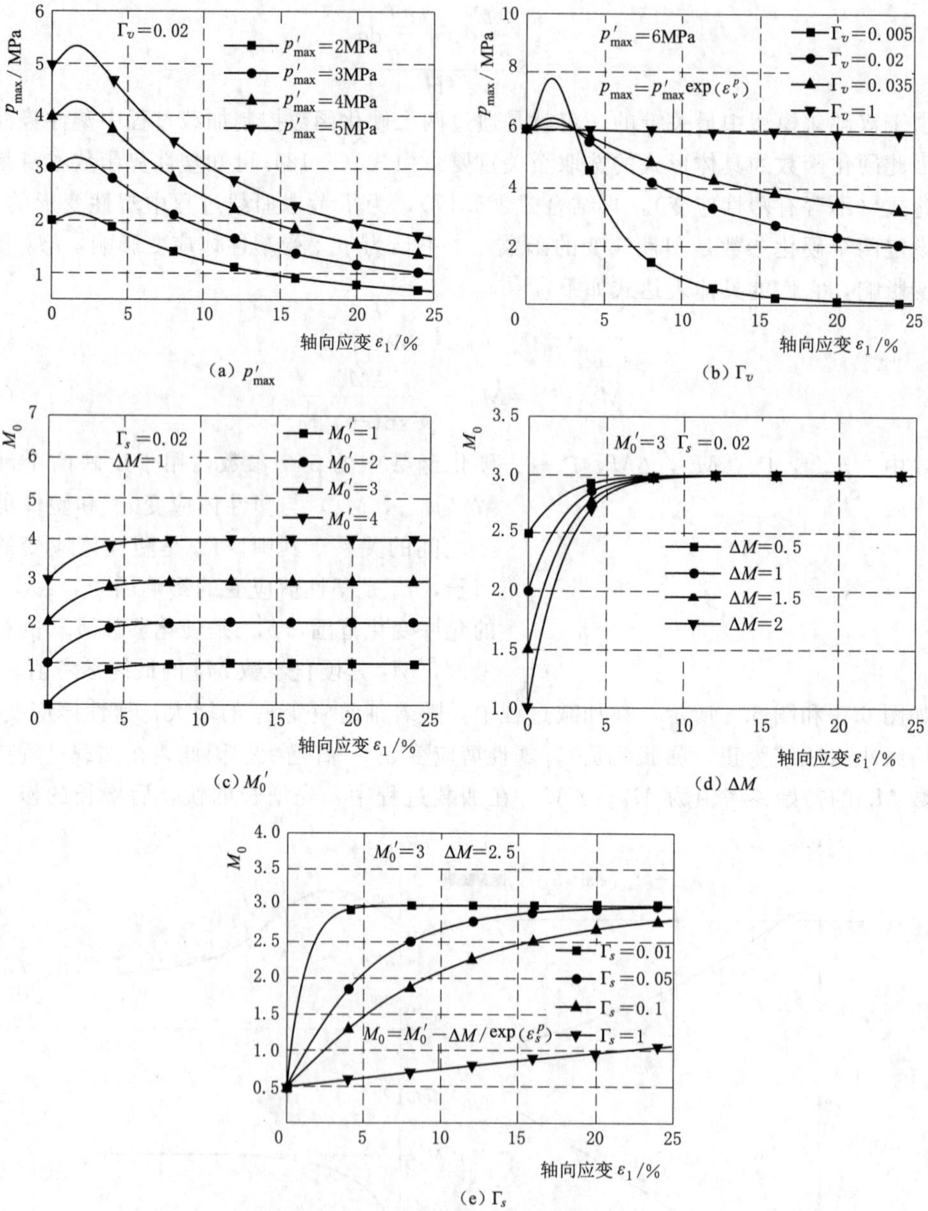

图 6.4　硬化函数中所涉及的参数对硬化参数的影响分析图

通过式（6.1）、式（6.24）和式（6.25）可以推导出式（6.26）～式（6.29）。

$$\frac{\partial f}{\partial p_{\max}}=\left\{(q_0+M_0 p)\frac{p}{p_{\max}^2}\exp\left[\left(\frac{p}{p_{\max}}\right)^n\right]\right\}\left[\left(1-\frac{p}{p_{\max}}\right)n\left(\frac{p}{p_{\max}}\right)^{n-1}-1\right] \tag{6.26}$$

$$\frac{\partial p_{max}}{\partial \varepsilon_v^p}=\frac{p'_{max}}{\Gamma_v}\exp\left(\frac{\varepsilon_v^p}{\Gamma_v}\right) \tag{6.27}$$

$$\frac{\partial f}{\partial M_0}=-\left(1-\frac{p}{p_{max}}\right)\exp\left[\left(\frac{p}{p_{max}}\right)^n\right]p \tag{6.28}$$

$$\frac{\partial M_0}{\partial \varepsilon_s^p}=\frac{\Delta M}{\Gamma_s}\exp\left(-\frac{\varepsilon_s^p}{\Gamma_s}\right) \tag{6.29}$$

总的应变可以分为弹性和塑性两部分，因此可以得到式（6.30）～式（6.33）。

$$d\varepsilon_v^e=\frac{dp}{K} \tag{6.30}$$

$$d\varepsilon_v=d\varepsilon_v^e+d\varepsilon_v^p \tag{6.31}$$

$$d\varepsilon_s^e=\frac{dq}{3G} \tag{6.32}$$

$$d\varepsilon_s=d\varepsilon_s^e+d\varepsilon_s^p \tag{6.33}$$

式中 $d\varepsilon_v^e$ 和 $d\varepsilon_s^e$——弹性体应变增量和弹性剪应变增量；
K——弹性体积模量；
G——弹性剪切模量。

将式（6.11）、式（6.12）、式（6.21）、式（6.30）、式（6.32）代入式（6.31）和式（6.33），可以推导出式（6.34）和式（6.35）。

$$d\varepsilon_v=D_v^p dp+D_v^q dq \tag{6.34}$$

$$d\varepsilon_s=D_s^p dp+D_s^q dq \tag{6.35}$$

其中弹塑性柔度张量 $\boldsymbol{D}$ 的具体表达式如式（6.36）～式（6.39）所示。

$$D_v^p=\frac{1}{K}+\frac{1}{H}\frac{\partial f}{\partial p}\frac{\partial g}{\partial p} \tag{6.36}$$

$$D_v^q=\frac{1}{H}\frac{\partial f}{\partial q}\frac{\partial g}{\partial p} \tag{6.37}$$

$$D_s^p=\frac{1}{H}\frac{\partial f}{\partial p}\frac{\partial g}{\partial q} \tag{6.38}$$

$$D_s^q=\frac{1}{3G}+\frac{1}{H}\frac{\partial f}{\partial q}\frac{\partial g}{\partial q} \tag{6.39}$$

其中，$\frac{\partial f}{\partial p}$、$\frac{\partial g}{\partial p}$、$\frac{\partial f}{\partial q}$、$\frac{\partial g}{\partial q}$的具体表达式如式（6.40）～式（6.41）所示。

$$\frac{\partial f}{\partial p}=\frac{\partial g}{\partial p}=-q\left(\frac{M_0}{q_0+M_0 p}+\frac{np^{n-1}}{p_{max}{}^n}+\frac{1}{p-p_{max}}\right) \tag{6.40}$$

$$\frac{\partial f}{\partial q}=\frac{\partial g}{\partial q}=1 \tag{6.41}$$

6.1.2 模型验证

本节以第1章所述的不同围压、温度和配比条件下冻结掺合土料的试验数据为依据，通过将本模型的预测值与试验数据的对比来验证本模型在不同试验条件下的适用性。在模型验证时，非对称性参数 n 建议取为定值，统一取为 1.6。为了减小参数确定的复杂性，通过加卸载试验，本模型中的弹性模量建议取值为 $G=800\text{MPa}$、$K=1400\text{MPa}$。因为在双硬化弹塑性本构模型中，弹性模量对变形的影响远小于硬化函数中的参数的影响。在本书所研究的试验条件下，假定弹性模量不受试验条件的改变而变化。

1. 不同配比条件

将温度为－10℃、围压为 3.0MPa 条件下的冻结掺合土料的试验数据用以验证双硬化本构模型在不同配比条件下的适用性。此处认为参数 ΔM 和 Γ_s 随着配比的变化而变化，其他参数不随配比的变化而变化。当温度 $T=-10℃$，围压 $\sigma_3=3.0\text{MPa}$，ΔM 和 Γ_s 随配比 λ 的变化关系如下

$$\Delta M=-0.594\lambda+2.2792 \tag{6.42}$$

$$\Gamma_s=-0.023\lambda+0.0272 \tag{6.43}$$

不随配比变化的参数取值建议为：$p'_{\max}=16$、$\Gamma_v=0.07$、$M'_0=2.2$、$q_0=31$。从图 6.5 中可以看出，本模型可以用来预测冻结掺合土料在不同配比条件下的应力应变特性。

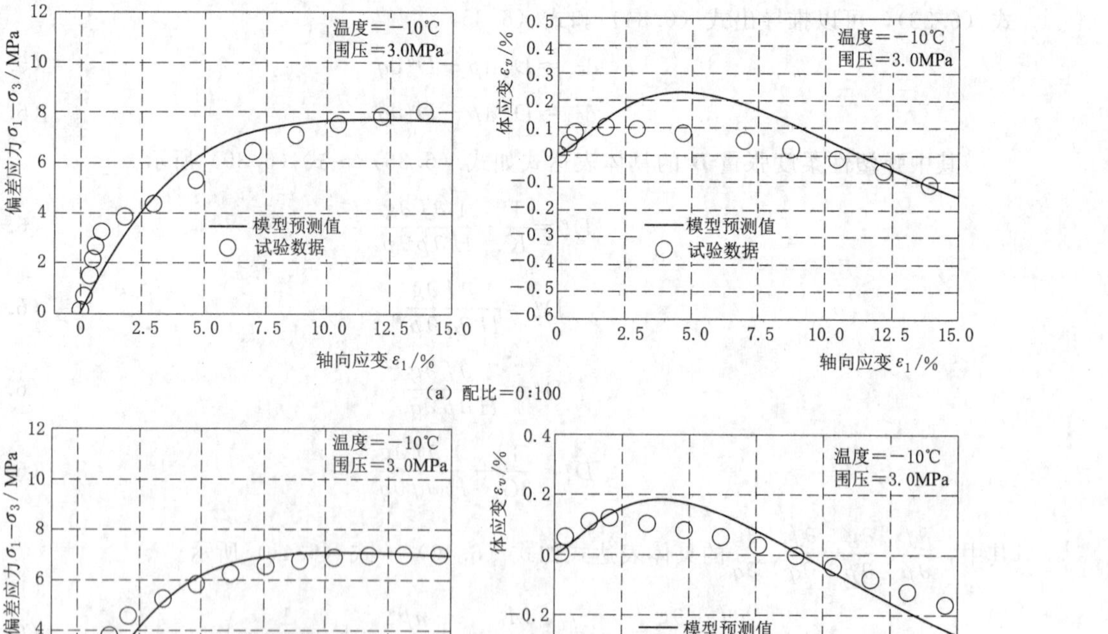

(a) 配比=0∶100

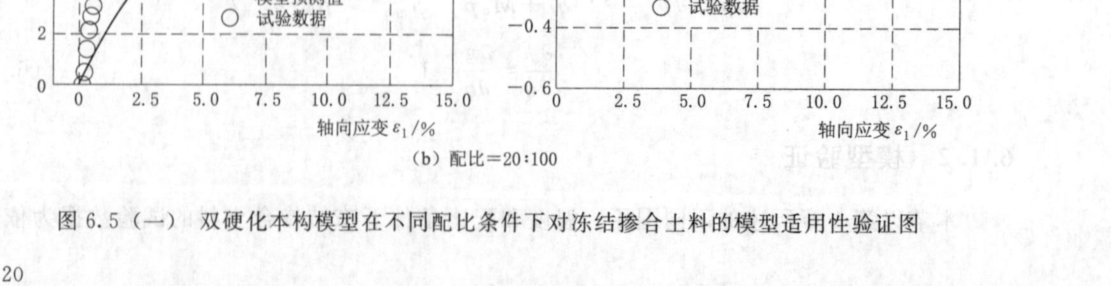

(b) 配比=20∶100

图 6.5（一）　双硬化本构模型在不同配比条件下对冻结掺合土料的模型适用性验证图

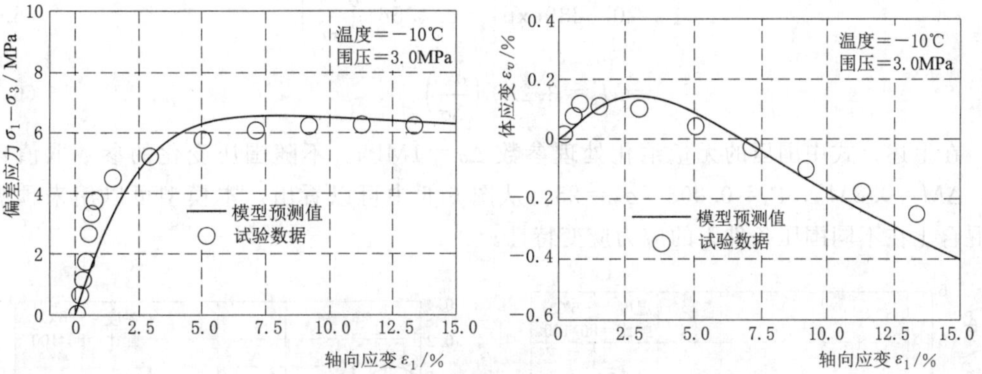

(c) 配比＝40∶100

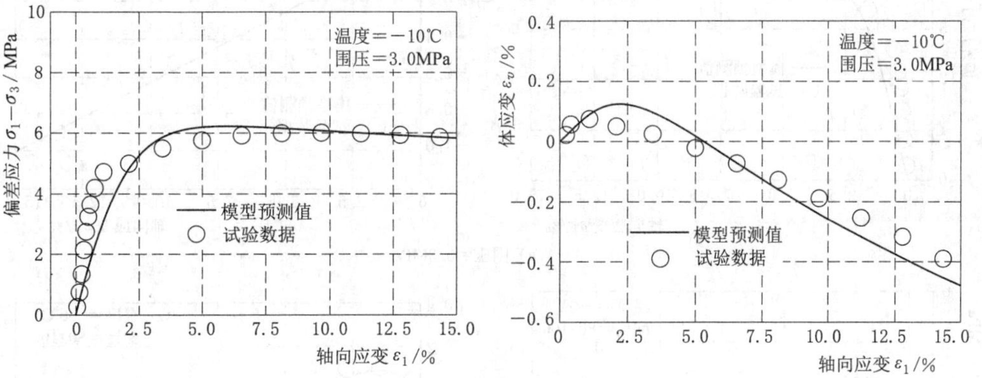

(d) 配比＝60∶100

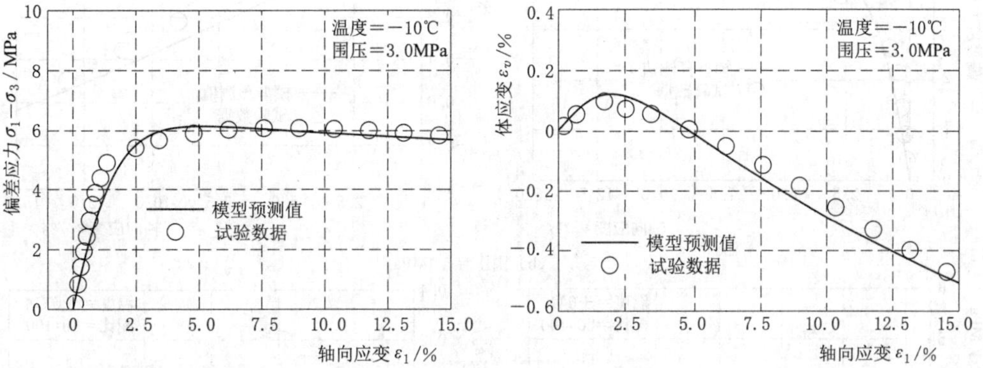

(e) 配比＝80∶100

图 6.5（二） 双硬化本构模型在不同配比条件下对冻结掺合土料的模型适用性验证图

2. 不同围压条件

将温度为－6℃、配比为 80∶100 的冻结掺合土料的试验数据用以验证双硬化本构模型在不同围压条件下的适用性。此处认为参数 $p'_{\max}$、Γ_v 和 M'_0 随着围压的变化而变化，其他参数不随围压的变化而变化。当温度 $T=-6℃$，配比 $\lambda=80:100$，参数 $p'_{\max}$、Γ_v 和 M'_0 随围压的变化关系如下：

$$p'_{\max}=6.217\exp(0.2816\sigma_3) \tag{6.44}$$

$$\Gamma_v = 0.3239\exp\left[-0.4356\left(\frac{\sigma_3}{\Delta\sigma}\right)\right] \tag{6.45}$$

$$M'_0 = 3.233\left(\frac{\sigma_3}{\Delta\sigma}\right)^{-0.6878} \tag{6.46}$$

在上述公式中围压的无量纲化处理参数 $\Delta\sigma = 1\text{MPa}$。不随围压变化的参数取值建议为：$\Delta M = 0.8M'_0$，$\Gamma_s = 0.008$，$q_0 = 25$。从图 6.6 中可以看出，本模型可以用来预测冻结混合土在不同围压条件下的应力应变特性。

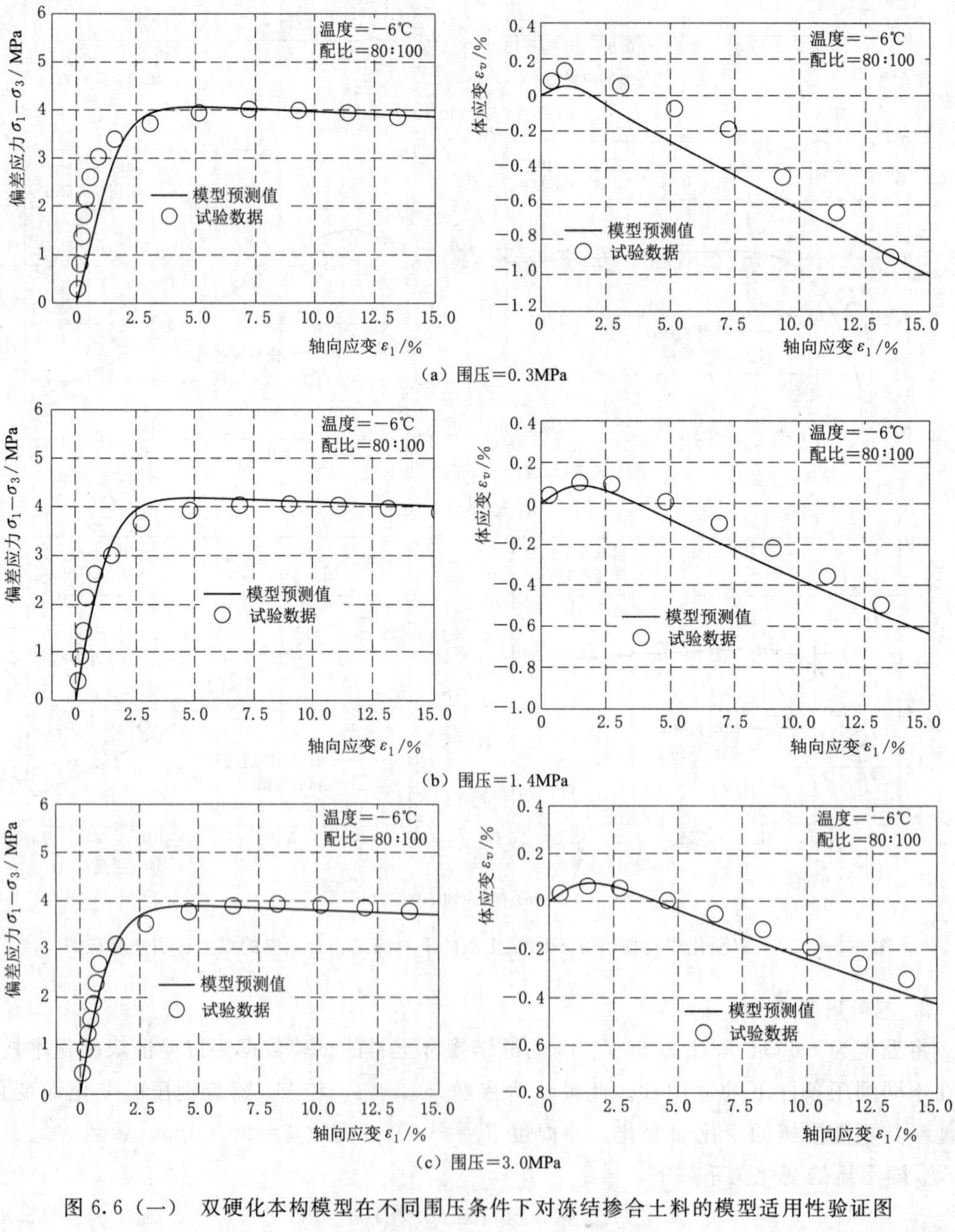

图 6.6（一）　双硬化本构模型在不同围压条件下对冻结掺合土料的模型适用性验证图

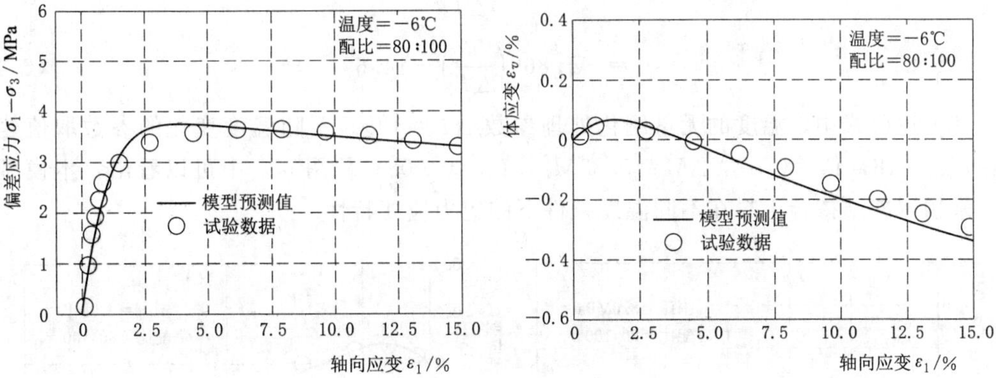

(d) 围压=6.0MPa

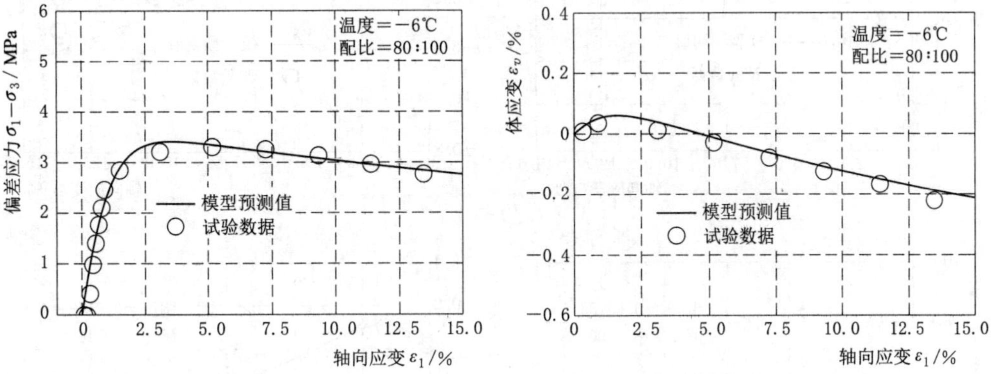

(e) 围压=10.0MPa

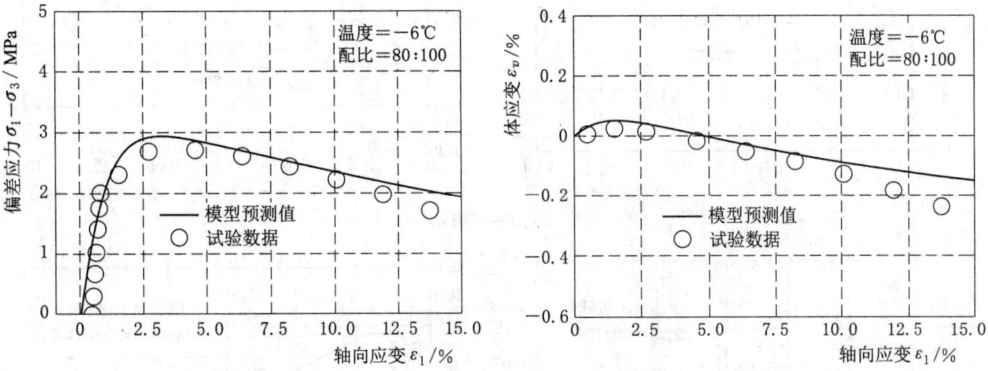

(f) 围压=15.0MPa

图 6.6(二) 双硬化本构模型在不同围压条件下对冻结掺合土料的模型适用性验证图

3. 不同温度条件

将配比为 80∶100、围压为 3.0MPa 的冻结掺合土料的试验数据用以验证双硬化本构模型在不同温度条件下的适用性。

此处认为参数 M_0' 和 q_0 随着温度的变化而变化，其他参数不随温度的变化而变化。当配比 $\lambda=80:100$，围压 $\sigma_3=3.0$MPa 时，M_0' 和 q_0 随着温度 T 的变化关系如下：

$$M'_0=-0.1667\left(\frac{T}{\Delta T}\right)+0.4872 \tag{6.47}$$

$$q_0=-1.869\left(\frac{T}{\Delta T}\right)+14.69 \tag{6.48}$$

在上述公式中，温度的无量纲化处理参数 $\Delta T=1$℃。不随温度变化的参数取值建议为：$p'_{\max}=18$，$\Gamma_v=0.07$，$\Delta M=0.83M'_0$，$\Gamma_s=0.008$。从图 6.7 中可以看出，本模型可以用来预测冻结掺合土料在不同温度条件下的应力应变特性。

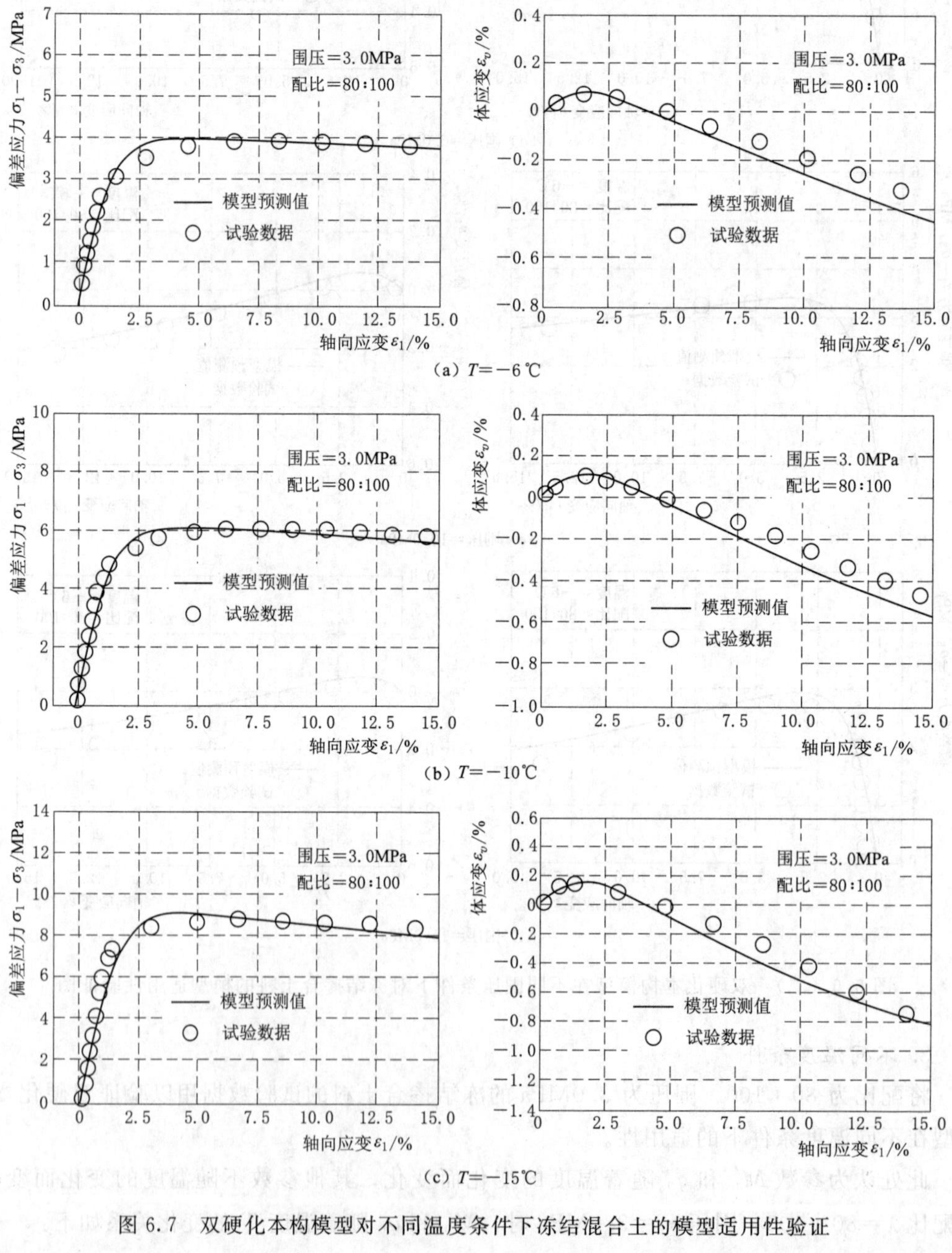

(a) $T=-6$℃

(b) $T=-10$℃

(c) $T=-15$℃

图 6.7　双硬化本构模型对不同温度条件下冻结混合土的模型适用性验证

6.1.3 模型讨论

从 6.1.2 节的研究中可以看出双硬化弹塑性本构模型可以用于预测冻结掺合土料在不同试验条件下的应力应变特性。其内在机理是通过硬化函数控制加载过程中塑性势面和应力路径之间的相互关系以及塑性势面自身的膨胀和收缩。通过对模型参数的敏感性分析，可以找出对双硬化本构模型的力学表现影响较为典型的几组参数，它们分别是 $p'_{\max}$、Γ_v、Γ_s。如图 6.8 所示，在所取的参数范围内，随着 $p'_{\max}$ 的增大，主应力差-轴向应变的关系

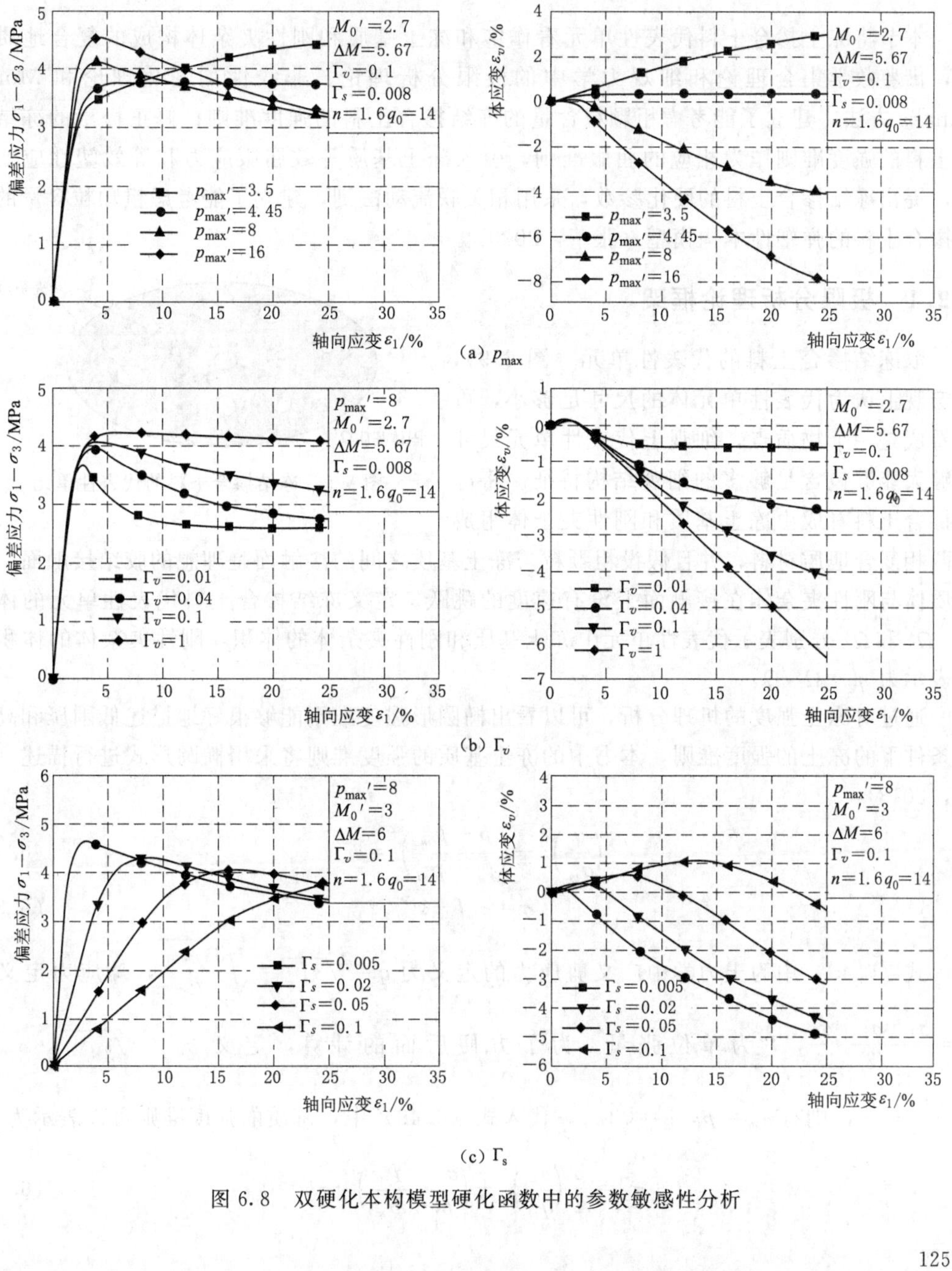

(a) $p_{\max}$

(b) Γ_v

(c) Γ_s

图 6.8 双硬化本构模型硬化函数中的参数敏感性分析

由应变硬化逐渐过渡为应变软化，体变-轴向应变关系由体缩渐渐过渡为体胀；Γ_v 和 Γ_s 越小，越早出现残余稳定强度和残余稳定变形，但两者的具体表现差异较大，前者对初始变形影响较小，后者对初始变形影响较大。综上所述，只有将这些参数对力学模型的影响有个清晰的认识，才能更好地建立不同试验条件下的冻土的双硬化弹塑性本构模型（刘星炎，2020；Liu et al.，2021）。

6.2　宏-细观本构模型

本节将冻土掺合土料代表性单元看作饱和冻土基质和刚性夹杂体构成的复合地质材料，借鉴数学集合理论和细观力学中的极限分析理论、非线性均匀化理论和 Mori - Tanaka 方法，建立了能考虑粗颗粒含量的冻结掺合土料的强度准则；修正提出的冻结掺合土料的强度准则作为相应的屈服准则，引入冻土基质等效屈服应力和等效塑性应变概念，提出冻结掺合土料的硬化参数，采用相关联流动法则，建立了能考虑粗颗粒含量的冻结掺合土料的弹塑性本构模型（张革，2020）。

6.2.1　极限分析理论框架

取冻结掺合土料的代表性单元（图 6.9），在宏观上认为代表性单元体的尺寸足够小，可以看成是一个物质点，细观上代表性单元尺寸足够大能够包含足够多的细观结构特征。将冻结掺合土料看成由冻土基质和刚性夹杂体组成的两相复合地质材料，并且假设粗颗粒与冻土基质之间的接触面是理想的胶结接触面，即基质体与刚性夹杂体在接触面上没有速度的跳跃。定义冻结掺合土料代表性单元的体积 Ω、Ω^s 和 Ω^i 分别表示代表性单元中冻土基质和刚性夹杂体的体积，刚性夹杂体的体积分数表示为 $\eta^i=\Omega^i/\Omega$。

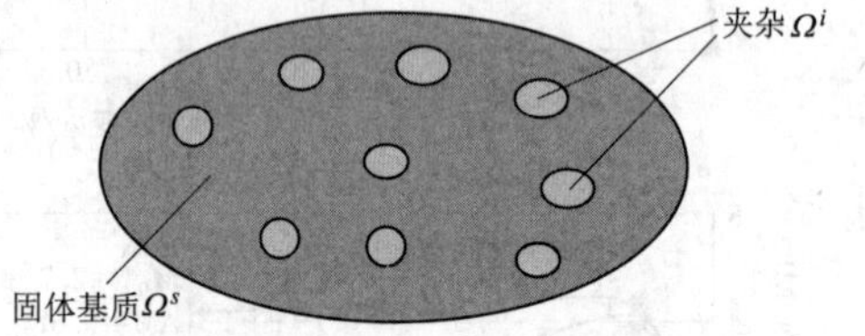

图 6.9　冻结掺合土料的代表性单元

通过对冻土强度的机理分析，可以看出椭圆形强度准则能够很好地描述低围压和高围压条件下的冻土的强度准则，本书中的冻土基质的强度准则将采用椭圆形式进行描述（陈敦，2018）：

$$\left(\frac{q}{q_m}\right)^2+\left(\frac{p-p_m}{f_t+p_m}\right)^2=h \tag{6.49}$$

$$\boldsymbol{\sigma}=\sigma_m\boldsymbol{l}+\boldsymbol{s} \tag{6.50}$$

式（6.49）中为土力学中广义剪应力的定义为 $q=\sqrt{3J_2}=\sqrt{\dfrac{3s_{ij}s_{ij}}{2}}$，球应力定义为 $p=\dfrac{\sigma_1+\sigma_2+\sigma_3}{3}$，$\boldsymbol{l}$ 为单位张量。为了方便后面的计算，定义 $\sigma_d=\sqrt{s_{ij}s_{ij}}$，$\sigma_m=\dfrac{\sigma_1+\sigma_2+\sigma_3}{3}$，则有 $\sigma_m=p$，$q=\sqrt{3}\sigma_d$，代入式（6.49）中，基质的强度准则可以表示为

$$f_s[\boldsymbol{\sigma}]=\frac{3}{2}\left(\frac{\sigma_d}{q_m}\right)^2+\left(\frac{\sigma_m-p_m}{f_t+p_m}\right)^2-h=0 \tag{6.51}$$

因此，冻土基质中可容许的细观应力状态的集合 G^s 可以定义为

$$G^s=\{\sigma, f_s\leqslant 0\} \tag{6.52}$$

因为 G^s 是一个凸集，根据数学中集合理论可知，非空闭合凸集都存在着相对于的支撑函数，描述支撑原始集的超平面的距离，故 G^s 的支撑函数可以定义为

$$\pi^s(\boldsymbol{d})=\sup(\boldsymbol{\sigma}:\boldsymbol{d},\boldsymbol{\sigma}\in G^s) \tag{6.53}$$

式中 $\boldsymbol{d}[\boldsymbol{v}]$ ——位移场 $\boldsymbol{v}$ 相对应的应变率；

'sup'——集合 G^s 的最小上确界；

$\pi^s(\boldsymbol{d})$ ——材料的最大塑性耗散能力（Amine，2001；Zhou 和 Meschke，2018）。

对于某个给定的应变率 $\boldsymbol{d}$ 的值，认为 $\boldsymbol{\sigma}:\boldsymbol{d}=\pi^s(\boldsymbol{d})$ 表示在应力空间定义了一个超平面，该平面与 G^s 集合的边界相切于应力点 $\boldsymbol{\sigma}$，并且 $\boldsymbol{d}$ 的方向垂直于 G^s 集合的边界（图 6.10）。支撑函数可以看成是强度准则的对偶定义，冻土基质中可容许的细观应力状态的集合 G^s 既可以采用强度准则 $f_s[\boldsymbol{\sigma}]$ 也可以采用支撑函数 $\pi^s(\boldsymbol{d})$ 定义。

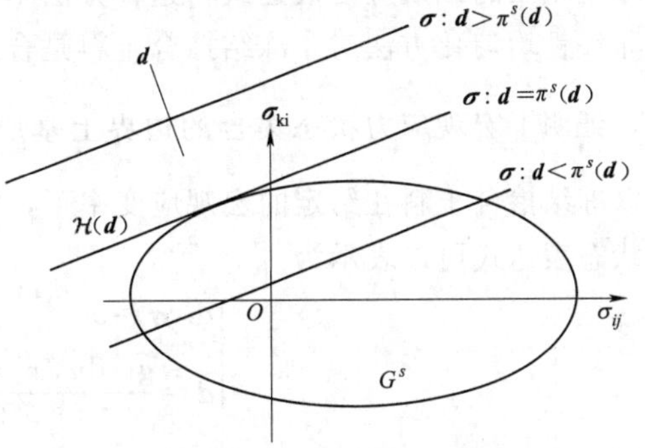

图 6.10 应力空间中支撑函数的几何解释（Zhou 和 Meschke，2018）

极限分析理论的主要目的是为了确定冻结掺合土料的宏观应力状态集合的支撑函数 $\Pi^{\text{hom}}(\boldsymbol{D})$ 以及确定冻结掺合土料的宏观容许应力状态集合的边界上的应力集合 Σ。假设对代表单元在边界上施加一均匀应变率边界条件，$\boldsymbol{D}$ 代表宏观应变率张量，在应变约束条件下代表性单元的应力认为是静力平衡的，并且通过均匀化理论宏观应力定义为一个二阶张量 Σ，满足

$$\begin{cases}\operatorname{div}\boldsymbol{\sigma}=0\\ \Sigma=\langle\boldsymbol{\sigma}\rangle_\Omega\end{cases} \tag{6.54}$$

式中 $\langle\boldsymbol{\sigma}\rangle_\Omega$——在体积 Ω 中的平均值。

在这样的约束条件下，冻结掺合土料宏观应力状态的存在需要细观应力满足两个条件：①$\boldsymbol{\sigma}$ 能够使得Σ存在于宏观应力状态集合内；②$\boldsymbol{\sigma}$ 在代表性单元内遵循细观强度准则，由于是刚性夹杂体，所以只需 $\boldsymbol{\sigma}$ 的集合满足冻土基质的强度准则 $f_s\leqslant 0$。根据上述的定义可以将宏观容许的应力状态表示为

$$G^{\text{hom}}=\left\{\Sigma\mid\exists\boldsymbol{\sigma}(x),\left|\begin{matrix}\operatorname{div}\boldsymbol{\sigma}=0,\\ \Sigma=\langle\boldsymbol{\sigma}\rangle_\Omega,\end{matrix}\right.\ \forall\boldsymbol{\sigma}(x)\in G^s\quad f(\boldsymbol{\sigma}(x)\leqslant 0)\right\} \tag{6.55}$$

如果对于一个给定的宏观应变率 $\boldsymbol{D}$，$\boldsymbol{u}$ 和 $\boldsymbol{d}$ 分别表示该宏观应变率条件下代表性单元的细观速度场以及相对应的细观应变率，宏观应力状态与细观应力状态分别表示为Σ、$\boldsymbol{\sigma}$，根据 Hill 引理——宏细观应变能密度相等可以得到

$$\Sigma:\boldsymbol{D}=\langle\boldsymbol{\sigma}:\boldsymbol{d}\rangle_\Omega=(1-\eta^i)\langle\boldsymbol{\sigma}:\boldsymbol{d}\rangle_{\Omega^s} \tag{6.56}$$

根据支撑函数的定义，对于任意的 $x\in\Omega^s$，$\boldsymbol{\sigma}(x):\boldsymbol{d}(x)\leqslant\pi(\boldsymbol{d}(x))$，式（6.56）有

$$\Sigma:\boldsymbol{D}\leqslant\langle\pi(\boldsymbol{d})\rangle_\Omega \tag{6.57}$$

又因为对于任意的位移场，式 (6.57) 都必须满足，所以有

$$\Sigma : \boldsymbol{D} \leqslant \Pi^{\text{hom}}(\boldsymbol{D}) = \inf_{u \in \mathcal{L}(\boldsymbol{D})} \langle \pi(\boldsymbol{d}) \rangle \tag{6.58}$$

式中 inf——集合的下确界。

从式 (6.58) 得到，宏观许可应力状态集合 G^{hom} 是由许多超平面 Σ: $\boldsymbol{D} = \Pi^{\text{hom}}(\boldsymbol{D})$ 形成的区域，如果宏观应力 Σ 既在宏观许可应力状态集合中又在超平面上，那么宏观应力状态点 Σ 就在宏观许可应力状态集合的边界上并且该状态点的法向平行于应变率 $\boldsymbol{D}$，满足：

$$\Sigma : \boldsymbol{D} = \Pi^{\text{hom}}(\boldsymbol{D}) = \inf_{u \in \mathcal{L}(\boldsymbol{D})} \langle \pi(\boldsymbol{d}) \rangle \tag{6.59}$$

此处采用 Barthélémy 和 Luc (2004) 提出的方法来推导宏观应力集合边界上所对应的冻土基质的细观应力表达式，这种方法不仅能够寻找到式 (6.59) 的解，并且也证明使用非线性均匀化方法对于冻结掺合土料是合适的。通过假设冻土基质体具有非线性黏性特征，证明了宏观应力状态集合的边界上基质体的细观应力使用表达式 $\boldsymbol{\sigma} = \dfrac{\partial \pi^s(\boldsymbol{d})}{\partial \boldsymbol{d}}$ 描述。所以冻结掺合土料在给定的宏观应变率下，宏观应力状态集合的边界上代表性单元体的力学状态表达式可以表示为

$$\begin{cases} \text{div}\boldsymbol{\sigma} = 0 & \text{in}\Omega \\ \boldsymbol{d} = \dfrac{\text{grad}u(x) + \tan(x)}{2} & \text{in}\Omega \\ \boldsymbol{\sigma} = \dfrac{\partial \pi^s(\boldsymbol{d})}{\partial \boldsymbol{d}} & \text{in}\Omega^s \\ \boldsymbol{u} = \boldsymbol{D} \cdot x & \text{on}\partial\Omega \\ \boldsymbol{d} = 0 & \text{in}\Omega^i \end{cases} \tag{6.60}$$

6.2.2 考虑粗颗粒含量的冻结掺合土料强度准则

1. 非线性均匀化

从上文的分析可知，冻土基质的支撑函数可以表示为

$$\pi^s(\boldsymbol{d}) = \sup(\boldsymbol{\sigma} : \boldsymbol{d}, \boldsymbol{\sigma} \in G^s) \tag{6.61}$$

冻土基质支撑函数的物理意义是在荷载作用下冻土基质能够承受的最大应变能密度，也可以表示为

$$\pi^s[d_v, d_d] = \sup\{\sigma_m d_v + 2\sigma_d d_d\} \tag{6.62}$$

式中 冻土基质的应变表示为 $\boldsymbol{d} = \dfrac{1}{3} d_v \boldsymbol{l} + \boldsymbol{\delta}$，其中 $d_d = \sqrt{\boldsymbol{\delta} : \boldsymbol{\delta}}$；冻土基质的应力为 $\boldsymbol{\sigma} = \sigma_m \boldsymbol{l} + \boldsymbol{s}$。

根据上文的分析，当细观应力点落在基体屈服面上时，支撑函数的表达式为

$$\pi^s[d_v, d_d] = \sigma_m d_v + 2\sigma_d d_d \tag{6.63}$$

考虑到冻土基质的强度准则为椭圆形强度准则，表示为

$$f = \frac{3}{2}\left(\frac{\sigma_d}{q_m}\right)^2 + \left(\frac{\sigma_m - p_m}{f_t + p_m}\right)^2 - h = 0 \tag{6.64}$$

由于冻土加载破坏的形式主要以塑性破坏为主，根据相关联流动法则，对于在屈服面

上的应力点 σ^* 所对应的体应变和剪应变满足

$$d=\dot{\lambda}\frac{\partial f}{\partial \sigma}[\sigma^*]\text{or}\begin{cases}d_v=\dot{\lambda}\dfrac{\partial f}{\partial \sigma_m}[\sigma^*]\\ \delta=\dot{\lambda}\dfrac{\partial f}{\partial s}[\sigma^*]\end{cases} \tag{6.65}$$

利用链式求导法则

$$\frac{\partial f}{\partial s}=\frac{\partial f}{\partial \sigma_d}\frac{\partial \sigma_d}{\partial s}=\frac{\partial f}{\partial \sigma_d} \tag{6.66}$$

联立式（6.64）～式（6.66）得到屈服面上的应力点 σ^* 所对应的体应变和剪应变为

$$d_v=\dot{\lambda}\frac{\partial f}{\partial \sigma_m}[\sigma^*]=2\dot{\lambda}\frac{1}{(f_t+p_m)^2}(\sigma_m^*-p_m) \tag{6.67}$$

$$d_d=\dot{\lambda}\frac{\partial f}{\partial \sigma_d^*}(\sigma_m^*,\sigma_d^*)=3\dot{\lambda}\frac{1}{q_m^2}\sigma_d^* \tag{6.68}$$

代入屈服准则得到

$$\sigma_m^*=p_m+\frac{\sqrt{3}(f_t+p_m)^2d_v\sqrt{h}}{\sqrt{2q_m^2d_d^2+3(f_t+p_m)^2d_v^2}} \tag{6.69}$$

$$\sigma_d^*=\frac{2}{3}\frac{\sqrt{3}q_m^2d_d\sqrt{h}}{\sqrt{2q_m^2d_d^2+3(f_t+p_m)^2d_v^2}} \tag{6.70}$$

将式（6.69）和式（6.70）代入冻土基质强度准则对应的支撑函数为

$$\pi^s[d_v,d_d]=\sigma_m^*d_v+\sigma_d^*d_d=p_md_v+\frac{\sqrt{3h}}{3}\sqrt{2q_m^2d_d^2+3(f_t+p_m)^2d_v^2} \tag{6.71}$$

根据得到的支撑函数，代表性单元体中基质的应力状态可以用割线体积模量、割线剪切模量以及球形预应力表示为（Shen 和 Shao，2018；Dormieux et al.，2017）：

$$\sigma=\frac{\partial \pi^s(d)}{\partial d}=2\mu^s\boldsymbol{d}'+k^sd_v\boldsymbol{l}+\sigma^p\boldsymbol{l} \tag{6.72}$$

其中，μ^s、k^s、σ^p 分别表示为

$$k^s(d_v,d_d)=\frac{\sqrt{3h}(f_t+p_m)^2}{[2d_d^2+3(f_t+p_m)^2d_v^2]^{1/2}} \tag{6.73}$$

$$u^s(d_v,d_d)=\frac{\sqrt{3h}}{3}\frac{q_m^2}{[2q_m^2d_d^2+3(f_t+p_m)^2d_v^2]^{1/2}} \tag{6.74}$$

$$\sigma^p=p_m \tag{6.75}$$

冻土基质的非线性力学行为通过割线体积模量、割线剪切模量以及球形预应力表示，割线体积模量、割线剪切模量的大小取决于局部的体应变率和剪应变率。由于冻结掺合土料的局部应变率是非均匀的，导致割线体积模量、割线剪切模量也是非均匀的，所以许多针对于均匀场的经典均匀化理论方法无法直接使用。此处采用 Castañeda 和 Willis（1993）提出来的非线性均匀化方法，利用有效应变率 $\boldsymbol{d}^{eff}$ 的概念，通过一个简单的方式来反应宏观应变率对割线体积模量、割线剪切模量的影响。割线体积模量、割线剪切模量是有效应变率 $\boldsymbol{d}^{eff}$ 的函数，对于任意的 $x\in\Omega^s$，有 $k^s(\boldsymbol{d})=k^s(\boldsymbol{d}^{eff})=k_{mp}^s$，$\mu^s(\boldsymbol{d})=\mu^s(\boldsymbol{d}^{eff})=\mu_{mp}^s$。

采用修正割线模量（Castañeda 和 Willis，1993）的方法确定有效应变率与局部应变率之间的关系，在宏观应变率作用下，使用修正割线模量方法确定的有效应变率表达式为

$$d_v^{\text{eff}}=\sqrt{\langle d_v^2\rangle_{\Omega^s}},d_d^{\text{eff}}=\sqrt{\langle d_d^2\rangle_{\Omega^s}} \tag{6.76}$$

定义有效应变率 d^{eff}后，式（6.73）和式（6.74）可写为

$$k_{mp}^s=\frac{\sqrt{3h}(f_t+p_m)^2}{(2q_m^2(d_d^{\text{eff}})^2+3(f_t+p_m)^2(d_v^{\text{eff}})^2)^{1/2}} \tag{6.77}$$

$$\mu^{mp}=\frac{\sqrt{3h}}{3}\frac{q_m^2}{(2q_m^2(d_d^{\text{eff}})^2+3(f_t+p_m)^2(d_v^{\text{eff}})^2)^{1/2}} \tag{6.78}$$

冻土基体细观应力的表达式可写为

$$\boldsymbol{\sigma}=\boldsymbol{C}^s(d_v^{\text{eff}},d_d^{\text{eff}}):\boldsymbol{d}+\sigma^p\boldsymbol{l} \tag{6.79}$$

式中 $\boldsymbol{C}^s(d_v^{\text{eff}},d_d^{\text{eff}})=3k^s(d^{\text{eff}})\boldsymbol{I}+2\mu^s(d^{\text{eff}})\boldsymbol{J}$。

根据上述分析，饱和冻土代表性单元的细观应力可表示为

$$\begin{cases}\text{div}\boldsymbol{\sigma}=0 & \text{in } \Omega\\ \boldsymbol{d}=\dfrac{\text{grad}\boldsymbol{u}(x)+\text{tanrad}\boldsymbol{u}(x)}{2} & \text{in } \Omega\\ \boldsymbol{\sigma}=\boldsymbol{C}^s(d_v^{eff},d_d^{eff}):\boldsymbol{d}+\sigma^p\boldsymbol{l} & \text{in } \Omega^s\\ \boldsymbol{u}=\boldsymbol{D}\cdot x & \text{on } \partial\Omega\\ \boldsymbol{d}=0 & \text{in } \Omega^i\end{cases} \tag{6.80}$$

上述问题可以看成是两个线性力学问题的叠加：①宏观应变率 $\boldsymbol{D}_1=0$，$\sigma_1^p=\sigma^p$；②宏观应变率 $\boldsymbol{D}_2=\boldsymbol{D}$，$\sigma_2^p=0$。当夹杂体为刚体时，问题①的解为 $\Sigma_1=\sigma^p\boldsymbol{l}$，问题②可表示为

$$\boldsymbol{\sigma}^{(2)}=\boldsymbol{c}(x):\boldsymbol{d}^{(2)}$$

$$\boldsymbol{c}(x)=\begin{cases}3k^s(d^{\text{eff}})\boldsymbol{I}+2\mu^s(d^{\text{eff}})\boldsymbol{J} & \Omega^s\\ +\infty & \Omega^i\end{cases} \tag{6.81}$$

问题②可以看成是非线性弹性基体中夹杂有刚性夹杂体，可通过引入固体力学夹杂问题中 Mori - Tanaka 理论方法来解决，下面对 Mori - Tanaka 进行简单的介绍。

由于复合增强材料的研究需要，发展了许多方法细观力学方法用于研究复合增强材料的力学性质，如 Voigt 近似和 Reuss 近似方法、Hill 自洽方法、广义自洽方法以及 Mori - Tanaka 方法等。一些学者利用这些细观力学的方法开展了特殊岩土体的等效弹性模量的研究（胡敏等，2013）。Mori - Tanaka 方法是能量方法中计算夹杂体平均应变和复合材料的平均模量的一种较为简洁而且具有清晰物理意义的理论方法。Mori - Tanaka 方法将多相复合材料的单元体作为研究对象，假定它由若干个各向异性弹性材料组成，各个材料的空间分布使得复合材料在宏观上表现为均匀的。假设一共有 $N-1$ 个相夹杂嵌于基体中，各夹杂体和基体的体积分数分别为 $V_I(I=1,2,\cdots,N-1)$ 和 $1-\sum V_I$，各夹杂体和基体的弹性刚度张量分别为 C^I、C^b，夹杂与基体的本构关系表示为

$$\boldsymbol{\sigma}=\boldsymbol{C}^I:\boldsymbol{\varepsilon}\quad \boldsymbol{\sigma}=\boldsymbol{C}^b:\boldsymbol{\varepsilon} \tag{6.82}$$

假设复合材料宏观上表现为各相同性，则复合材料的弹性本构关系写为

$$\boldsymbol{\sigma}=\boldsymbol{C}^0:\boldsymbol{\varepsilon} \tag{6.83}$$

为了确定复合材料的宏观平均弹性模量，假设在复合材料表面上施加均匀应力 σ^0，则复

合材料的应变能为

$$U=\frac{1}{2}\boldsymbol{\sigma}^0:\overline{\boldsymbol{M}}:\boldsymbol{\sigma}^0V=\frac{1}{2}\overline{M}_{ijkl}\sigma_{ij}^0\sigma_{kl}^0V \tag{6.84}$$

式中　$\overline{M}$——复合材料的宏观柔度矩阵。

复合材料的应变能还可以表示为各个相（包含基体）的应变能之和

$$U=\frac{1}{2}\int_V\boldsymbol{\sigma}:\boldsymbol{\varepsilon}\,\mathrm{d}V \tag{6.85}$$

由于两种方法计算的应变能之和相等，经过整理得到能量等效的精确表达式为

$$\boldsymbol{\sigma}^0:\overline{\boldsymbol{M}}:\boldsymbol{\sigma}^0=\boldsymbol{\sigma}^0:\boldsymbol{M}:\boldsymbol{\sigma}^0+\boldsymbol{\sigma}^0:\sum_{I=1}^{N-1}V_I(\boldsymbol{I}-\boldsymbol{M}:\boldsymbol{C}^{\boldsymbol{I}}):\overline{\boldsymbol{\varepsilon}}^{\boldsymbol{I}} \tag{6.86}$$

式中　$\overline{\varepsilon}_{mn}^I=\frac{1}{V_I}\int_V\varepsilon_{mn}^I\mathrm{d}V$，表示平均应变。

Mori－Tanaka 方法中不考虑夹杂体之间的相互作用，假设夹杂嵌于无限大基体材料中，基体远处所受的应力为基体的平均应力，经过一系列的推导得到只含有一种夹杂体的复合材料宏观平均体积模量和剪切模量为

$$\overline{K}=K\left\{1+\frac{V_0\left(\frac{K_i}{K}-1\right)}{[1+\alpha(1-V_0)]\left(\frac{K_i}{K}-1\right)}\right\} \tag{6.87}$$

$$\overline{G}=G\left\{1+\frac{V_0\left(\frac{G_i}{G}-1\right)}{[1+\beta(1-V_0)]\left(\frac{G_i}{G}-1\right)}\right\} \tag{6.88}$$

式中　K、G——基体的体积模量和剪切模量；

K_i、G_i——夹杂体的体积模量和剪切模量；

V_0——夹杂体体积分数；

$\alpha=\frac{3K}{3K+4G}$和$\beta=\frac{6}{5}\frac{K+2G}{3K+4G}$。

在问题②中由于夹杂体是刚性的，剪切模量和体积模量认为是无穷大，所以宏观的平均体积模量和剪切模量表示为

$$k^{\mathrm{hom}}=\frac{3k_{mp}^s+4\eta^iu_{mp}^s}{3(1-\eta^i)} \tag{6.89}$$

$$\mu^{\mathrm{hom}}=u_{mp}^s\frac{k_{mp}^s(6+9\eta^i)+u_{mp}^s(12+8\eta^i)}{6(1-\eta^i)(k_{mp}^s+2u_{mp}^s)} \tag{6.90}$$

将问题①和问题②的两个解进行叠加，得到冻结掺合土料的宏观许可应力集合边界面上的应力应变关系，可以表示为

$$\Sigma=\boldsymbol{C}^{\mathrm{hom}}:\boldsymbol{D}+\Sigma^p\boldsymbol{l} \tag{6.91}$$

$$\boldsymbol{C}^{\mathrm{hom}}=3k^{\mathrm{hom}}\boldsymbol{I}+2\mu^{\mathrm{hom}}\boldsymbol{J} \tag{6.92}$$

$$\Sigma^p=\sigma^p\boldsymbol{l} \tag{6.93}$$

对于冻结掺合土料，由于细观应变能和宏观应变能相等，所以得到

$$\frac{1}{2}(1-\eta^i)(d_v^{eff})^2=\frac{1}{2}\frac{\partial k^{\hom}}{\partial k_{mp}^s}D_v^2+\frac{\partial \mu^{\hom}}{\partial k_{mp}^s}D_d^2 \tag{6.94}$$

$$(1-\eta^i)(d_d^{eff})^2=\frac{1}{2}\frac{\partial k^{\hom}}{\partial u_{mp}^s}D_v^2+\frac{\partial \mu^{\hom}}{\partial u_{mp}^s}D_d^2 \tag{6.95}$$

将式（6.89）和式（6.90）代入式（6.94）和式（6.95），化简得

$$(d_v^{eff})^2=\frac{1}{(1-\eta^i)^2}D_v^2+\frac{10\eta^i}{3(1-\eta^i)^2\left(\frac{k_{mp}^s}{u_{mp}^s}+2\right)^2}D_d^2 \tag{6.96}$$

$$(d_d^{eff})^2=\frac{2\eta^i}{3(1-\eta^i)^2}D_v^2+\frac{(6+9\eta^i)\left(\frac{k_{mp}^s}{u_{mp}^s}\right)^2+(16\eta^i+24)\left(\frac{k_{mp}^s}{u_{mp}^s}+1\right)}{6(1-\eta^i)^2\left(\frac{k_{mp}^s}{u_{mp}^s}+2\right)^2}D_d^2 \tag{6.97}$$

将式（6.96）和式（6.97）代入式（6.77）和式（6.78）中化简得

$$k_{mp}^s=\frac{\sqrt{3h}\,(f_t+p_m)^2}{(AD_v^2+BD_d^2)^{1/2}} \tag{6.98}$$

$$u_{mp}^s=\frac{\sqrt{3h}}{3}\frac{q_m^2}{(AD_v^2+BD_d^2)^{1/2}} \tag{6.99}$$

其中：

$$A=\frac{4q_m^2\eta^i+9(f_t+p_m)^2}{3(1-\eta^i)^2},B=\frac{60\eta^i(f_t+p_m)^2+\left((6+9\eta^i)\left(\frac{k_{mp}^s}{u_{mp}^s}\right)^2+(16\eta^i+24)\left(\frac{k_{mp}^s}{u_{mp}^s}+1\right)\right)2q_m^2}{6(1-\eta^i)^2\left(\frac{k_{mp}^s}{u_{mp}^s}+2\right)^2}。$$

又将式（6.98）代入式（6.89）中，宏观的体积模量可表示为

$$k^{\hom}=\frac{3k_{mp}^s+4\eta^i u_{mp}^s}{3(1-\eta^i)}=\frac{\mu^{mp}\left(3\frac{k_{mp}^s}{u_{mp}^s}+4\eta^i\right)}{3\,(1-\eta^i)} \tag{6.100}$$

冻结掺合土料的宏观许可应力状态集合的边界上的应力点的球应力可以表示为

$$\Sigma_m=k^{\hom}D_v+\sigma^p=\frac{\sqrt{3h}}{3}\frac{q_m^2}{(AD_v^2+BD_d^2)^{1/2}}\frac{(3\mathcal{L}+4\eta^i)}{3(1-\eta^i)}D_v+p_m \tag{6.101}$$

其中$\mathcal{L}=\dfrac{k_{mp}^s}{u_{mp}^s}=3\dfrac{(f_t+p_m)^2}{q_m^2}$。

同样将式（6.99）代入式（6.100）中可得冻结掺合土料的宏观许可应力状态集合的边界上的偏应力可以表示为

$$\Sigma_d=2\mu^{\hom}D_d=\frac{2\sqrt{3}}{3}\sqrt{h}\frac{q_m^2D_d}{(AD_v^2+BD_d^2)^{1/2}}\frac{\mathcal{L}(6+9\eta^i)+(12+8\eta^i)}{6(1-\eta^i)(\mathcal{L}+2)} \tag{6.102}$$

联立式（6.100）和式（6.102）得到，冻结掺合土料的宏观许可应力状态集合的边界的表

达式，即冻结掺合土料的强度准则为

$$F^{\text{hom}}=A\left[(\Sigma_m-p_m)\frac{3\sqrt{3}(1-\eta^i)}{(3\mathcal{L}+4\eta^i)}\frac{1}{q_m^2}\right]^2+B\left[\frac{\sqrt{3}}{2}\frac{6(1-\eta^i)(\mathcal{L}+2)}{\mathcal{L}(6+9\eta^i)+(12+8\eta^i)}\frac{1}{q_m^2}\Sigma_d\right]^2=h \tag{6.103}$$

其中：$A=\dfrac{4q_m^2\eta^i+9(f_t+p_m)^2}{3(1-\eta^i)^2}$，$B=\dfrac{60\eta^i(f_t+p_m)^2+[(6+9\eta^i)\mathcal{L}^2+(16\eta^i+24)(\mathcal{L}+1)]2q_m^2}{6(1-\eta^i)^2\left(\dfrac{k_{mp}^s}{u_{mp}^s}+2\right)^2}$，$\mathcal{L}=3\dfrac{(f_t+p_m)^2}{q_m^2}$。

当 $\eta^i=0$，即砾石含量为0%，式（6.103）时冻结混合体宏观强度准则为

$$F^{\text{hom}}=\frac{(\Sigma_m-p_m)^2}{(f_t+p_m)^2}+\frac{3}{2}\frac{\Sigma_d^2}{q_m^2}=h \tag{6.104}$$

即为最开始提出的冻土强度准则。

2. *考虑粗颗粒含量的冻结掺合土料的强度准则验证*

本书使用 Liu et al.（2019）文献中的数据对提出的冻结掺合土料的强度准则进行验证，文中利用粗颗粒（2～4mm 细砾）与粉质黏土混合制成不同粗颗含量的冻结掺合土料，开展了不同粗颗粒含量、不同温度、不同围压的冻结掺合土料的三轴试验（见第1章），试验结果和验证结果如图 6.11 所示，从图中可以看出提出的冻结掺合土料的强度准则的预测结果与试验结果吻合较好，模型的参数见表 6.1。

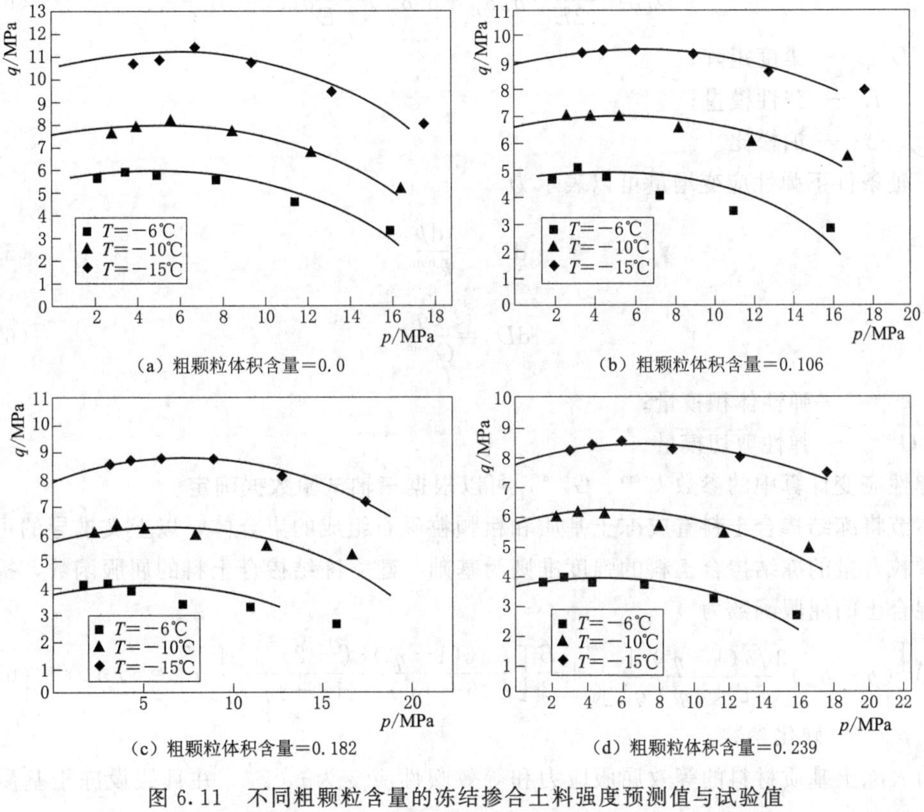

（a）粗颗粒体积含量=0.0

（b）粗颗粒体积含量=0.106

（c）粗颗粒体积含量=0.182

（d）粗颗粒体积含量=0.239

图 6.11　不同粗颗粒含量的冻结掺合土料强度预测值与试验值

表 6.1　　冻结掺合土料强度准则模型参数

配　比	温度/℃	p_m	q_m	f_t	h
100：0（体积分数 0.0）	−6	4.5	6.1	15	0.47
	−10	5	8.1	16	0.49
	−15	5.5	11.2	17	0.50
100：20（体积分数 0.1063）	−6	4.5	4.9	16	0.44
	−10	5	6.8	19	0.46
	−15	6	9	21	0.48
100：40（体积分数 0.1824）	−6	4.8	4.0	15	0.42
	−10	6	5.95	18	0.44
	−15	5.6	8.85	23	0.45
100：60（体积分数 0.2393）	−6	4.5	3.8	17	0.4
	−10	5.5	5.8	19	0.42
	−15	7.3	7.7	22	0.45

6.2.3　屈服面、硬化参数及流动法则

土料在外荷载的作用下产生弹性变形与塑性变形，假设冻结掺合土料为各向同性材料。弹性应变与应力之间满足线性关系，根据胡克定律对弹性应变增量进行计算，表达式为

$$\mathrm{d}D^e = D_{ijkl}\,\mathrm{d}\sigma_{kl} \tag{6.105}$$

$$D_{ijkl} = \frac{1+\vartheta}{2E}(\delta_{ik}\delta_{jl}+\delta_{il}\delta_{jk}) - \frac{\vartheta}{E}\delta_{ij}\delta_{kl} \tag{6.106}$$

式中　D_{ijkl}——柔度矩阵；

E——弹性模量；

ϑ——泊松比。

三轴条件下弹性应变增量可以表示为

$$\mathrm{d}D_v^e = \frac{\mathrm{d}p}{k^{\mathrm{hom}}} \tag{6.107}$$

$$\mathrm{d}D_d^e = \frac{\mathrm{d}q}{G^{\mathrm{hom}}} \tag{6.108}$$

式中　k^{hom}——弹性体积模量；

G^{hom}——弹性剪切模量。

弹性应变计算中的参数 k^{hom}、G^{hom}，可以根据三轴试验数据确定。

本节将冻结掺合土料看成冻土基质和粗颗粒砾石组成的集合体，以上文推导的可以考虑粗颗粒含量的冻结掺合土料的强度准则为基础，建立冻结掺合土料的屈服函数，提出的冻结混合土的屈服函数为

$$F = A\left[(p-p_m)\frac{3\sqrt{3}(1-\eta^i)}{(3\mathcal{L}+4\eta^i)}\frac{1}{q_m^2}\right]^2 + \frac{B}{2}\left[\frac{6(1-\eta^i)(\mathcal{L}+2)}{\mathcal{L}(6+9\eta^i)+(12+8\eta^i)}\frac{1}{q_m^2}q\right]^2 = (rp_m)^2 \tag{6.109}$$

式中　p_m——硬化参数。

引入冻土基质材料的等效屈服应力和等效塑性应变为$\tilde{\sigma}$、$\widetilde{\varepsilon_p}$，并且假设冻土基质材料

的等效屈服应力和等效塑性应变之间的关系满足：

$$\tilde{\sigma}=\sigma_{00}+b_2*(\widetilde{\varepsilon_p})^{b_3} \tag{6.110}$$

式中　σ_{00}、b_2、b_3——模型参数。

假设冻结掺合土料的硬化参数 p_m 是基体等效塑性应变的关系式，表示为

$$p_m=p_{om}-(p_{om}-p_{oo})\exp(-b_1\widetilde{\varepsilon_p}) \tag{6.111}$$

根据 Gurson（1977）提出的能量关系，认为冻结掺合土料中的塑性能量耗散全部由冻土基质所产生，则有

$$\Sigma_{ij}:dD_{ij}^p=(1-\eta^i)\tilde{\sigma}d\widetilde{\varepsilon_p} \tag{6.112}$$

式中　Σ_{ij}——冻结掺合土料的宏观应力；

D_{ij}^p——冻结掺合土料的塑性应变；

η^i——夹杂体的体积分数。将式（6.111）进行微分，然后联立式（6.110）和式（6.112）得

$$\mathrm{d}p_m=b_1(p_{om}-p_{oo})\exp(-b_1\widetilde{\varepsilon_p})\frac{\Sigma_{ij}:\dot{\lambda}\dfrac{\partial\varphi}{\partial\Sigma_{ij}}}{(1-\eta^i)[\sigma_{00}+b_2*(\widetilde{\varepsilon_p})^{b_3}]} \tag{6.113}$$

采用相适应流动法则，则取塑性势函数与屈服函数相同，即

$$\varphi=A\left[(p-p_m)\frac{3\sqrt{3}(1-\eta^i)}{(3\mathcal{L}+4\eta^i)}\frac{1}{q_m^2}\right]^2+\frac{B}{2}\left[\frac{6(1-\eta^i)(\mathcal{L}+2)}{\mathcal{L}(6+9\eta^i)+(12+8\eta^i)}\frac{1}{q_m^2}q\right]^2-(rp_m)^2=0 \tag{6.114}$$

塑性应变增量的计算按塑性流动理论计算

$$\mathrm{d}D_{ij}^p=\lambda\frac{\partial\varphi}{\partial\Sigma_{ij}} \tag{6.115}$$

式中　λ——非负的塑性乘子。

根据一致性条件有

$$\frac{\partial\varphi}{\partial p}\mathrm{d}p+\frac{\partial\varphi}{\partial q}\mathrm{d}q+\frac{\partial\varphi}{\partial p_m}\mathrm{d}p_m=0 \tag{6.116}$$

根据塑性势函数可得

$$\frac{\partial\varphi}{\partial p}\mathrm{d}p=2A\left[\frac{3\sqrt{3}(1-\eta^i)}{(3\mathcal{L}+4\eta^i)}\frac{1}{q_m^2}\right]^2(p-p_m)\mathrm{d}p \tag{6.117}$$

$$\frac{\partial\varphi}{\partial q}\mathrm{d}q=B\left[\frac{6(1-\eta^i)(\mathcal{L}+2)}{\mathcal{L}(6+9\eta^i)+(12+8\eta^i)}\frac{1}{q_m^2}\right]^2q\mathrm{d}q \tag{6.118}$$

$$\frac{\partial\varphi}{\partial p_m}=-2A\left\{(p-p_m)\left[\frac{3\sqrt{3}(1-\eta^i)}{(3\mathcal{L}+4\eta^i)}\frac{1}{q_m^2}\right]^2\right\}-2r^2p_m \tag{6.119}$$

联立（6.113）和式（6.117）～式（6.119）可以推导出

$$\lambda=\frac{\dfrac{\partial\varphi}{\partial p}\mathrm{d}p+\dfrac{\partial\varphi}{\partial q}\mathrm{d}q}{H} \tag{6.120}$$

其中，H 为

$$H=\frac{\left\{2A\left\{(p-p_m)\left[\frac{3\sqrt{3}(1-\eta^i)}{(3\mathcal{L}+4\eta^i)}\frac{1}{q_m^2}\right]^2\right\}+2r^2p_m\right\}*b_1(p_{om}-p_{oo})\exp(-b_1\widetilde{\varepsilon_p})*\Sigma_{ij}:\frac{\partial\varphi}{\partial\Sigma_{ij}}}{(1-\eta^i)[\sigma_{00}+b_2(\widetilde{\varepsilon_p})b_3]} \tag{6.121}$$

然后将式（6.121）代入式（6.113）中得到三轴应力状态下，得到塑性应变增量为

$$\mathrm{d}D_v^p=\lambda\frac{\partial\varphi}{\partial p}=\frac{\frac{\partial\varphi}{\partial p}\mathrm{d}p+\frac{\partial\varphi}{\partial q}\mathrm{d}q}{H}\frac{\partial\varphi}{\partial p} \tag{6.122}$$

$$\mathrm{d}D_d^p=\lambda\frac{\partial\varphi}{\partial q}=\frac{\frac{\partial\varphi}{\partial p}\mathrm{d}p+\frac{\partial\varphi}{\partial q}\mathrm{d}q}{H}\frac{\partial\varphi}{\partial q} \tag{6.123}$$

6.2.4　考虑粗颗粒含量的冻结掺合土料弹塑性本构模型及验证

根据已经推导的冻结掺合土料的弹性应变表达式和塑性应变表达式，可得考虑粗颗粒含量的冻结掺合土料的弹塑性本构模型，首先将应变增量分解成如下形式：

$$\begin{pmatrix}\mathrm{d}D_v\\ \mathrm{d}D_d\end{pmatrix}=\begin{pmatrix}\mathrm{d}D_v^e\\ \mathrm{d}D_d^e\end{pmatrix}+\begin{pmatrix}\mathrm{d}D_v^p\\ \mathrm{d}D_d^p\end{pmatrix} \tag{6.124}$$

$$\begin{pmatrix}\mathrm{d}D_v\\ \mathrm{d}D_d\end{pmatrix}==\begin{bmatrix}D_{pp}D_{pq}\\ D_{qp}D_{qq}\end{bmatrix}\begin{pmatrix}\mathrm{d}p\\ \mathrm{d}q\end{pmatrix} \tag{6.125}$$

其中，D_{pp}、D_{pq}、D_{qp}、D_{qq} 的表达式为

$$D_{pp}=\frac{1}{k^{\mathrm{hom}}}+\frac{\alpha}{H}2A\left[\frac{3\sqrt{3}(1-\eta^i)}{(3\mathcal{L}+4\eta^i)}\frac{1}{q_m^2}\right]^2(p-p_m) \tag{6.126}$$

$$D_{pq}=\frac{\beta}{H}2A\left[\frac{3\sqrt{3}(1-\eta^i)}{(3\mathcal{L}+4\eta^i)}\frac{1}{q_m^2}\right]^2(p-p_m) \tag{6.127}$$

$$D_{qp}=\frac{\alpha}{H}B\left[\frac{6(1-\eta^i)(\mathcal{L}+2)}{\mathcal{L}(6+9\eta^i)+(12+8\eta^i)}\frac{1}{q_m^2}\right]^2q \tag{6.128}$$

$$D_{qq}=\frac{1}{G^{\mathrm{hom}}}+\frac{\beta}{H}B\left[\frac{6(1-\eta^i)(\mathcal{L}+2)}{\mathcal{L}(6+9\eta^i)+(12+8\eta^i)}\frac{1}{q_m{}^2}\right]^2q \tag{6.129}$$

其中，A、B、$\mathcal{L}$——与上述的表达式相同；α 和 β 的表达式分别为

$$\alpha=2A\left[\frac{3\sqrt{3}(1-\eta^i)}{(3\mathcal{L}+4\eta^i)}\frac{1}{q_m^2}\right]^2(p-p_m) \tag{6.130}$$

$$\beta=B\left[\frac{6(1-\eta^i)(\mathcal{L}+2)}{\mathcal{L}(6+9\eta^i)+(12+8\eta^i)}\frac{1}{q_m^2}\right]^2q \tag{6.131}$$

使用文献（宋丙堂，2019）中的三轴压缩试验对建立的能够考虑粗颗粒含量的冻结掺合土料弹塑性本构模型进行验证，文献中对不同粗颗粒进行了不同围压、不同温度下三轴压缩试验，本书对两种不同粗颗粒含量配比、不同围压下的试验数据进行了验证。利用试验结果中应力-应变曲线和体变-应变曲线对建立的冻结掺合土料弹塑性本构模型进行了验证，验证结果如图 6.12 和图 6.13 所示。模型参数根据三轴试验结果反演确定见表 6.2 和表 6.3。

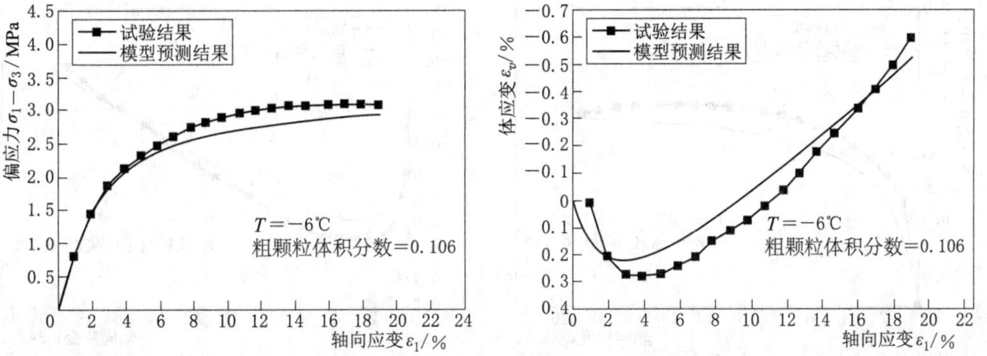

(a) $\sigma_3=0.3$MPa

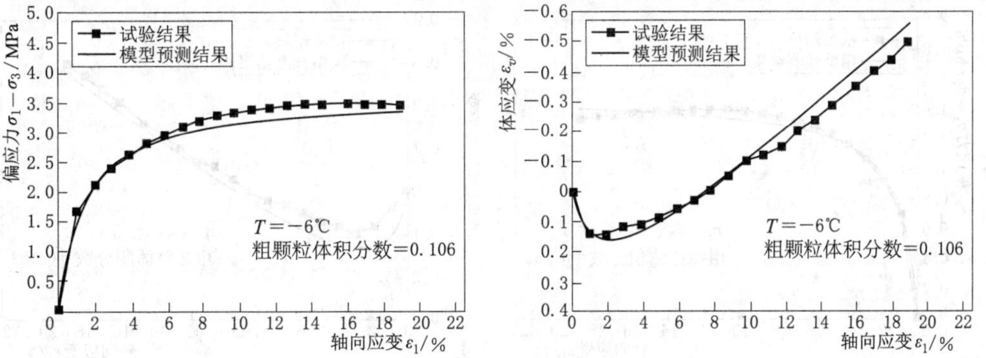

(b) $\sigma_3=0.8$MPa

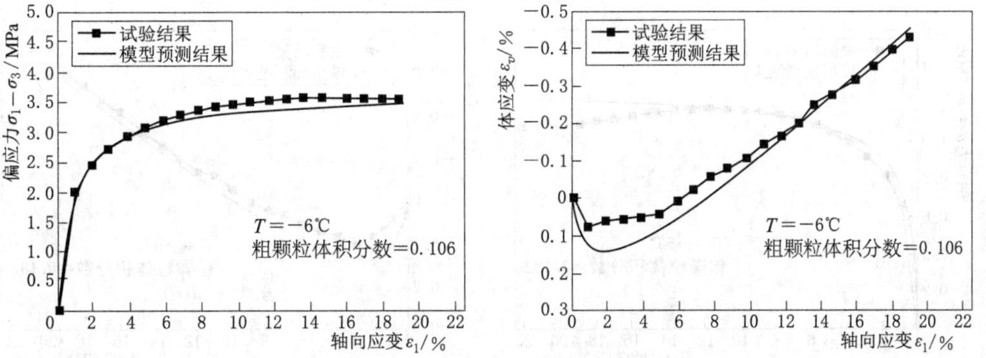

(c) $\sigma_3=1.4$MPa

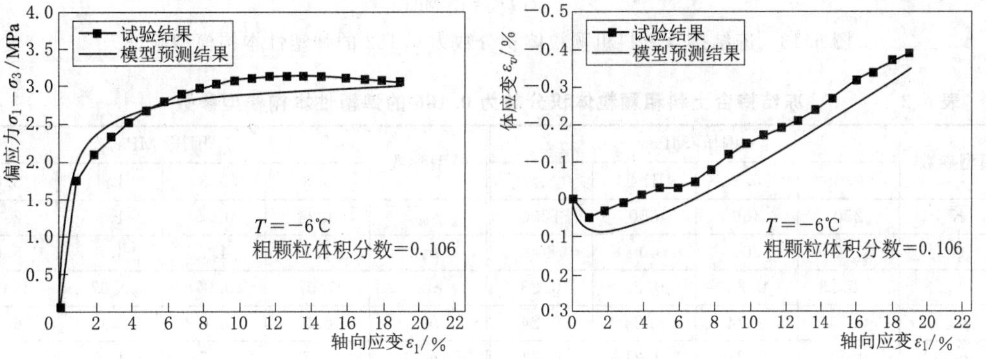

(d) $\sigma_3=3.0$MPa

图 6.12 冻结混合土粗颗粒体积分数为 0.106 的弹塑性本构模型验证结果

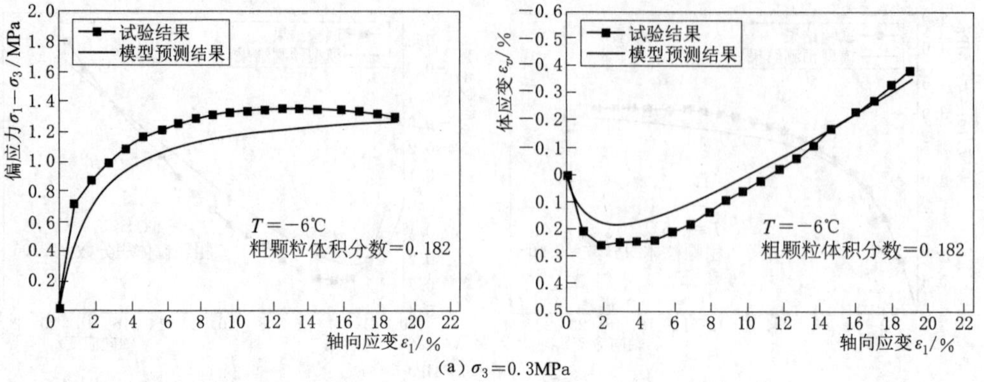

(a) $\sigma_3=0.3$MPa

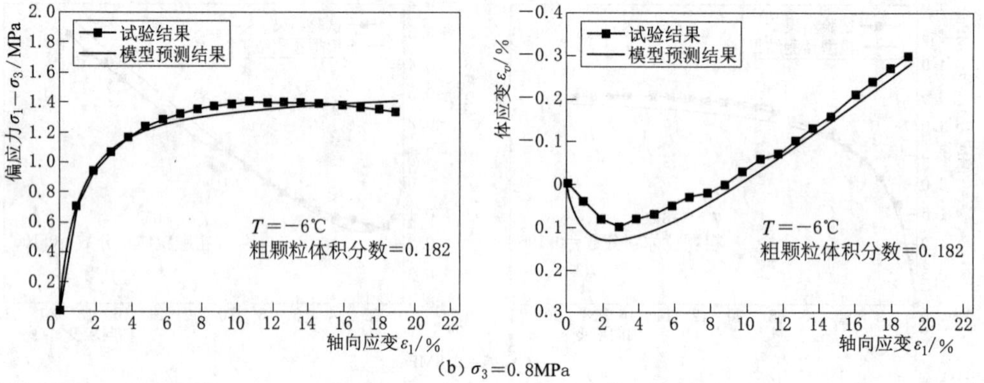

(b) $\sigma_3=0.8$MPa

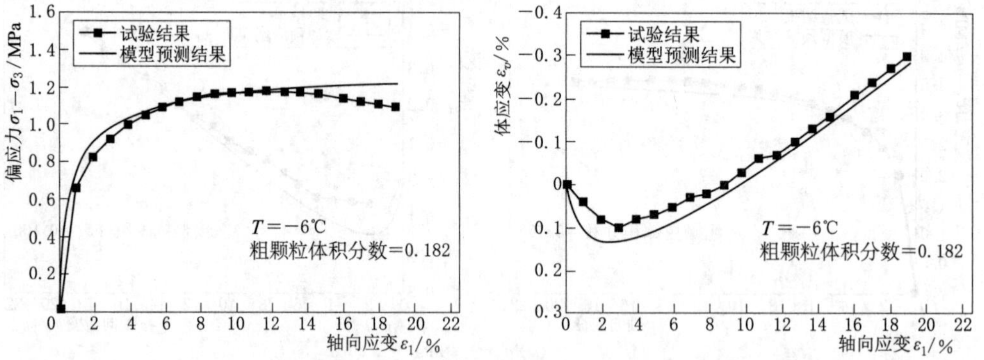

(c) $\sigma_3=1.4$MPa

图 6.13　冻结掺合土料粗颗粒体积分数为 0.182 的弹塑性本构模型验证

表 6.2　　冻结掺合土料粗颗粒体积分数为 0.106 的弹塑性本构模型参数

模型参数	围压/MPa				模型参数	围压/MPa			
	0.3	0.8	1.4	3.0		0.3	0.8	1.4	3.0
K	250	450	650	1250	p_{00}	0.24	0.75	1.3	2.9
G	150	200	400	800	b_1	4.5	4.7	4.8	5.0
f_t	0.23	0.23	0.23	0.23	σ_{00}	0.07	0.07	0.07	0.07
p_m	0.24	0.24	0.24	0.24	b_2	6.0	6.0	6.0	6.0
q_m	0.21	0.21	0.21	0.21	b_3	1.7	1.7	1.7	1.7
p_{om}	2.2	2.8	3.3	4.5	r	5.0	4.5	4.1	3.1

表 6.3　　　冻结掺合土料粗颗粒体积分数为 0.182 的弹塑性本构模型参数

模型参数	围压/MPa			模型参数	围压/MPa		
	0.3	0.8	1.4		0.3	0.8	1.4
K	250	450	650	p_{00}	1.0	1.5	2.0
G	150	200	400	b_1	5.8	6.0	6.3
f_t	0.22	0.22	0.22	σ_{00}	0.07	0.07	0.07
p_m	0.20	0.20	0.20	b_2	6.0	6.0	6.0
q_m	0.19	0.19	0.19	b_3	1.7	1.7	1.7
p_{om}	2.2	2.8	3.3	r	5.2	4.2	3

利用第 4 章所得到的试验数据对建立的弹塑性本构模型进行验证，由于实验仪器的原因，无法准确地获得加载过程中体变，所以只对 0.5MPa 围压、相同温度条件、不同粗颗粒含量下的主应力差-轴向应变曲线进行了验证，并且给出了建立的弹塑性本构模型的预测体变-应变的曲线（图 6.14），模型参数见表 6.4。

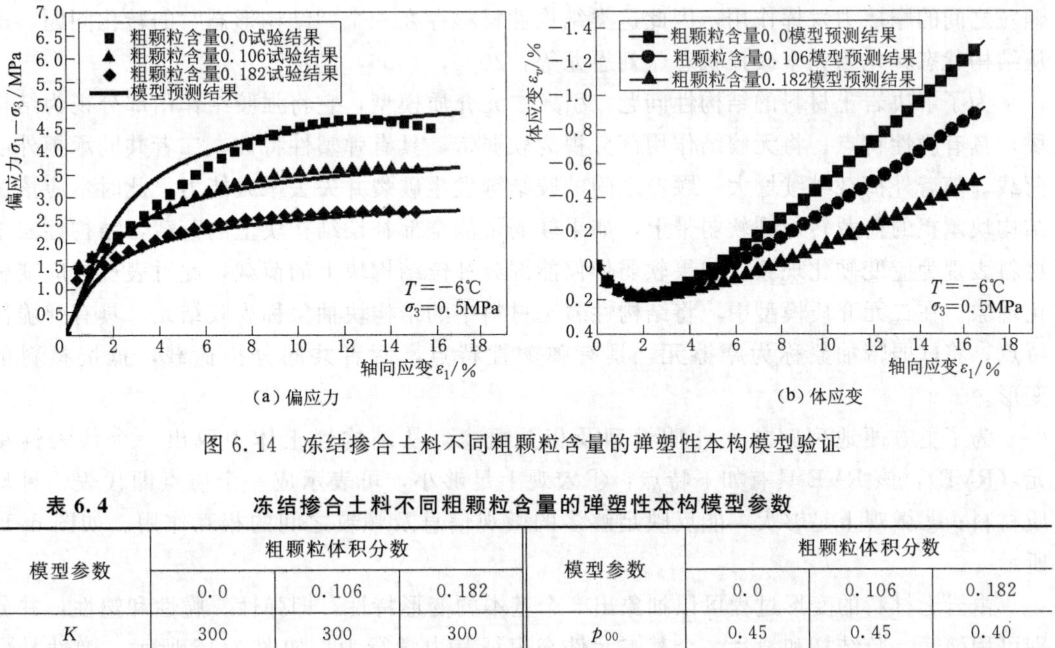

(a) 偏应力　　　(b) 体应变

图 6.14　冻结掺合土料不同粗颗粒含量的弹塑性本构模型验证

表 6.4　　　冻结掺合土料不同粗颗粒含量的弹塑性本构模型参数

模型参数	粗颗粒体积分数			模型参数	粗颗粒体积分数		
	0.0	0.106	0.182		0.0	0.106	0.182
K	300	300	300	p_{00}	0.45	0.45	0.40
G	200	200	200	b_1	4.0	4.0	4.0
f_t	0.22	0.22	0.22	σ_{00}	0.07	0.07	0.07
p_m	0.20	0.20	0.20	b_2	6.0	6.0	6.0
q_m	0.19	0.19	0.19	b_3	1.7	1.7	1.7
p_{om}	5.5	3.5	2.3	r	4.0	4.0	4.0

通过验证的结果可以看出，建立的弹塑性本构模型的计算结果与试验结果基本吻合，能够基本反映冻结掺合土料的应力-应变以及体变-应变的特征，并且能够反映粗颗粒含量对冻结掺合土料力学性质的影响。

6.3　二元介质本构模型

6.3.1　二元介质模型概念

众所周知，岩石、天然土都属于结构性岩土类材料，其变形与颗粒之间的组构和胶结特性密切相关，这种特性被称为“结构性”，正是因为这种结构性的存在，荷载引起的响应即包括硬化现象也包括软化现象（刘恩龙等，2013）。岩土材料的抗剪强度主要由两部分构成，摩擦部分和黏聚部分，其中黏聚分量是由材料本身内部特性决定，主要表现在颗粒间的咬合效应及黏结作用上；另外摩擦分量主要是由于颗粒之间位错、旋转以及剪切滑移等引起（沈珠江等，2002，2003，2005；刘恩龙等，2012）。黏聚力在本质上是由土颗粒之间的胶结作用引起，在变形不大时就达到峰值，随即发生断裂，具有脆性性质；而摩擦力只有发生相当大的变形后才能充分发挥作用，具有弹塑性性质。需要特别指出的是，具有黏聚特性的土颗粒如果发生破损，破损后的土颗粒仍能抵抗外部作用力，此时是由土颗粒之间的摩擦力发挥作用，因此这类结构性材料存在一个“结构形态”的转化问题，即从结构状态转化为完全破损状态（刘恩龙等，2005，2006，2013）。

为了解决岩土材料的结构性问题，引入二元介质模型，它将强胶结作用部分视为结构块，具有脆性特点；将无胶结作用部分视为软弱带，具有弹塑性特性，二者共同承担外部荷载。随着外荷载继续增大，颗粒之间的胶结键发生破裂并失去承载能力，此时本应该由结构块承担的荷载转嫁到软弱带上，如果软弱带能全部补偿结构块上的荷载，结构性岩土材料表现为应变硬化现象；如果软弱带仅能部分补偿结构块上的荷载，此时表现为应变软化现象。在二元介质模型中，将结构性岩土材料中的结构块抽象称为胶结元，具有弹脆性特点；将软弱带抽象称为摩擦元，具有弹塑性特点，两者共同分担荷载，抵抗材料的变形。

为了更方便地理解二元介质模型及相关概念，从结构性土体中取出一个代表性单元（RVE），该RVE具有如下特点：①宏观上足够小，可表示成一个质点即代表一种均质材料；②微观上足够大，能反映足够多的微观信息及颗粒之间的相互作用。如图6.15所示。

由岩土材料的变形过程可以抽象出3个基本的变形特性，即弹性、脆性和塑性，并分别可用弹簧、胶结杆和滑片3个基本元件来表征其力学行为，如图6.15所示。弹性是变形特性，其模量大小为弹簧刚度E。脆性和塑性则是破坏特性，脆性表现为结构整体性的丧失，塑性表现为结构因变形过大而失效，两种破坏值的大小分别是破裂强度q_b和流动（屈服）强度f。三种元件的不同组合可以反映土料各种应力应变的基本特性。例如弹性和塑性可以用来描述重塑土的力学特征；弹性和脆性可以用来描述脆性胶结材料的力学特征，它们的简单组合如图6.15所示。从图中可以看出，黑色箭头表示外部荷载，是由内部的两种元件共同承担，抵抗材料变形，其中，弹簧和胶结杆的组合元件表示胶结元，具有弹脆性特征；弹簧和塑性滑片的组合元件表示摩擦元，具有弹塑性特征。当外部应力超过胶结元中胶结杆的极限应力q_b时，胶结元发生破损断裂，这个破损过程是渐进发生的，胶结元破损后转化成摩擦元。由于胶结元和摩擦元具有不同的力学特性，因此二者具有不同的变形特征，即体现了内部变形的不均匀性，称为“变形的非协调性”。二元介质模型的核心观点就是非均匀变形问题，即胶结元（或摩擦元）的变形与宏观变形之间不对等性，这种不对等性可用局部集中系数或张量表示。

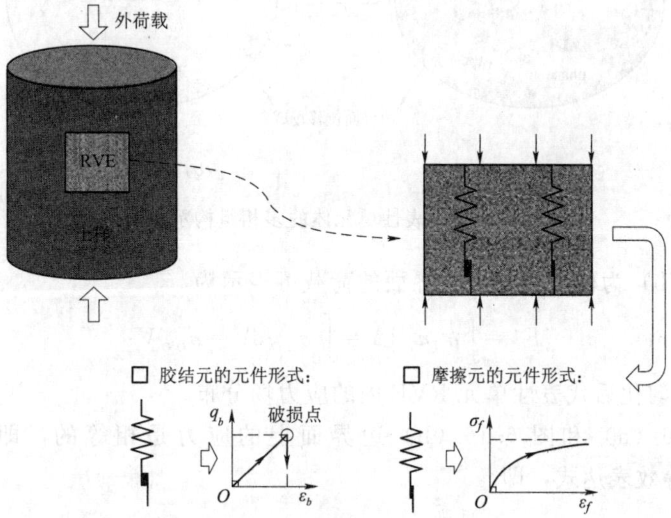

图 6.15　二元介质模型的元件形式示意图

6.3.2　单参数二元介质模型

单参数二元介质模型中的“单”并不是指模型中仅包含一个参数，而是指结构参数的单一化问题，比如破损参数和局部应变集中系数是单一参数，即没有分别考虑荷载作用下的体积破坏机制和剪切破坏机制，与后文的双参数二元介质模型是对应起来的（张德，2019）。

1. 均匀化理论

二元介质本构模型的基本理论框架是均匀化理论，从岩土材料中取出一个代表性单元 RVE，它的内部包含足够多的组构相，通过等效的原则将真实的多相体系在宏观上可看作是连续均匀的介质，如图 6.16 所示。

图 6.16 表示代表性单元 RVE 的均匀化过程。真实多相复合材料内部包含不同的复合相，利用连续介质力学中的概念，即以基体和夹杂为例进行说明，其中：V 代表不同相的体积，V^0 代表基体的体积，V^r 代表夹杂的体积（$r=1,\ 2,\ \cdots,\ n$）。基体和夹杂共同抵抗外部荷载，各相在代表性单元 RVE 内部所占的体积分数为 $\eta^r=V^r/V$，且满足 $\sum_{r=0}^{r=n}\eta^r=1$。

以图 6.16（a）为研究对象，在边界面上基于荷载等效原则，即外部作用力 F_i 可表示为

$$F_i=\int_s \sigma_{ij}^r n_j^r \mathrm{d}A^r=\int_\Omega \sigma_{ij,j}^r \mathrm{d}\,\Omega^r (r=0,1,2,\cdots,n) \tag{6.132}$$

式中　σ_{ij}^r——各相的微观应力；

n_j^r——微观应力 σ_{ij}^r 的方向梯度；

A^r，Ω^r——各相的面积和体积分布。

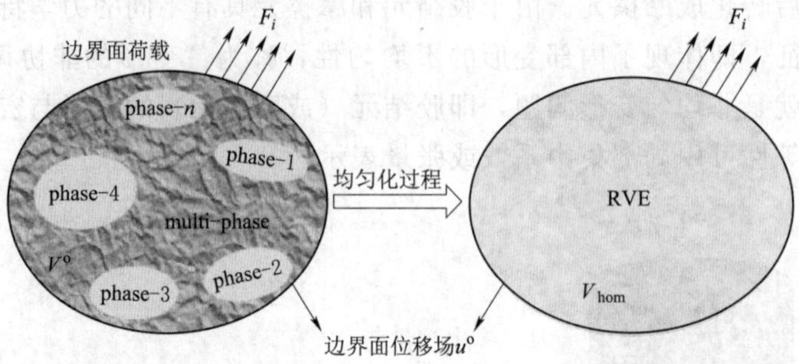

(a) 真实多相夹杂体系　　(b) 均匀化后的介质

图 6.16　代表性单元体的多相组构示意图

以图 6.16 (b) 为研究对象，边界面的荷载可表示为

$$F_i=\int_s \sigma_{ij}n_j\,\mathrm{d}A=\int_\Omega \sigma_{ij,j}\,\mathrm{d}V=\sigma_{ij,j}V \tag{6.133}$$

式中　σ_{ij}——均匀化后代表性单元 RVE 内的应力场分布。

由于图 6.16 (a) 和图 6.16 (b) 边界面上的应力是相等的，即式 (6.132) 和式 (6.133) 是等效表达式，即

$$\sigma_{ij}=\frac{1}{V}\int_V \sigma_{ij}^r\,\mathrm{d}V^r\,(r=0,1,2,\cdots,n) \tag{6.134}$$

当式 (6.134) 中的 $r=0$ 时被视为基体相，$r=1$ 时被视为夹杂相，此时代表性单元 RVE 是单夹杂体系。

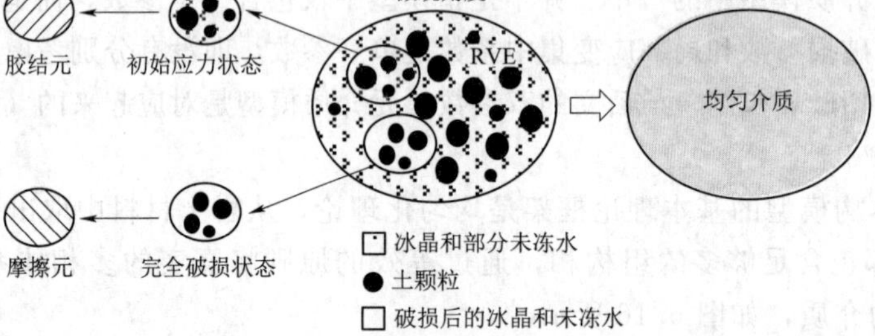

图 6.17　冻土的微观分布和宏观均匀化示意图

由于研究对象为冻土，因此，以冻土为例结合二元介质模型，来说明二元介质模型的均匀化过程和局部非均匀变形问题。如图 6.17 所示，胶结元代表初始完整应力状态，由土颗粒、冰晶和部分初始未冻水组成，具有弹脆性特点；摩擦元代表完全破损应力状态，由土颗粒、破损后的冰晶和压融或破损产生的未冻水组成，具有弹塑性特点。需要特别说明的是，胶结元和摩擦元的应力（应变）是微观角度上的应力（应变），为了方便起见，用字母 b 代表胶结元，字母 f 代表摩擦元（刘恩龙等，2006）。

胶结元和摩擦元上的应力分别为

$$\sigma_{ij}^b=\frac{1}{V_b}\int_{V^b}\sigma_{ij}^{\mathrm{loc}}\,\mathrm{d}V^b$$

$$\sigma_{ij}^{f}=\frac{1}{V_f}\int_{V^f}\sigma_{ij}^{\mathrm{loc}}\mathrm{d}V^f \tag{6.135}$$

式中 $\sigma_{ij}^{\mathrm{loc}}$——代表性单元内部的局部微观应力；

V^b，V^f——胶结元和摩擦元的体积，即 $V=V^b+V^f$。

将式（6.134）重新表述成：

$$\sigma_{ij}=\frac{1}{V}\int_{V^b+V^f}\sigma_{ij}^{\mathrm{loc}}(x,y,z)\mathrm{d}V=\frac{V^b}{V}\frac{1}{V^b}\int_{V^b}\sigma_{ij}^{loc}(x,y,z)\mathrm{d}V^b+\frac{V^f}{V}\frac{1}{V^f}\int_{V^f}\sigma_{ij}^{\mathrm{loc}}(x,y,z)\mathrm{d}V^f \tag{6.136}$$

$$\varepsilon_{ij}=\frac{1}{V}\int_{V^b+V^f}\varepsilon_{ij}^{\mathrm{loc}}(x,y,z)\mathrm{d}V=\frac{V^b}{V}\frac{1}{V^b}\int_{V^b}\varepsilon_{ij}^{\mathrm{loc}}(x,y,z)\mathrm{d}V^b+\frac{V^f}{V}\frac{1}{V^f}\int_{V^f}\varepsilon_{ij}^{\mathrm{loc}}(x,y,z)\mathrm{d}V^f \tag{6.137}$$

将式（6.135）代入式（6.136）～式（6.137），可得

$$\sigma_{ij}=\frac{V^b}{V}\sigma_{ij}^{b}+\frac{V^f}{V}\sigma_{ij}^{f} \tag{6.138}$$

$$\varepsilon_{ij}=\frac{V^b}{V}\varepsilon_{ij}^{b}+\frac{V^f}{V}\varepsilon_{ij}^{f} \tag{6.139}$$

式（6.138）和式（6.139）是体积均匀化方法的结果，即得到了从微观角度到宏观角度应力应变桥梁。由于摩擦元的变形是弹塑性的，因此，式（6.138）～式（6.139）并不能模拟实际的应力应变关系，需要用“以直代曲”的方法，即增量型的表达式来表述应力应变关系，下面在此基础上，进行单参数二元介质增量本构模型的具体推导过程。

2. 单参数二元介质模型

首先定义一个破损参数 η，即 $\eta=V^f/V$，亦表示摩擦元的体积分数变化规律，这种定义方法与损伤力学中关于损伤变量的定义方法类似。因此，式（6.138）和式（6.139）可简化为

$$\sigma_{ij}=(1-\eta)\sigma_{ij}^{b}+\eta\sigma_{ij}^{f} \tag{6.140}$$

$$\varepsilon_{ij}=(1-\eta)\varepsilon_{ij}^{b}+\eta\varepsilon_{ij}^{f} \tag{6.141}$$

式中 σ_{ij}，ε_{ij}——宏观应力张量和应变张量；

σ_{ij}^{b}，ε_{ij}^{b}——胶结元的应力和应变张量；

σ_{ij}^{f}，ε_{ij}^{f}——摩擦元的应力和应变张量。

对上式求全微分，可得

$$\mathrm{d}\sigma_{ij}=(1-\eta^0)\mathrm{d}\sigma_{ij}^{b}+\eta^0\mathrm{d}\sigma_{ij}^{f}+\mathrm{d}\eta(\sigma_{ij}^{f0}-\sigma_{ij}^{b0}) \tag{6.142}$$

$$\mathrm{d}\varepsilon_{ij}=(1-\eta^0)\mathrm{d}\varepsilon_{ij}^{b}+\eta^0\mathrm{d}\varepsilon_{ij}^{f}+\mathrm{d}\eta(\varepsilon_{ij}^{f0}-\varepsilon_{ij}^{b0}) \tag{6.143}$$

式中 上标“0”——当前应力或应变状态；

η^0——当前摩擦元的体积分数；

$\mathrm{d}\eta$——摩擦元的体积分数变化率；

σ_{ij}^{b0}，ε_{ij}^{b0}——当前胶结元的应力和应变状态；

σ_{ij}^{f0}，ε_{ij}^{f0}——当前摩擦元的应力和应变状态。

为了进一步理解当前状态“0”与增量完成后的状态的关系，以图 6.18 为例进行具体

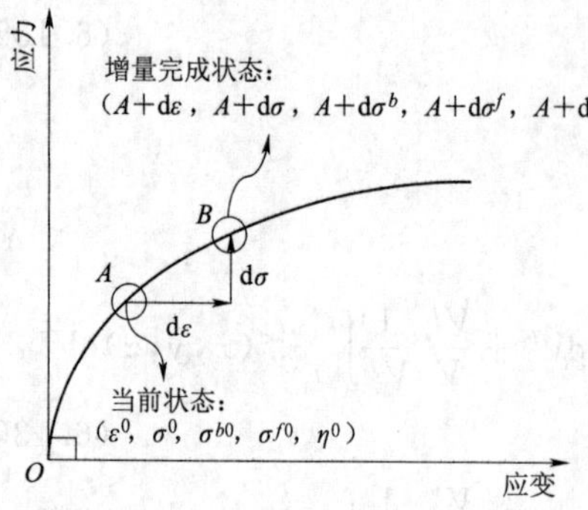

图 6.18　当前状态和增量完成状态示意图

说明，A 表示当前应力状态，通过微小的应力增量 $\mathrm{d}\sigma$ 或者应变增量 $\mathrm{d}\varepsilon$ 后逐渐达到增量完成后的状态 B 点。

胶结元和摩擦元的增量本构关系分别为

$$\mathrm{d}\sigma_{ij}^b = C_{ijkl}^b \mathrm{d}\varepsilon_{kl}^b \tag{6.144}$$

$$\mathrm{d}\sigma_{ij}^f = C_{ijkl}^f \mathrm{d}\varepsilon_{kl}^f \tag{6.145}$$

式中　C_{ijkl}^b、C_{ijkl}^f——胶结元和摩擦元的刚度张量。

由式（6.143）得到摩擦元的应变增量为

$$\mathrm{d}\varepsilon_{ij}^f = \frac{1}{\eta^0}\{\mathrm{d}\varepsilon_{ij} - (1-\eta^0)\mathrm{d}\varepsilon_{ij}^b - \mathrm{d}\eta(\varepsilon_{ij}^{f0} - \varepsilon_{ij}^{b0})\} \tag{6.146}$$

将式（6.144）～式（6.146）代入式（6.142），得

$$\mathrm{d}\sigma_{ij} = (1-\eta^0)(C_{ijkl}^b - C_{ijkl}^f)\mathrm{d}\varepsilon_{kl}^b + C_{ijkl}^f \mathrm{d}\varepsilon_{kl} + \eta^0 \mathrm{d}\sigma_{ij}^f + \mathrm{d}\eta\{\sigma_{ij}^{f0} - \sigma_{ij}^{b0} - C_{ijkl}^f(\varepsilon_{kl}^{f0} - \varepsilon_{kl}^{b0})\} \tag{6.147}$$

由于胶结元和摩擦元具有不同的力学特性，即前面提到的局部非均匀变形问题，因此胶结元、摩擦元和宏观上的应变并不相等，即 $\varepsilon_{ij}^b \neq \varepsilon_{ij}^f \neq \varepsilon_{ij}$，为了反映微观应变与宏观应变的关系，引入局部应变集中张量 A_{ijkl}，有下式：

$$\varepsilon_{ij}^b = A_{ijkl}\varepsilon_{kl} \tag{6.148}$$

特别地，对于各相同性条件下的局部应变集中张量 A_{ijkl}，其表示为

$$A_{ijkl} = aI_{ijkl} = \frac{1}{2}a(\delta_{ik}\delta_{jl} + \delta_{il}\delta_{jk}) \tag{6.149}$$

式中　δ_{ij}——Kronecker 符合；

I_{ijkl}——单位张量；

a——各相同性集中系数。

对式（6.148）求全微分，即

$$\mathrm{d}\varepsilon_{ij}^b = I_{ijkl}\varepsilon_{kl}^0 \mathrm{d}a + a^0 I_{ijkl}\mathrm{d}\varepsilon_{kl} \tag{6.150}$$

因此，式（6.147）可重新表示成

$$\mathrm{d}\sigma_{ij} = (1-\eta^0)\{(C_{ijmn}^b - C_{ijmn}^f)A_{mnkl}^0 + C_{ijkl}^f\}\mathrm{d}\varepsilon_{kl} + (1-\eta^0)(C_{ijmn}^b - C_{ijmn}^f)\mathrm{d}A_{mnkl}\varepsilon_{kl}^0 + \mathrm{d}\eta\{\sigma_{ij}^{f0} - \sigma_{ij}^{b0} - C_{ijkl}^f(\varepsilon_{kl}^{f0} - \varepsilon_{kl}^{b0})\} \tag{6.151}$$

摩擦元的当前应力 σ_{ij}^{f0} 和应变状态 ε_{ij}^{f0} 的表达式为

$$\sigma_{ij}^{f0} = \frac{1}{\eta^0}\{\sigma_{ij}^0 - (1-\eta^0)\sigma_{ij}^{b0}\} \tag{6.152}$$

$$\varepsilon_{ij}^{f0} = \frac{1}{\eta^0}\{\varepsilon_{ij}^0 - (1-\eta^0)\varepsilon_{ij}^{b0}\} \tag{6.153}$$

最终代表性单元内部的增量应力应变关系为

$$\mathrm{d}\sigma_{ij} = (1-\eta^0)\{(C_{ijmn}^b - C_{ijmn}^f)A_{mnkl}^0 + C_{ijkl}^f\}\mathrm{d}\varepsilon_{kl} + (1-\eta^0)(C_{ijmn}^b - C_{ijmn}^f)\mathrm{d}A_{mnkl}\varepsilon_{kl}^0$$

$$+\frac{d\eta}{\eta^0}\{\sigma_{ij}^0-\sigma_{ij}^{b0}-C_{ijkl}^f(\varepsilon_{kl}^0-\varepsilon_{kl}^{b0})\} \tag{6.154}$$

在初始条件下，$\varepsilon_{ij}^0=\varepsilon_{ij}^{b0}=\varepsilon_{ij}^{f0}=0$ 和 $\eta^0=0$，因此，初始条件下的增量应力应变关系为

$$d\sigma_{ij}=(1-\eta^0)[(C_{ijmn}^b-C_{ijmn}^f)A_{mnkl}^0+C_{ijkl}^f]d\varepsilon_{kl}+(1-\eta^0)(C_{ijmn}^b-C_{ijmn}^f)dA_{mnkl}\varepsilon_{kl}^0 \tag{6.155}$$

式（6.155）是单参数二元介质的增量应力应变关系，下面对模型中的胶结元、摩擦元的应力应变关系，破损率和局部应变集中系数等参数确定方法进行具体的说明。

3. 胶结元和摩擦元的本构关系

如图6.19所示，在初始完整状态下体积分数 $\eta^0=0$ 表示外部荷载仅由代表性单元内部的胶结元承担；在完全破坏状态下，体积分数 $\eta=1$ 表示外部荷载仅由代表性单元内部的摩擦元承担，而在中间应力状态下，两种基本元件共同分担着外荷载。

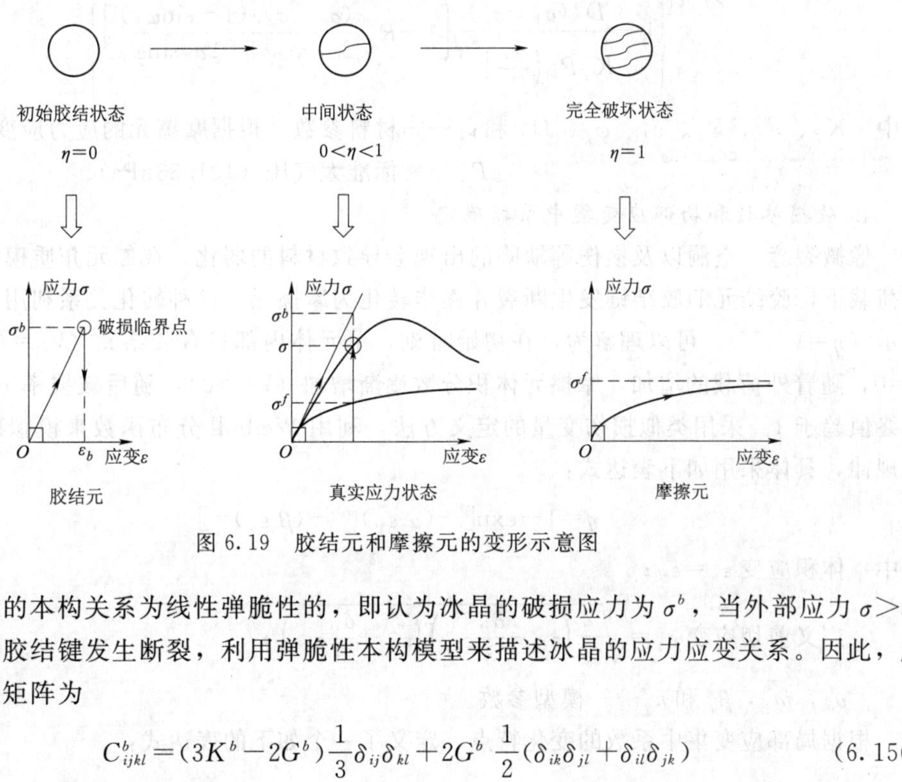

图6.19 胶结元和摩擦元的变形示意图

胶结元的本构关系为线性弹脆性的，即认为冰晶的破损应力为 σ^b，当外部应力 $\sigma>\sigma^b$ 时，冰晶的胶结键发生断裂，利用弹脆性本构模型来描述冰晶的应力应变关系。因此，胶结元的刚度矩阵为

$$C_{ijkl}^b=(3K^b-2G^b)\frac{1}{3}\delta_{ij}\delta_{kl}+2G^b\frac{1}{2}(\delta_{ik}\delta_{jl}+\delta_{il}\delta_{jk}) \tag{6.156}$$

式中 C_{ijkl}^b——胶结元的刚度矩阵；

K^b、G^b——胶结元的体积模量和剪切模量。

当外部应力 $\sigma>\sigma^b$ 引起胶结元内部胶结键的断裂，此时原来由胶结元本该承担的应力转嫁到摩擦元上；摩擦元的变形一般是非线性弹性，其刚度张量的表达式为

$$C_{ijkl}^f=(3K^f-2G^f)\frac{1}{3}\delta_{ij}\delta_{kl}+2G^f\frac{1}{2}(\delta_{ik}\delta_{jl}+\delta_{il}\delta_{jk}) \tag{6.157}$$

式中 C_{ijkl}^f——胶结元的刚度张量；

K^f，G^f——摩擦元的体积模量和剪切模量。需要特别注意的是，C_{ijkl}^b 和 C_{ijkl}^f 的表达形式一致，但胶结元的 K^b 和 G^b 是定值，而摩擦元的 K^f 和 G^f 是非线性变化的，下面具体介绍摩擦元中 K^f 和 G^f 的确定方法。利用非线性弹性模型（Duncan－Chang 双曲线模型）来描述摩擦元的非线性变形，模型的表达式为

$$\sigma_1^f-\sigma_3^f=\frac{\varepsilon_1^f}{a_f+b_f\varepsilon_1^f} \tag{6.158}$$

式中　a_f、b_f——模型参数。根据式（6.158）来确定摩擦元的弹性模量 E_f 和泊松比 ν_f，具体如下：

$$E_f=K_fP_a\left(\frac{\sigma_3}{P_a}\right)^{nf}\left[1-R_f\frac{(\sigma_1-\sigma_3)(1-\sin\varphi_f)}{2c_f\cos\varphi_f+2\sigma_3\sin\varphi_f}\right]^2 \tag{6.159}$$

$$\nu_f=\frac{\nu_i}{\left\{1-\dfrac{D_f(\sigma_1-\sigma_3)}{K_fP_a\left(\dfrac{\sigma_3}{P_a}\right)^{nf}}\left[1-R_f\dfrac{(\sigma_1-\sigma_3)(1-\sin\varphi_f)}{2c_f\cos\varphi_f+2\sigma_3\sin\varphi_f}\right]\right\}^2} \tag{6.160}$$

式中　K_f、n_f、R_f、c_f、φ_f、D_f 和 ν_i——材料参数，根据摩擦元的应力应变曲线确定；

P_a——标准大气压（101.33kPa）。

4. 破损参数和局部应变集中系数确定

像微裂缝、空洞以及损伤等缺陷的出现会导致材料的弱化，在二元介质模型中，在外部荷载下，胶结元的胶结键发生断裂并逐步转化为摩擦元。这种转化关系利用破损率 η 来表示（$\eta=V^f/V$）。可以理解为，在初始时刻，单元体内部只有胶结元（$V^f=0$），破损率 $\eta=0$，随着外荷载的增加，摩擦元体积分数逐渐增加（$V^f>0$），随后破损率 η 越来越大，最终值趋于 1。采用类似损伤变量的定义方法，利用 Weibull 分布函数来模拟破损率的变化规律，具体采用如下表达式：

$$\eta=1-\exp[-(\alpha_v\varepsilon_v)^{mv}-(\beta_q\varepsilon_q)^{nq}] \tag{6.161}$$

式中　体积应变 $\varepsilon_v=\varepsilon_{ii}$；

广义剪切应变 $\varepsilon_q=\sqrt{\dfrac{2}{3}\left(\varepsilon_{ij}-\dfrac{\delta_{ij}}{3}\varepsilon_{kk}\right)\left(\varepsilon_{ij}-\dfrac{\delta_{ij}}{3}\varepsilon_{kk}\right)}$；

α_v，m_v，β_q 和 n_q——模型参数。

根据局部应变集中系数的变化特点，定义了一个如下的表达式：

$$a=\exp[-(\chi_v\varepsilon_v)^{\theta v}-(r_q\varepsilon_q)^{tq}] \tag{6.162}$$

式中　χ_v，θ_v，r_q 和 t_q——模型参数。

5. 模型验证

基于温度－6℃的冻土三轴试验结果，由单参数二元介质本构模型确定的参数结果见表 6.5 和表 6.6，表 6.5 是模型中关于破损率和局部应变系数中的内部状态变量，根据三轴试验结果反演确定，表 6.6 是根据三轴试验结果直接确定的胶结元和摩擦元的基本参数。

表 6.5　　模型参数的确定

内部状态参数	围压/MPa					
	0.3	0.5	0.8	1.0	1.4	2.0
α_v	5400	5700	7100	7500	7800	8800
m_v	1	1	1	1	1	1
β_q	72	66	59	67	70	74
n_q	1.91	1.88	1.86	1.68	1.59	1.52
χ_v	63	53	46	38	59	82
θ_v	1	1	1	1	1	1
r_q	1	1	1	3	3	3
t_q	0.018	0.03	0.03	0.03	0.03	0.03

表 6.6　　胶结元和摩擦元参数的确定

材料参数	围压/MPa					
	0.3	0.5	0.8	1.0	1.4	2.0
E^b	1190	1250	1450	1630	1820	2200
ν^b	0.3	0.3	0.3	0.3	0.3	0.3
K_f	11.4	11.4	11.4	11.4	11.4	11.4
n_f	1.218	1.218	1.218	1.218	1.218	1.218
R_f	0.7689	0.6651	0.5311	0.5104	0.5188	0.5189
c	0	0	0	0	0	0
$\sin\varphi$	0.2665	0.2665	0.2665	0.2665	0.2665	0.2665
ν_i	0.3692	0.3481	0.3047	0.2902	0.2259	0.1542
D_f	0.992	1.0586	1.4115	1.507	2.0725	2.7487

为了反映二元介质模型的优势，进行参数的敏感性分析，结果如图 6.20 所示。以围压 0.3MPa 下的冻土应力应变结果为例，从图中可以看出，①参数 n_q 的变化对曲线的硬化和软化现象甚为显著；②参数 β_q 的变化将会导致体变曲线从体积膨胀转变为体积压缩；

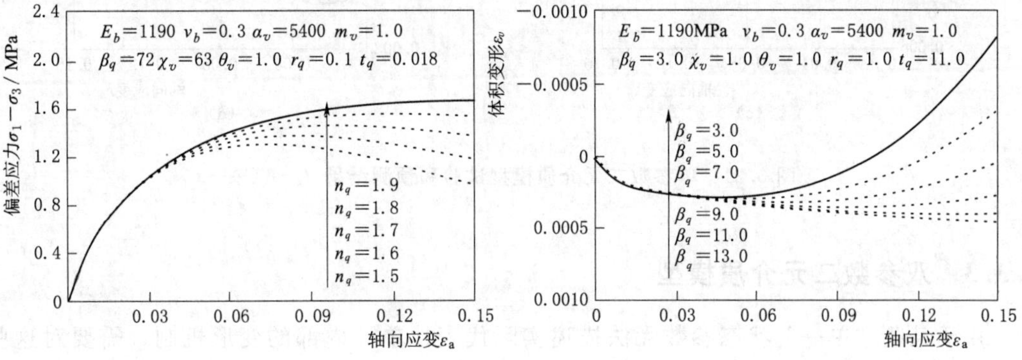

(a)　　　　(b)

图 6.20　参数敏感性分析

③通过模型参数敏感性分析，可以发现该模型在模拟冻土的软（硬）化现象和体积压缩（膨胀）行为方面具有一定的优势。

根据表 6.5 和表 6.6 中参数的确定结果，利用单参数二元介质模型预测的结果如图 6.21 所示，圆圈（○）表示试验结果，线（一）表示模型的预测结果。从图中可以看出，该模型既能模拟应变软化现象和也能模拟应变硬化现象，同时对体胀结果有较好地预测，然而在预测体缩方面还需进一步优化。

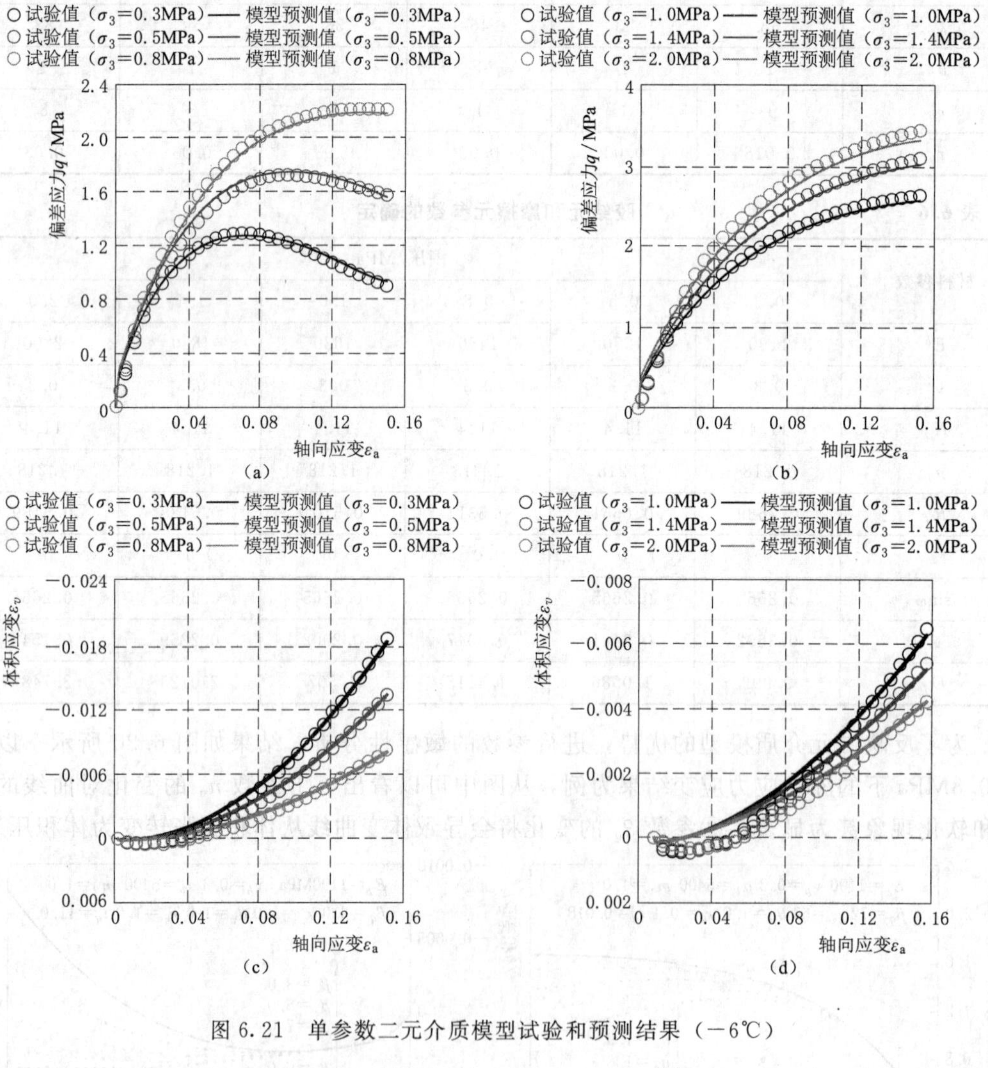

图 6.21　单参数二元介质模型试验和预测结果（−6℃）

6.3.3　双参数二元介质模型

由于某些“单一”状态参数无法描述实际代表性单元内部的变形机制，需要对这些“单一”状态进行改进，比如，岩体类材料破坏主要是沿着剪切带而发生的，这种破坏形式是面-面破坏，因此需要对这种“单一”形式进行改进，同时考虑体积破损和剪切破坏，这种方法被称为双参数二元介质模型（沈珠江等，2005）。

岩土材料的变形并不都是均匀分布在整个试样内，其变形局部化效应非常明显，尤其是对于岩石和结构性土，破坏模式往往是劈裂或者剪切破坏，胶结元的破损主要是沿着某一个剪切弱面而发生的。因此，像岩石和多裂隙土等材料，破坏主要沿剪切带发生，裂隙贯通将引起结构破坏，仅采用单一的体积破损率无法体现岩土材料的局部化变形效应，也不能准确地反映其破坏特性。为了解决这个问题，需要考虑偏差应力导致的“剪切带”的形成，因此，将应力和应变分解成球应力分量和偏应力分量，应变分解成体积应变和剪切应变，然后建立球应力相关和偏应力相关的增量型应力应变关系，这种方法也被称为“双参数”二元介质本构模型。在该模型中，破损率函数被分成体积破损率和面积破损率两部分，同时，应变集中系数被分成体积应变集中系数和面积应变集中系数，这样建立的本构模型物理解释更充分，也能更全面地反映结构性岩土材料的变形机理和破坏特征。

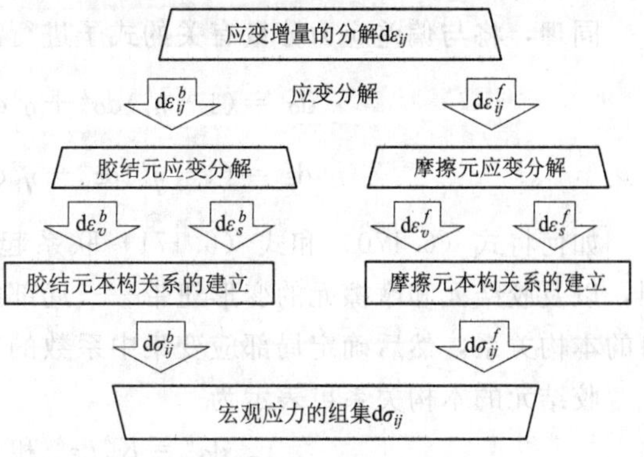

图 6.22 “双参数”二元介质模型中的应变分解示意图

1. 双参数二元介质模型理论框架的建立

双参数二元介质模型的基本思路就是将应力和应变分别进行分解，按照图 6.22 中的分解方法，首先，将应力分成球应力分量和偏应力分量，即平均应力和广义剪应力；其次，将应变分解成体积应变和剪切应变；最后，以局部应变集中系数为纽带，结合胶结元和摩擦元的变形规律建立一个增量的应力应变关系。

与球应力 σ_m 和偏应力 σ_s 有关的应力和应变表达式如下：

$$\sigma_m=\frac{1}{3}\sigma_{kk}\text{和}\sigma_s=\sqrt{\frac{3}{2}\left(\sigma_{ij}-\frac{1}{3}\delta_{ij}\sigma_{kk}\right)\left(\sigma_{ij}-\frac{1}{3}\delta_{ij}\sigma_{kk}\right)} \tag{6.163}$$

$$\varepsilon_v=\varepsilon_{kk}\text{和}\varepsilon_s=\sqrt{\frac{2}{3}\left(\varepsilon_{ij}-\frac{1}{3}\delta_{ij}\varepsilon_{kk}\right)\left(\varepsilon_{ij}-\frac{1}{3}\delta_{ij}\varepsilon_{kk}\right)} \tag{6.164}$$

$$\sigma_{kk}=\sigma_1+\sigma_2+\sigma_3$$

式中 δ_{ij}——Kronecker 符号；

ε_{kk}——体积应变，$\varepsilon_{kk}=\varepsilon_1+\varepsilon_2+\varepsilon_3$；

σ_1，σ_2 和 σ_3——第一、第二和第三主应力；

ε_1，ε_2 和 ε_3——主应力对应的主应变；

基于连续介质力学中的均匀化方法，代表性单元 RVE 宏观上和微观上的应力与应变的关系分别为

$$\sigma_{ij}=(1-\eta)\sigma_{ij}^b+\eta\sigma_{ij}^f\text{和}\varepsilon_{ij}=(1-\eta)\varepsilon_{ij}^b+\eta\varepsilon_{ij}^f \tag{6.165}$$

将式（6.165）进行应力和应变的进行分解，即

$$\sigma_m=(1-\eta_v)\sigma_m^b+\eta_v\sigma_m^f \text{ 和 } \sigma_s=(1-\eta_s)\sigma_s^b+\eta_s\sigma_s^f \tag{6.166}$$

$$\varepsilon_v=(1-\eta_v)\varepsilon_v^b+\eta_v\varepsilon_v^f \text{ 和 } \varepsilon_s=(1-\eta_s)\varepsilon_s^b+\eta_s\varepsilon_s^f \tag{6.167}$$

将球应力分量有关的式子进行微分，也就是式（6.166）的 σ_m 和式（6.167）的 ε_v，其增量表达式为

$$\mathrm{d}\sigma_m=(1-\eta_v^0)\mathrm{d}\sigma_m^b+\eta_v^0\mathrm{d}\sigma_m^f+\mathrm{d}\eta_v(\sigma_m^{f0}-\sigma_m^{b0}) \tag{6.168}$$

$$\mathrm{d}\varepsilon_v=(1-\eta_v^0)\mathrm{d}\varepsilon_v^b+\eta_v^0\mathrm{d}\varepsilon_v^f+\mathrm{d}\eta_v(\varepsilon_v^{f0}-\varepsilon_v^{b0}) \tag{6.169}$$

同理，将与偏差应力分量有关的式子进行微分，得

$$\mathrm{d}\sigma_s=(1-\eta_s^0)\mathrm{d}\sigma_s^b+\eta_s^0\mathrm{d}\sigma_s^f+\mathrm{d}\eta_s(\sigma_s^{f0}-\sigma_s^{b0}) \tag{6.170}$$

$$\mathrm{d}\varepsilon_s=(1-\eta_s^0)\mathrm{d}\varepsilon_s^b+\eta_s^0\mathrm{d}\varepsilon_s^f+\mathrm{d}\eta_s(\varepsilon_s^{f0}-\varepsilon_s^{b0}) \tag{6.171}$$

如何将式（6.170）和式（6.171）联系起来，就需要考虑胶结元和摩擦元的变形机制，以及胶结元和摩擦元的变形纽带——局部应变集中系数。首先确定胶结元和摩擦元各自的本构关系，然后确定局部应变集中系数的表达式。

胶结元的本构关系可表示为

$$\mathrm{d}\sigma_m^b=K^b\mathrm{d}\varepsilon_v^b \text{ 和 } \mathrm{d}\sigma_s^b=3G^b\mathrm{d}\varepsilon_s^b \tag{6.172}$$

由于土颗粒之间的滑动、旋转和滚动作用致使摩擦元的荷载下的响应表现为非线性特征，因此，摩擦元的球应力或偏应力增量是体积应变和偏应变的耦合关系，即摩擦元的本构关系为

$$\mathrm{d}\sigma_m^f=C_{mm}^f\mathrm{d}\varepsilon_v^f+C_{ms}^f\mathrm{d}\varepsilon_s^f \tag{6.173}$$

$$\mathrm{d}\sigma_s^f=C_{sm}^f\mathrm{d}\varepsilon_v^f+C_{ss}^f\mathrm{d}\varepsilon_s^f \tag{6.174}$$

式中 C_{mm}^f，C_{ms}^f，C_{sm}^f 和 C_{ss}^f 分别为摩擦元的刚度矩阵分量。

将式（6.172）～式（6.174）代入式（6.155）中，得

$$\mathrm{d}\sigma_m=(1-\eta_v^0)K^b d\varepsilon_v^b+\eta_v^0(C_{mm}^f\mathrm{d}\varepsilon_v^f+C_{ms}^f\mathrm{d}\varepsilon_s^f)+\mathrm{d}\eta_v(\sigma_m^{f0}-\sigma_m^{b0}) \tag{6.175}$$

$$\mathrm{d}\sigma_s=(1-\eta_s^0)3G^b\mathrm{d}\varepsilon_s^b+\eta_s^0(C_{sm}^f\mathrm{d}\varepsilon_v^f+C_{ss}^f\mathrm{d}\varepsilon_s^f)+\mathrm{d}\eta_s(\sigma_s^{f0}-\sigma_s^{b0}) \tag{6.176}$$

通过考虑代表性单元 RVE 内部的非均匀变形问题，引入体积集中系数 c_v 和面积集中系数 c_s，它们分别表达为

$$\varepsilon_v^b=c_v\varepsilon_v \text{ 和 } \varepsilon_s^b=c_s\varepsilon_s \tag{6.177}$$

对式（6.177）求全微分，可得

$$\mathrm{d}\varepsilon_v^b=\varepsilon_v^0\mathrm{d}c_v+c_v^0\mathrm{d}\varepsilon_v=B_v\mathrm{d}\varepsilon_v \tag{6.178}$$

$$\mathrm{d}\varepsilon_s^b=\varepsilon_s^0\mathrm{d}c_s+c_s^0\mathrm{d}\varepsilon_s=B_s\mathrm{d}\varepsilon_s \tag{6.179}$$

式中　$B_v=c_v^0+\dfrac{\partial c_v}{\partial\varepsilon_v}\varepsilon_v^0$，$B_s=c_s^0+\dfrac{\partial c_s}{\partial\varepsilon_s}\varepsilon_s^0$。

同理，引入体积破损率 η_v 和面积破损率 η_s 来分别描述结构块和软弱带的破损特性，其表达式为

$$\eta_v = f_1(\varepsilon_v) \text{ 和 } \eta_s = f_2(\varepsilon_s) \tag{6.180}$$

式中 f_1——体积应变有关的函数；

f_2——剪切应变有关的函数。

对式（6.180）求全微分，可得

$$d\eta_v = \frac{\partial f_1}{\partial \varepsilon_v} d\varepsilon_v = \chi_v d\varepsilon_v \tag{6.181}$$

$$d\eta_s = \frac{\partial f_2}{\partial \varepsilon_s} d\varepsilon_s = \chi_s d\varepsilon_s \tag{6.182}$$

为了简化推导过程，下面仅列出一些重要的中间计算步骤，表达式如下

$$d\varepsilon_v^f = \frac{1}{\eta_v^0}\{d\varepsilon_v - (1-\eta_v^0)d\varepsilon_v^b - d\eta_v(\varepsilon_v^{f0} - \varepsilon_v^{b0})\} \tag{6.183}$$

$$d\varepsilon_s^f = \frac{1}{\eta_s^0}\{d\varepsilon_s - (1-\eta_s^0)d\varepsilon_s^b - d\eta_s(\varepsilon_s^{f0} - \varepsilon_s^{b0})\} \tag{6.184}$$

$$\sigma_m^{f0} - \sigma_m^{b0} = \frac{1}{\eta_v^0}(\sigma_m^0 - \sigma_m^{b0}) \tag{6.185}$$

$$\varepsilon_v^{f0} - \varepsilon_v^{b0} = \frac{1}{\eta_v^0}(1-c_v^0)\varepsilon_v^0 \tag{6.186}$$

$$\sigma_s^{f0} - \sigma_s^{b0} = \frac{1}{\eta_s^0}(\sigma_s^0 - \sigma_s^{b0}) \tag{6.187}$$

$$\varepsilon_s^{f0} - \varepsilon_s^{b0} = \frac{1}{\eta_s^0}(1-c_s^0)\varepsilon_s^0 \tag{6.188}$$

最终得到“双参数”二元介质本构模型的增量应力应变表达式为

$$d\sigma_m = A_1 d\varepsilon_v + B_1 d\varepsilon_s \tag{6.189}$$

$$d\sigma_s = A_2 d\varepsilon_v + B_2 d\varepsilon_s \tag{6.190}$$

式中参数 A_1、B_1、A_2、B_2 表示如下：

$$A_1 = (1-\eta_v^0)K^b B_v + C_{mm}^f\left\{1-(1-\eta_v^0)B_v - \frac{1-c_v^0}{\eta_v^0}\chi_v\varepsilon_v^0\right\} \tag{6.191}$$

$$B_1 = \frac{\eta_v^0}{\eta_s^0}C_{ms}^f\left\{1-(1-\eta_s^0)B_s - \frac{1-c_s^0}{\eta_s^0}\chi_s\varepsilon_s^0\right\} \tag{6.192}$$

$$A_2 = \frac{\eta_s^0}{\eta_v^0}C_{sm}^f\left\{1-(1-\eta_v^0)B_v - \frac{1-c_v^0}{\eta_v^0}\chi_v\varepsilon_v^0\right\} \tag{6.193}$$

$$B_2 = (1-\eta_s^0)3G^b B_s + C_{ss}^f\left\{1-(1-\eta_s^0)B_s - \frac{1-c_s^0}{\eta_s^0}\chi_s\varepsilon_s^0\right\} + (\sigma_s^{f0} - \sigma_s^{b0})\frac{\chi_s}{\eta_s^0} \tag{6.194}$$

2. 模型参数确定

在双参数二元介质本构模型中，需要确定的参数包括胶结元、摩擦元本构关系中的参数，破损率以及局部应变集中系数中内部状态参数，它们的具体确定方法如下。

（1）胶结元的本构关系。胶结元的本构模型的确定方法与单参数均匀理论类似，其张

量形式为

$$C_{ijkl}^{b}=\frac{1}{3}(3K^{b}-2G^{b})\delta_{ij}\delta_{kl}+G^{b}(\delta_{il}\delta_{jk}+\delta_{ik}\delta_{jl}) \tag{6.195}$$

式中　K^b、G^b——胶结元的体积模量和剪切模量。

（2）摩擦元的本构关系。由于摩擦元的变形是非线性或弹塑性的，需要采用弹塑性理论来解决这类问题（郑颖人等，2010），因此本书利用一个适用性广的双硬化本构模型来模拟摩擦元的硬化、软化现象、剪缩以及剪胀特征，其屈服函数 f 表达式为（Liu et al.，2009）

$$f^{f}=\frac{\sigma_{m}^{f}}{1-(\eta^{f}/\alpha)^{n}}-H \tag{6.196}$$

式中　　　上标 f——摩擦元；

H——摩擦元的硬化参数；

α_0，c_1，c_2，H_0，β——与摩擦元有关的模型状态参数，定义如下：

$$\eta^{f}=\frac{\sigma_{m}^{f}}{\sigma_{s}^{f}} \tag{6.197a}$$

$$\sigma_{m}^{f}=\frac{1}{3}(\sigma_{1}^{f}+\sigma_{2}^{f}+\sigma_{3}^{f}) \tag{6.197b}$$

$$\sigma_{s}^{f}=\sqrt{0.5[(\sigma_{1}^{f}-\sigma_{2}^{f})^{2}+(\sigma_{1}^{f}-\sigma_{3}^{f})^{2}+(\sigma_{2}^{f}-\sigma_{3}^{f})^{2}]} \tag{6.197c}$$

$$\alpha=\alpha_{0}\left[1.0-c_{1}\exp\left(-\frac{\varepsilon_{s}^{pf}}{c_{2}}\right)\right] \tag{6.197d}$$

$$H=H_{0}\exp(\beta\varepsilon_{v}^{pf}) \tag{6.197e}$$

为了更好地反映摩擦元的变形特征，采用非关联流动法则，屈服函数与塑性势函数不等，即 $f\neq g$，塑性势函数采用如下表达式：

$$g^{f}=\frac{\sigma_{m}^{f}}{1-(\eta^{f}/\alpha)^{n_1}}-H \tag{6.198}$$

运用正交流动法则，摩擦元的增量塑性体积应变（$d\varepsilon_{v}^{pf}$）和剪切应变（$d\varepsilon_{s}^{pf}$）可表示为

$$d\varepsilon_{v}^{pf}=d\Lambda\frac{\partial g^{f}}{\partial\sigma_{m}^{f}}\text{和 }d\varepsilon_{s}^{pf}=d\Lambda\frac{\partial g^{f}}{\partial\sigma_{s}^{f}} \tag{6.199}$$

式中　$d\Lambda$——非负的塑性乘子（$d\Lambda>0$）。

针对式（6.197）采用一致性条件，即 $df=0$，可得

$$\frac{\partial f^{f}}{\partial\sigma_{m}^{f}}d\sigma_{m}^{f}+\frac{\partial f^{f}}{\partial\sigma_{s}^{f}}d\sigma_{s}^{f}+\frac{\partial f^{f}}{\partial\alpha}\frac{\partial\alpha}{\partial\varepsilon_{s}^{pf}}d\varepsilon_{s}^{pf}+\frac{\partial f^{f}}{\partial H}\frac{\partial H}{\partial\varepsilon_{v}^{pf}}d\varepsilon_{v}^{pf}=0 \tag{6.200}$$

因此，可得塑性乘子 $d\Lambda$ 和硬化参数 h

$$d\Lambda=\frac{1}{h}\left(\frac{\partial f^{f}}{\partial\sigma_{m}^{f}}d\sigma_{m}^{f}+\frac{\partial f^{f}}{\partial\sigma_{s}^{f}}d\sigma_{s}^{f}\right) \tag{6.201}$$

和

$$h=-\frac{\partial f^f}{\partial \alpha}\frac{\partial \alpha}{\partial \varepsilon_s^{pf}}\frac{\partial g}{\partial \sigma_s^f}-\frac{\partial f^f}{\partial H}\frac{\partial H}{\partial \varepsilon_v^{pf}}\frac{\partial g^f}{\partial \sigma_m^f}$$

$$=\frac{n\sigma_m^f(\eta^f/\alpha)^n}{\alpha[1-(\eta^f/\alpha)^n]^2}\frac{c_1}{c_2}\alpha_0\exp\left(-\frac{\varepsilon_s^{pf}}{c_2}\right)\frac{\partial g^f}{\partial \sigma_s^f}+H_0\beta\exp(\beta\varepsilon_v^{pf})\frac{\partial g^f}{\partial \sigma_m^f} \tag{6.202}$$

最终得到摩擦元的增量本构关系为

$$d\sigma_m^f=C_{mm}^f d\varepsilon_v^f+C_{ms}^f d\varepsilon_s^f \text{ 和 } d\sigma_s^f=C_{sm}^f d\varepsilon_v^f+C_{ss}^f d\varepsilon_s^f \tag{6.203}$$

其中，摩擦元的刚度矩阵 C_{mm}^f，C_{ms}^f，C_{sm}^f 和 C_{ss}^f 分别表示成

$$C_{mm}^f=\frac{1}{M}\left(\frac{1}{3G^f}+\frac{1}{h}\frac{\partial f^f}{\partial \sigma_s^f}\frac{\partial g^f}{\partial \sigma_s^f}\right);C_{ms}^f=-\frac{1}{Mh}\frac{\partial f^f}{\partial \sigma_s^f}\frac{\partial g^f}{\partial \sigma_m^f} \tag{6.204a}$$

$$C_{sm}^f=-\frac{1}{Mh}\frac{\partial f^f}{\partial \sigma_m^f}\frac{\partial g^f}{\partial \sigma_s^f};C_{ss}^f=\frac{1}{M}\left(\frac{1}{K^f}+\frac{1}{h}\frac{\partial f^f}{\partial \sigma_m^f}\frac{\partial g^f}{\partial \sigma_m^f}\right) \tag{6.204b}$$

$$M=\frac{1}{3G^fK^f}+\frac{1}{K^fh}\frac{\partial f^f}{\partial \sigma_s^f}\frac{\partial g^f}{\partial \sigma_s^f}+\frac{1}{3G^fh}\frac{\partial f^f}{\partial \sigma_m^f}\frac{\partial g^f}{\partial \sigma_m^f} \tag{6.204c}$$

$$\frac{\partial f^f}{\partial \sigma_m^f}=\frac{1+(n-1)(\eta^f/\alpha)^n}{[1-(\eta^f/\alpha)^n]^2} \tag{6.204d}$$

$$\frac{\partial f^f}{\partial \sigma_s^f}=\frac{n\eta^f(\eta^f/\alpha)^n}{[1-(\eta^f/\alpha)^n]^2} \tag{6.204e}$$

$$\frac{\partial g^f}{\partial \sigma_m^f}=\frac{1+(n_1-1)(\eta^f/\alpha)^{n1}}{[1-(\eta^f/\alpha)^{n1}]^2} \tag{6.204f}$$

$$\frac{\partial g^f}{\partial \sigma_s^f}=\frac{n_1\eta^f(\eta^f/\alpha)^{n1}}{[1-(\eta^f/\alpha)^{n1}]^2} \tag{6.204g}$$

(3) 破损率参数。由前面定义可知，由球应力引起的破损为体积破损 η_v，偏差应力引起的破损为面积破损 η_s，假设式（6.180）中的 η_v 和 η_s 表达式采用如下形式：

$$\lambda_v=1-\rho_v\exp\{-k_v(\varepsilon_v)^{\theta_v}\} \tag{6.205}$$

$$\lambda_s=1-\rho_s\exp\{-\zeta_s(\varepsilon_s)^{r_s}\} \tag{6.206}$$

对式（6.205）和式（6.206）进行微分，得

$$\chi_v=\rho_vk_v\theta_v(\varepsilon_v)^{\theta_v-1}\exp\{-k_v(\varepsilon_v)^{\theta_v}\} \tag{6.207}$$

$$\chi_s=\rho_s\zeta_sr_s(\varepsilon_s)^{r_s-1}\exp\{-\zeta_s(\varepsilon_s)^{r_s}\} \tag{6.208}$$

(4) 局部应变集中系数状态参数。与 6.3.2 节中破损率定义方法类似，局部应变集中系数可分为体积应变集中系数 c_v 和面积应变集中系数 c_s，它们的表达式采用如下形式：

$$c_v=\exp\{-\alpha_v(\varepsilon_v)^{m_v}\} \tag{6.209}$$

$$c_s=\exp\{-\beta_s(\varepsilon_s)^{n_s}\} \tag{6.210}$$

其中 B_v 和 B_s 的表达式分别为

$$B_v = c_v^0 - \varepsilon_v^0 \alpha_v m_v (\varepsilon_v)^{m_v - 1} \exp\{-\alpha_v (\varepsilon_v)^{m_v}\} \tag{6.211a}$$

$$B_s = c_s^0 - \varepsilon_s^0 \beta_s n_s (\varepsilon_s)^{n_s - 1} \exp\{-\beta_s (\varepsilon_s)^{n_s}\} \tag{6.211b}$$

3. 模型验证

利用冻结砂土在−6℃时的三轴试验结果分别确定胶结元和摩擦元中的基本参数，随后基于三轴试验结果反演确定内部状态变量，在不同围压下的双参数二元介质模型的参数确定结果见表 6.7。

表 6.7　双参数二元介质模型中参数的确定

参数确定		围压/MPa
摩擦元参数	n	0.1
	n_1	0.2
	c_1	0.6
	c_2	10
	α_0	$\alpha_0 = 1.837\left(\frac{\sigma_3}{P_a}\right)^{0.544}$
	β	40
	h_0	350
内部状态变量	α_v	1.0
	m_v	2.0
	β_s	1.0
	n_s	2.0
	ρ_v	$6.85\times10^{-5}\left(\frac{\sigma_3}{P_a}\right)^2 - 0.0001995\frac{\sigma_3}{P_a} + 0.0159$
	ρ_s	$0.000421\left(\frac{\sigma_3}{P_a}\right)^2 - 0.01256\frac{\sigma_3}{P_a} + 0.152$
	k_v	$k_v = 1$ 当 $\sigma_3 \leqslant 0.8$MPa；$k_v = 2$ 当 $\sigma_3 > 0.8$MPa
	θ_v	2
	ζ_s	120
	r_s	1.2
胶结元体积模量/MPa	K_b	$6531P_a\left(\frac{\sigma_3}{P_a}\right)^{0.542}$
胶结元剪切模量/MPa	G_b	$13280P_a\left(\frac{\sigma_3}{P_a}\right)^{0.2213}$
摩擦元体积模量/MPa	K_f	$950.2P_a\left(\frac{\sigma_3}{P_a}\right)^{0.231}$
摩擦元剪切模量/MPa	G_f	$666P_a\left(\frac{\sigma_3}{P_a}\right)^{0.2446}$

基于表 6.7 确定的参数结果，利用双参数二元介质的应力应变表达式，对试验结果进行预测，如图 6.23 所示。从图中可以看出，预测结果与三轴试验结果吻合较好，尤其是能模拟应变软化和体积剪胀现象。

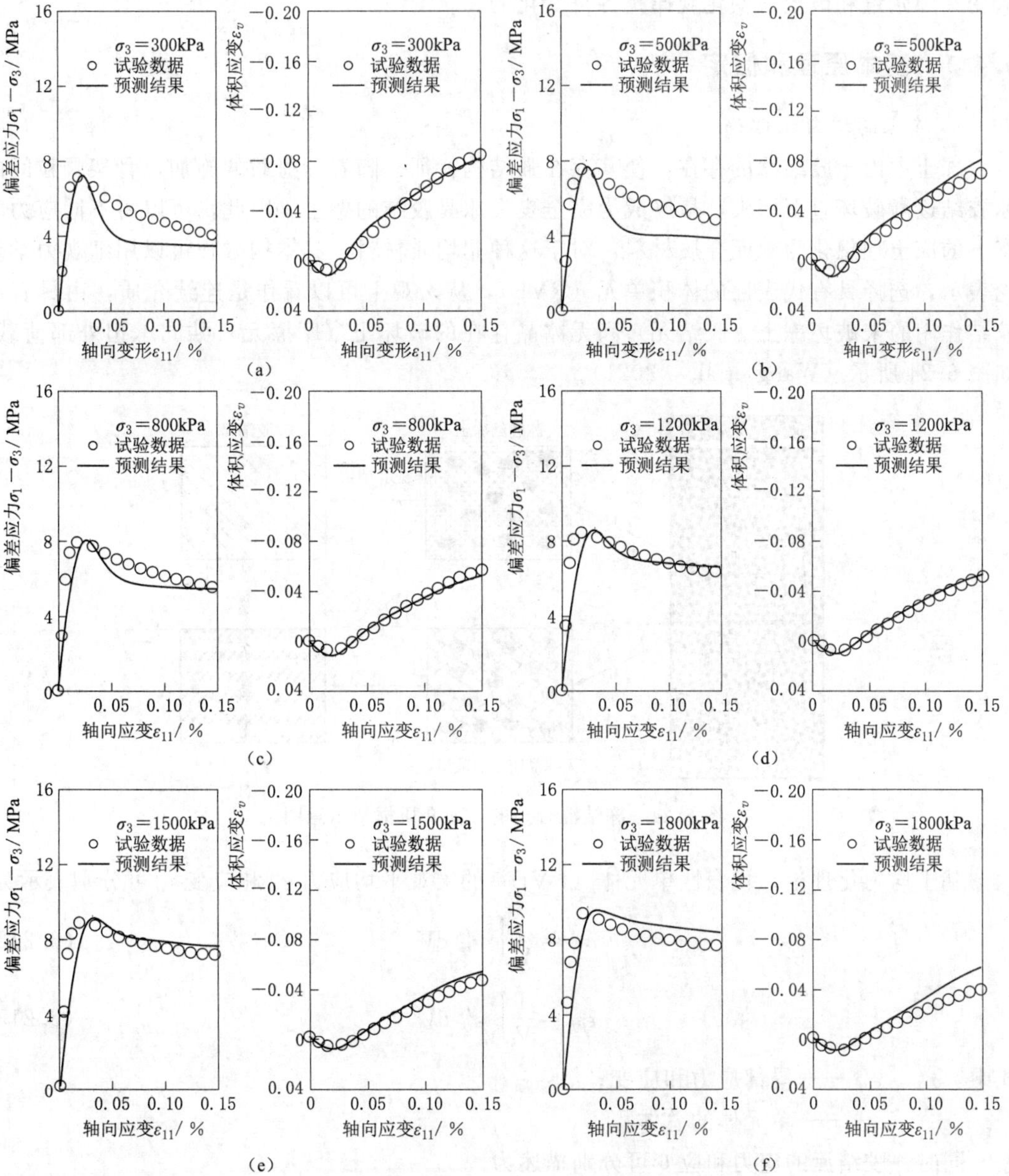

图 6.23 双参数二元介质模型冻砂的预测结果（温度为－6℃）

6.4 动力二元介质本构模型

本节建立循环荷载作用下冻结掺合土料的本构模型。基于连续介质力学和岩土破损力学理论框架，考虑冻土代表性单元内部的非均匀变形和破损规律，建立初次加载、卸载和再加载条件下的应力应变关系。在该模型中，初次加载、卸载和再加载分别用 3 个方程描述，基本特点是 3 个方程基本形式一致，不同的是初次加载、卸载和再加载下对应的局部应变集中张量和破损率变化规律是各自变化的。

6.4.1　基本原理和假定

1. 冻土的均匀化理论

冻土中由于胶结冰的存在，使其存在强结构特征，随着外荷载的施加，骨架颗粒间的冰胶结逐渐破坏直至消失，最终成为完全丧失冰晶胶结的融土。因此，可以将不同应力状态下的冻土理想化为二元介质材料，对于这种非均质材料，其本构方程可以用细观力学理论表示，选择具有代表性的体积单元（RVE），从宏观上可以看作是连续介质，由具有冰胶结作用的未破坏冻土（胶结元）和无冰晶存在的破坏土（摩擦元）共同承担外部荷载，如图 6.24 所示（Wang et al.，2021）。

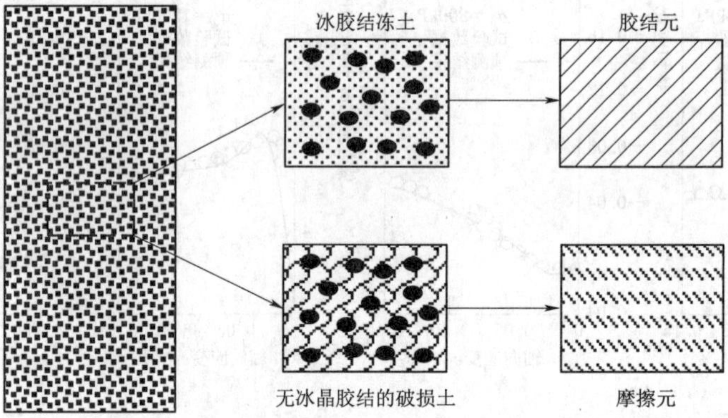

图 6.24　冻结混合土的二元介质框架示意图

基于均匀化理论，代表性单元体（RVE）的宏观平均应力 σ_{ij} 和应变 ε_{ij} 可分别表示为

$$\sigma_{ij}=\frac{1}{V}\int_V \sigma_{ij}^{loc}\,\mathrm{d}V \tag{6.212}$$

$$\varepsilon_{ij}=\frac{1}{V}\int_V \varepsilon_{ij}^{loc}\,\mathrm{d}V \tag{6.213}$$

式中　σ_{ij}^{loc}、ε_{ij}^{loc}——局部应力和应变；

V——单元体的总体积。

同时，胶结元的应力和应变可分别描述为

$$\sigma_{ij}^{b}=\frac{1}{V^b}\int_{V^b} \sigma_{ij}^{loc}\,\mathrm{d}V^b \tag{6.214}$$

$$\varepsilon_{ij}^{b}=\frac{1}{V^b}\int_{V^b} \varepsilon_{ij}^{loc}\,\mathrm{d}V^b \tag{6.215}$$

式中　σ_{ij}^{b}、ε_{ij}^{b}——胶结元的应力和应变；

V^b——代表性单元体（RVE）中胶结元的体积。

同样的，摩擦元的应力和应变可分别表示为

$$\sigma_{ij}^{f}=\frac{1}{V^f}\int_{V^f} \sigma_{ij}^{loc}\,\mathrm{d}V^f \tag{6.216}$$

$$\varepsilon_{ij}^f = \frac{1}{V^f} \int_{Vf} \varepsilon_{ij}^{loc} \, dV^f \tag{6.217}$$

式中　σ_{ij}^f、ε_{ij}^f——摩擦元的应力和应变；

　　　　V^f——代表性单元体（RVE）中摩擦元的体积。

已知代表性单元体的总体积为胶结元的体积与摩擦元的体积之和，即 $V^b + V^f = V$。分别将胶结元和摩擦元应力应变代入单元体的应力应变方程，可得到代表性单元的宏观应力应变为

$$\sigma_{ij} = \frac{1}{V} \int_V \sigma_{ij}^{loc} \, dV = \frac{V^b}{V} \frac{1}{V^b} \int_{Vb} \sigma_{ij}^{loc} \, dV^b + \frac{V^f}{V} \frac{1}{V^f} \int_{Vf} \sigma_{ij}^{loc} \, dV^f = \frac{V^b}{V} \sigma_{ij}^b + \frac{V^f}{V} \sigma_{ij}^f \tag{6.218}$$

$$\varepsilon_{ij} = \frac{1}{V} \int_V \varepsilon_{ij}^{loc} \, dV = \frac{V^b}{V} \frac{1}{V^b} \int_{Vb} \varepsilon_{ij}^{loc} \, dV^b + \frac{V^f}{V} \frac{1}{V^f} \int_{Vf} \varepsilon_{ij}^{loc} \, dV^f = \frac{V^b}{V} \varepsilon_{ij}^b + \frac{V^f}{V} \varepsilon_{ij}^f \tag{6.219}$$

为简化方程表达，引入破损率方程，并将破损率定义为：$\eta = \dfrac{V^f}{V}$。此时，可将宏观平均应力应变式（6.218）、式（6.219）简化为

$$\sigma_{ij} = (1 - \eta)\sigma_{ij}^b + \eta \sigma_{ij}^f \tag{6.220}$$

$$\varepsilon_{ij} = (1 - \eta)\varepsilon_{ij}^b + \eta \varepsilon_{ij}^f \tag{6.221}$$

根据循环荷载作用下冻土的破坏特征，仅用单一的参数来描述应变的非均匀和局部化问题是不合适的。具体而言，冻土在外力作用下的破坏既包括颗粒之间的胶结破坏，又包括颗粒间的滑移和位错，为了更好地描述冻土不同的变形机制和应变的局部化特征，将应力分解为球应力 σ_m 和偏应力 σ_s，分别将对应的应变分解为体应变 ε_v 和剪应变 ε_s，由弹塑性力学可得以下基本方程

$$\sigma_m = \frac{1}{3}\sigma_{kk}, \ \sigma_s = \sqrt{\frac{3}{2}(\sigma_{ij} - \delta_{ij}\sigma_{kk})(\sigma_{ij} - \delta_{ij}\sigma_{kk})} \tag{6.222}$$

$$\varepsilon_v = \varepsilon_{kk}, \ \varepsilon_s = \sqrt{\frac{2}{3}\left(\varepsilon_{ij} - \frac{1}{3}\delta_{ij}\varepsilon_{kk}\right)\left(\varepsilon_{ij} - \frac{1}{3}\delta_{ij}\varepsilon_{kk}\right)} \tag{6.223}$$

式中　δ_{ij}——克罗内克尔数（Knorecker delta）。

同样的，将破损率函数分解为体积破损率 η_v 和面积破损率 η_s，分别反映了球应力和剪应力的影响，此时，式（6.220）、式（6.221）可写为

$$\sigma_m = (1 - \eta_v)\sigma_m^b + \eta_v \sigma_m^f \tag{6.224}$$

$$\varepsilon_v = (1 - \eta_v)\varepsilon_v^b + \eta_v \varepsilon_v^f \tag{6.225}$$

$$\sigma_s = (1 - \eta_s)\sigma_s^b + \eta_s \sigma_s^f \tag{6.226}$$

$$\varepsilon_s = (1 - \eta_s)\varepsilon_s^b + \eta_s \varepsilon_s^f \tag{6.227}$$

式中　上标"b"——胶结元；

　　　　上标"f"——摩擦元。

2. 局部应力应变关系

如上所述，在二元介质模型中，冻土在未破损状态下具有较强的胶结性代表着胶结元，而冻土在力的作用下破坏并完全丧失冰胶结的状态被认为摩擦元。在外力加载过程中，胶结元和摩擦元共同承担外部的荷载，根据岩土破损力学，胶结元被考虑为弹脆性材

料，摩擦元被考虑为弹塑性材料，如图 6.25 所示。

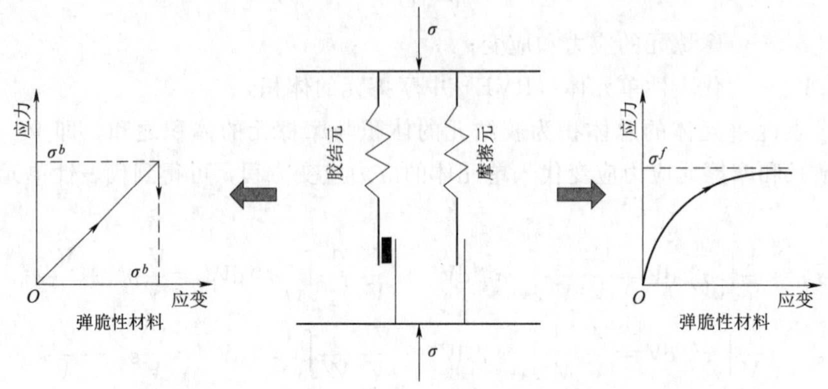

图 6.25　二元介质模型图

假定胶结元为均质的且线性增加，符合胡克定律，可表达为

$$\begin{bmatrix} d\sigma_m \\ d\sigma_s \end{bmatrix}_b = \begin{bmatrix} K^b & 0 \\ 0 & 3G^b \end{bmatrix} \begin{bmatrix} d\varepsilon_v \\ d\varepsilon_s \end{bmatrix}_b \tag{6.228}$$

其中　K^b、G^b——胶结元的体积模量和剪切模量。

摩擦元被认为是由胶结元丧失胶结特性破坏转化而来的，根据弹塑性力学，摩擦元的应力应变关系可被描述为

$$\begin{bmatrix} d\sigma_m \\ d\sigma_s \end{bmatrix}_f = \begin{bmatrix} C^f_{mm} & C^f_{ms} \\ C^f_{sm} & C^f_{ss} \end{bmatrix} \begin{bmatrix} d\varepsilon_v \\ d\varepsilon_s \end{bmatrix}_f \tag{6.229}$$

式中　C^f_{mm}、C^f_{ms}、C^f_{sm}、C^f_{ss}——摩擦元的刚度矩阵。

3. 破损率和局部应变集中系数

一般而言，冻土的宏观破坏现象是细观层面上表现为冰胶结破坏与土颗粒滑动错位的耦合作用，应变破坏具有不均匀性。通过引入结构性参数破损率和局部应变集中系数来建立冻土宏观和细观参数间的联系，其中破损率用来描述细观胶结元和摩擦元对宏观应力的贡献，局部应变集中系数用来反映局部应变与宏观应变间的关系。

根据破损率概念的定义，随着试样破坏的发展，胶结元的承载力逐渐减小，摩擦元的承载力逐渐增大，在加载过程中，破损率随着应变的变化而变化。因此，可将破损率写为应变的函数，即

$$\eta = f(\varepsilon_{ij}) \tag{6.230}$$

在二元介质动力模型中，将动力加载过程划分为初始加载阶段、卸载阶段和再加载阶段 3 个阶段，分别选用不同的参数进行描述。如图 6.26 所示，描述了动力加载过程中破损率的变化规律，对初始加载阶段而言，破损率的变化规律和硬化参数的变化规律相似，随着破坏的产生而不断变化；而在卸载阶段，认为试样的变形是弹性恢复的，不产生塑性应变，此时不产生胶结元到摩擦元的转化，因此认为破损率为一个常数；对再加载阶段而言，在应力历史上，当土体的应变未达到最大值时，破损率仍然被认为是不变的，然后随着应变水平的增大而变化。

同样的，为了解决代表性单元体（RVE）中的不均匀变形问题，局部应变集中张量（C_{ijkl}）被用来建立细观胶结元与宏观单元体应变间的联系，用下式表示

$$\varepsilon_{ij}^{b}=C_{ijkl}\varepsilon_{kl} \tag{6.231}$$

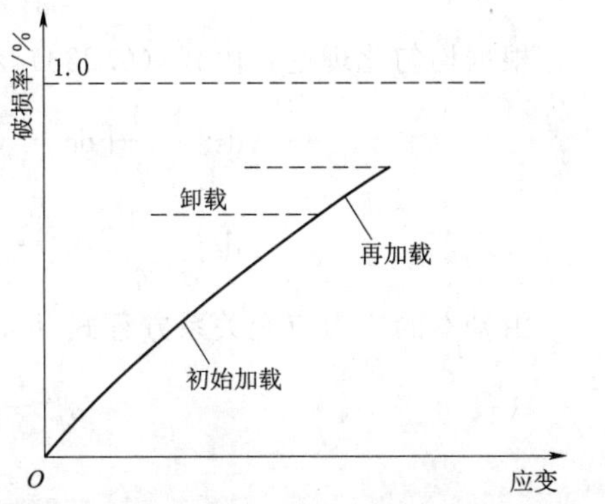

图 6.26　动力加载过程中破损率的变化规律

6.4.2　循环荷载作用下的本构模型

图 6.27 描述了试样在循环动荷载下的应力路径。基于岩土破碎力学，在初始加载阶段和再加载阶段试样不仅产生弹性变形同时也产生不可忽略地塑性变形，当试样处于卸载阶段时，认为仅产生弹性变形。因此，为了描述冻土动力加载条件下的应力应变滞洄特征和塑性累积应变特性，可将整个动力阶段划分为初始加载阶段、卸载阶段和再加载阶段 3 个阶段。

1. *初始加载阶段的应力应变关系*

根据式（6.224）～式（6.227）可得单元体球应力、偏应力以及对应的体应变和剪应变的增量表达式

$$\mathrm{d}\sigma_{m}=(1-\eta_{v}^{\mathrm{C}})\mathrm{d}\sigma_{m}^{b}+\eta_{v}^{\mathrm{C}}\mathrm{d}\sigma_{m}^{f}+\mathrm{d}\eta_{v}(\sigma_{m}^{f\mathrm{C}}-\sigma_{m}^{b\mathrm{C}}) \tag{6.232}$$

$$\mathrm{d}\varepsilon_{v}=(1-\eta_{v}^{\mathrm{C}})\mathrm{d}\varepsilon_{v}^{b}+\eta_{v}^{\mathrm{C}}\mathrm{d}\varepsilon_{v}^{f}+\mathrm{d}\eta_{v}(\varepsilon_{v}^{f\mathrm{C}}-\varepsilon_{v}^{b\mathrm{C}}) \tag{6.233}$$

$$\mathrm{d}\sigma_{s}=(1-\eta_{s}^{\mathrm{C}})\mathrm{d}\sigma_{s}^{b}+\eta_{s}^{\mathrm{C}}\mathrm{d}\sigma_{s}^{f}+\mathrm{d}\eta_{s}(\sigma_{s}^{f\mathrm{C}}-\sigma_{s}^{b\mathrm{C}}) \tag{6.234}$$

$$\mathrm{d}\varepsilon_{s}=(1-\eta_{s}^{\mathrm{C}})\mathrm{d}\varepsilon_{s}^{b}+\eta_{s}^{\mathrm{C}}\mathrm{d}\varepsilon_{s}^{f}+\mathrm{d}\eta_{s}(\varepsilon_{s}^{f\mathrm{C}}-\varepsilon_{s}^{b\mathrm{C}}) \tag{6.235}$$

式中　上标 C——当前应力状态；

$\mathrm{d}\sigma_m$、$\mathrm{d}\sigma_s$、$\mathrm{d}\sigma_m^b$、$\mathrm{d}\sigma_s^b$、$\mathrm{d}\sigma_m^f$、$\mathrm{d}\sigma_s^f$、$\mathrm{d}\varepsilon_v^b$、$\mathrm{d}\varepsilon_s^b$、$\mathrm{d}\varepsilon_v^f$、$\mathrm{d}\varepsilon_s^f$、$\mathrm{d}\eta_v$、$\mathrm{d}\eta_s$——各物理量对应的增量形式。

根据式（6.228）胶结元的应力应变具体的表达式为

$$\mathrm{d}\sigma_{m}^{b}=K^{b}\mathrm{d}\varepsilon_{v}^{b} \tag{6.236}$$

$$\mathrm{d}\sigma_{s}^{b}=3G^{b}\mathrm{d}\varepsilon_{s}^{b} \tag{6.237}$$

此时引入局部应变集中系数建立胶结元应变与代表性单元体（RVE）应变间的关系，式（6.231）可表达为

$$\varepsilon_{v}^{b}=c_{v}\varepsilon_{v} \tag{6.238}$$

$$\varepsilon_{s}^{b}=c_{s}\varepsilon_{s} \tag{6.239}$$

根据式（6.238）和式（6.239）可得其增量表达式

$$\mathrm{d}\varepsilon_{v}^{b}=\varepsilon_{v}^{\mathrm{C}}\mathrm{d}c_{v}+c_{v}^{\mathrm{C}}\mathrm{d}\varepsilon_{v}=D_{v}\mathrm{d}\varepsilon_{v} \tag{6.240}$$

$$\mathrm{d}\varepsilon_{s}^{b}=\varepsilon_{s}^{\mathrm{C}}\mathrm{d}c_{s}+c_{s}^{\mathrm{C}}\mathrm{d}\varepsilon_{s}=D_{s}\mathrm{d}\varepsilon_{s} \tag{6.241}$$

其中，$D_v=c_v^{\mathrm{C}}+\dfrac{\partial c_v}{\partial\varepsilon_v}\varepsilon_v^{\mathrm{C}}$，$D_s=c_s^{\mathrm{C}}+\dfrac{\partial c_s}{\partial\varepsilon_s}\varepsilon_s^{\mathrm{C}}$。

由式（6.229）可得到摩擦元的应力应变关系

$$\mathrm{d}\sigma_{m}^{f}=C_{mm}^{f}\mathrm{d}\varepsilon_{v}^{f}+C_{ms}^{f}\mathrm{d}\varepsilon_{s}^{f} \tag{6.242}$$

$$d\sigma_s^f = C_{sm}^f d\varepsilon_v^f + C_{ss}^f d\varepsilon_s^f \tag{6.243}$$

根据均匀化理论，由式（6.233）和式（6.235）可分别得到摩擦元的体应变和剪应变

$$d\varepsilon_v^f = \frac{1}{\eta_v^C}[d\varepsilon_v - (1-\eta_v^C)d\varepsilon_v^b - d\eta_v(\varepsilon_v^{fC} - \varepsilon_v^{bC})] \tag{6.244}$$

$$d\varepsilon_s^f = \frac{1}{\eta_s^C}[d\varepsilon_s - (1-\eta_s^C)d\varepsilon_s^b - d\eta_s(\varepsilon_s^{fC} - \varepsilon_s^{bC})] \tag{6.245}$$

由基本的应力应变关系方程式（6.224）～式（6.227）可得

$$\sigma_m^{fC} - \sigma_m^{bC} = \frac{1}{\eta_v^C}(\sigma_m^C - \sigma_m^{bC}) \tag{6.246}$$

$$\sigma_s^{fC} - \sigma_s^{bC} = \frac{1}{\eta_s^C}(\sigma_s^C - \sigma_s^{bC}) \tag{6.247}$$

$$\varepsilon_v^{fC} - \varepsilon_v^{bC} = \frac{1}{\eta_v^C}(1-c_v^C)\varepsilon_v^C \tag{6.248}$$

$$\varepsilon_s^{fC} - \varepsilon_s^{bC} = \frac{1}{\eta_s^C}(1-c_s^C)\varepsilon_s^C \tag{6.249}$$

破损率表征了胶结元破坏并转变为摩擦元的特征，根据式（6.230）可得体积破损率（η_v）和面积破损率（η_s）

$$\eta_v = f_1(\varepsilon_v) \tag{6.250}$$

$$\eta_s = f_2(\varepsilon_s) \tag{6.251}$$

由上式可分别求得其增量形式

$$d\eta_v = \frac{\partial f_1}{\partial \varepsilon_v}d\varepsilon_v = \lambda_v d\varepsilon_v \tag{6.252}$$

$$d\eta_s = \frac{\partial f_2}{\partial \varepsilon_s}d\varepsilon_s = \lambda_s d\varepsilon_s \tag{6.253}$$

将式（6.236）、式（6.237）、式（6.240）～式（6.249）、式（6.252）和式（6.253）代入式（6.232）和式（6.234）可得初始加载时一般应力应变的增量表达式

$$\begin{aligned} d\sigma_m = &\left\{(1-\eta_v^C)K^b D_v + C_{mm}^f\left[1-(1-\eta_v^C)D_v - \frac{\lambda_v}{\eta_v^C}(1-c_v^C)\varepsilon_v^C\right] + \frac{\lambda_v}{\eta_v^C}(\sigma_m^C - \sigma_m^{bC})\right\}d\varepsilon_v \\ &+ \left\{C_{ms}^f \frac{\eta_v^C}{\eta_s^C}\left[1-(1-\eta_s^C)D_s - \frac{\lambda_s}{\eta_s^C}(1-c_s^C)\varepsilon_s^C\right]\right\}d\varepsilon_s \end{aligned} \tag{6.254}$$

$$\begin{aligned} d\sigma_s = &\left\{C_{sm}^f \frac{\eta_s^C}{\eta_v^C}\left[1-(1-\eta_v^C)D_v - \frac{\lambda_v}{\eta_v^C}(1-c_v^C)\varepsilon_v^C\right]\right\}d\varepsilon_v \\ &+ \left\{(1-\eta_s^C)3G^b D_s + C_{ss}^f\left[1-(1-\eta_s^C)D_s - \frac{\lambda_s}{\eta_s^C}(1-c_s^C)\varepsilon_s^C\right] + \frac{\lambda_s}{\eta_s^C}(\sigma_s^C - \sigma_s^{bC})\right\}d\varepsilon_s \end{aligned} \tag{6.255}$$

2. 卸载阶段的应力应变关系

对卸载阶段而言，将初始加载阶段结束的最后一点作为卸载的初始点，此时破损率及局部应变集中系数取值为初始加载阶段的最终值，并保持不变，此时根据式（6.254）及式（6.255）可得卸载阶段的应力应变方程式

$$d\sigma_m=\left\{(1-\eta_v^{C/U})K^{b/U}D_v^U+C_{mm}^{f/U}\left[1-(1-\eta_v^{C/U})D_v^U-\frac{\lambda_v^U}{\eta_v^{C/U}}(1-c_v^{C/U})\varepsilon_v^{C/U}\right]+\frac{\lambda_v^U}{\eta_v^{C/U}}(\sigma_m^{C/U}-\sigma_m^{bC/U})\right\}d\varepsilon_v$$
$$+\left\{C_{ms}^{f/U}\frac{\eta_v^{C/U}}{\eta_s^{C/U}}\left[1-(1-\eta_s^{C/U})D_s^U-\frac{\lambda_s^U}{\eta_s^{C/U}}(1-c_s^{C/U})\varepsilon_s^{C/U}\right]\right\}d\varepsilon_s \tag{6.256}$$

$$d\sigma_s=\left\{C_{sm}^{f/U}\frac{\eta_s^{C/U}}{\eta_v^{C/U}}\left[1-(1-\eta_v^{C/U})D_v^U-\frac{\lambda_v^U}{\eta_v^{C/U}}(1-c_v^{C/U})\varepsilon_v^{C/U}\right]\right\}d\varepsilon_v$$
$$+\left\{(1-\eta_s^{C/U})3G^{b/U}D_s^U+C_{ss}^{f/U}\left[1-(1-\eta_s^{C/U})D_s^U-\frac{\lambda_s^U}{\eta_s^{C/U}}(1-c_s^{C/U})\varepsilon_s^{C/U}\right]+\frac{\lambda_s^U}{\eta_s^{C/U}}(\sigma_s^{C/U}-\sigma_s^{bC/U})\right\}d\varepsilon_s \tag{6.257}$$

式中　　上标 U——卸载阶段；

上标 C/U——卸载阶段的当前应力状态；

上标 b/U 和 f/U——卸载阶段的胶结元和摩擦元。

3. 再加载阶段的应力应变关系

对再加载阶段而言，随着应力的增加，冻土试样同时产生弹性应变和塑性应变，此时选择卸载阶段的终值点作为再加载阶段的初始点，由式（6.254）及式（6.255）可得

$$d\sigma_m=\left\{(1-\eta_v^{C/R})K^{b/R}D_v^R+C_{mm}^{f/R}\left[1-(1-\eta_v^{C/R})D_v^R-\frac{\lambda_v^R}{\eta_v^{C/R}}(1-c_v^{C/R})\varepsilon_v^{C/R}\right]+\frac{\lambda_v^R}{\eta_v^{C/R}}(\sigma_m^{C/R}-\sigma_m^{bC/R})\right\}d\varepsilon_v$$
$$+\left\{C_{ms}^{f/R}\frac{\eta_v^{C/R}}{\eta_s^{C/R}}\left[1-(1-\eta_s^{C/R})D_s^R-\frac{\lambda_s^R}{\eta_s^{C/R}}(1-c_s^{C/R})\varepsilon_s^{C/R}\right]\right\}d\varepsilon_s \tag{6.258}$$

$$d\sigma_s=\left\{C_{sm}^{f/R}\frac{\eta_s^{C/R}}{\eta_v^{C/R}}\left[1-(1-\eta_v^{C/R})D_v^R-\frac{\lambda_v^R}{\eta_v^{C/R}}(1-c_v^{C/R})\varepsilon_v^{C/R}\right]\right\}d\varepsilon_v$$
$$+\left\{(1-\eta_s^{C/R})3G^{b/R}D_s^R+C_{ss}^{f/R}\left[1-(1-\eta_s^{C/R})D_s^R-\frac{\lambda_s^R}{\eta_s^{C/R}}(1-c_s^{C/R})\varepsilon_s^{C/R}\right]+\frac{\lambda_s^R}{\eta_s^{C/R}}(\sigma_s^{C/R}-\sigma_s^{bC/R})\right\}d\varepsilon_s \tag{6.259}$$

式中　　上标 R——再加载阶段；

上标 C/R——再加载阶段的当前应力状态；

上标 b/R 和 f/R——再加载阶段的胶结元和摩擦元。

6.4.3 模型参数确定

1. 胶结元参数确定

根据弹性力学的基本假设，认为动力循环荷载过程中胶结元的应力应变为线弹性变化，图 6.27 示意了动力循环荷载作用下试样处于初始加载阶段、卸载阶段及再加载阶段时其胶结元模量的确定。

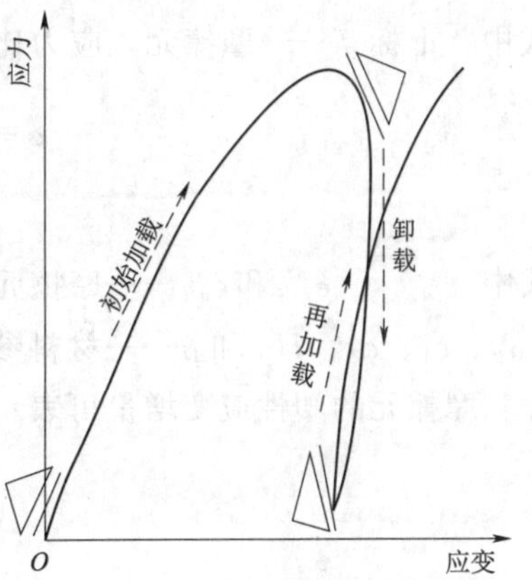

图 6.27　动荷载作用下确定胶结元模量的示意图

结合图 6.27，可根据下列方程获得各阶段胶结元的弹性体积模量及弹性剪切模量

$$K^b=\frac{dp}{d\varepsilon_v^l} \tag{6.260}$$

$$G^b = \frac{\mathrm{d}q}{3\mathrm{d}\varepsilon_s^1} \tag{6.261}$$

式中　上标 l——初始加载阶段、卸载阶段及再加载阶段的初始线性应变阶段。根据三轴循环荷载下的三轴试验获得的应力应变曲线，可确定动力加载各阶段的弹性体积模量 K^b、$K^{b/\mathrm{U}}$、$K^{b/\mathrm{R}}$ 和弹性剪切模量 G^b、$\mathrm{G}^{b/\mathrm{U}}$、$\mathrm{G}^{b/\mathrm{R}}$。

2. *摩擦元参数确定*

随着荷载的增加，胶结元逐渐转变为摩擦元，冻土颗粒之间不存在冰晶和冰胶结作用，最后在荷载作用下试样完全破坏。为了同时描述该过程中产生的弹性变形和塑性变形，可以采用带有双重硬化参数的单一屈服面来准确地描述摩擦单元在动力循环荷载下的变形（Liu et al.，2009；Zhang et al.，2020）。在该双硬化本构模型中，认为摩擦元的平均总应变等于弹性应变与塑性应变之和，即

$$\mathrm{d}\varepsilon_v^f = \mathrm{d}\varepsilon_v^{ef} + \mathrm{d}\varepsilon_v^{pf} \tag{6.262}$$

$$\mathrm{d}\varepsilon_s^f = \mathrm{d}\varepsilon_s^{ef} + \mathrm{d}\varepsilon_s^{pf} \tag{6.263}$$

式中　上标 ef 和 pf——摩擦元的弹性应变和塑性应变。

上式中摩擦元的弹性应变可根据弹性理论求得，即

$$\mathrm{d}\varepsilon_v^{ef} = \frac{\mathrm{d}\sigma_m^f}{K^f} \tag{6.264}$$

$$\mathrm{d}\varepsilon_s^{ef} = \frac{\mathrm{d}\sigma_s^f}{3G^f} \tag{6.265}$$

式中　K^f——摩擦元的体积应变；

　　　G^f——摩擦元的剪切应变。

摩擦元的塑性应变可根据以下的方程求得。当应力状态达到屈服面时，试样产生塑性变形，此时，将屈服函数假定为应力、塑性体积应变及塑性剪切应变的函数，即

$$f^f = \frac{\sigma_m^f}{1-\left(\dfrac{\eta^f}{\alpha}\right)^n} - H \tag{6.266}$$

式中　上标 f——摩擦元，应力比为 $\eta^f = \sigma_s^f/\sigma_m^f$，硬化方程 $\alpha(\varepsilon_s^{pf})$ 和 $H(\varepsilon_v^{pf})$ 可表示为

$$\alpha = \alpha_0\left[1.0 - c_1\exp\left(-\frac{\varepsilon_s^{pf}}{c_2}\right)\right] \tag{6.267}$$

$$H = H_0\exp(\beta\varepsilon_v^{pf}) \tag{6.268}$$

式中　ε_s^{pf} 和 ε_v^{pf}——摩擦元的弹性剪应变和弹性体应变；

α_0、c_1、c_2、H_0 和 β——材料参数。

摩擦元的塑性应变增量可表示为

$$\mathrm{d}\varepsilon_v^{pf} = \mathrm{d}\Lambda\frac{\partial g^f}{\partial\sigma_m^f} \tag{6.269}$$

$$\mathrm{d}\varepsilon_s^{pf} = \mathrm{d}\Lambda\frac{\partial g^f}{\partial\sigma_s^f} \tag{6.270}$$

式中　g^f——塑性势函数，采用非关联流动法则，塑性势函数 g^f 可表示为

$$g^f=\frac{\sigma_m^f}{1-\left(\frac{\eta^f}{\alpha}\right)^{n_1}}-H \tag{6.271}$$

根据一致性条件，塑性乘子 $\mathrm{d}\Lambda$ 可表示为

$$\frac{\partial f^f}{\partial \sigma_m^f}\mathrm{d}\sigma_m^f+\frac{\partial f^f}{\partial \sigma_s^f}\mathrm{d}\sigma_s^f+\frac{\partial f^f}{\partial \alpha}\frac{\partial \alpha}{\partial \varepsilon_s^{pf}}\mathrm{d}\varepsilon_s^{pf}+\frac{\partial f^f}{\partial H}\frac{\partial H}{\partial \varepsilon_v^{pf}}\mathrm{d}\varepsilon_v^{pf}=0 \tag{6.272}$$

将摩擦元的塑性体应变增量 $\mathrm{d}\varepsilon_v^{pf}$ 和塑性剪应变增量 $\mathrm{d}\varepsilon_s^{pf}$ 代入式（6.272）可得塑性乘子 $\mathrm{d}\Lambda$ 的具体表达式

$$\mathrm{d}\Lambda=\frac{1}{h}\left(\frac{\partial f^f}{\partial \sigma_m^f}\mathrm{d}\sigma_m^f+\frac{\partial f^f}{\partial \sigma_s^f}\mathrm{d}\sigma_s^f\right) \tag{6.273}$$

式中 h——塑性硬化参数，可表达为

$$h=-\frac{\partial f^f}{\partial \alpha}\frac{\partial \alpha}{\partial \varepsilon_s^{pf}}\frac{\partial g^f}{\partial \sigma_s^f}-\frac{\partial f^f}{\partial H}\frac{\partial H}{\partial \varepsilon_v^{pf}}\frac{\partial g^f}{\partial \sigma_m^f}=\frac{n\sigma_m^f(\eta^f/\alpha)^n}{\alpha[1-(\eta^f/\alpha)^n]^2}\frac{c_1}{c_2}\gamma_0\exp\left(-\frac{\varepsilon_s^{pf}}{c_2}\right)\frac{\partial g^f}{\partial \sigma_s^f}+\beta H_0\exp(\beta\varepsilon_v^{pf}) \tag{6.274}$$

将式（6.264）、式（6.265）、式（6.269）、式（6.270）、式（6.273）和式（6.274）代入式（6.262）和式（6.263）可得摩擦元的增量本构方程

$$\mathrm{d}\sigma_m^f=C_{mm}^f\mathrm{d}\varepsilon_v^f+C_{ms}^f\mathrm{d}\varepsilon_s^f \tag{6.275}$$

$$\mathrm{d}\sigma_s^f=C_{sm}^f\mathrm{d}\varepsilon_v^f+C_{ss}^f\mathrm{d}\varepsilon_s^f \tag{6.276}$$

其中

$$C_{mm}^f=\frac{1}{T}\left[\frac{1}{3G^f}+\frac{1}{h}\frac{\partial f^f}{\partial \sigma_s^f}\frac{\partial g^f}{\partial \sigma_s^f}\right] \tag{6.277}$$

$$C_{ms}^f=-\frac{1}{T}\frac{1}{h}\frac{\partial f^f}{\partial \sigma_s^f}\frac{\partial g^f}{\partial \sigma_m^f} \tag{6.278}$$

$$C_{sm}^f=-\frac{1}{T}\frac{1}{h}\frac{\partial f^f}{\partial \sigma_m^f}\frac{\partial g^f}{\partial \sigma_s^f} \tag{6.279}$$

$$C_{ss}^f=\frac{1}{T}\left[\frac{1}{K^f}+\frac{1}{h}\frac{\partial f^f}{\partial \sigma_m^f}\frac{\partial g^f}{\partial \sigma_m^f}\right] \tag{6.280}$$

$$T=\frac{1}{K^f}\frac{1}{3G^f}+\frac{1}{K^f}\frac{1}{h}\frac{\partial f^f}{\partial \sigma_s^f}\frac{\partial g^f}{\partial \sigma_s^f}+\frac{1}{3G^f}\frac{1}{h}\frac{\partial f^f}{\partial \sigma_m^f}\frac{\partial g^f}{\partial \sigma_m^f} \tag{6.281}$$

为了确定摩擦元本构关系中涉及的参数（K^f、G^f、α_0、c_1、c_2、H_0 和 β），进行了一系列饱和砂在三轴排水条件下的常规试验，其确定方法与6.3.3节中双参数二元介质静力模型中摩擦元参数确定方法一致（Zhang et al.，2020）。

3. 破损率及局部应变集中系数确定

破损率作为一个结构性参数，其演化规律与土质及应力水平密切相关。在初始加载状

态，认为试样无破损发生，破损率接近于 0；随着荷载的施加，试样逐渐发生破坏，此时伴随着胶结元向摩擦元的转换，该过程中破损率逐渐增大直至达到 1.0。假设破损率的演化规律与连续介质力学中塑性硬化参数的演化规律相似，则式（6.250）和式（6.251）可写为

$$\eta_v = 1 - \exp\{-k_v(\varepsilon_v)^{\theta_v}\} \tag{6.282}$$

$$\eta_s = 1 - \exp\{-\xi_s(\varepsilon_s)^{r_s}\} \tag{6.283}$$

其中，内部状态参数 k_v、θ_v、ξ_s 和 r_s 可通过试验反算。

基于式（6.282）和式（6.283）可得破损率函数的增量表达式

$$\lambda_v = k_v\theta_v(\varepsilon_v)^{\theta_v - 1}\exp\{-k_v(\varepsilon_v)^{\theta_v}\} \tag{6.284}$$

$$\lambda_s = r_s\xi_s(\varepsilon_s)^{r_s - 1}\exp\{-\xi_s(\varepsilon_s)^{r_s}\} \tag{6.285}$$

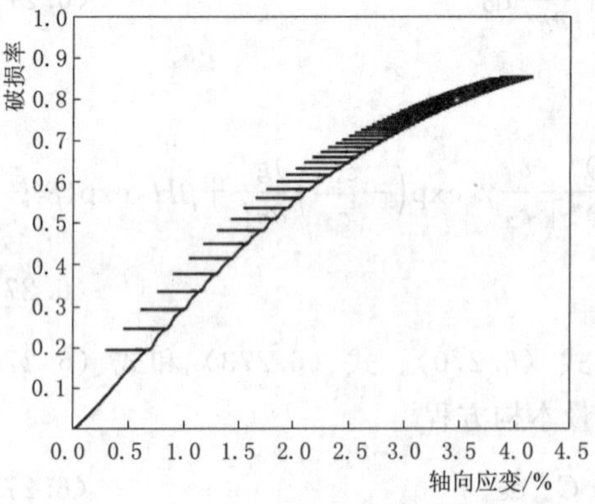

图 6.28　循环加载中的破损率演化

根据式（6.282）和式（6.283）可获得动力循环加载过程中破损率随应变变化的规律，如图 6.28 所示。从图中可以看出，相较于图 6.26 破损率的假定规律，计算获得的破损率演化规律与破损率的初始假设规律一致。

应变集中系数是联结单元体应变与胶结元应变间的桥梁，主要受加载历史和应变水平的影响，将其可划分为体积应变集中系数 c_v 和面积应变集中系数 c_s，根据式（6.231）可得如下形式：

$$c_v = \exp\{-\alpha_v(\varepsilon_v)^{m_v}\} \tag{6.286}$$

$$c_s = \exp\{-\beta_s(\varepsilon_s)^{n_s}\} \tag{6.287}$$

类似给出式（6.286）和式（6.287）的增量表达形式 D_v 和 D_s

$$D_v = c_v^0 - \varepsilon_v^0\alpha_v m_v(\varepsilon_v)^{m_v - 1}\exp\{-\alpha_v(\varepsilon_v)^{m_v}\} \tag{6.288}$$

$$D_s = c_s^0 - \varepsilon_s^0\beta_s n_s(\varepsilon_s)^{n_s - 1}\exp\{-\beta_s(\varepsilon_s)^{n_s}\} \tag{6.289}$$

式中　α_v、m_v、β_s 和 n_s——材料的内部状态参数。

特别注意，在该二元介质动力本构模型中，结构性参数破损率和局部应变集中系数中涉及的内部状态参数均采用反演的方法确定。

6.4.4　模型验证

通过对动力循环三轴试验结果的预测和对比，评价了动力二元介质本构模型在冻土中的适用性。设计一系列加载频率为 1Hz，加载动应力幅值不同，围压为 0.3～1.4MPa，不同配比下冻结掺合土料的循环三轴试验（见第 3 章内容），利用动力本构模型预测循环动荷载作用下冻结混合土的应力应变和体应变，并计算了粗颗粒的含量、动态轴向偏应力幅值和围压对冻土动力特性的影响。

1. 不同配比下冻结掺合土料的动力加载验证

为了说明模型对冻结掺合土料的适用性，选取粗颗粒含量分别为 0、20%、40% 和 60% 冻结掺合土料动力三轴压缩试验为例进行验证。计算参数见表 6.8，模型计算的应力应变关系及体变与试验结果的对比图如图 6.29～图 6.32 所示。

表 6.8　　不同冻结掺合比下冻土的模型参数选取

内变量		参数	粗颗粒含量			
			0	20%	40%	60%
破损率		k_v	4.2	9.6	11.2	46
		θ_v	1			
		ξ_s	28	42	68	88
		r_s	1.32	1.36	1.4	1.4
局部应变集中系数		α_v	1	2.2	2.2	2.4
		m_v	1			
		β_s	7.2	7.8	10.8	11.2
		n_s	1			
摩擦元		n	1			
		n_1	0.2			
		c_1	0.6			
		c_2	10			
		α_0	4			
		H_0	480			
		β	10			
		K^f	692	678	652	642
		G^f	206	210	266	286
胶结元	初始加载	K^b	262	276	312	598
		G^b	218	236	252	443
	卸载	$K^{b/U}$	548	552	638	1108
		$G^{b/U}$	462	486	596	646
	再加载	$K^{b/R}$	521	542	608	867
		$G^{b/R}$	186	268	276	378

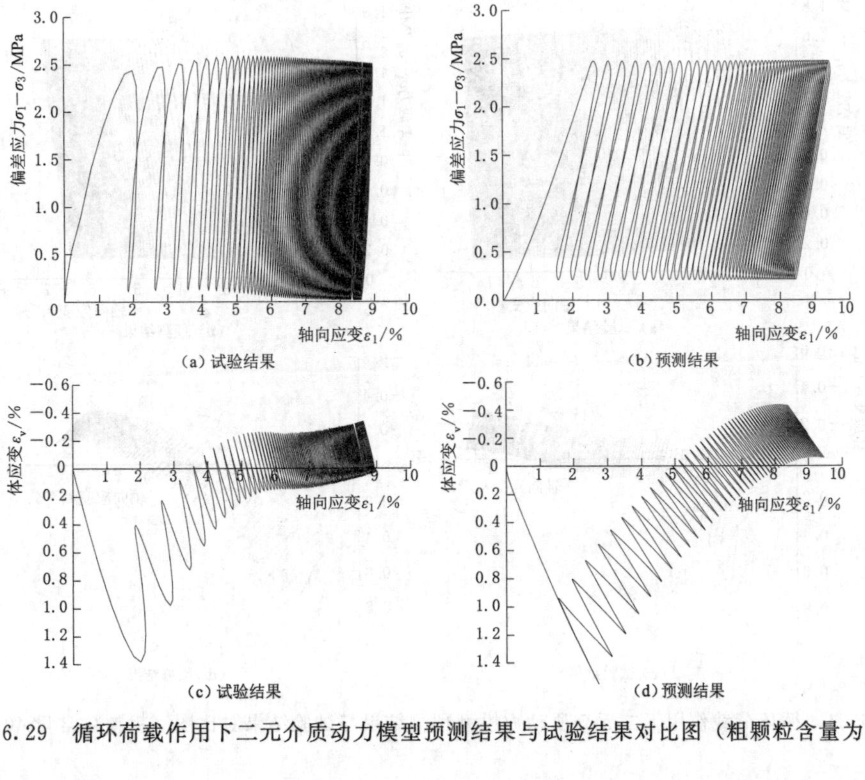

图 6.29　循环荷载作用下二元介质动力模型预测结果与试验结果对比图（粗颗粒含量为 0）

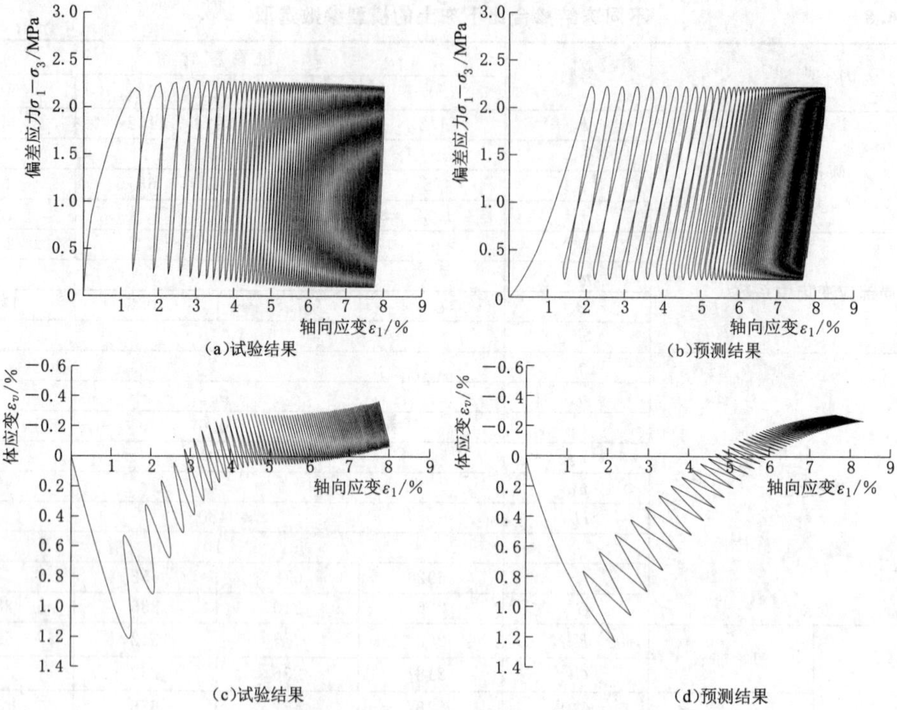

图 6.30　循环荷载作用下二元介质动力模型预测结果与试验结果对比图（粗颗粒含量 20%）

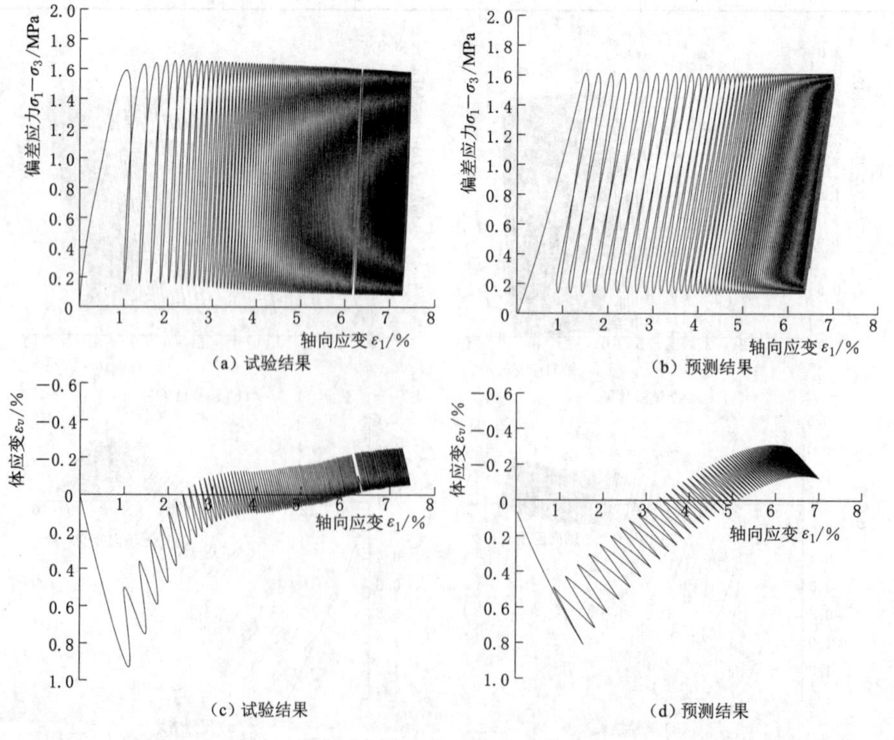

图 6.31　循环荷载作用下二元介质动力模型预测结果与试验结果对比图（粗颗粒含量 40%）

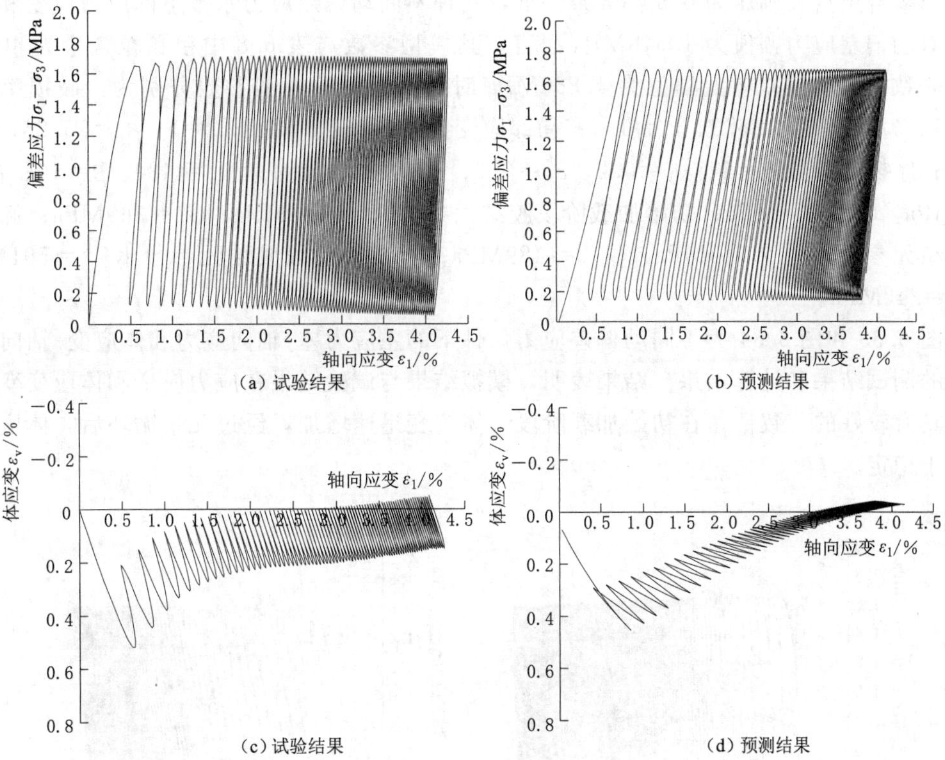

图 6.32 循环荷载作用下二元介质动力模型预测结果与试验结果对比图（粗颗粒含量 60%）

表 6.8 说明了模型中主要参数对冻结掺合土料动力特性的影响。随着粗颗粒含量的增加，胶结元参数（K^b、G^b、$K^{b/U}$、$G^{b/U}$、$K^{b/R}$、$G^{b/R}$）和摩擦元的弹性剪切模量（G^f）逐渐增加，这种变化的产生主要是因为当粗颗粒含量增加时，土体的孔隙增大，由于冻结作用，土体中的孔隙均被冰填充，冰的胶结作用增大使得土体具有更大的强度，同时随着粗颗粒含量的增加，试样的主体骨架颗粒主要由粗颗粒组成，表现出较大的弹脆性。随着冰胶结的破坏，胶结元逐渐转变为摩擦元，此时试样内部由冰颗粒填充的孔隙发生变化，导致摩擦元的弹性体积模量减小，土体主要表现为剪切破坏，造成摩擦元的弹性剪切模量增大。

图 6.29～图 6.32 为不同粗颗粒含量下冻结掺合土料的应力应变和体应变试验图与计算图，虽然二者之间的数值存在轻微的差距，但较好的预测了动力循环荷载下试样变形的基本特征。在加载的初始阶段，应力应变的滞回圈较为松散，随着加载的进行，滞回圈逐渐紧致且尺寸变大。同时对比体应变随轴向应变的变化规律，发现计算得到的体应变先收缩后膨胀，随着循环次数的增加，不可逆塑性应变逐渐增大，与试验结果体应变的发展趋势吻合较好。综上所述，该二元介质动力模型能够较好的预测不同粗颗粒含量下冻结掺合土料的动力变形特征。

2. 不同动偏差应力下的动力的验证

动偏差应力 $(\sigma_1-\sigma_3)_{dynamic}$ 表征了加载动应力的幅值大小。验证了粗颗粒含量为 40%

的冻结掺合土料在围压为0.3MPa条件下，两种不同动偏差应力水平下的应力应变和体应变。对动偏差应力幅值为1.648MPa而言，其模型参数与表6.8中粗颗粒含量为40%模拟时一致。当动偏差应力幅值为1.866MPa时，所采用的模型参数分别为：破损率参数$k_v=7$、$\theta_v=1$、$\xi_s=46.3$、$r_s=1.4$；局部应变集中系数$\alpha_v=2$、$m_v=1$、$\beta_s=15.86$、$n_s=1.01$；摩擦元参数$n=1$、$n_1=0.2$、$c_1=0.6$、$c_2=10$、$\alpha_0=4$；$H_0=480$、$\beta=10$、$K^f=623\text{MPa}$，$G^f=388\text{MPa}$；初始加载阶段胶结元参数$K^b=448\text{MPa}$、$G^b=369\text{MPa}$；卸载阶段胶结元参数$K^{b/\text{U}}=613\text{MPa}$、$G^{b/\text{U}}=489\text{MPa}$；再加载阶段胶结元参数$K^{b/\text{R}}=591\text{MPa}$、$G^{b/\text{R}}=242\text{MPa}$。

图6.33和图6.34为不同动偏差应力条件下的主应力差-轴向应力和体应变-轴向应变曲线的测试结果和计算结果。结果表明，模拟结果与试验结果在应力应变和体应变变化趋势上具有较好的一致性，在初始加载阶段，体应变迅速增加，经过几个循环后，体应变逐渐趋于稳定。

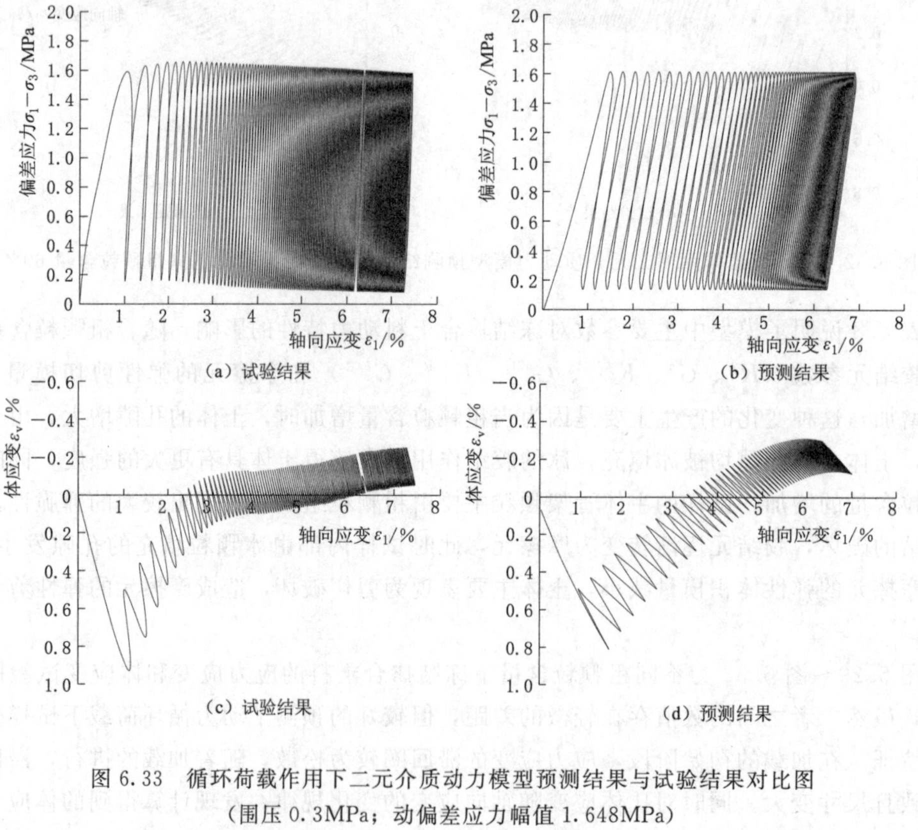

图6.33　循环荷载作用下二元介质动力模型预测结果与试验结果对比图
（围压0.3MPa；动偏差应力幅值1.648MPa）

3. 不同围压下的动力加载验证

为了验证二元介质动力模型的适用性，对不同围压条件下冻结掺合土料的动力循环三轴试验结果进行验证，选取粗颗粒含量为20%冻结掺合土料在0.3MPa，0.5MPa和1.4MPa条件下动力应力应变和体应变结果为例。不同围压条件下，模型参数见表6.9。

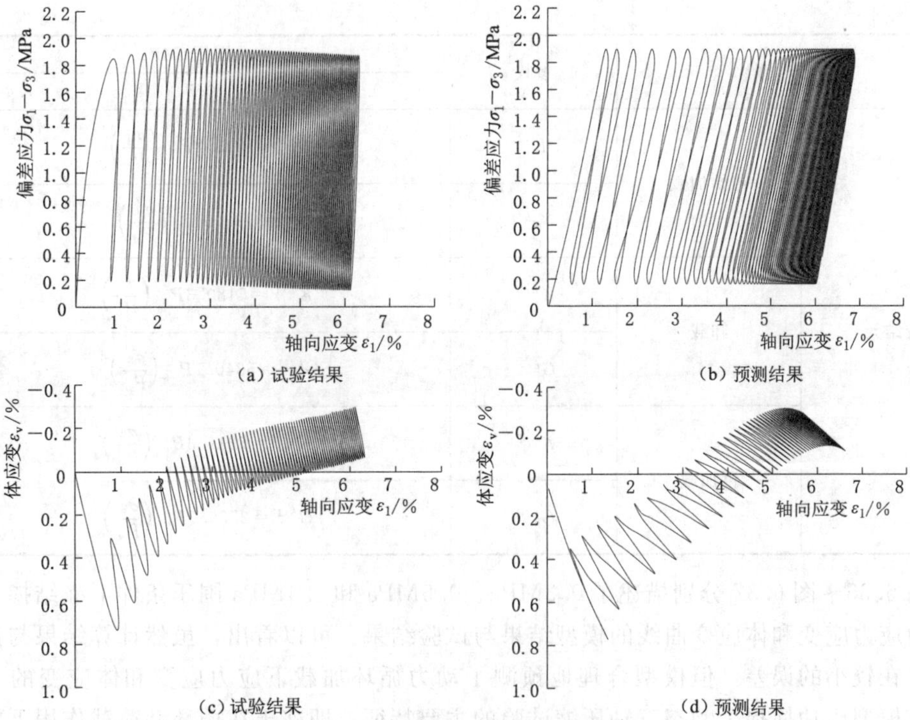

图 6.34 循环荷载作用下二元介质动力模型预测结果与试验结果对比图
(围压为 0.3MPa；动偏差应力幅值 1.866MPa)

表 6.9　　不同围压条件下冻结掺合土料的动力模型参数

内 变 量	参数	围压/MPa		
		0.3	0.5	1.4
破损率	k_v	9.6	9.8	26.2
	θ_v	1		
	ξ_s	42	48	69
	r_s	1.36	1.36	1.4
局部应变集中系数	α_v	2.2		
	m_v	1		
	β_s	7.8	8.2	12.2
	n_s	1		
摩擦元	n	1		
	n_1	0.2		
	c_1	0.6		
	c_2	10		
	α_0	4		
	H_0	480		
	β	10		
	K^f	$K^f=6578.6Pa\left(\frac{\sigma_3}{Pa}\right)^{0.0174}$		
	G^f	$G^b=1941.5Pa\left(\frac{\sigma_3}{Pa}\right)^{0.161}$		

续表

内 变 量		参数	围压/MPa		
			0.3	0.5	1.4
胶结元	初始加载	K^b	$K^b=1893.2P_a\left(\frac{\sigma_3}{P_a}\right)^{0.317}$		
		G^b	$G^b=3198.9P_a\left(\frac{\sigma_3}{P_a}\right)^{-0.306}$		
	卸载	$K^{b/U}$	$K^{b/U}=5180.3P_a\left(\frac{\sigma_3}{P_a}\right)^{0.040}$		
		$G^{b/U}$	$G^{b/U}=5340.1P_a\left(\frac{\sigma_3}{P_a}\right)^{-0.095}$		
	再加载	$K^{b/R}$	$K^{b/R}=5241.3P_a\left(\frac{\sigma_3}{P_a}\right)^{0.030}$		
		$G^{b/R}$	$G^{b/U}=2530.7P_a\left(\frac{\sigma_3}{P_a}\right)^{0.046}$		

图 6.35～图 6.37 分别描述了 0.3MPa、0.5MPa 和 1.4MPa 围压条件下冻结掺合土料的动力应力应变和体应变曲线的模型结果与试验结果。可以看出，虽然计算结果与试验结果间存在较小的误差，但模型合理地预测了动力循环加载下应力应变和体应变的变化趋势。该模型成功捕捉了动态三轴压缩试验的主要特征，即冻土在循环动荷载作用下的滞回特性，体积膨胀特性和塑性体积应变累积效应。

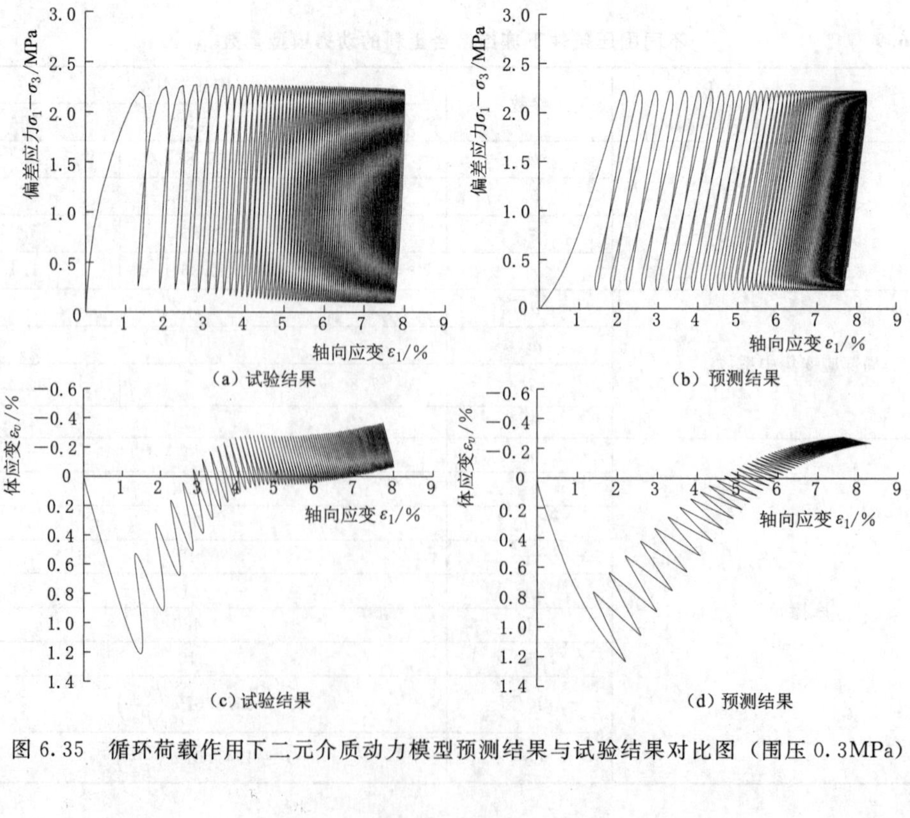

(a) 试验结果　(b) 预测结果　(c) 试验结果　(d) 预测结果

图 6.35　循环荷载作用下二元介质动力模型预测结果与试验结果对比图（围压 0.3MPa）

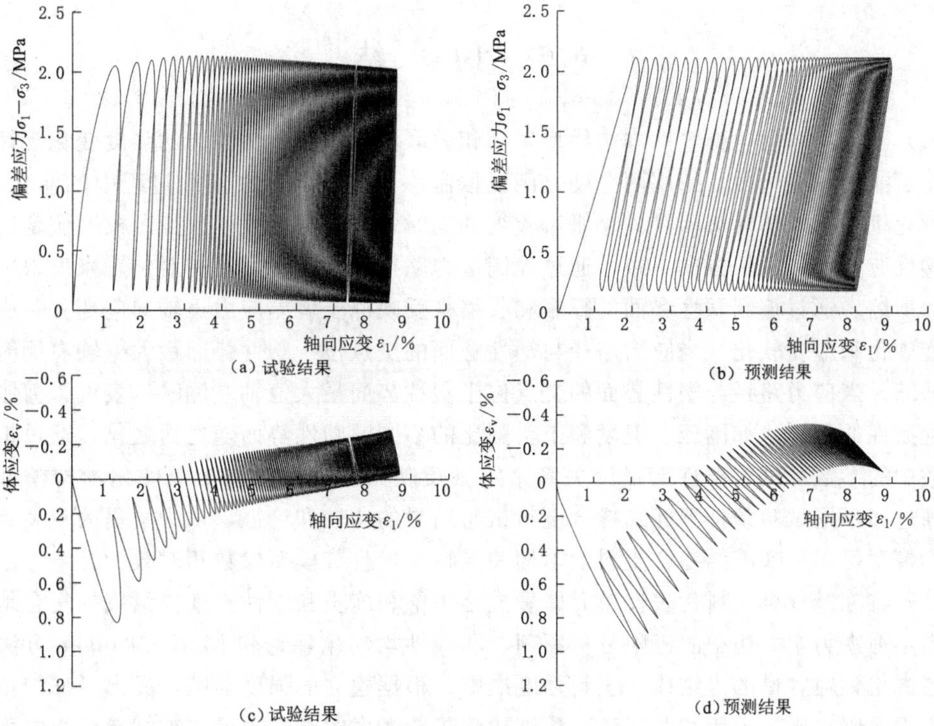

图 6.36 循环荷载作用下二元介质动力模型预测结果与试验结果对比图（围压 0.5MPa）

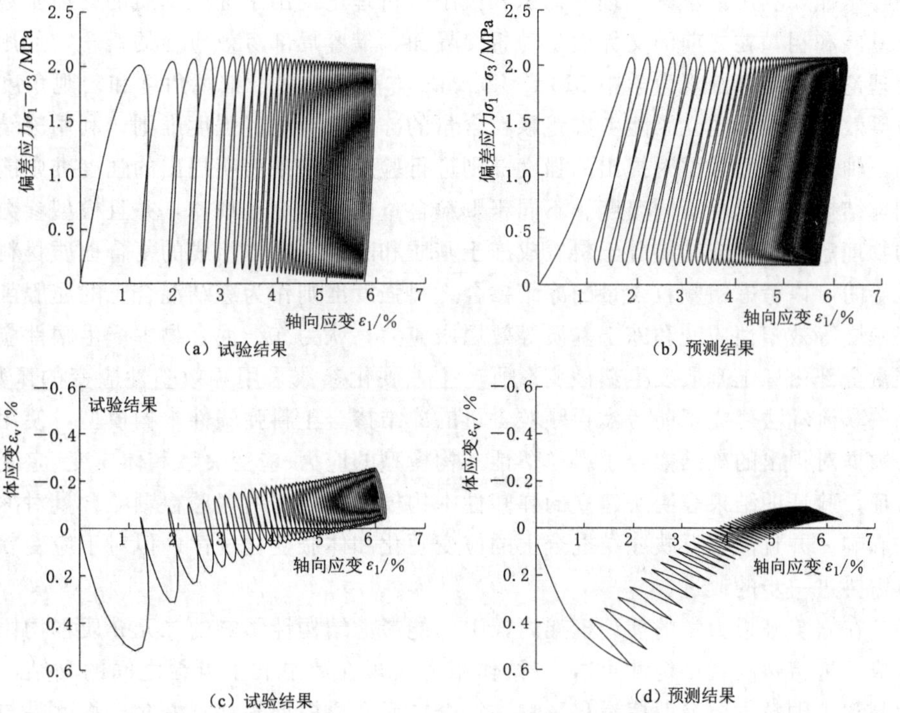

图 6.37 循环荷载作用下二元介质动力模型预测结果与试验结果对比图（围压 1.4MPa）

6.5 小　　结

（1）冻土的双硬化弹塑性本构模型采用相关联流动法则，由冻土的强度变化规律反演出冻土可能的屈服函数。采用两个硬化函数控制冻土塑性势面在加载过程中的演化规律。在双硬化机制下，塑性势面在先膨胀后收缩的同时，其形状也发生改变。模型假定应力主轴和塑性应变增量主轴方向一致，通过控制应力路径和塑性势面的相对位置来反映冻土的剪胀和剪缩。通过控制塑性势面的膨胀和收缩来反映冻土偏差应力－轴向应变关系中出现的应变硬化和应变软化。当应力路径与塑性势面的交点位于塑性势面最大值轴右侧时，表现为剪缩；当应力路径与塑性势面的交点位于塑性势面最大值轴左侧时，表现为剪胀；随着试验条件的不同，如围压、温度和土料配比的不同，塑性势面随之而变化，通过拟合硬化函数中的参数与试验条件变量的关系来定量反映试验条件对冻土双硬化本构模型的影响。通过和不同试验条件下冻结掺合土料试验结果的比较和论证，认为所提的双硬化弹塑性本构模型可以反映冻结掺合土料的本构关系特征，且其模型参数相对较少。

（2）将冻结掺合土料代表性单元体看成是由饱和冻土和刚性夹杂体组成的复合地质材料，借鉴细观力学方法中的极限分析原理、非线性均匀化理论和 Mori－Tanaka 方法建立了能考虑粗颗粒含量的冻结掺合土料强度准则；根据建立的强度准则，提出了冻结掺合土料的宏观屈服准则，采用相关联流动法则构建了能考虑粗颗粒含量的冻结掺合土料弹塑性本构模型。通过假设冻结掺合土料的冻土基质满足椭圆屈服型屈服准则，夹杂体被认为是刚性不可压缩，利用数学集合理论知识和极限分析理论提出了冻土基质的支撑函数，再假设冻土基质和粗颗粒之前的交界面是理想交界面，借鉴局部等效应变的概念，使用非线性均匀化理论，再结合细观力学中 Mori－Tanaka 方法以及基于细观角度和宏观角度上的能量耗散等效的原则，建立了能考虑粗颗粒含量的冻结掺合土料强度准则，利用冻结掺合土料中的三轴剪切试验数据对提出的强度准则进行验证，结果表明提出的强度准则能够很好地预测冻结掺合土料在不同温度、不同粗颗粒含量的强度变化规律，并且模型参数都具有明确的物理意义。将冻结掺合土料看成冻土基质和刚性夹杂体组成的复合地质材料，采用上述推导的可以考虑粗颗粒含量的冻结掺合土料强度准则作为冻结混合土的屈服函数，引入冻土基质等效塑性应变和冻土基质等效屈服应力，认为冻结混合物中产生塑性应变所耗散的能量全部由冻土基质发生塑性变形所产生，硬化参数采用等效塑性应变的函数表达，采用相关联流动法建立了能考虑粗颗粒含量的冻结掺合土料弹塑性本构模型，使用三轴压缩试验数据对提出的冻结掺合土料弹塑性本构模型的应力-应变关系和体应变-应变关系进行了验证，验证的结果表明所建立的弹塑性本构模型能较好的考虑粗颗粒含量对冻土力学性质的影响，并且能够反映冻结混合土的应变硬化和体胀变化规律，但对于应变软化的预测仍然需要进一步的改进。

（3）在岩土破损力学的理论框架内，引入能考虑结构性影响的二元介质本构模型，把冻土看成一种特殊的"结构性土"，胶结作用力表现在冰晶和土颗粒之间的黏结，而破碎后的冰晶和土颗粒主要受摩擦滑移影响。结合二元介质模型的基本概念，将冰晶与土颗粒在初始未破碎状态时看成是胶结元，冰晶破碎后与土颗粒及未冻水的组合体看成摩擦元。

胶结元和摩擦元是两种不同的应力状态，在外部应力状态下，胶结元和摩擦元共同抵抗外荷载。建立了单参数和双参数的二元介质增量本构模型。胶结元的力学元件形式是弹簧和胶结杆，具有弹脆性特性；摩擦元的力学元件形式是弹簧和塑性滑块，具有弹塑性特性。在受力过程中，胶结元中的胶结杆首先到达极限应力状态，从而发生破损并转化成摩擦元。利用局部应变集中系数来表示冻土代表性单元内部的变形非协性关系，采用指数函数形式来反映实际变形规律；破损率表示摩擦元体积分数的变化，采用类似损伤力学中关于损伤变量的定义方法，用 Weibull 随机分布函数来模拟破损率变化规律。所建立的单参数二元介质本构模型能较好地预测冻土实际的应力应变和体变规律，能定性地描述冻土的基本力学特征。双参数二元介质本构模型的理论框架与单参数类似，唯一不同的是考虑了球应力引起的体积破损机制和偏应力引起的剪切破损机制，将应力分解成球应力和偏应力，相应地，将应变分解成体积应变和剪切应变。基于冻土代表性单元内部的变形非协性，局部应变集中系数分解为体积集中系数和面积集中系数；同理，破损率分解为体积破损率和面积破损率。胶结元的本构关系利用线性胡克定律描述；摩擦元的变形采用能反映应变软化和体积剪胀现象的双硬化模拟来描述。最后所建立的双参数二元介质本构模型能较好地预测冻结砂的应力应变和体应变特征。

（4）在冻土二元介质静力本构模型研究的基础上，建立了双参数二元介质动力本构模型，分别给出了动力加载过程中初始加载阶段、卸载阶段以及再加载阶段的应力应变方程，较好地模拟了冻土动力循环荷载作用下的应力应变滞回效应，塑性应变累积效应，以及冻土应变的收缩到膨胀特征。基于岩土破损力学与均匀化理论，将动力加载条件下初始应力状态的冻结混合土看做胶结元，表现为弹脆性特征；随着应力加卸的往复，冻土颗粒间的冰胶结逐渐破坏，产生不可避免的塑性应变，此时的应力状态看做摩擦元，表现为弹塑性特征；二者（胶结元与摩擦元）共同承担外部荷载。为了表征胶结元与摩擦元的转换特征，引入结构性参数破损率，考虑初始加载阶段破损率为应变的函数，随应变的变化而变化；卸载阶段试样只发生弹性恢复这一物理过程，此时破损率保持初始加载阶段的终值不变；再加载阶段的开始破损率保持卸载阶段值不变，当应变达到历史最大应变时，此时破损率随着应变的变化而变化。通过结构性参数局部应变集中系数将宏观应变与细观胶结元应变建立联系，考虑了加载过程中应变的不均匀特性。将结构性参数破损率及局部应变集中系数均考虑为应变的函数，模拟随机破坏规律及非均匀变形特征。为了进一步验证二元介质动力本构模型的适用性，分别对不同粗颗粒含量（0，20%，40%，60%）的冻结掺合土料在不同动偏差应力幅值（两个应力水平）和不同围压（0.3MPa，0.5MPa，1.4MPa）下的循环三轴压缩试验结果进行预测，发现能较好地预测不同条件下冻结掺合土料的应力应变和体变特征。所建立的二元介质动力本构模型在细观层面上考虑了冻土冰胶结的破坏，成功捕捉了复杂应力路径下冻结掺合土料的应力应变特征及体应变规律，解决了动力本构同时模拟应力应变及体应变的难题。

第7章　冻结掺合土料的蠕变本构模型

冻土的蠕变模型可以为长期荷载作用下的岩土体的长期稳定性提供理论基础。本章介绍冻结掺合土料的分数阶蠕变模型、考虑温度变化的改进西原模型、双硬化黏塑性蠕变模型以及宏细观蠕变模型。

7.1　分数阶蠕变模型

本节首先对三轴蠕变试验过程中材料微观机理进行分析，考虑蠕变过程中的硬化和损伤效应，并提出数学表达式来反映硬化效应和损伤效应。在硬化和损伤的基础上提出基于分数阶理论的蠕变模型。

7.1.1　蠕变的硬化和损伤

岩土材料存在着大量的微孔、微裂纹以及软弱相，对于冻土材料的晶格结构而言，产生相应变形的应力不足以或者很少能驱使岩土内部晶格产生变形以及位错滑移等。更大程度上是在应力作用下，微孔、微裂隙的闭合及软弱相的压缩。所以冻土的硬化，是微孔不断闭合及弱相不断得到压缩，可变形结构强度不断提高的结果。

根据第2章的试验结果和前人的试验结果表明，蠕变过程存在硬化和损伤两种效应。硬化效应，是微孔不断闭合及弱相不断被压缩，可变形结构强度不断提高的结果。损伤效应是冰的胶结在外力的作用下容易发生破坏，土颗粒间产生错动，不断发展最终出现宏观裂纹。Miao et al.（1995）、范秋燕等（2010）针对某些试验分别给出了硬化和损伤曲线，其中范秋燕等（2010）和任建喜等（2001）通过CT扫描仪对试样内部的变化进行了扫描和验证。范秋燕等（2010）从蠕变的三个阶段讨论了整个蠕变的发生和发展过程，对于冻土的蠕变机理具体如下：

（1）蠕变第一阶段：即初始蠕变阶段，应力使试样原有的开口裂隙或者微孔逐渐接近闭合，产生硬化现象，宏观上表现为强度不断提高，同时损伤有所发展，但相对较弱。所以总体上这一阶段虽然有一定的损伤效应但是硬化效应相对较强，表现为冻土的蠕变速率随时间增长而降低，即第一阶段的蠕变规律主要服从于硬化效应的衰减变化规律。

（2）蠕变第二阶段：即等速蠕变阶段，随着应力的不断调整，微裂隙开始扩展，但第二阶段微裂隙扩展是等速的。在这一阶段中，硬化效应在冻土内局部仍有作用，但对蠕变的发展影响不大。所以总体上这一阶段虽然有一定的硬化效应但是损伤效应相对较强，表现为冻土的蠕变速率随时间等速变化，即第二阶段的蠕变规律主要服从于损伤效应的等速变化规律。

（3）蠕变第三阶段：即加速蠕变阶段，随着应力的进一步调整，微裂隙进一步扩展，但第三阶段微裂隙扩展是加速的。进入第三阶段后，硬化效应已不显现，表现为冻土的蠕变速率随时间加速变化，即第三阶段的蠕变规律服从损伤效应的加速变化规律。

根据上述冻土的蠕变机理，给出硬化参数和损伤变量的具体表达式。

1. *硬化参数 H*

根据前面的分析，引入硬化参数 H 来描述黏性系数 η_α 的硬化效应，根据试验现象和蠕变机理，硬化参数应有以下性质：当 $t \to 0$ 时，$H \to 0$；当 $t \to \infty$ 时，H 趋于大于 0 的常数。若仅考虑荷载和时间影响，有

$$\eta_\alpha = \eta_\alpha(1+H) = \eta_\alpha[1+H(\sigma,t)] \tag{7.1}$$

式中 H——硬化参数，$H \geqslant 0$。当 $H=0$ 时，表示材料无强化。将冻土在流变过程中的硬化参数假定为指数函数形式，这里假设两种不同的硬化参数方程式是为了方便后续本构方程的计算，两个方程式均可以满足上述性质。

假定一：

$$H(\sigma,t) = \frac{1}{(1-A)+A\mathrm{e}^{-Bt}} - 1 \tag{7.2}$$

式中 A——蠕变稳定时强化的大小，其值越大，表示最终强化越大，$0 \leqslant A < 1$；

B——冻土蠕变过程中强化的快慢，B 越大，硬化越快，$B>0$。将 $B=0$ 代入式（7.2）中，可得不同 A 值的一组硬化参数 H 的值；将 $A=0.5$ 代入式（7.2）中，可得不同 B 值的一组硬化参数 H 的值，如图 7.1 所示。

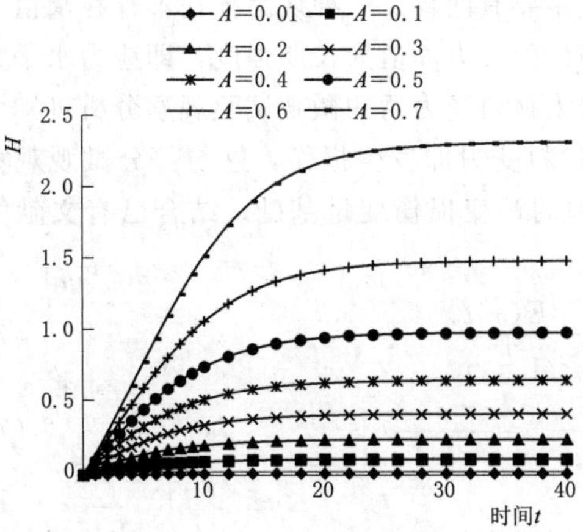

（a）参数A的影响

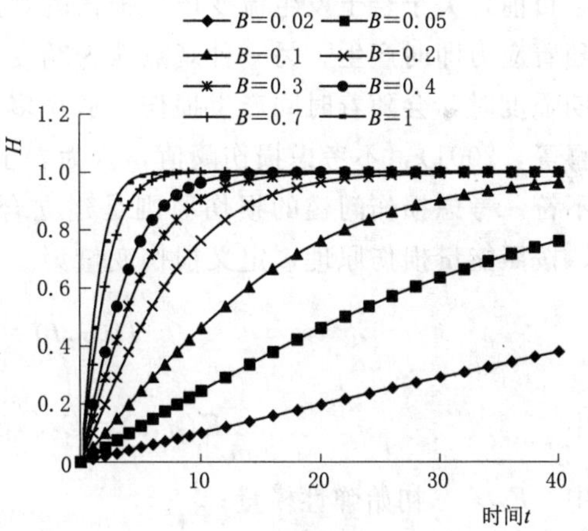

（b）参数B的影响

图 7.1 假定一：参数 A、B 对硬化参数的影响

假定二：

$$H = A(1-\mathrm{e}^{-Bt}) \tag{7.3}$$

式中 A——蠕变稳定时强化的大小，其值越大，表示最终强化越大，$0 \leqslant A$；

B——冻土蠕变过程中强化的快慢，B 越大，硬化越快，$B>0$。将 $B=0.5$ 代入式（7.3）中，可得不同 A 值得一组硬化参数 H 的值；将 $A=0.5$ 代入式（7.3）中，可得不同 B 值得一组硬化参数 H 的值，如图 7.2 所示。

2. 损伤变量 D

基于损伤力学原理，岩土材料由于本身的非均质性，其内部存在着初始的孔隙、空隙等缺陷。当受力后，岩土材料内部孔隙、空隙产生压缩闭合，内部应力被动调整，致使内部部分区域应力集中，再引发裂隙萌生、扩展、联合造成宏观破坏。裂隙的萌生及发展过程代表着岩土材料产生损伤，随着时间的增长，损伤加剧导致宏观断裂。

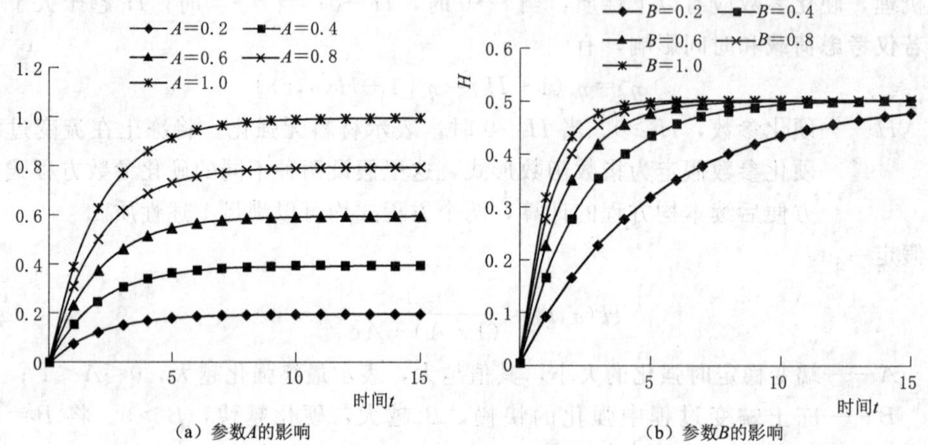

图 7.2　假定二：参数 A、B 对硬化参数的影响

目前，关于岩土发生流变产生损伤的观点主要有两种。一种认为损伤不存在阈值，损伤随着应力即时产生；另一种观点认为蠕变损伤的应力阈值为长期强度，即应力水平大于长期强度时，会随着时间产生损伤。从众多岩土材料受力后的微观试验观察分析可知（任建喜等，2001），不考虑损伤阈值，认为岩土材料受力即发生损伤，这与部分微观观察结果不符。考虑损伤门槛的损伤原则是建立合理的蠕变损伤变量基础。结合已有文献的研究，按照能量损伤原理，定义损伤变量为

$$D(\sigma,t)=1-\frac{E(\sigma,t)}{E_0} \tag{7.4}$$

其中
$$E(\sigma,t)=E_0\exp\left[-\chi\frac{\langle\sigma-\sigma_\infty\rangle}{\sigma_\infty}t\right] \tag{7.5}$$

式中　E_0——初始弹性模量；

$E(\sigma,\ t)$——任意时刻弹性模量；

σ_∞——长期强度；

χ——材料常数；

$\langle\sigma-\sigma_\infty\rangle$——开关函数，即

$$\langle\sigma-\sigma_\infty\rangle=\begin{cases}0 & \sigma-\sigma_\infty<0\\ \sigma-\sigma_\infty & \sigma-\sigma_\infty\geqslant 0\end{cases} \tag{7.6}$$

将式（7.5）、式（7.6）代入式（7.4），得其损伤演化方程为

$$D(\sigma,t)=\begin{cases}0 & \sigma-\sigma_\infty\leqslant 0\\ 1-e^{-Ct} & \sigma-\sigma_\infty>0\end{cases} \tag{7.7}$$

式中 $C=\chi\dfrac{(\sigma-\sigma_{\infty})}{\sigma_{\infty}}$。

7.1.2 分数阶理论

分数阶微积分具有多种定义方式（Kilbas et al.，2006），最常用的是 Riemann-Liouville 分数阶微积分定义方法。分数阶积分定义为：设 $f(t)$ 在 $(0,+\infty)$ 上逐段连续，且在 $[0,+\infty)$ 的任何有限子区间上可积，对 $t>0$、$\mathrm{Re}(\alpha)>0$，对于函数 $f(t)$ 的 α 阶积分定义为

$$\frac{\mathrm{d}^{-\alpha}f(t)}{\mathrm{d}t^{-\alpha}}={}_{t0}D_t^{-\alpha}f(t)=\frac{1}{\Gamma(\alpha)}\int_{t0}^{t}(t-\tau)^{\alpha-1}f(\tau)\mathrm{d}\tau \tag{7.8}$$

式中 $\Gamma(\cdot)$——Gamma 函数，它的定义为

$$\Gamma(\alpha)=\int_0^{\infty}e^{-t}t^{z-1}\mathrm{d}t,\mathrm{Re}(\alpha)>0 \tag{7.9}$$

α 阶 Riemann-Liouville 分数阶微分算子定义为

$$\frac{\mathrm{d}^{\alpha}f(t)}{\mathrm{d}t^{\alpha}}={}_{t0}D_t^{\alpha}f(t)=\frac{\mathrm{d}^n[{}_{t0}D_t^{-(n-\alpha)}f(t)]}{\mathrm{d}t^n} \tag{7.10}$$

式中 $\alpha>0$，且 $n-1<\alpha\leqslant n$（n 为正整数）。

黏壶的本构关系为

$$\sigma(t)=\eta_{\alpha}\frac{\mathrm{d}^{\alpha}\varepsilon(t)}{\mathrm{d}t^{\alpha}} \tag{7.11}$$

式中 η_{α}——黏性系数，当 $\alpha=1$ 时，代表理想流体，即为 Newton 黏壶；当 $\alpha=0$ 时，代表理想固体，为弹簧元件。常系数 Abel 黏壶是用来模拟介于理想流体和理想固体之间材料的模型。

当应力 $\sigma(t)$ 不变时，根据式（7.8）对式（7.11）两侧进行分数阶积分，可得

$$\varepsilon(t)=\frac{\sigma}{\eta_{\alpha}}\frac{t^{\alpha}}{\Gamma(1+\alpha)} \tag{7.12}$$

7.1.3 蠕变模型

根据前面的分析提出了考虑强化和弱化的分数阶蠕变模型，如图 7.3 所示。根据蠕变模型可知

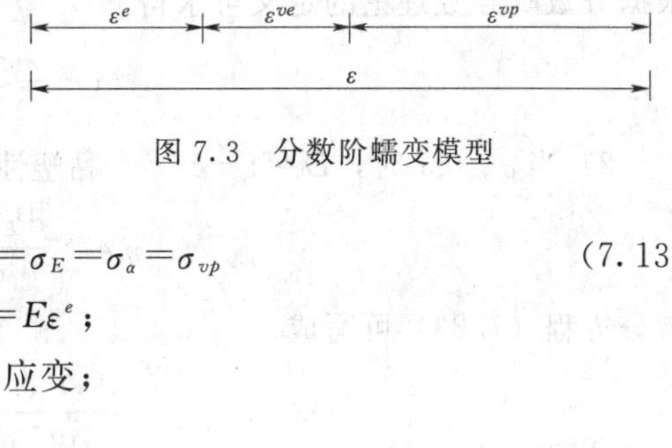

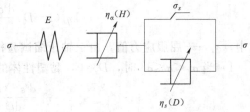

图 7.3 分数阶蠕变模型

$$\varepsilon=\varepsilon^{e}+\varepsilon^{ve}+\varepsilon^{vp};\sigma=\sigma_E=\sigma_{\alpha}=\sigma_{vp} \tag{7.13}$$

式中 σ_E、ε^e——弹簧元件的应力和应变，$\sigma_E=E\varepsilon^e$；

σ_{α}、ε^{ve}——黏弹性元件 Abel 黏壶的应力应变；

σ_{vp}、ε^{vp}——黏塑性元件的应力应变；

σ、ε——总应力和总应变。

(1) 当 $\sigma \leqslant \sigma_s$ 时，根据弹塑性理论，塑性变形为 0，总应变只包含前两部分，即

$$\varepsilon = \varepsilon^e + \varepsilon^{ve}, \varepsilon^{vp} = 0 \tag{7.14}$$

弹簧元件的应力应变关系为

$$\varepsilon^e = \frac{\sigma_E}{E} \tag{7.15}$$

结合式（7.8）、式（7.9）及式（7.11），考虑强化效应的变系数 Abel 黏壶的本构关系为

$$\sigma(t) = \frac{\eta_\alpha}{(1-A)+Ae^{-Bt}} \frac{\mathrm{d}^\alpha \varepsilon^{ve}(t)}{\mathrm{d}t^\alpha} \quad (0 \leqslant \alpha \leqslant 1) \tag{7.16}$$

保持应力不变，即式（7.16）中 $\sigma(t)$ 为常数 σ 时，根据分数阶微分算子理论，可得

$$\varepsilon^{ve} = \varepsilon^{ve}(t) = \frac{\sigma}{\eta_\alpha \Gamma(\alpha)} \int_0^t (t-\tau)^{\alpha-1} [(1-A)+Ae^{-B\tau}] \mathrm{d}\tau \tag{7.17}$$

因此，将式（7.15）、式（7.17）代入式（7.14）得总应变

$$\varepsilon = \varepsilon^e + \varepsilon^{ve} = \frac{\sigma}{E} + \frac{\sigma}{\eta_\alpha \Gamma(\alpha)} \int_0^t (t-\tau)^{\alpha-1} \cdot [(1-A)+Ae^{-B\tau}] \mathrm{d}\tau \tag{7.18}$$

由于式（7.18）直接积分很困难，因此，根据 Taylor 展开式得 $e^{-Bt} = \sum\limits_{n=0}^{\infty} \frac{(-Bt)^n}{n!}$，然后进行积分可得

$$\varepsilon = \varepsilon^e + \varepsilon^{ve} = \frac{\sigma}{E} + \frac{\sigma t^\alpha}{\eta_\alpha} \left[\frac{1}{\Gamma(\alpha+1)} + A \sum_{n=1}^{\infty} \frac{(-Bt)^n}{\Gamma(\alpha+1+n)} \right] \tag{7.19}$$

(2) 当 $\sigma > \sigma_s$ 时，轴向应变包含了 3 部分：瞬时变形、黏弹性变形和黏塑性变形。其中，前两部分与前面分析一致。

对于黏塑性元件，引入损伤变量的本构方程为

$$\eta_s (1-D) \frac{\mathrm{d}^\beta \varepsilon^{vp}(t)}{\mathrm{d}t^\beta} + \sigma_s = \sigma \tag{7.20}$$

式中　σ_s——屈服应力值，由三轴压缩试验得到。

1）当 $\sigma_s < \sigma \leqslant \sigma_\infty$ 时，$D=0$，黏塑性体的本构方程为

$$\eta_s \frac{\mathrm{d}^\beta \varepsilon^{vp}(t)}{\mathrm{d}t^\beta} + \sigma_s = \sigma \tag{7.21}$$

根据分数阶导数理论的定义可求得

$$\varepsilon^{vp}(t) = \frac{\sigma - \sigma_s}{\eta_s} \frac{t^\beta}{\Gamma(1+\beta)} \tag{7.22}$$

2）当 $\sigma_\infty < \sigma$ 时，$D = 1 - e^{-Ct}$，黏塑性体的本构方程为

$$\eta_s e^{-Ct} \frac{\mathrm{d}^\beta \varepsilon^{vp}(t)}{\mathrm{d}t^\beta} + \sigma_s = \sigma \tag{7.23}$$

微分方程（7.23）可写成

$$\frac{\mathrm{d}^\beta \varepsilon^{vp}(t)}{\mathrm{d}t^\beta} = \frac{\sigma - \sigma_s}{\eta_s} e^{Ct} \tag{7.24}$$

根据 Riemann - Liouville 分数阶理论按照式（7.8）对式（7.24）两侧进行 β 阶积分，

可得

$$\varepsilon^{vp}(t)=\frac{\sigma-\sigma_s}{\eta_s\Gamma(\beta)}\int_0^t(t-\tau)^{\beta-1}e^{Ct}\mathrm{d}\tau \tag{7.25}$$

同理，根据 Taylor 展开式，$e^{Ct}=\sum_{k=0}^{\infty}\frac{(Ct)^k}{k!}$，因此，对式（7.25）进行积分可得

$$\varepsilon^{vp}(t)=\frac{\sigma-\sigma_s}{\eta_s}t^{\beta}\sum_{k=0}^{\infty}\frac{(Ct)^k}{\Gamma(\beta+1+k)} \tag{7.26}$$

因此

$$\varepsilon^{vp}(t)=\begin{cases}\dfrac{\sigma-\sigma_s}{\eta_s}\dfrac{t^{\beta}}{\Gamma(1+\beta)} & \sigma<\sigma_{\infty}\\[2ex] \dfrac{\sigma-\sigma_s}{\eta_s}t^{\beta}\sum\limits_{k=0}^{\infty}\dfrac{(Ct)^k}{\Gamma(\beta+1+k)} & \sigma_{\infty}\leqslant\sigma\end{cases} \tag{7.27}$$

综上所述，考虑分数阶流变的本构方程可表示为

$$\varepsilon=\varepsilon^{e}+\varepsilon^{ve}(t)+\varepsilon^{vp}(t)$$

$$=\begin{cases}\dfrac{\sigma}{E}+\dfrac{\sigma}{\eta_{\alpha}}t^{\alpha}\left[\dfrac{1}{\Gamma(\alpha+1)}+A\sum\limits_{n=1}^{\infty}\dfrac{(-Bt)^n}{\Gamma(\alpha+1+n)}\right] & (\sigma\leqslant\sigma_s)\\[2ex] \dfrac{\sigma}{E}+\dfrac{\sigma}{\eta_{\alpha}}t^{\alpha}\left[\dfrac{1}{\Gamma(\alpha+1)}+A\sum\limits_{n=1}^{\infty}\dfrac{(-Bt)^n}{\Gamma(\alpha+1+n)}\right]+\dfrac{\sigma-\sigma_s}{\eta_s\Gamma(\beta+1)}t & (\sigma_s<\sigma\leqslant\sigma_{\infty})\\[2ex] \dfrac{\sigma}{E}+\dfrac{\sigma}{\eta_{\alpha}}t^{\alpha}\left[\dfrac{1}{\Gamma(\alpha+1)}+A\sum\limits_{n=1}^{\infty}\dfrac{(-Bt)^n}{\Gamma(\alpha+1+n)}\right]+\dfrac{\sigma-\sigma_s}{\eta_s}t^{\beta}\sum\limits_{k=0}^{\infty}\dfrac{(Ct)^k}{\Gamma(\beta+1+k)} & (\sigma_{\infty}<\sigma)\end{cases} \tag{7.28}$$

7.1.4 三维蠕变本构关系

通常情况下，土体处于复杂的三维应力状态，由于冻土的蠕变性质主要表现在剪切变形方面，此处三维蠕变本构关系未考虑体积变形的影响（侯丰，2017；Hou et al.，2018）。

在三维应力条件下，考虑硬化和弱化的分数阶模型总应变可以表示为

$$\varepsilon_{ij}=\varepsilon_{ij}^{e}+\varepsilon_{ij}^{ve}+\varepsilon_{ij}^{vp} \tag{7.29}$$

根据广义虎克定律，弹性体三维本构关系为

$$\begin{cases}e_{ij}=\dfrac{1}{2G_0}s_{ij}\\[2ex] \varepsilon_{kk}=\dfrac{1}{3K}\sigma_{kk}\end{cases} \tag{7.30}$$

式中 s_{ij}、e_{ij}——应力偏张量和应变偏张量；

σ_{kk}、ε_{kk}——应力张量和应变张量第一不变量；

G_0、K——剪切模量和体积模量。

因此，不考虑体积变化的情况下，弹性体的应变可以表示为

$$\varepsilon_{ij}^{e}=\frac{1}{2G_0}s_{ij} \tag{7.31}$$

只考虑剪应力的剪切作用，黏弹性体三维本构关系为

$$\varepsilon_{ij}^{ve}(t)=\frac{s_{ij}}{2H_\alpha}t^\alpha\left[\frac{1}{\Gamma(\alpha+1)}+A\sum_{n=1}^{\infty}\frac{(-Bt)^n}{\Gamma(\alpha+1+n)}\right] \tag{7.32}$$

式中　H_α、α——三维情况下黏弹性元件的黏性剪切模量和求导阶数。

黏塑性体的三维本构关系为

$$\varepsilon_{ij}^{vp}(t)=\begin{cases}\dfrac{1}{2H_s}\dfrac{t^\beta}{\Gamma(1+\beta)}\phi\dfrac{F}{F_0}\dfrac{\partial Q}{\partial\sigma_{ij}} & (\sigma_s<q\leqslant\sigma_\infty)\\ \dfrac{1}{2H_s}t^\beta\sum\limits_{k=0}^{\infty}\dfrac{(Ct)^k}{\Gamma(\beta+1+k)}\phi\dfrac{F}{F_0}\dfrac{\partial Q}{\partial\sigma_{ij}} & (q>\sigma_\infty)\end{cases} \tag{7.33}$$

式中　H_s——黏塑性元件的黏性剪切模量；

q——剪应力，其表达式见式（7.34）；

F——屈服函数；

F_0——屈服函数的初始参考值，通常取为1；

Q——塑性势函数；

$\phi(\cdot)$——幂函数形式，取幂指数 $n=1$。

采用相关联流动准则，当 $F=Q$ 时，式（7.33）变为

$$q=\frac{1}{\sqrt{2}}[(\sigma_1-\sigma_2)^2+(\sigma_2-\sigma_3)^2+(\sigma_3-\sigma_1)^2]^{\frac{1}{2}} \tag{7.34}$$

$$\varepsilon_{ij}^{vp}(t)=\begin{cases}\dfrac{1}{2H_s}\dfrac{t^\beta}{\Gamma(1+\beta)}\dfrac{F}{F_0}\dfrac{\partial F}{\partial\sigma_{ij}} & (q\leqslant\sigma_\infty)\\ \dfrac{1}{2H_s}t^\beta\sum\limits_{k=0}^{\infty}\dfrac{(Ct)^k}{\Gamma(\beta+1+k)}\dfrac{F}{F_0}\dfrac{\partial F}{\partial\sigma_{ij}} & (q>\sigma_\infty)\end{cases} \tag{7.35}$$

将式（7.31）、式（7.32）、式（7.35）代入式（7.29），则不考虑体积变形的三维应力状态下模型的本构方程表示为

$$\varepsilon_{ij}(t)=\varepsilon_{ij}^{e}+\varepsilon_{ij}^{ve}(t)+\varepsilon_{ij}^{vp}(t)$$

$$=\begin{cases}\dfrac{1}{2G_0}s_{ij}+\dfrac{s_{ij}}{2H_\alpha}t^\alpha\left[\dfrac{1}{\Gamma(\alpha+1)}+A\sum\limits_{n=1}^{\infty}\dfrac{(-Bt)^n}{\Gamma(\alpha+1+n)}\right] & (F<0)\\ \dfrac{1}{2G_0}s_{ij}+\dfrac{s_{ij}}{2H_\alpha}t^\alpha\left[\dfrac{1}{\Gamma(\alpha+1)}+A\sum\limits_{n=1}^{\infty}\dfrac{(-Bt)^n}{\Gamma(\alpha+1+n)}\right]+\dfrac{1}{2H_s}\dfrac{t^\beta}{\Gamma(1+\beta)}\dfrac{F}{F_0}\dfrac{\partial F}{\partial\sigma_{ij}} & (F\geqslant0,q\leqslant\sigma_\infty)\\ \dfrac{1}{2G_0}s_{ij}+\dfrac{s_{ij}}{2H_\alpha}t^\alpha\left[\dfrac{1}{\Gamma(\alpha+1)}+A\sum\limits_{n=1}^{\infty}\dfrac{(-Bt)^n}{\Gamma(\alpha+1+n)}\right]+\dfrac{1}{2H_s}t^\beta\sum\limits_{k=0}^{\infty}\dfrac{(Ct)^k}{\Gamma(\beta+1+k)}\dfrac{F}{F_0}\dfrac{\partial F}{\partial\sigma_{ij}} & (F\geqslant0,q>\sigma_\infty)\end{cases} \tag{7.36}$$

一般认为静水压力（应力球张量）对蠕变影响很小，应力偏量在蠕变中起主要作用，因此，屈服函数可以取如下形式：

$$F=\sqrt{J_2}-\frac{\sigma_s}{\sqrt{3}} \tag{7.37}$$

在常规三轴蠕变试验条件下有 $\sigma_2=\sigma_3$，则

$$\sigma_m=\frac{1}{3}(\sigma_1+2\sigma_3),s_{11}=\sigma_1-\sigma_m=\frac{2}{3}(\sigma_1-\sigma_3),\sqrt{J_2}=\frac{1}{\sqrt{3}}(\sigma_1-\sigma_3) \tag{7.38}$$

将式（7.37）、式（7.38）代入式（7.36）可得考虑硬化和弱化的分数阶模型的轴向蠕变方程为

$$\varepsilon_{11}(t)=\begin{cases}\dfrac{\sigma_1-\sigma_3}{3G_0}+\dfrac{\sigma_1-\sigma_3}{3H_\alpha}t^\alpha\left[\dfrac{1}{\Gamma(\alpha+1)}+A\sum\limits_{n=1}^{\infty}\dfrac{(-Bt)^n}{\Gamma(\alpha+1+n)}\right] & (F<0)\\ \dfrac{\sigma_1-\sigma_3}{3G_0}+\dfrac{\sigma_1-\sigma_3}{3H_\alpha}t^\alpha\left[\dfrac{1}{\Gamma(\alpha+1)}+A\sum\limits_{n=1}^{\infty}\dfrac{(-Bt)^n}{\Gamma(\alpha+1+n)}\right] & \\ +\dfrac{\sigma_1-\sigma_3-\sigma_s}{6H_s}\dfrac{t^\beta}{\Gamma(1+\beta)} & (F\geqslant 0,\ q\leqslant\sigma_\infty)\\ \dfrac{\sigma_1-\sigma_3}{3G_0}+\dfrac{\sigma_1-\sigma_3}{3H_\alpha}t^\alpha\left[\dfrac{1}{\Gamma(\alpha+1)}+A\sum\limits_{n=1}^{\infty}\dfrac{(-Bt)^n}{\Gamma(\alpha+1+n)}\right] & \\ +\dfrac{\sigma_1-\sigma_3-\sigma_s}{6H_s}t^\beta\sum\limits_{k=0}^{\infty}\dfrac{(Ct)^k}{\Gamma(\beta+1+k)} & (F\geqslant 0,\ q>\sigma_\infty)\end{cases} \tag{7.39}$$

7.1.5 参数分析

为了验证上述模型的正确性，本书抽取了 2.1 节冻结掺合土料的蠕变试验结果中 $\lambda=0.6$、围压不同的 3 组试验数据进行参数分析和模型验证。在本小节中，未特别说明混合比的情况下，均指 $\lambda=0.6$ 的情况。

1. *初始剪切模量 G_0*

初始剪切模量已经在前面分析和给出，具体见 2.1.2 节。

2. *长期强度 σ_∞*

长期强度 σ_∞ 是发生衰减型蠕变和非衰减型蠕变剪应力的阀值，当 $\sigma_3=0.3$MPa 时，试样在低剪应力情况时发生衰减型蠕变，在高剪应力时发生非衰减型蠕变破坏。因此，可以根据 2.1.2 节提出的蠕变拟合公式（2.2）对长期强度进行拟合。由图 2.7（c）、（e）可知，蠕变只有衰减蠕变阶段，根据前面硬化和损伤在蠕变过程中的变化关系可知，这是因为在蠕变过程中冻结掺粗粒料粉质黏土的硬化效应占主导。因此，可以狭隘的认为长期强度大于所施加的最大荷载，试样只存在强化效应，从这个角度可以认为长期强度大于该施加的荷载。

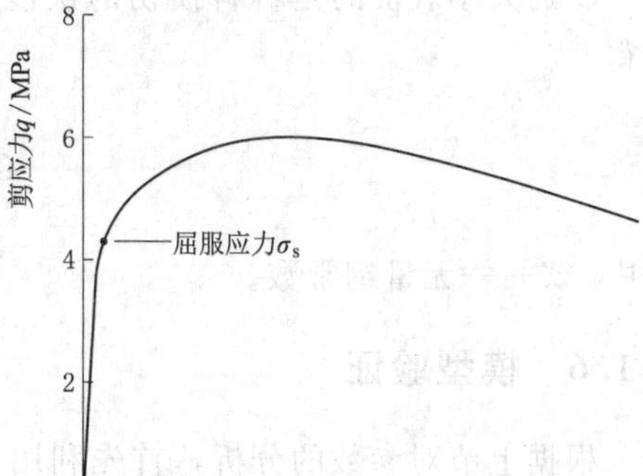

图 7.4　0.3MPa 围压下的屈服应力

3. *屈服应力 σ_s*

根据三轴剪切试验确定屈服应力 σ_s，如图

7.4 所示（以围压 0.3MPa 为例），可以得出 0.3MPa 围压下的屈服应力为 4.21MPa，同理可得 1.4MPa 和 6.0MPa 围压下的屈服应力 σ_s 分别为 4.38MPa 和 4.42MPa。

4. 硬化强度参数 A 和硬化时间参数 B

根据试验结果和对参数的分析可知，在同一围压下，剪应力越大，试样的应变越大，试样硬化速度越快；而硬化强度却越来越低。因此，可以假定硬化参数 A 和硬化时间参数 B 与应力水平存在以下关系

$$A=e^{-\psi q} \tag{7.40}$$

$$B=e^{\theta q}-1 \tag{7.41}$$

式中　q——对应下的剪应力，MPa；

ψ，θ——参数，$\psi>0$，$\theta>0$，MPa^{-1}，ψ、θ 均通过 $F<0$ 情况下拟合得到。

5. 黏弹性元件参数 α 和 H_α

在同一围压下，本书认为黏弹性元件的分数阶参数 α 为一定值，不随剪应力的增大而增大。而黏弹性元件的剪切模量 H_α 随剪应力呈指数形式减小，因此，可假设

$$H_\alpha=a e^{-bq} \tag{7.42}$$

式中　a、b——参数，a 单位为 $MPa\cdot h^\alpha$，b 的单位为 MPa^{-1}，两者通过拟合得到。

6. 黏塑性元件的参数 β、H_s 和 C 值

在同一围压下，黏塑性元件的分数阶参数 β 随剪应力的增大而增大，表征随着剪应力的增大而越容易破坏。而黏塑性元件的剪切模量 H_s 随剪应力增大而减小。因此，可假设

$$\beta=\kappa\exp\left(\mu\frac{q-\sigma_s}{\sigma_s}\right) \tag{7.43}$$

$$H_s=c\ln\left(\frac{q-\sigma_s}{\sigma_s}\right)+d \tag{7.44}$$

式中　κ、μ、c 和 d——参数，c 和 d 的单位为 $MPa\cdot h^\beta$。

C 的大小表征的是材料损伤的快慢，随着剪应力的增大，材料损伤越快，由前面分析得

$$C=\chi\frac{\sigma-\sigma_\infty}{\sigma_\infty} \tag{7.45}$$

式中　χ——无量纲常数。

7.1.6　模型验证

根据上节对参数的分析，首先利用 origin 9.0 软件对 $\lambda=0.6$ 时，不同围压、不同剪应力的曲线进行拟合参数，得到每一个曲线的参数，再对参数进行汇总并按照上一节进行总结和分析，得到的各参数汇总见表 7.1，拟合结果如图 7.5 所示，可见可以模拟出冻结掺合土料的主要的蠕变特点。

表 7.1 模型参数

σ_3 /MPa	σ_s /MPa	ψ /MPa^{-1}	θ /MPa^{-1}	α /h^{-1}	a /(MPa·h$^{\alpha}$)	b /MPa^{-1}	κ	μ	c //(MPa·h$^{\beta}$)	d /(MPa·h$^{\beta}$)	χ
0.3	4.21	0.209	0.022	0.426	7254.7	1.09	0.20	5.00	5.1	18.5	1.2
1.4	4.38	0.215	0.020	0.415	831.0	0.58	0.212	2.19	1.8	6.9	—
6.0	4.42	0.222	0.019	0.405	424.4	0.51	0.36	0.46	0.9	4.8	—

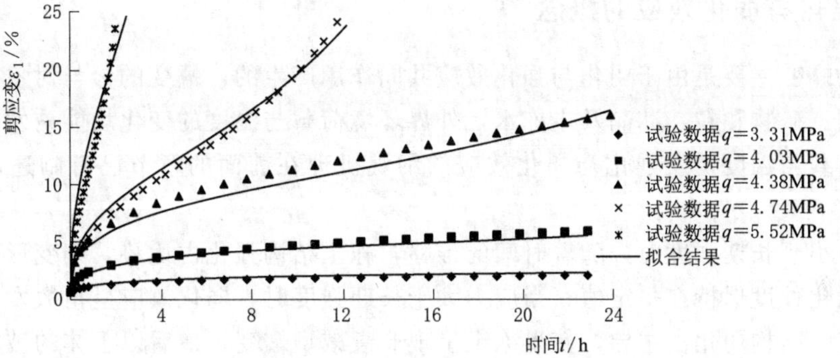

(a) 0.3MPa

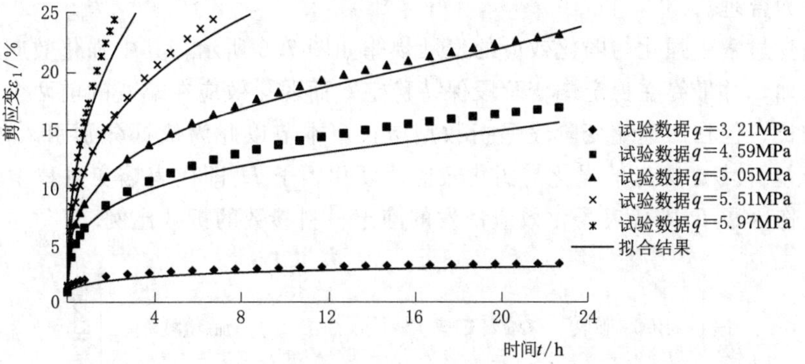

(b) 1.4MPa

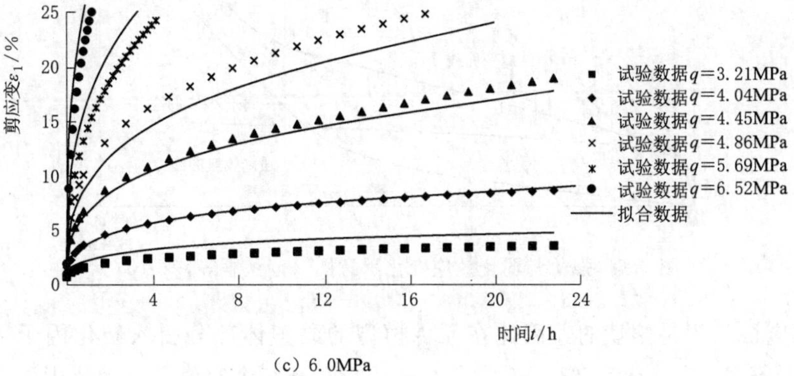

(c) 6.0MPa

图 7.5 冻结掺合土料的模型对比结果（−10℃）

7.2　考虑温度变化的改进西原模型

本节以西原模型为基础，在分析冻土蠕变变形细观机制的基础上，综合考虑了温度、应力因素导致蠕变变形过程中出现的强化与弱化效应，并引入硬化因子与损伤因子，对传统的西原模型进行改进，以考虑温度的影响。

7.2.1　强化与弱化效应的概念

冻土的蠕变主要是由于弱化与强化效应共同作用产生的，蠕变的参与对象主要是微裂隙、微孔洞、矿物颗粒、冰晶及未冻水，外界环境荷载与温度的变化均能诱发冻土的强化与弱化，荷载与温度诱发强化与弱化效应的细观机理在前面的章节已有阐述，本章不再赘述。

当应力小于长期强度时，随着时间的推移，冻土结构强化占优势，则变形带有衰减特性，最终强化程度保持在一定值；当应力大于长期强度时，弱化效应呈指数发展并逐渐大于强化效应，结构弱化占主导，使得冻土呈现非衰减型蠕变，最后以土体的破坏告终。因此，研究冻土的蠕变行为，建立蠕变本构方程，将温度与应力诱发的强化与弱化效应加以考虑效应更为合理。

冻土蠕变过程中强化与弱化效应的发展规律如图 7.6 所示，其中强化效应在初始蠕变阶段逐渐增加，并最终在稳定蠕变阶段保持稳定；而弱化效应在蠕变的前两个阶段随时间变化线性增长，但在加速蠕变阶段呈指数型增长。本节以此为依据分别引入硬化因子 H 与损伤因子 D 来考虑冻土的强化与弱化效应。硬化因子 H 即代表蠕变过程中强化效应的大小，而损伤因子 D 则代表弱化效应诱发的冻土材料参数的折减比例。

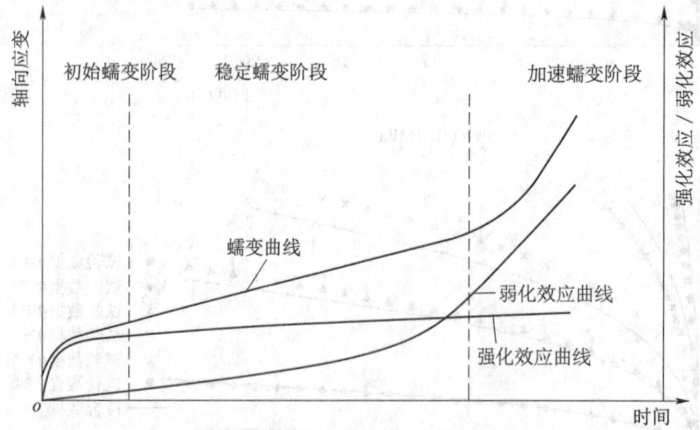

图 7.6　强化与弱化效应变化示意图（范秋雁等，2010）

强化效应被认为是塑性的，因此在元件模型的黏塑体部分引入硬化因子 H，硬化因子 H 应满足条件：① $t\to0$，$H\to0$；② $t\to\infty$，$H\to$某个定值。设硬化因子 H 为

$$H(\sigma,T)=\left(1-\frac{2}{e^{t}+1}\right)A \tag{7.46}$$

式中 A——稳定时强化效应的大小，与温度、应力因素有关；

σ——应力；

T——温度；

t——常荷载条件下的蠕变历时。

一般认为岩土材料弱化不存在阈值，弱化随着应力加载即时产生，但需要注意的是，弱化效应明显显现开始于稳定蠕变阶段末，并控制着加速蠕变阶段。因此，可以简单地把初始蠕变阶段与稳定蠕变阶段的弱化因子看作 0。将损伤因子考虑为分段函数，损伤因子 D 应满足条件：① $t\rightarrow 0$，$D\rightarrow 0$；② $t\rightarrow\infty$，$D\rightarrow 1$。D 表示为

$$D(\sigma,T)=\begin{cases}0 & (q\leqslant\sigma_u)\\ 1-e^{-Bt} & (q>\sigma_u)\end{cases}\tag{7.47}$$

式中 B——弱化效应发展的快慢，与温度、应力因素有关；

σ_u——长期强度；

q——剪应力。

7.2.2 改进的西原模型

传统西原模型由虎克体、黏弹性体以及黏塑性体串并联而成，如图 7.7（a）所示，其中 E_0 表示虎克体的初始弹性模量，E_1 和 η_1 分别表示黏弹性体的弹性模量及黏滞系数，σ_0 和 η_2 分别表示黏塑性体的屈服应力及黏滞系数。传统西原模型可以较好地描述冻土的初始蠕变与稳定蠕变阶段，但由于其黏塑性体的应变随时间线性变化，故传统模型难以描述冻土非线性加速蠕变阶段的应变发展规律（李鑫等，2019）。

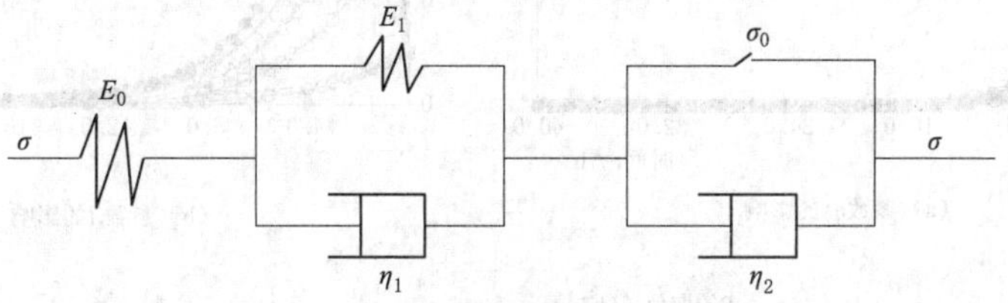

（a）西原模型示意图

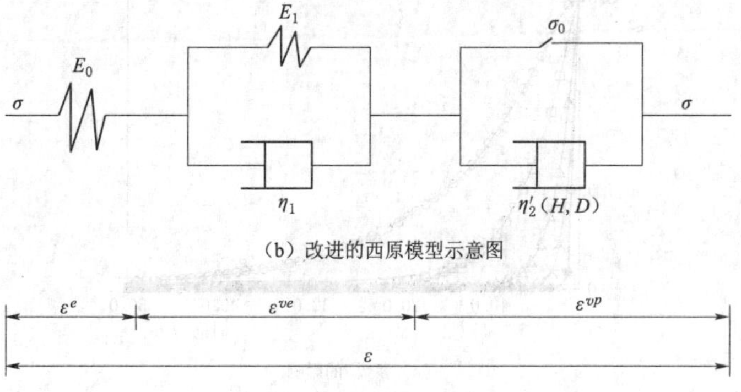

（b）改进的西原模型示意图

图 7.7

本节以冻土蠕变过程中变形特性细观分析为基础，通过在传统模型中引入硬化因子 H 与损伤因子 D，以期解决这个问题。传统的西原模型黏塑性体的黏滞系数为 η_2，添加硬化因子 H 与损伤因子 D 后，黏滞系数实际上反映的是有效值 η_2'。如此，在改进后的西原模型中［图 7.7（b）］，硬化因子用以帮助描述初始蠕变与稳定蠕变变形阶段，而损伤因子则用于帮助描述蠕变变形的持续增长和加速蠕变。

将式（7.46）与式（7.47）联立起来，黏塑性体的有效黏滞系数表示为

$$\eta_2'(H,D)=\eta_2^s(1+H)(1-D)=\begin{cases}\eta_2^s\left[1+\left(1-\dfrac{2}{e^t+1}\right)A\right] & (q\leqslant\sigma_u)\\ \eta_2^s\left[1+\left(1-\dfrac{2}{e^t+1}\right)A\right]e^{-Bt} & (q>\sigma_u)\end{cases}\tag{7.48}$$

式中　η_2^s——黏塑性体的初始黏滞系数，假设其只与温度因素有关。

为分析式（7.48）中的 3 个参数 η_2^s、A 与 B 对黏塑性体有效黏滞系数 η_2' 的影响，将 $A=0.6h^{-1}$、$B=0.4h^{-1}$ 代入式（7.48），得到不同 η_2^s 对应的有效黏滞系数 η_2' 的值；将 $\eta_2^s=2\text{MPa}\cdot\text{h}$、$B=0.4h^{-1}$ 代入式（7.48），得到不同 η_2^s 对应的有效黏滞系数 η_2' 的值；将 $\eta_2^s=3\text{MPa}\cdot\text{h}$、$A=0.1h^{-1}$ 代入式（7.48），得到不同 η_2^s 对应的有效黏滞系数 η_2' 的值，如图 7.8（a）、（b）、（c）所示。

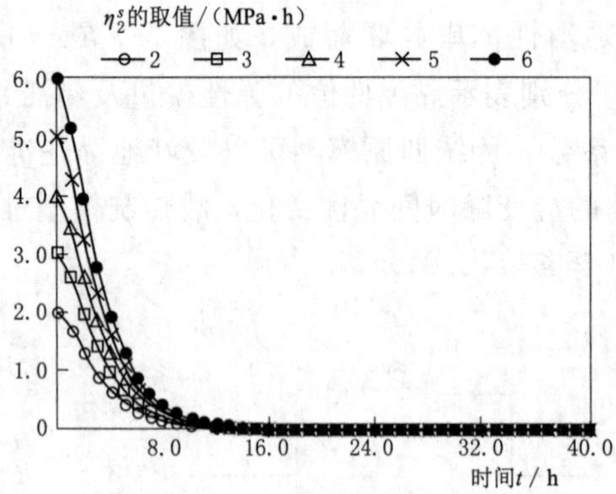

（a）参数η_2^s的影响

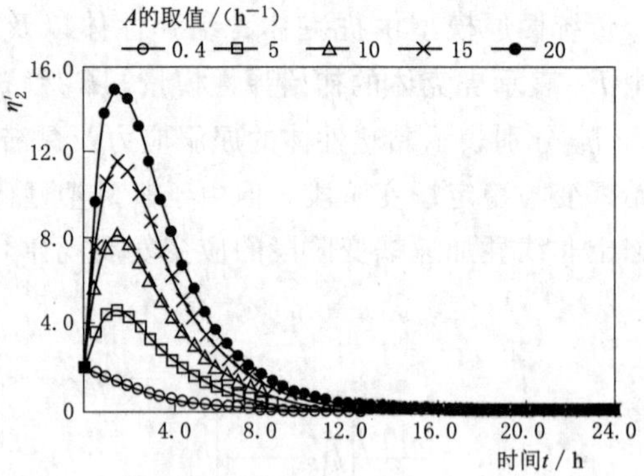

（b）参数A的影响

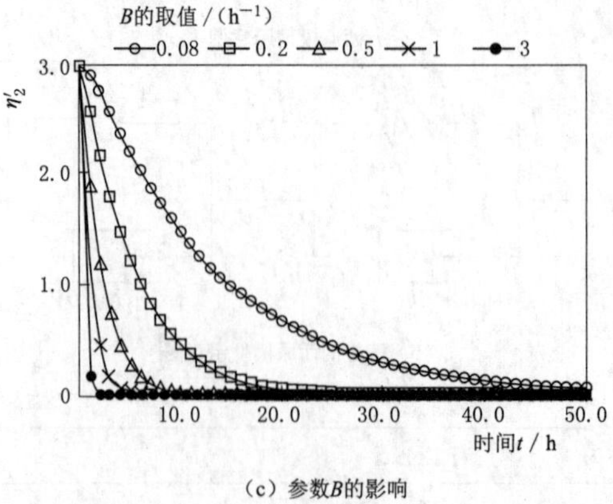

（c）参数B的影响

图 7.8　参数 η_2^s、A 与 B 对黏塑性体的有黏滞系数 η_2' 的影响

从图 7.8（a）中观察到：在考虑强化效应与弱化效应后，黏塑性体的有效黏滞系数 η_2' 随着时间的变化最终保持在接近 0 的稳定值，参数 η_2^s 影响有效黏滞系数 η_2' 的初始值及变化速率的快慢。随着 η_2^s 的增加，黏塑性体的有效黏滞系数 η_2' 在 $t=0\text{h}$ 时的初始值增加，随后 η_2' 的变化速度加快，这是因为使有效黏滞系数 η_2' 达到稳定值的历时是由与强弱化效应有关的参数 A、B 决定的，有效黏滞系数 η_2' 的初始值越大，要经同样的历时保持稳定，那么变化的速率只有越快。

从图 7.8（b）中观察到：在与弱化效应有关的参数 B、黏滞系数初始值 η_2^s 保持不变的情况下，黏塑性体的有效黏滞系数 η_2' 随着时间的变化最终保持在接近 0 的稳定值。但参数 A 的变化会影响有效黏滞系数 η_2' 的变化速率的快慢，随着 A 的增加，η_2' 会以更快的速率变化到稳定值；当参数 A 逐渐增大时，有效黏滞系数 η_2' 随时间的变化规律由一直减少直至稳定值，转化成先增大再减少最后维持稳定，且当有效黏滞系数 η_2' 随时间的变化呈后一种趋势时，A 越大，η_2' 的最大值越大。

同样的，从图 7.8（c）中观察到：在与强化效应有关的参数 A、黏滞系数初始值 η_2^s 保持不变的情况下，黏塑性体的有效黏滞系数 η_2' 随着时间减小并最终保持在接近 0 的稳定值。但参数 B 会强烈的影响有效黏滞系数 η_2' 的变化速率的快慢及达到稳定所需的时间；随着 B 的增加，黏塑性体的有效黏滞系数 η_2' 会以更慢的速率及更长的时间才能最终达到稳定值。

1. 一维蠕变本构方程的推导

令模型总应变为 ε，虎克体的应变为 ε^e，黏弹性体的应变为 ε^{ve}，黏塑性体的应变为 ε^{vp}，则总应变满足

$$\varepsilon=\varepsilon^e+\varepsilon^{ve}+\varepsilon^{vp}。\tag{7.49}$$

当 $\sigma<\sigma_0$ 时（σ_0 为初始屈服强度），仅有虎克体及黏弹性体参与蠕变过程，应力应变满足下面的关系式

$$\begin{cases}\varepsilon=\varepsilon^e+\varepsilon^{ve}, & \sigma=\sigma^e=\sigma^{ve}\\ \dot{\varepsilon}=\dot{\varepsilon}^e+\dot{\varepsilon}^{ve}, & \sigma^e=E_1\varepsilon^{ve}+\eta_1\dot{\varepsilon}^{ve}\\ \sigma^e=E_0\varepsilon^e\end{cases}\tag{7.50a}$$

这个式子可以进一步推导为

$$\sigma+\frac{\eta_1}{E_0+E_1}\dot{\sigma}=\frac{E_0E_1}{E_0+E_1}\varepsilon+\frac{E_0\eta_1}{E_0+E_1}\dot{\varepsilon}。\tag{7.50b}$$

当 $\sigma\geqslant\sigma_0$ 时，改进模型的 3 部分包括虎克体、黏弹性体及黏塑性体均参与蠕变过程，应力应变满足下面的关系式

$$\begin{cases}\varepsilon=\varepsilon^e+\varepsilon^{ve}+\varepsilon^{vp}, & \sigma=\sigma^e=\sigma^{ve}=\sigma^{vp}\\ \dot{\varepsilon}=\dot{\varepsilon}^e+\dot{\varepsilon}^{ve}+\dot{\varepsilon}^{vp}, & \sigma^{ve}=E_1\varepsilon^{ve}+\eta_1\dot{\varepsilon}^{ve}\\ \sigma^e=E_0\varepsilon^e, & \sigma^{vp}=\sigma_0+\eta_2'(H,D)\dot{\varepsilon}^{vp}\end{cases}\tag{7.51a}$$

这个式子可以进一步推导为

$$\frac{E_0E_1}{\eta_1\eta_2'(H,D)}(\sigma-\sigma_0)+\frac{E_0\eta_2'(H,D)+E_0\eta_1+E_1\eta_2'(H,D)}{\eta_1\eta_2'(H,D)}\dot{\sigma}+\ddot{\sigma}=\frac{E_0E_1}{\eta_1}+E_0\ddot{\varepsilon}\tag{7.51b}$$

式（7.51b）的初始条件为：$t=0$、$\varepsilon=0$ 且 $\dot{\varepsilon}=0$，而式（7.51b）的初始条件满足 $t=0$、$\varepsilon=0$ 时，$\dot{\varepsilon}=0$ 且 $\ddot{\varepsilon}=0$。根据初始条件分别求解式（7.50b）及式（7.50b）这两个微分方程，得到改进的西原模型一维公式为

$$\varepsilon=\varepsilon^{e}+\varepsilon^{ve}+\varepsilon^{vp}=\begin{cases}\dfrac{\sigma}{E_0}+\dfrac{\sigma}{E_1}\left[1-\exp\left(-\dfrac{E_1}{\eta_1}t\right)\right] & (\sigma<\sigma_0)\\ \dfrac{\sigma}{E_0}+\dfrac{\sigma}{E_1}\left[1-\exp\left(-\dfrac{E_1}{\eta_1}t\right)\right]+\dfrac{\sigma-\sigma_0}{\eta_2'(H,D)}t & (\sigma\geqslant\sigma_0)\end{cases} \tag{7.52}$$

2. 三维蠕变本构方程的推导

记偏应力张量 $s_{ij}=\sigma_{ij}-\dfrac{1}{3}\sigma_{kk}\delta_{ij}$（其中，$\sigma_{ij}$ 为应力张量，δ_{ij} 为 Kronecker 符号），$e_{ij}=\varepsilon_{ij}-\dfrac{1}{3}\varepsilon_{kk}\delta_{ij}$ 且 $s_{ij}=\sigma_{ij}-\dfrac{1}{3}\sigma_{kk}\delta_{ij}$（其中，$\varepsilon_{ij}$ 为应变张量），体应变 $\varepsilon_v=\varepsilon_{kk}$。不考虑体应变时，即 $\varepsilon_{kk}=0$，此时 $\varepsilon_{ij}=e_{ij}$，其中，$1\leqslant i,j,k\leqslant 3$。

改进西原模型的三维本构方程为

$$\varepsilon_{ij}=\varepsilon_{ij}^{e}+\varepsilon_{ij}^{ve}+\varepsilon_{ij}^{vp}。 \tag{7.53}$$

当 $F<0$（F 为屈服函数）时，仅有虎克体及黏弹性体参与蠕变过程，虎克体的应力应变满足下面的关系式

$$\varepsilon_{ij}^{e}=e_{ij}^{e}=\frac{s_{ij}}{2G_0} \tag{7.54}$$

式中 ε_{ij}^{e}、e_{ij}^{e} 和 G_0——虎克体的应变张量、偏应变张量、及剪切模量。

黏弹性体的方程则为

$$\varepsilon_{ij}^{ve}=\frac{s_{ij}}{2G_1}\left[1-\exp\left(-\frac{2G_1}{\eta_1}t\right)\right] \tag{7.55}$$

式中 ε_{ij}^{ve} 和 G_1——黏弹性体的应变张量及剪切模量。

Zienkiewic et al.（1974）提出黏塑性应变可以表示为屈服函数与塑性势的函数，因此，黏塑性体的应变率张量如下式所示：

$$\dot{\varepsilon}_{ij}^{vp}=\begin{cases}0 & (F<0)\\ \dfrac{1}{\eta_2'(H,D)}\phi\left(\dfrac{F}{F_0}\right)\dfrac{\partial Q}{\partial\sigma_{ij}} & (F\geqslant 0)\end{cases} \tag{7.56}$$

式中 F——屈服函数；

F_0——屈服函数 F 的参考值，对冻土蠕变的元件模型而言可取值为1；

Q——塑性势函数；

$\phi(\cdot)$——简便起见，可写作幂函数形式，并且幂值取1。

求解出式（7.56）对时间 t 的不定积分，并将之与式（7.54）和式（7.55）相加，便得到了采用相关联的流动准则时的改进西原模型的一般应力应变表达式

$$\varepsilon_{ij}=\varepsilon_{ij}^{e}+\varepsilon_{ij}^{ve}+\varepsilon_{ij}^{vp}=\begin{cases}\dfrac{s_{ij}}{2G_0}+\dfrac{s_{ij}}{2G_1}\left[1-\exp\left(-\dfrac{2G_1}{\eta_1}t\right)\right] & (F<0)\\ \dfrac{s_{ij}}{2G_0}+\dfrac{s_{ij}}{2G_1}\left[1-\exp\left(-\dfrac{2G_1}{\eta_1}t\right)\right]+\dfrac{1}{\eta_2'(H,D)}F\dfrac{\partial F}{\partial\sigma_{ij}}t & (F\geqslant 0)\end{cases} \tag{7.57}$$

当不考虑强化效应与弱化效应时，式（7.57）退化为传统西原模型，可表示为

$$\varepsilon_{ij}=\varepsilon_{ij}^{e}+\varepsilon_{ij}^{ve}+\varepsilon_{ij}^{vp}=\begin{cases}\dfrac{s_{ij}}{2G_0}+\dfrac{s_{ij}}{2G_1}\left[1-\exp\left(-\dfrac{2G_1}{\eta_1}t\right)\right] & (F<0)\\[2ex] \dfrac{s_{ij}}{2G_0}+\dfrac{s_{ij}}{2G_1}\left[1-\exp\left(-\dfrac{2G_1}{\eta_1}t\right)\right]+\dfrac{1}{\eta_2}F\dfrac{\partial F}{\partial\sigma_{ij}}t & (F\geqslant 0)\end{cases}\tag{7.58}$$

对未冻土而言，一些强度准则如 Mises 准则、Mohr - Coulomb 准则及 Drucker - Prager 准则被广泛接受及使用。但是，冻土与其他岩土材料的强度特性略有差别，它是一种包含冰相的四相混合物，因此强度特性受压力与相变的影响强烈。Fish（1991）提出了适用于更广围压范围的冻土的抛物线强度准则。假设冻结黄土的初始屈服面与破坏面大小相异但形状相似，可采用抛物线形式的屈服准则来判断改进西原模型的初始屈服是否发生，屈服准则采用如下形式：

$$F=\sqrt{3J_2}-c-\sigma_m b+\frac{b}{2a}\sigma_m^2\tag{7.59}$$

式中　σ_m 和 J_2　——第一应力不变量及第二偏应力不变量；

a，b，c——材料参数。

3. 三轴蠕变试验中验证公式的推导

记 σ_1 为轴向应力，σ_3 为围压，q 为剪应力，ε_1 为轴向应变，于是在三轴蠕变试验中，有

$$\varepsilon_2=\varepsilon_3,\sigma_2=\sigma_3,q=\sqrt{3J_2}=\sigma_1-\sigma_3,\sigma_m=\frac{1}{3}(\sigma_1+2\sigma_3),s_{11}=\frac{2}{3}(\sigma_1-\sigma_3)$$

屈服函数则可以表示为

$$F=\sigma_1-\sigma_3-c-\frac{1}{3}(\sigma_1+2\sigma_3)b+\frac{b}{18c}(\sigma_1+2\sigma_3)^2\tag{7.60}$$

最终，轴向应变表示为

$$\varepsilon_1=\begin{cases}\dfrac{\sigma_1-\sigma_3}{3G_0}+\dfrac{\sigma_1-\sigma_3}{3G_1}\left[1-\exp\left(-\dfrac{2G_1}{\eta_1}t\right)\right] & (F<0)\\[2ex] \dfrac{\sigma_1-\sigma_3}{3G_0}+\dfrac{\sigma_1-\sigma_3}{3G_1}\left[1-\exp\left(-\dfrac{2G_1}{\eta_1}t\right)\right]+\dfrac{1}{\eta_2'(H,D)}FMt & (F\geqslant 0)\end{cases}\tag{7.61}$$

式中　$M=1-\dfrac{1}{3}b+\dfrac{b}{9a}(\sigma_1+2\sigma_3)$

7.2.3　模型参数的确定

在冻土的常规三轴压缩试验中，应力-应变曲线在加载初期存在明显的直线段，之后应力-应变关系呈曲线变化。直线段与曲线段之间存在明显的转折点，本节认为此转折点即为冻土的初始屈服点。因此，通过拟合文献（张德等，2019；Liu et al.，2019；Lai et al.，2010）常规三轴压缩试验中初始屈服点的数据，即可得到抛物线屈服函数 F 有关参数（表 7.2）。长期强度的相关拟合方法在第 2 章有涉及，具体取值列在表 7.2 中。

胡克体的剪切模量通过拟合三轴蠕变试验数据获得。根据式（7.57），当 $t=0$，$\varepsilon_{11}=$

$\frac{s_{11}}{2G_0}$。令 ε_0 表示为三轴蠕变试验中初始轴向应变，并假设初始轴向应变为纯弹性的，则可得到

$$\varepsilon_0=\frac{s_{11}}{2G_0}=\frac{q}{3G_0} \tag{7.62}$$

那么胡克体的剪切模量即为 q 与 ε_0 关系直线斜率的 1/3，其具体取值见表 7.2。

表 7.2　改进西原模型的参数

温度/℃	c/MPa	b	a/MPa	σ_u/MPa	$G_0/10^2$MPa
−1.5	0.3	0.01	2.5	1.82	0.09
−10	3.86	0.06	6.08	6.04	0.45
−15	5.25	0.09	7.74	8.3	0.75

黏弹性体的剪切模量假设为

$$G_1=\kappa\exp[-\alpha q-\beta(T)] \tag{7.63}$$

式中　κ、α——材料常数；

$\beta(T)$——与温度有关的函数，对冻结黄土，$\beta(T)=0.2009((T-T_0)/1℃)-0.0186$；

T_0 表示参考温度。

黏弹性体的黏滞系数为

$$\eta_1=\gamma\exp[-\delta q-\theta(T)] \tag{7.64}$$

式中　γ、δ——材料常数；

$\theta(T)$——与温度有关的函数，对冻结黄土，$\theta(T)=0.0182[(T-T_0)/1℃]^2+0.3208[(T-T_0)/1℃]$。

模型的参数 A 体现了强化效应最终的大小值，假设为以下形式

$$A=u\exp[-\chi q-\lambda(T)] \tag{7.65}$$

式中　u、χ——材料常数；

$\lambda(T)$——与温度有关的函数，对冻结黄土，$\lambda(T)=0.0225[(T-T_0)/1℃]^2+0.3824[(T-T_0)/1℃]$。

参数 B 体现了弱化效应的导致的材料参数折减的快慢，假设为以下形式

$$B=\xi\left(\frac{q-\sigma_u}{\sigma_u}\right)^m \tag{7.66}$$

其中，对冻结黄土，$m=1.7+0.41(T/T_0)-0.8(T/T_0)^2$。

式（7.66）中的参数 ξ 则由下式决定

$$\xi=v\exp(\tilde{\omega}T) \tag{7.67}$$

式中　v、$\tilde{\omega}$——材料常数。

式（7.48）中的初始黏滞系数假设只与温度有关，其与温度的关系式为

$$\eta_2^s=\eta_2^0\omega(T) \tag{7.68}$$

式中　η_2^0——材料常数；

$\omega(T)$——与温度有关的函数，对冻结黄土，$\omega(T)=0.8245(T/T_0)^2-0.6767(T/T_0)+0.6983$。

7.2.4 模型验证

通过对冻结黄土三轴蠕变试验的数据拟合，得到改进后的西原模型的参数为：$T_0 = -10℃$、$\kappa = 190\text{MPa}$、$\alpha = 0.31\text{MPa}^{-1}$、$\gamma = 1473.3\text{MPa} \cdot \text{h}$、$\delta = 0.529\text{MPa}^{-1}$、$u = 439.25$、$\chi = 0.64\text{MPa}^{-1}$、$\nu = 772.9$，$\tilde{\omega} = 0.362℃^{-1}$、$\eta_2^0 = 1300\text{MPa} \cdot \text{h}$。图 7.9 (a)、(b) 及 (c) 分别给出了在−15℃，−10℃与−1.5℃下三轴蠕变试验的试验结果与模型预测值。

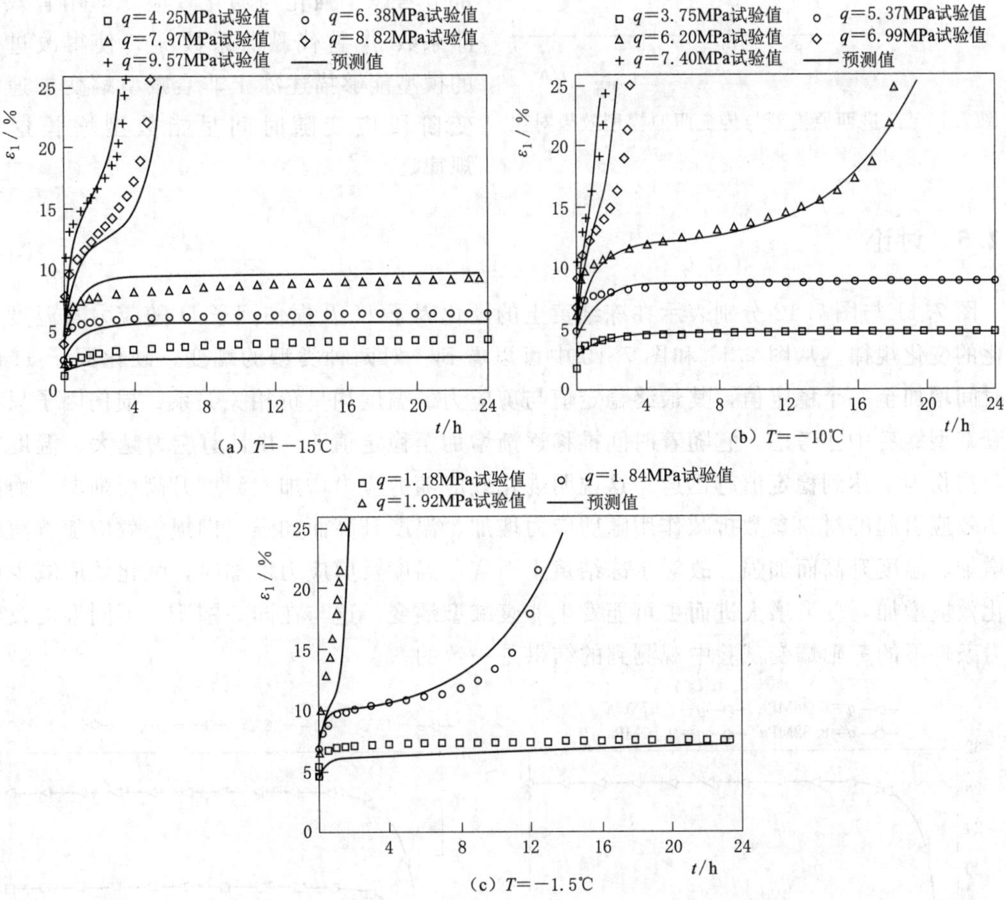

图 7.9 冻结兰州黄土试验结果与模型预测结果对比

图 7.9 (a)、(b) 及 (c) 表明：无论是衰减型蠕变还是非衰减型蠕变，模型预测值与试验结果的吻合效果都较好。改进的西原模型能够考虑温度及应力两种因素对蠕变的影响，重现冻土蠕变的全进程。

对式 (7.58) 对时间求导，得到传统西原模型中应变率的表达式为

$$\dot{\varepsilon}_{ij} = \begin{cases} \dfrac{s_{ij}}{\eta_1}\exp\left(-\dfrac{2G_1}{\eta_1}t\right) & (F<0) \\ \dfrac{s_{ij}}{\eta_1}\exp\left(-\dfrac{2G_1}{\eta_1}t\right) + \dfrac{1}{\eta_2}F\dfrac{\partial F}{\partial \sigma_{ij}} & (F \geqslant 0) \end{cases} \tag{7.69}$$

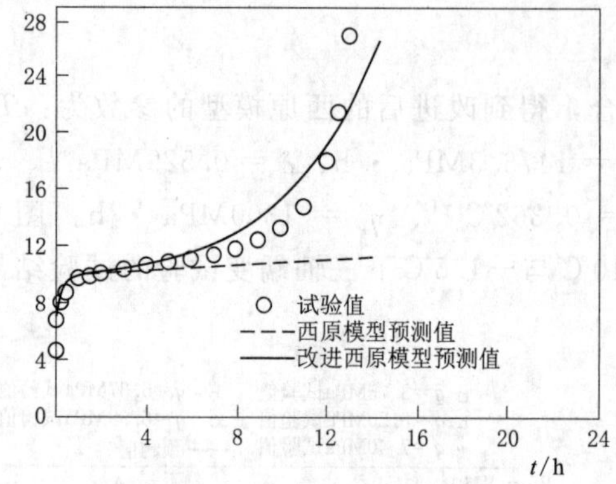

图 7.10　改进西原模型与传统西原模型效果对比

从上式可以得到，应变率在加速蠕变阶段，即 $t\to\infty$，其极限值为常量 $\frac{1}{\eta_2}F\frac{\partial F}{\partial\sigma_{ij}}$。以在温度为 -1.5℃，剪应力 1.84MPa 条件下的冻结黄土的三轴蠕变试验结果为例，将传统西原模型与改进后模型的预测值进行比较（图 7.10），发现通过在黏塑性体部分考虑了强化与弱化效应，即用有效黏滞系数 η_2' 替代黏滞系数 η_2，使得改进后的模型能够描述冻土非衰减型蠕变加速蠕变阶段应变随时间呈指数型增长这一规律。

7.2.5　讨论

图 7.11 与图 7.12 分别表示在冻结黄土的硬化因子 H 及损伤因子 D 随应力与温度 T 变化的变化规律。从图 7.11 和图 7.12 中可以看到：对两种类型的蠕变，硬化因子 H 随着时间增加至一个稳定值，其最终稳定值与剪应力、温度均呈负相关关系；损伤因子只在非衰减型蠕变中才考虑，它随着时间推移逐渐增加至稳定值 1，并且剪应力越大、温度越高，损伤因子达到稳定值越迅速。这说明强化效应随剪应力增加、温度升高而削弱，而因损伤效应引起的材料参数折减作用随剪应力增加、温度升高而加强，即损伤效应随着剪应力增加、温度升高而加强。故对于冻结黄土而言，温度及剪应力增加时，强化效应减少而弱化效应增加，变形增大进而更可能发生非衰减型蠕变，这与在同一围压、不同温度及剪应力条件下的三轴蠕变试验中观测到的结果是一致的。

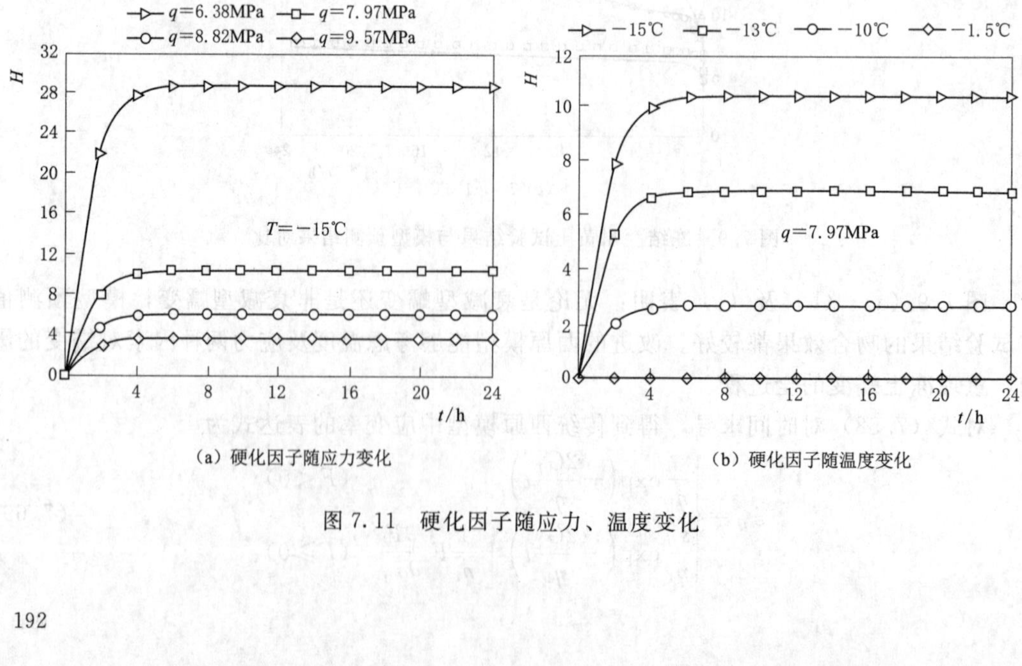

(a) 硬化因子随应力变化

(b) 硬化因子随温度变化

图 7.11　硬化因子随应力、温度变化

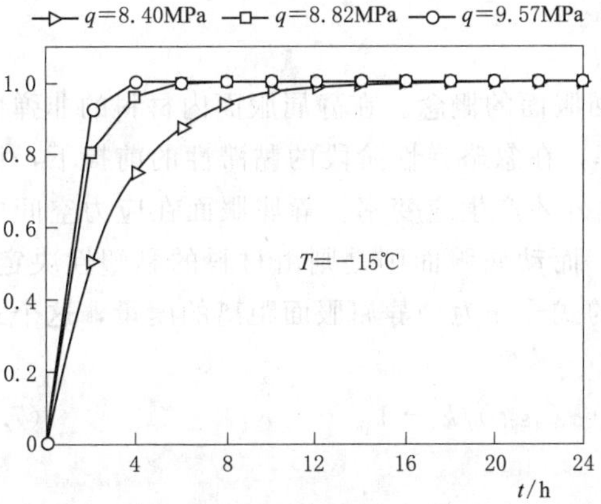

(a) 损伤因子随应力变化

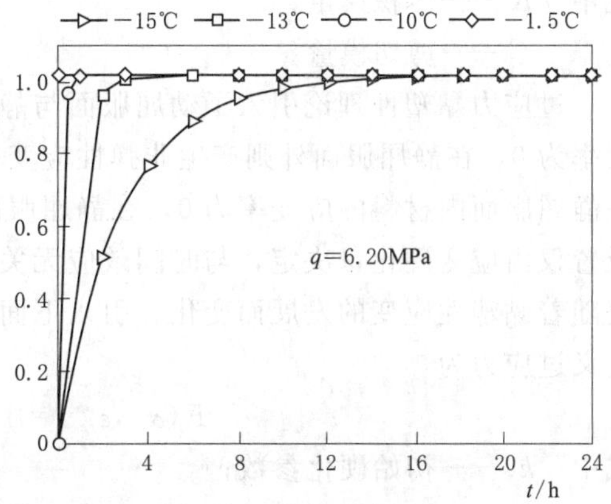

(b) 损伤因子随温度变化

图 7.12 损伤因子随应力、温度变化

7.3 双硬化黏弹塑性蠕变模型

本节以过应力黏塑性理论为基础，试图构建一个增量形式的黏弹塑性蠕变模型，并通过冻结黄土在不同温度下常规三轴压缩试验与三轴蠕变试验对参数进行拟合及验证模型的合理性，使得模型能反映应力水平与温度双因素对冻土蠕变行为的影响（李鑫，2019）。

7.3.1 过应力黏塑性理论

对金属、岩土材料等时间敏感性材料而言，其应力应变特性受到时间的影响。经典的塑性理论由于假设材料的状态与时间无关，因此以经典塑性理论为基础建立起来的本构方程无法反映材料应变速率敏感性、蠕变及应力松弛等与时间相关的特性。为同时描述金属、岩土材料等固体材料的塑性与流变（即与时间相关的应力应变行为）特性，Perzyna（1963）总结研究了过去已开展的金属、土体静、动力学试验成果，在前人已提出的一维黏塑性流动方程的基础上，建立了复杂应力条件下过应力黏塑性理论。

在受力状态下，固体材料的变形都不同程度地随时间变化。这种变形与时间的相关性，通常称作材料的黏性特性（杨绪灿等，1985）。在有些情况下，物体在材料弹性变形阶段就有明显的黏性性质，有时在塑性阶段才显示这种黏性性质。在 Perzyna 的过应力黏塑性理论中，假设黏性性质在弹性变形阶段不明显，塑性变形阶段显著出现，因此将应变率分解成弹性与非弹性两部分，表示为

$$\dot{\varepsilon}_{ij}=\dot{\varepsilon}_{ij}^{e}+\dot{\varepsilon}_{ij}^{vp} \tag{7.70}$$

式中 $\dot{\varepsilon}_{ij}^{e}$——弹性应变率张量；

$\dot{\varepsilon}_{ij}^{vp}$——非弹性应变率张量。

弹性部分若采用线弹性模型论，则有

$$\dot{\varepsilon}_{ij}^{e}=\frac{\dot{\sigma}_{kk}}{9K}\delta_{ij}+\frac{\dot{s}_{ij}}{2G} \tag{7.71}$$

式中　K——体积模量；

G——剪切模量。

过应力黏塑性理论引入了动屈服面与静屈服面的概念。在静屈服面内材料的非弹性应变率为 0，在静屈服面外则产生非弹性应变率，在忽略弹性阶段的黏滞性的前提下，那么在静屈服面内材料的应变率为 0，在静屈服面外才产生应变率。静屈服面在应力空间中的位置仅由应变硬化量决定，与时间效应无关。而动屈服面则是则由材料的黏塑性决定的，它随着黏塑性应变的发展而变化。引入下面的式子作为动静屈服面距离的度量，这个式子定义过应力为

$$F(\sigma_{ij},\varepsilon_{ij}^{vp})=f_d(\sigma_{ij},\varepsilon_{ij}^{vp})/k_s-1 \tag{7.72}$$

式中　k_s——初始硬化参数；

f_d——动屈服函数。当 $F=0$ 时，动屈服面丧失时间敏感性，与静屈服面重合，则静屈服函数 $f_s=k_s$。

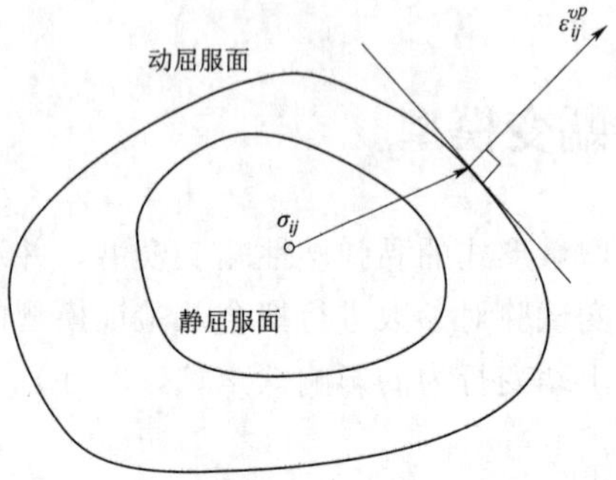

图 7.13　黏塑性应变率与动、静屈服面示意图（Perzyna，1963）

通过使用 Drucker 公设，在小变形情况下的黏塑性变形的流动准则为

$$\dot{\varepsilon}_{ij}^{vp}=u\langle\Phi(F)\rangle\frac{\partial f_d}{\partial\sigma_{ij}} \tag{7.73}$$

式中　u——与材料黏滞性有关的系数。

当 $F\leqslant 0$，$\langle\Phi(F)\rangle=0$，当 $F>0$，$\langle\Phi(F)\rangle=\Phi(F)$，$\Phi(F)$ 是关于 F 的初等函数，其形式可由试验确定。

黏塑性应变率与动静屈服面的关系示意如图 7.13 所示。

7.3.2　冻土双硬化黏弹塑性蠕变模型

1. 动、静屈服函数

记 $\sigma_m=\frac{1}{3}\sigma_{kk}$，$s_{ij}=\sigma_{ij}-\frac{1}{3}\sigma_{kk}\delta_{ij}$，$\sigma_s=\sqrt{\frac{3}{2}s_{ij}s_{ji}}$，$\varepsilon_v=\varepsilon_{kk}$，$e_{ij}=\varepsilon_{ij}-\frac{1}{3}\varepsilon_{kk}\delta_{ij}$，$\varepsilon_s=\sqrt{\frac{2}{3}e_{ij}e_{ji}}$。式（7.72）中的静屈服面采用双硬化本构模型中的屈服函数形式（沈珠江，1995；Liu et al.，2009），表达式如下：

$$f_s=\frac{\sigma_m}{1-(\eta/\alpha_s)^n}-\sigma'_{cs}=0 \tag{7.74}$$

式中　σ_m——平均应力；

$\eta=\sigma_s/\sigma_m$；

σ'_{cs}、α_s——与塑性体应变、塑性广义剪应变有关的强化参数，其表示式为

$$\sigma'_{cs}=p_0\exp(\beta\varepsilon_v^p) \tag{7.75}$$

$$\alpha_s=\alpha_m\left[1.0-c_1\exp\left(\frac{\varepsilon_s^p}{c_2}\right)\right] \tag{7.76}$$

式中　$\varepsilon_v^p=\varepsilon_{kk}^p$，$e_{ij}^p=\varepsilon_{ij}^p-\frac{1}{3}\varepsilon_{kk}^p\delta_{ij}$，$\varepsilon_s^p=\sqrt{\frac{2}{3}e_{ij}^p e_{ji}^p}$；

p_0——$\varepsilon_v^p=0$ 的参考压力；

β、α_m、c_1、c_2、n——与温度有关的材料常数。

下面对双硬化屈服面的几何特征点进行分析，以便确定静屈服面的几何特征点：对式（7.74），令 $\sigma_s=0$，则得到此静屈服面在 $p-q$ 平面内与坐标横轴的交点为 σ'_{cs}；将式（7.72）看成是确定了 σ_s 关于 σ_m 的隐函数 $\sigma_s=g(\sigma_m)$，利用隐函数的求导法则，求解 $\frac{d\sigma_s}{d\sigma_m}=\frac{d[g(\sigma_m)]}{\sigma_m}=0$ 的解，可得到此时 $\sigma_m=\frac{n}{n+1}\sigma'_{cs}$，$\sigma_s=\frac{n}{(n+1)\sqrt[n]{n+1}}\sigma'_{cs}\alpha_s$，则静屈服面在 $p-q$ 平面内的最高点为 $\frac{n}{(n+1)\sqrt[n]{n+1}}\sigma'_{cs}\alpha_s$，对应横坐标值为 $\frac{n}{n+1}\sigma'_{cs}$。

假设动屈服面与静屈服面的形状相同，但随着黏塑性应变的变化其大小会发生改变，则动屈服面的方程为

$$f_d=\frac{\sigma_m}{1-(\eta/\alpha_d)^n}-\sigma'_{cd}=0 \tag{7.77}$$

式中　σ'_{cd}、α_d——与黏塑性体应变、黏塑性广义剪应变有关的参数，其表示式为

$$\sigma'_{cd}=p_0\exp(\beta\varepsilon_v^{vp}), \tag{7.78}$$

$$\alpha_d=\alpha_m\left[1.0-c_1\exp\left(\frac{\varepsilon_s^{vp}}{c_2}\right)\right] \tag{7.79}$$

式中　$\varepsilon_v^{vp}=\varepsilon_{kk}^{vp}$，$e_{ij}^{vp}=\varepsilon_{ij}^{vp}-\frac{1}{3}\varepsilon_{kk}^{vp}\delta_{ij}$，$\varepsilon_s^{vp}=\sqrt{\frac{2}{3}e_{ij}^{vp}e_{ji}^{vp}}$。

对动屈服面的几何特征点进行分析：对式（7.77），令 $\sigma_s=0$，则得到动屈服面在 $p-q$ 平面内与坐标横轴的交点为 σ'_{cd}；将式（7.77）看成是确定了 σ_s 关于 σ_m 的隐函数 $\sigma_s=g(\sigma_m)$，利用隐函数的求导法则，求解 $\frac{d\sigma_s}{d\sigma_m}=\frac{d[g(\sigma_m)]}{\sigma_m}=0$ 的解，可得到此时 $\sigma_m=\frac{n}{n+1}\sigma'_{cd}$，$\sigma_s=\frac{n}{(n+1)\sqrt[n]{n+1}}\sigma'_{cd}\alpha_d$，则动屈服面在 $p-q$ 平面内的最高点为 $\frac{n}{(n+1)\sqrt[n]{n+1}}\sigma'_{cd}\alpha_d$，对应横坐标值为 $\frac{n}{n+1}\sigma'_{cd}$。

参数 β、α_m、c_1、c_2、n 对动屈服面的影响如图 7.14 所示，图 7.14（a）中 $p_0=0.3$MPa、$\alpha_m=7.4$、$c_1=0.36$、$c_2=2.2$、$n=2.38$；图 7.14（b）中 $\beta=40$、$c_1=0.36$、$c_2=2.2$、$n=2.38$；图 7.14（c）中 $\beta=40$、$\alpha_m=7.4$、$c_2=2.2$、$n=2.38$；图 7.14（d）中 $\beta=40$、$\alpha_m=7.4$、$c_1=0.36$、$n=2.38$；图 4.2（e）中 $\beta=40$、$\alpha_m=7.4$、$c_1=0.36$、$c_2=2.2$。

从图 7.14（a）中可以看出，在 $p-q$ 平面上，随着 β 的增加，动屈服面在低应力状态时的直线部分斜率增大，同时与 x 轴的截距、最高点的位置向坐标平面右上方移动，使得屈服面始终在坐标轴的各个方向都呈膨胀趋势。类似的，从图 7.14（b）中可以看出，随着 α_m 的增加，动屈服面在低应力阶段的直线部分斜率增大，而最高点的位置在坐

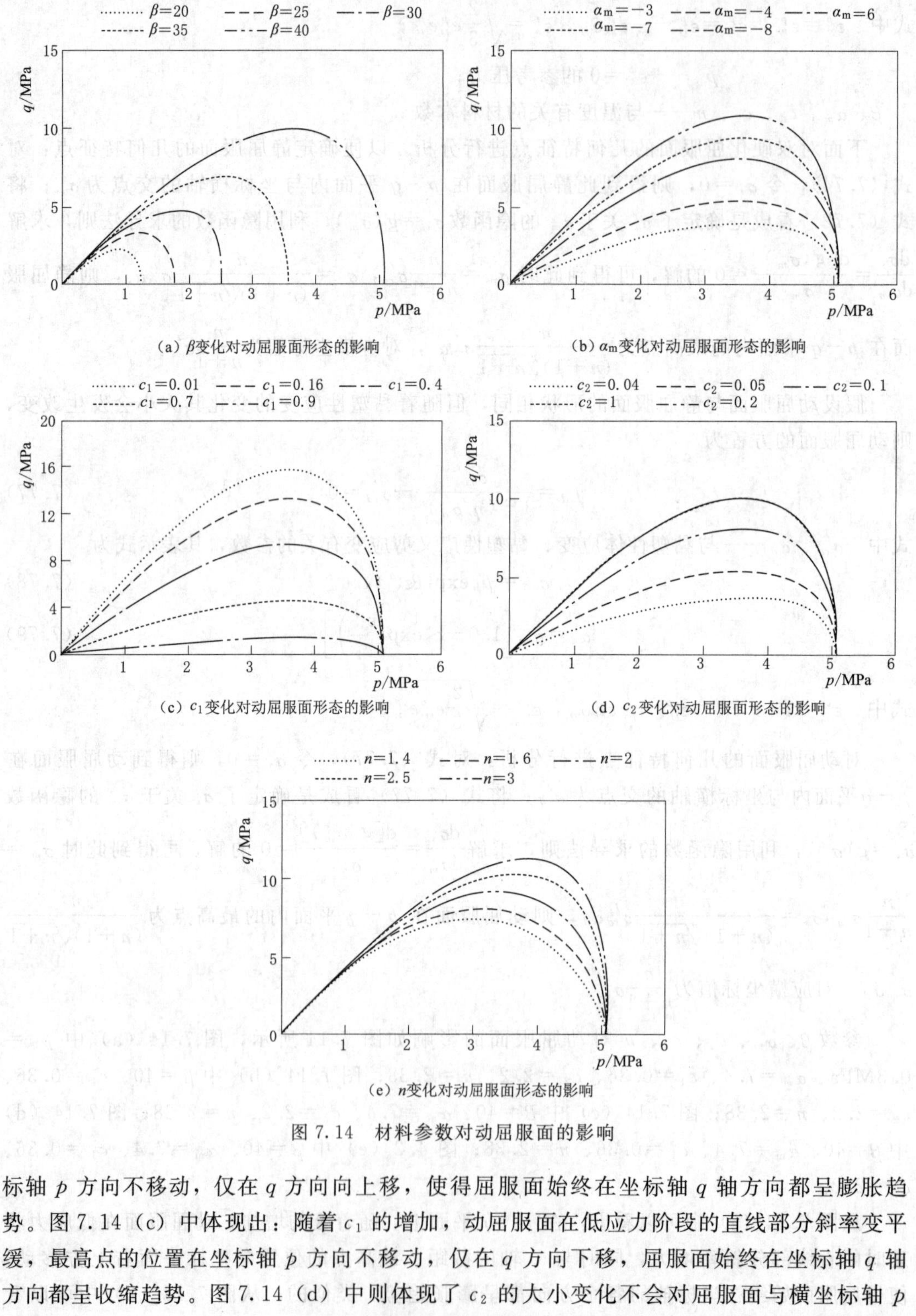

(a) β变化对动屈服面形态的影响

(b) α_m变化对动屈服面形态的影响

(c) c_1变化对动屈服面形态的影响

(d) c_2变化对动屈服面形态的影响

(e) n变化对动屈服面形态的影响

图 7.14　材料参数对动屈服面的影响

标轴 p 方向不移动，仅在 q 方向向上移，使得屈服面始终在坐标轴 q 轴方向都呈膨胀趋势。图 7.14（c）中体现出：随着 c_1 的增加，动屈服面在低应力阶段的直线部分斜率变平缓，最高点的位置在坐标轴 p 方向不移动，仅在 q 方向下移，屈服面始终在坐标轴 q 轴方向都呈收缩趋势。图 7.14（d）中则体现了 c_2 的大小变化不会对屈服面与横坐标轴 p 的截距位置产生影响，但 c_2 的增长会使动屈服面在沿在坐标轴 q 轴方向上呈扩大趋势。

从图 7.14（e）中可以看出，随着 n 的增加，屈服面与横坐标的截距位置不受影响，动屈服面则向右上方有扩大趋势。

2. 黏塑性应变速率公式的推导

经过对动屈服面及静屈服面几何特征的分析，可以得到如图 7.15 所示的双硬化动、静屈服面在 $p-q$ 平面的形态示意图。

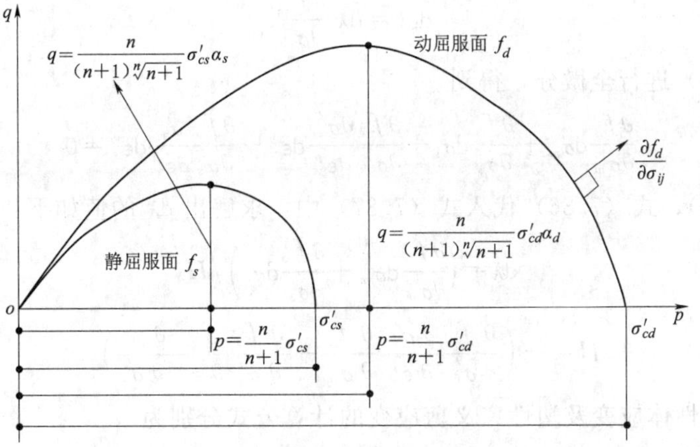

图 7.15　动、静屈服面在 $p-q$ 平面的形态示意图

因此过应力（即动静屈服面的距离）又可以由横纵轴的几何特征点来衡量，具体表达式如下：

$$F(\sigma_{ij},\varepsilon_{ij}^{vp})=\frac{f_d(\sigma_{ij},\varepsilon_{ij}^{vp})}{f_s(\sigma_{ij},\varepsilon_{ij}^{p})}-1=\frac{1}{2}\frac{\sigma'_{cd}}{\sigma'_{cs}}+\frac{1}{2}\frac{\alpha_d\sigma'_{cd}}{\alpha_s\sigma'_{cs}}-1 \tag{7.80}$$

考虑到本章采用的双硬化动屈服面的参数敏感性，因此 $\Phi(F)$ 的函数表达式确定如下

$$\Phi(F)=\exp\left(N_1\frac{\sigma'_{cd}}{\sigma'_{cs}}+N_2\frac{\alpha_d}{\alpha_s}\right) \tag{7.81}$$

式中　N_1，N_2——材料参数。

动屈服面 f_d 对应力张量 σ_{ij} 的偏导数为

$$\frac{\partial f_d}{\partial \sigma_{ij}}=\frac{\partial f_d}{\partial \sigma_m}\frac{\partial \sigma_m}{\partial \sigma_{ij}}+\frac{\partial f_d}{\partial\sqrt{J_2}}\frac{\partial\sqrt{J_2}}{\partial \sigma_{ij}}=\frac{1-(1+n)(\eta/\alpha_d)^n}{3[1-(\eta/\alpha_d)^n]^2}\delta_{ij}+\frac{3n(\eta/\alpha_d)^n}{2\eta[1-(\eta/\alpha_d)^n]^2}\frac{s_{ij}}{\sigma_s} \tag{7.82}$$

进而可以得到黏塑性应变率为

$$\dot{\varepsilon}_{ij}^{vp}=\mu\langle\Phi(F)\rangle\left\{\frac{1-(1+n)(\eta/\alpha_d)^n}{3[1-(\eta/\alpha_d)^n]^2}\delta_{ij}+\frac{3n(\eta/\alpha_d)^n}{2\eta[1-(\eta/\alpha_d)^n]^2}\frac{s_{ij}}{\sigma_s}\right\} \tag{7.83}$$

3. 黏弹性应变速率公式的推导

当不考虑平均应力对黏弹性应变的影响时，黏弹性应变率采用下列表示式

$$\dot{\varepsilon}_{ij}^{ve}=\frac{s_{ij}}{\eta_1}\exp\left(-\frac{2G_1}{\eta_1}t\right) \tag{7.84}$$

式中　G_1、η_1——与材料黏弹性有关的系数。

4. 静屈服面硬化参数计算公式的推导

采用相关联的流动法则，则

$$d\varepsilon_v^p = d\lambda \frac{\partial f_s}{\partial \sigma_m}。 \tag{7.85}$$

$$d\varepsilon_s^p = d\lambda \frac{\partial f_s}{\partial \sigma_s}。 \tag{7.86}$$

对式（7.75）进行全微分，得到

$$\frac{\partial f_s}{\partial \sigma_m}d\sigma_m + \frac{\partial f_s}{\partial \sigma_s}d\sigma_s + \frac{\partial f_s}{\partial \sigma'_{cs}}\frac{\partial \sigma'_{cs}}{\partial \varepsilon_v^p}d\varepsilon_v^p + \frac{\partial f_s}{\partial \alpha_s}\frac{\alpha_s}{\partial \varepsilon_s^p}d\varepsilon_s^p = 0 \tag{7.87}$$

将式（7.85）、式（7.86）代入式（7.87）中，求解出 $d\lambda$ 的值如下：

$$d\lambda = \left(\frac{\partial f_s}{\partial \sigma_m}d\sigma_m + \frac{\partial f_s}{\partial \sigma_s}d\sigma_s\right)\Big/H \tag{7.88}$$

其中
$$H = -\left(\frac{\partial f_s}{\partial \sigma'_{cs}}\frac{\partial \sigma'_{cs}}{\partial \varepsilon_v^p}\frac{\partial f_s}{\partial \sigma_m} + \frac{\partial f_s}{\partial \alpha_s}\frac{\alpha_s}{\partial \varepsilon_s^p}\frac{\partial f_s}{\partial \sigma_s}\right)$$

因此得到塑性体应变及塑性广义剪应变的计算公式分别为

$$d\varepsilon_v^p = \left(\frac{\partial f_s}{\partial \sigma_m}\frac{\partial f_s}{\partial \sigma_m}d\sigma_m + \frac{\partial f_s}{\partial \sigma_s}\frac{\partial f_s}{\partial \sigma_m}d\sigma_s\right)\Big/H \tag{7.89}$$

$$d\varepsilon_s^p = \left(\frac{\partial f_s}{\partial \sigma_m}\frac{\partial f_s}{\partial \sigma_s}d\sigma_m + \frac{\partial f_s}{\partial \sigma_s}\frac{\partial f_s}{\partial \sigma_s}d\sigma_s\right)\Big/H \tag{7.90}$$

其中涉及到的各偏导数的值为

$$\frac{\partial f_s}{\partial \sigma_m} = \frac{1-(1+n)(\eta/\alpha_s)^n}{[1-(\eta/\alpha_s)^n]^2}，\frac{\partial f_s}{\partial \sigma_s} = \frac{n(\eta/\alpha_s)^{n-1}}{\alpha_s[1-(\eta/\alpha_s)^n]^2}，\frac{\partial f_s}{\partial \sigma'_{cs}} = -1，$$

$$\frac{\partial f_s}{\partial \alpha_s} = \frac{-n\sigma_m(\eta/\alpha_s)^n}{\alpha_s[1-(\eta/\alpha_s)^n]^2}，\frac{\partial \sigma'_{cs}}{\partial \varepsilon_v^p} = \sigma'_{cs} = p_0\beta\exp(\beta\varepsilon_v^p)，\frac{\alpha_s}{\partial \varepsilon_s^p} = -\frac{\alpha_m c_1}{c_2}\exp\left(\frac{\varepsilon_s^p}{c_2}\right)。$$

在常荷载的三轴蠕变试验中，静屈服面的硬化参数值等于轴向力加载完成后的值，并且此数值由于三轴蠕变试验时应力恒定而保持不变。因此要确定静屈服面硬化参数，可先给定应力增量，根据式（7.75）、式（7.76）、式（7.89）与式（7.90）联立并迭代求出。

不考虑时间效应的弹塑性本构模型中的弹性应变为

$$d\varepsilon_v^e = \frac{d\sigma_m}{K} \tag{7.91}$$

$$d\varepsilon_s^e = \frac{d\sigma_s}{3G} \tag{7.92}$$

将式（7.87）与式（7.89）、式（7.90）与式（7.92）分别相加，得到总应变

$$d\varepsilon_v = d\varepsilon_v^e + d\varepsilon_v^p = \frac{d\sigma_m}{K} + \left(\frac{\partial f_s}{\partial \sigma_m}\frac{\partial f_s}{\partial \sigma_m}d\sigma_m + \frac{\partial f_s}{\partial \sigma_s}\frac{\partial f_s}{\partial \sigma_m}d\sigma_s\right)\Big/H \tag{7.93}$$

$$d\varepsilon_s = d\varepsilon_s^e + d\varepsilon_s^p = \frac{d\sigma_s}{3G} + \left(\frac{\partial f_s}{\partial \sigma_m}\frac{\partial f_s}{\partial \sigma_s}d\sigma_m + \frac{\partial f_s}{\partial \sigma_s}\frac{\partial f_s}{\partial \sigma_s}d\sigma_s\right)\Big/H \tag{7.94}$$

三轴蠕变试验中的初始蠕变值可由式（7.93）与式（7.94）计算得到。

5. 三维应力状态下的蠕变本构关系及其在三轴蠕变试验中的验证公式

通常情况下，土处于复杂的三维应力状态，将式（7.83）与式（7.84）相加，则得到在三维应力条件下的总应变率

$$\dot{\varepsilon}_{ij}=\dot{\varepsilon}_{ij}^{ve}+\dot{\varepsilon}_{ij}^{vp}$$

$$=\frac{s_{ij}}{\eta_1}\exp\left(-\frac{2G_1}{\eta_1}t\right)+u\langle\Phi(F)\rangle\left\{\frac{1-(1+n)(\eta/\alpha_d)^n}{3[1-(\eta/\alpha_d)^n]^2}\delta_{ij}+\frac{3n(\eta/\alpha_d)^n}{2\eta[1-(\eta/\alpha_d)^n]^2}\frac{s_{ij}}{\sigma_s}\right\} \tag{7.95}$$

在常规三轴蠕变试验条件下有 $\sigma_2=\sigma_3$，$\dot{\varepsilon}_2=\dot{\varepsilon}_3$，则 $\sigma_m=\frac{1}{3}(\sigma_1+2\sigma_3)$，$\sigma_s=\sigma_1-\sigma_3$，$s_{11}=\sigma_1-\sigma_m$，$s_{33}=\sigma_3-\sigma_m$，$\dot{\varepsilon}_v^{vp}=\dot{\varepsilon}_1^{vp}+2\dot{\varepsilon}_3^{vp}$，$\dot{\varepsilon}_s^{vp}=\frac{2}{3}(\dot{\varepsilon}_1^{vp}-\dot{\varepsilon}_3^{vp})$。

由式（7.83）得到常规三轴蠕变试验中黏塑性应变率的公式为

$$\dot{\varepsilon}_v^{vp}=u\exp\left(N_1\frac{\sigma'_{cd}}{\sigma'_{cs}}+N_2\frac{\alpha_d}{\alpha_s}\right)\frac{1-(1+n)(\eta/\alpha_d)^n}{[1-(\eta/\alpha_d)^n]^2} \tag{7.96}$$

$$\dot{\varepsilon}_s^{vp}=u\exp\left(N_1\frac{\sigma'_{cd}}{\sigma'_{cs}}+N_2\frac{\alpha_d}{\alpha_s}\right)\frac{n(\eta/\alpha_d)^{n-1}}{\alpha_d[1-(\eta/\alpha_d)^n]^2} \tag{7.97}$$

那么常规三轴蠕变试验中黏塑性轴向应变率为

$$\dot{\varepsilon}_1^{vp}=\frac{\dot{\varepsilon}_v^{vp}}{3}+\dot{\varepsilon}_s^{vp} \tag{7.98}$$

常规三轴试验中黏弹性轴向应变率为

$$\dot{\varepsilon}_1^{ve}=\frac{2(\sigma_1-\sigma_3)}{3\eta_1}\exp\left(-\frac{2G_1}{\eta_1}t\right) \tag{7.99}$$

常规三轴蠕变试验中由双硬化黏弹塑性本构模型预测轴向应变的计算流程为：在每一个迭代步里，对于给定时间增量 dt，可分别由式（7.78）与式（7.96）、式（7.79）与式（7.97）迭代得出相应的 dε_v^{vp} 与 dε_s^{vp}，进而再由式（7.98）式得出对应的 ε_1^{vp}，结合式（7.99）可得出最终的 ε_1。

7.3.3 模型参数的确定

为了验证上述模型的正确性，首要需要确定模型的参数。本节的模型参数分为 3 类，分别为：①β；②p_0、G、K、α_m、n、c_1 及 c_2；③G_1、η_1、u、N_1、N_2，这些参数需要根据各向等压固结试验、常规三轴压缩试验及常规三轴蠕变试验的结果来确定。

1. 各向等压固结试验

β 由各向等压固结试验确定，其表达式为

$$\beta=\frac{1+e_0}{\lambda-\kappa} \tag{7.100}$$

式中　e_0——初始孔隙比，取 0.7426；

λ、κ——土在各向等压固结试验中正常固结曲线与卸载曲线在 ν - ln$p$ 平面上的斜率，此处参考 Lee 等（2002）关于冻土基本物理性质的测量数据，得到相应试验温度下 λ、κ 的取值见表 7.3。

表 7.3　　　　　　　　　　　**双硬化黏弹塑性模型参数**

温度/℃	e_0	λ	κ	G/MPa	μ	α_m	n	c_1	c_2	G_0/MPa	o_s/h	η_0/(MPa·h)	u_0/h^{-1}
−15	0.743	0.09	0.056	530	0.189	7.4	2.38	0.36	2.2				
−10	0.743	0.113	0.071	310	0.250	7.0	2.35	0.34	1.6	12	16	26	0.006
−1.5	0.743	0.166	0.097	280	0.256	5.45	1.70	0.29	0.6				

2. 常规三轴压缩试验

本节验证的土料为兰州黄土的蠕变试验（其他文献有时也称粉土、粉质黏土），目前关于兰州黄土的常规三轴压缩试验已经有了比较充足的研究，因此本节主要以这些文献中的研究成果为基础，确定 G、K、α_m、n、c_1 及 c_2 等参数的值。

p_0 为 $\varepsilon_v^p=0$ 的参考压力，因此在本章中取为常规三轴压缩及常规三轴蠕变试验时的围压 0.3MPa。

在第7.2节中已经提到：在冻土的常规三轴压缩试验中，应力-应变曲线在加载初期存在明显的直线段，之后应力-应变关系呈曲线变化。当弹塑性本构模型的弹性应变考虑为线弹性的，即弹性应变由式（7.91）及式（7.92）给出时，由式（7.91），有

$$\varepsilon_s=\frac{q}{3G} \tag{7.101}$$

那么剪切模量 G 即为冻土的应力应变曲线在 ε_s-q 坐标下直线段斜率的1/3。冻结黄土在不同温度下的 $q-\varepsilon_s$ 关系图如图7.16所式，相应的取值见表7.4。

表 7.4　　　　　　　　　　　**参 数 确 定 方 法**

类　别	参数	定　　义	确　定　方　法
基础参数	e_0	孔隙比	—
各向等压固结试验	β	双硬化本构模型参数	由各向等压固结试验中压缩斜率 λ、回弹斜率 κ 换算得到
常规三轴压缩试验	G	剪切模量	常规三轴压缩试验应力-应变曲线在 ε_s-q 坐标下直线段斜率的1/3
	K	体积模量	根据与 G，μ 关系换算（冻土 μ 在0.006～0.35之间）
	α_m	双硬化本构模型参数	不同温度下的常规三轴压缩试验结果拟合
	n	双硬化本构模型参数	
	c_1	双硬化本构模型参数	
	c_2	双硬化本构模型参数	
常规三轴蠕变试验	G_1	黏弹性参数	不同温度，剪应力条件下的三轴蠕变试验结果拟合
	η_1	黏弹性参数	
	u	黏塑性参数	
	N_1	黏塑性参数	
	N_2	黏塑性参数	

K 与 G 满足如下关系

$$K=\frac{2G(1+\mu)}{3(1-2\mu)} \tag{7.102}$$

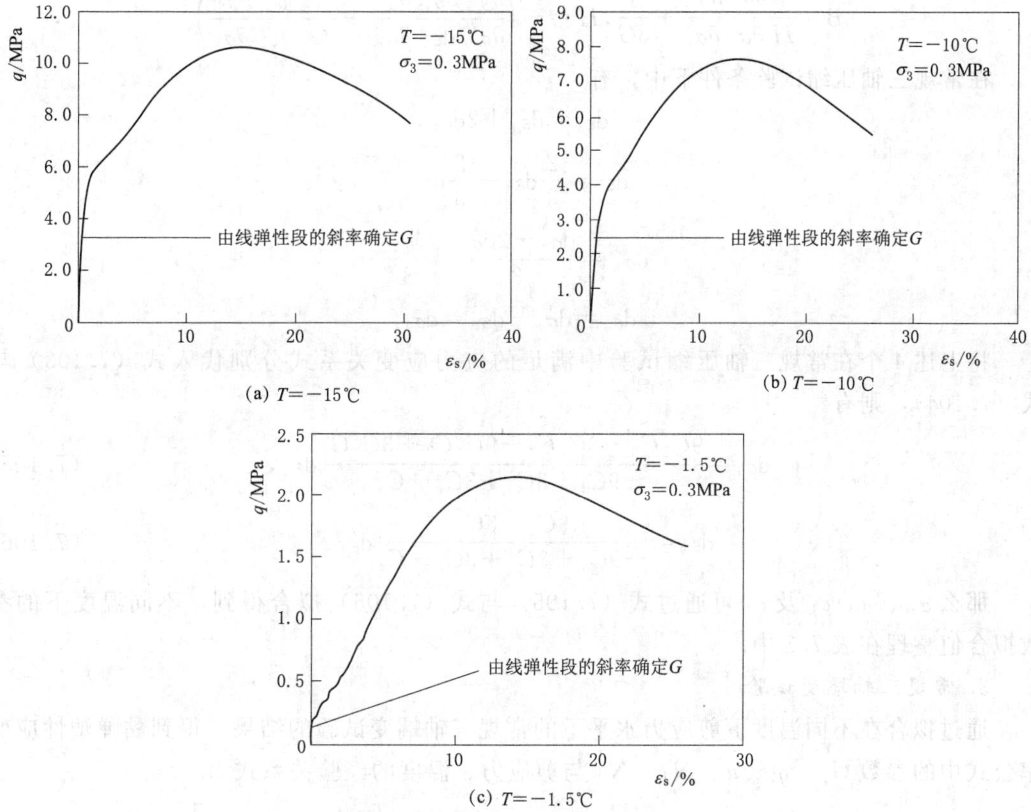

图 7.16　冻结黄土在常规三轴压缩试验中的应力应变关系图

式中　μ——泊松比。

α_m、n、c_1 及 c_2 这 4 个参数则通过拟合常规三轴压缩试验中应力应变曲线及轴向应变体应变关系曲线得到。联立式（7.93）与式（7.94），可得

$$d\sigma'_m = C_1 d\varepsilon_v + C_2 d\varepsilon_s \tag{7.103}$$

$$d\sigma_s = C_3 d\varepsilon_v + C_4 d\varepsilon_s \tag{7.104}$$

其中：

$$C_1 = \frac{1}{A}\left(\frac{1}{H}\frac{\partial f_s}{\partial \sigma_s}\frac{\partial f_s}{\partial \sigma_s} + \frac{1}{3G}\right)$$

$$C_2 = -\frac{1}{AH}\frac{\partial f_s}{\partial \sigma_m}\frac{\partial f_s}{\partial \sigma_s}$$

$$C_3 = -\frac{1}{AB}\left(\frac{1}{H^2}\frac{\partial f_s}{\partial \sigma_m}\frac{\partial f_s}{\partial \sigma_s}\frac{\partial f_s}{\partial \sigma_s}\frac{\partial f_s}{\partial \sigma_s} + \frac{1}{3GH}\frac{\partial f_s}{\partial \sigma_m}\frac{\partial f_s}{\partial \sigma_s}\right)$$

$$C_4 = \frac{1}{B}\left(1 + \frac{1}{AH^2}\frac{\partial f_s}{\partial \sigma_m}\frac{\partial f_s}{\partial \sigma_m}\frac{\partial f_s}{\partial \sigma_s}\frac{\partial f_s}{\partial \sigma_s}\right)$$

$$A = \frac{1}{3GH}\frac{\partial f_s}{\partial \sigma_m}\frac{\partial f_s}{\partial \sigma_m} + \frac{1}{HK}\frac{\partial f_s}{\partial \sigma_s}\frac{\partial f_s}{\partial \sigma_s} + \frac{1}{3GH}$$

$$B=\frac{1}{H}\frac{\partial f_s}{\partial \sigma_s}\frac{\partial f_s}{\partial \sigma_s}+\frac{1}{3G},H=-\left(\frac{\partial f_s}{\partial \sigma'_{cs}}\frac{\partial \sigma'_{cs}}{\partial \varepsilon_v^p}\frac{\partial f_s}{\partial \sigma_m}+\frac{\partial f_s}{\partial \alpha_s}\frac{\alpha_s}{\partial \varepsilon_s^p}\frac{\partial f_s}{\partial \sigma_s}\right)$$

在常规三轴压缩试验条件下中，有

$$d\varepsilon_v=d\varepsilon_1+2d\varepsilon_2$$

$$d\varepsilon_s=\frac{2}{3}d\varepsilon_1-\frac{2}{3}d\varepsilon_3$$

$$d\sigma'_m=\frac{d\sigma_1+2d\sigma_3}{3}=\frac{d\sigma_1}{3}$$

$$d\sigma_s=d\sigma_1-d\sigma_3=d\sigma_1$$

将上述4个在常规三轴压缩试验中满足的应力应变关系式分别代入式（7.103）与式（7.104），则有

$$d\sigma_1=\frac{9C_2C_3-3C_3C_4-9C_1C_4+3C_3C_4}{-9C_1+3C_2+3C_3-C_4}d\varepsilon_1, \tag{7.105}$$

$$d\varepsilon_v=\frac{9C_2-3C_4}{-9C_1+3C_2+3C_3-C_4}d\varepsilon_1。 \tag{7.106}$$

那么α_m、n、c_1及c_2可通过式（7.105）与式（7.106）拟合得到，不同温度下的参数拟合值整理在表7.3中。

3. 常规三轴蠕变试验

通过拟合在不同温度下剪应力水平下的常规三轴蠕变试验的结果，得到黏弹塑性应变率公式中的参数G_1、η_1、u、N_1、N_2与剪应力、温度的经验关系式为

$$G_1=\left[-0.05317\left(\frac{T}{-1℃}\right)^2-2.22348\left(\frac{T}{-1℃}\right)-0.38463\right]q \\ +G_0\left[0.152\left(\frac{T}{-1℃}\right)^2+0.426\left(\frac{T}{-1℃}\right)+1.064\right] \tag{7.107}$$

$$\eta_1=o_s q\left[-0.0188\left(\frac{T}{-1℃}\right)^2+0.0604\left(\frac{T}{-1℃}\right)-1.008\right] \\ +\eta_0\left[0.1278\left(\frac{T}{-1℃}\right)^2-0.159\left(\frac{T}{-1℃}\right)+1.803\right] \tag{7.108}$$

$$u=\mu_0\left[0.1001\left(\frac{T}{-1℃}\right)^2-1.152\left(\frac{T}{-1℃}\right)+1.502\right] \\ \exp\left\{\left[0.06136\left(\frac{T}{-1℃}\right)^2-1.64332\left(\frac{T}{-1℃}\right)+11.22212\right]\frac{q}{P_f}\right\} \tag{7.109}$$

$$N_1=\left[-0.38463\left(\frac{T}{-1℃}\right)^2-2.22348\left(\frac{T}{-1℃}\right)-0.05317\right]\frac{q}{P_f} \\ +1.82077\left(\frac{T}{-1℃}\right)^2+5.11505\left(\frac{T}{-1℃}\right)+12.77093 \tag{7.110}$$

$$N_2=\left[-0.00015\left(\frac{T}{-1℃}\right)^2+0.00419\left(\frac{T}{-1℃}\right)-0.00595\right] \\ \exp\left\{\left[0.05432\left(\frac{T}{-1℃}\right)^2-1.38984\left(\frac{T}{-1℃}\right)+9.09959\right]\frac{q}{P_f}\right\} \tag{7.111}$$

上几式中　G_0、o_s、η_0、μ_0、P_f——材料黏塑性常量，$P_f=1.0$MPa，其他参数具体取值见表 7.3。

将上述材料参数的获取方法进行梳理总结，得到表 7.4。

7.3.4　模型验证

按照上节参数分析方法，对 0.3MPa 围压、3 种温度、不同剪应力水平条件下的冻结黄土的蠕变曲线进行参数确定，进而模型预测结果与试验结果的对比如图 7.17～图 7.27 所示。

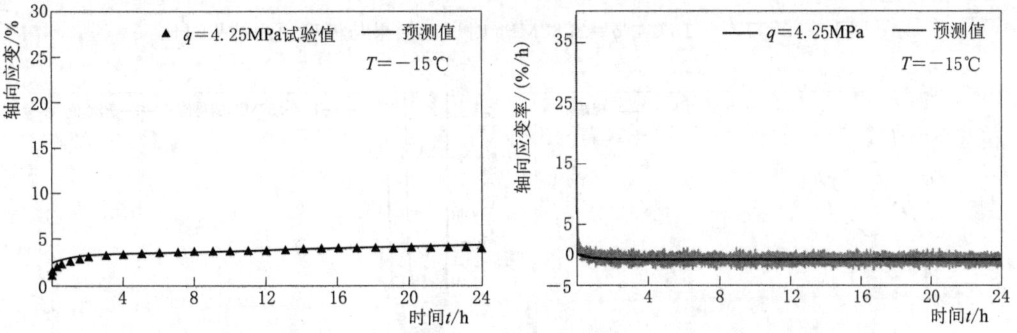

（a）轴向应变曲线　　（b）轴向应变速率曲线

图 7.17　$T=-15℃$，$q=4.25$MPa 时试验结果与模型预测结果对比

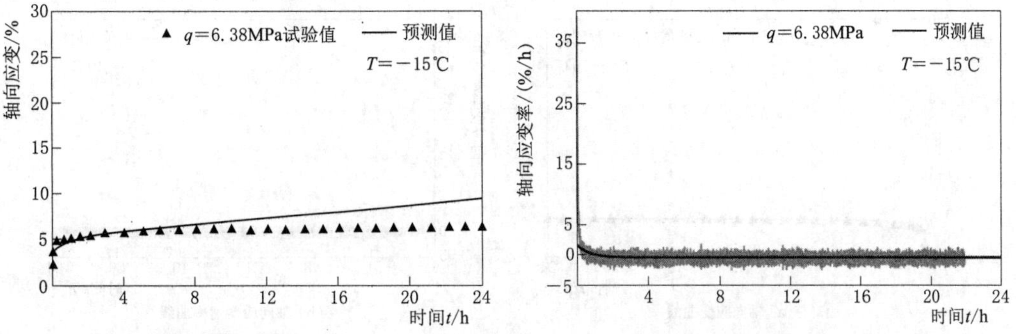

（a）轴向应变曲线　　（b）轴向应变速率曲线

图 7.18　$T=-15℃$，$q=6.38$MPa 时试验结果与模型预测结果对比

根据图 7.17～图 7.27 所示，发现采用双硬化屈服函数的黏弹塑性本构模型在较低围压 0.3MPa，不同温度与剪应力条件下预测的蠕变值与三轴蠕变试验的结果吻合比较好，能反映出衰减型与非衰减型两种类型，克服了大多数以过应力黏塑性理论为基础构建的本构模型不能反映非衰减型蠕变类型这一缺陷。

但需要注意的是：在图 7.23 中 $T=-10℃$，$q=6.20$MPa，这时施加的恒定荷载略大于长期强度；从图中可以看出：0～18h 内，冻结黄土经历了漫长的初始蠕变阶段及稳定蠕变阶段，在这两阶段内变形缓慢发展，根据本构方程计算得到的变形在这一时间段内与

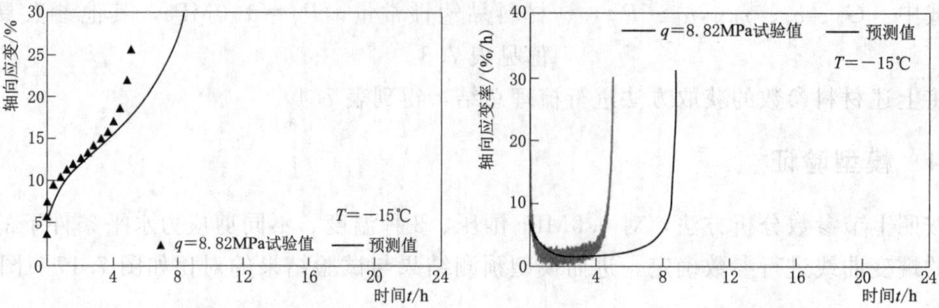

(a) 轴向应变曲线　　(b) 轴向应变速率曲线

图 7.19　$T=-15℃$，$q=8.82\text{MPa}$ 时试验结果与模型预测结果对比

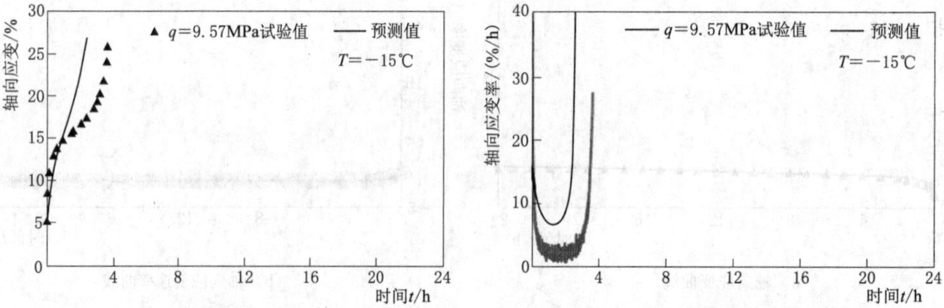

(a) 轴向应变曲线　　(b) 轴向应变速率曲线

图 7.20　$T=-15℃$，$q=9.57\text{MPa}$ 时试验结果与模型预测结果对比

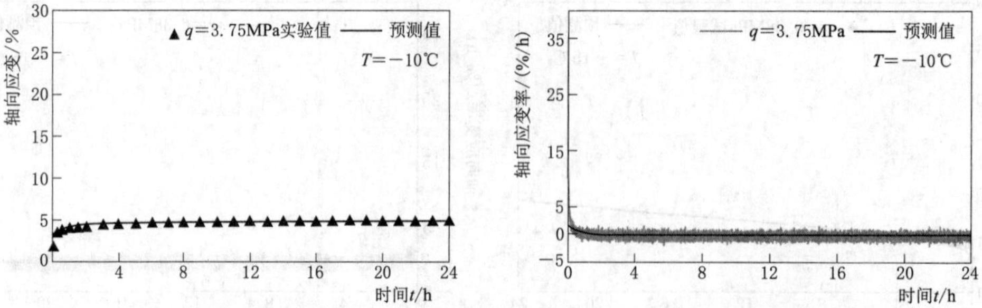

(a) 轴向应变曲线　　(b) 轴向应变速率曲线

图 7.21　$T=-10℃$，$q=3.75\text{MPa}$ 时试验结果与模型预测结果对比

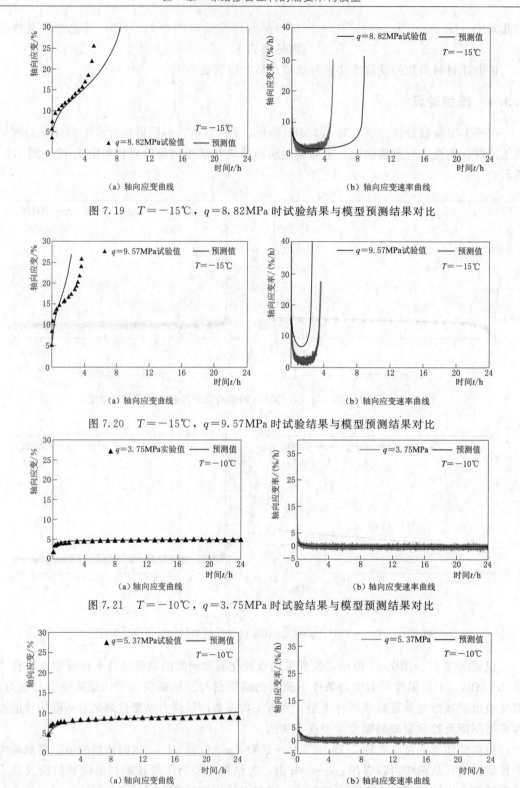

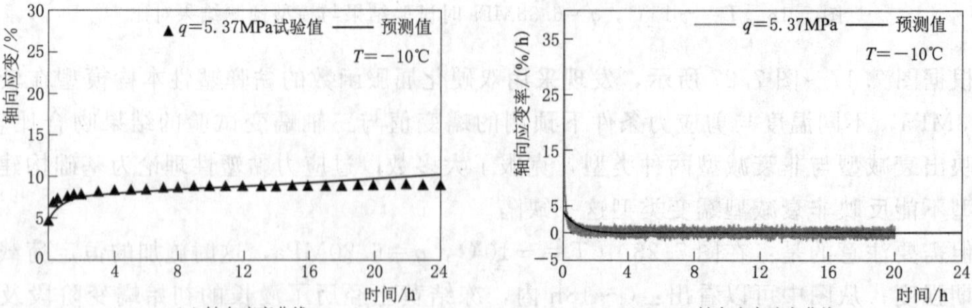

(a) 轴向应变曲线　　(b) 轴向应变速率曲线

图 7.22　$T=-10℃$，$q=5.37\text{MPa}$ 时试验结果与模型预测结果对比

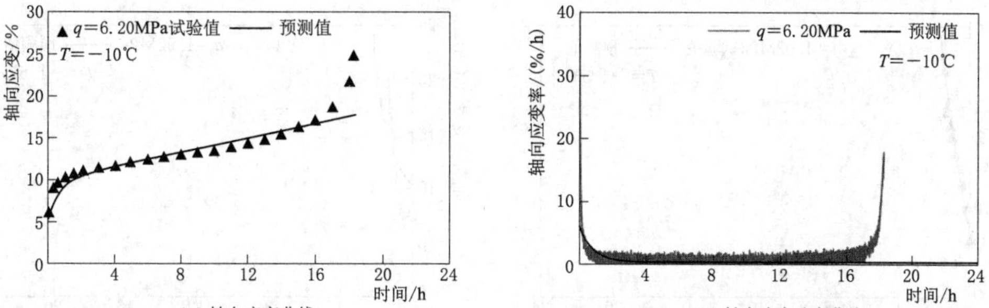

(a) 轴向应变曲线　　(b) 轴向应变速率曲线

图 7.23　$T=-10℃$，$q=6.20\text{MPa}$ 时试验结果与模型预测结果对比

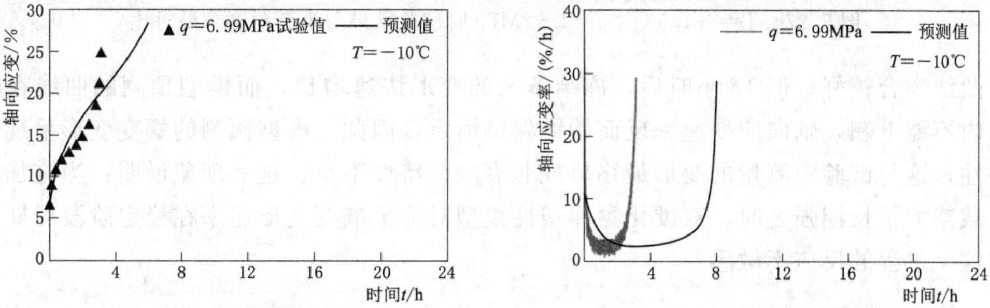

(a) 轴向应变曲线　　(b) 轴向应变速率曲线

图 7.24　$T=-10℃$，$q=6.99\text{MPa}$ 时试验结果与模型预测结果对比

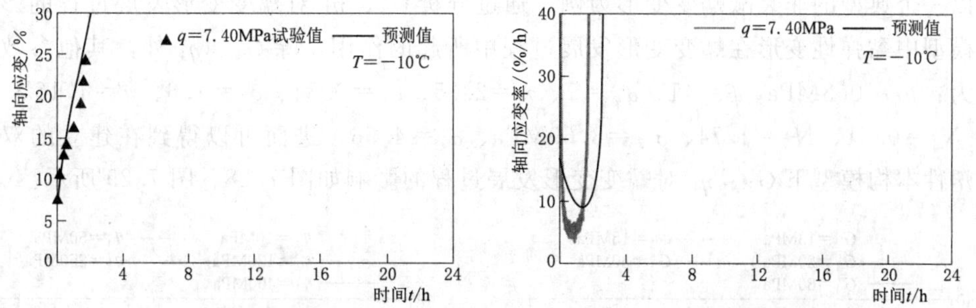

(a) 轴向应变曲线　　(b) 轴向应变速率曲线

图 7.25　$T=-10℃$，$q=7.40\text{MP}$ 时试验结果与模型预测结果对比

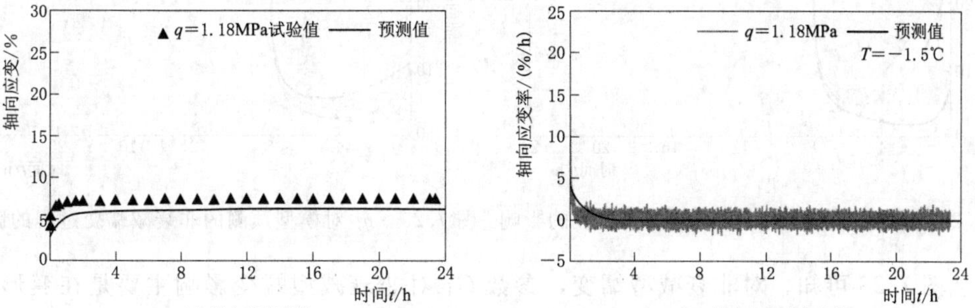

(a) 轴向应变曲线　　(b) 轴向应变速率曲线

图 7.26　$T=-1.5℃$，$q=1.18\text{MPa}$ 时试验结果与模型预测结果对比

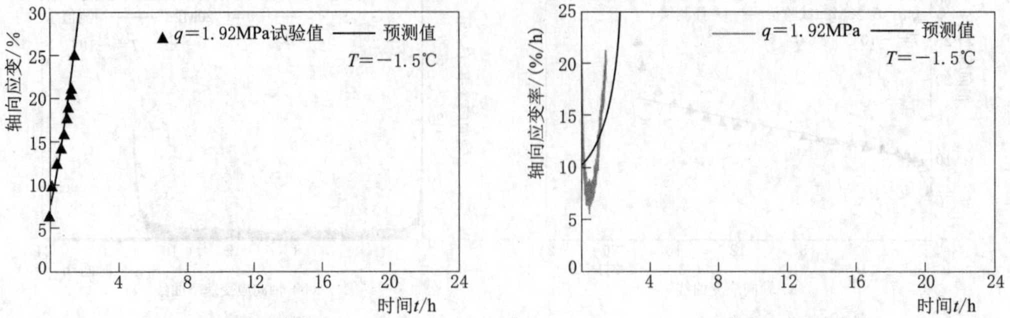

(a) 轴向应变曲线　　(b) 轴向应变速率曲线

图 7.27　$T=-1.5$℃，$q=1.92$MPa 时试验结果与模型预测结果对比

试验曲线吻合较好；但 18 小时后，冻结黄土的变形快速增长，而模型预测的曲线在较短时间内不能上翘，轴向应变速率反而始终保持恒定，因此，模型预测的蠕变变形呈现衰减型特性，这与试验中测量的变形最终呈现非衰减型特性不符。这一现象说明：当施加的恒定荷载略大于长期强度时，双硬化黏弹塑性模型对冻土蠕变变形速率在稳定阶段后期迅速激增这一过程的反应不敏感。

7.3.5　讨论

1. G_1、η_1 对蠕变变形发展过程的影响

以一个典型的非衰减蠕变变形为例，通过分析 G_1、η_1 对蠕变变形发展过程的影响来讨论模型中黏弹性变形在蠕变变形发展过程中所起的作用。除 G_1、η_1 外，其他参数取值情况为：$p_0=0.3$MPa、$\beta=41$、$\alpha_m=7$、$n=2.35$、$c_1=0.34$、$c_2=1.6$、$u=1.16\times10^{-06}$ s^{-1}、$N_1=0.71$、$N_2=1.74$、$\sigma'_{cs}=3.69$MPa、$\alpha_s=4.56$，进而可以得到在建立的双硬化黏弹塑性本构模型下 G_1、η_1 对蠕变变形发展过程的影响如图 7.28、图 7.29 所示。

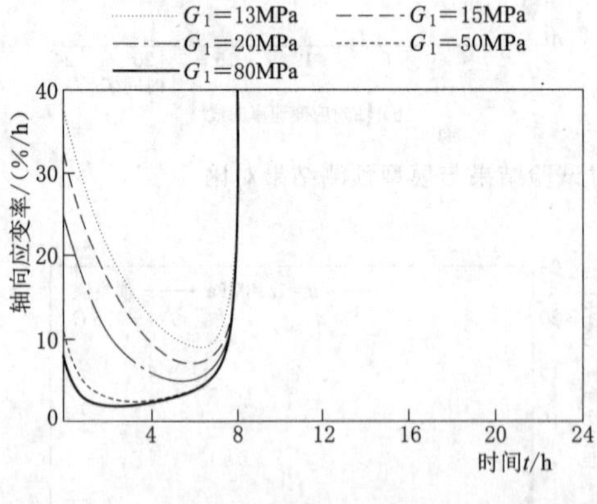

图 7.28　G_1 对模型预测的非衰减蠕变过程的影响

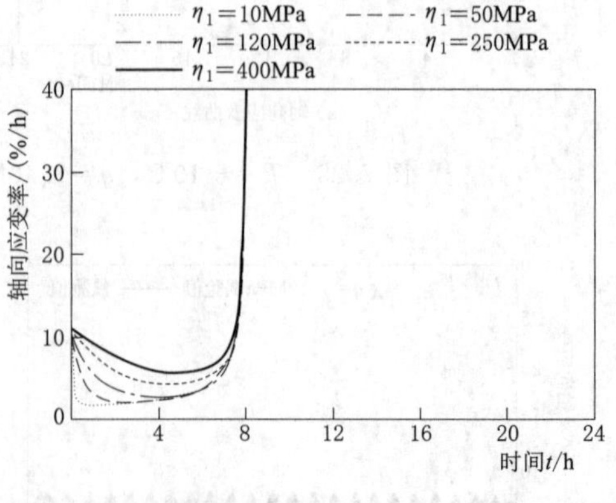

图 7.29　η_1 对模型预测的非衰减蠕变过程的影响

从图 7.28 可知，对非衰减型蠕变，参数 G_1 对非衰减型蠕变影响主要是在变形发展前期，即初始蠕变阶段及稳定蠕变阶段。在其模型其他参数不变的情况下，随着参数 G_1 的增大，冻土在初始蠕变阶段应变速率降低较快，保持速率稳定的稳定蠕变阶段时间较

长，因此冻土的变形保持更长的时间的相对稳定状态后才开始快速地变形。

从图 7.29 中可以观察到，对非衰减型蠕变，参数 η_1 的影响同样体现在变形发展前期。当其模型其他参数不变时，随着参数 η_1 的增大，在初始蠕变阶段冻土应变速率降低较慢，速率保持稳定的稳定蠕变阶段历时较短，这时冻土表现为经过较短的初始蠕变阶段与稳定蠕变阶段后继而变形迅速增长。

2. *动屈服面在蠕变变形发展过程中的变化*

以 $T=-15$℃，$q=8.82$MPa 时的冻结黄土常规三轴蠕变试验数据为例，分析动屈服面在蠕变变形发展过程中的变化，得到图 7.30 所示的动屈服面变化图。在常规三轴蠕变试验中荷载保持恒定，因此应力路径始终处于恒定点 M（$p=3.24$MPa，$q=8.82$MPa），由于 M 点在蠕变过程中始终处于动屈服状态，那么本章对以过应力黏塑性理论框架为基础建立的冻土双硬化黏弹塑本构模型而言，其在常规三轴蠕变试验中的一系列动屈服面理论上应交于应力恒定点 M。在图 7.30 中，显然不同时刻的动屈服面交于包含 M 在内的小范围区域，这也从侧面反映了动屈服函数选择双硬化屈服面形式的合理性。另外从图中可以观察到，在 $t=6\sim8.8$h 时，相比前 6h，动屈服面迅速膨胀，相应地导致过应力 F 的值迅速增加，因此模型预测冻土这时会发生非衰减型蠕变，这与试验中观察到的蠕变变形特性是一致的。

图 7.31 表示的是 $T=-1.5$℃，$q=1.18$MPa 条件下冻结黄土试样动屈服面在蠕变变形发展过程中的变化，应力路径始终处于恒定点 N（$p=0.69$MPa，$q=1.18$MPa）。冻结黄土的变形特性在试验中呈衰减型，而从图中可以观察到动屈服面在 $t=1\sim24$h 膨胀程度很小，因而过应力 F 在蠕变过程中增长幅度很小，因此模型预测冻土这时会发生衰减型蠕变，这与试验中观察的变形特征相符。

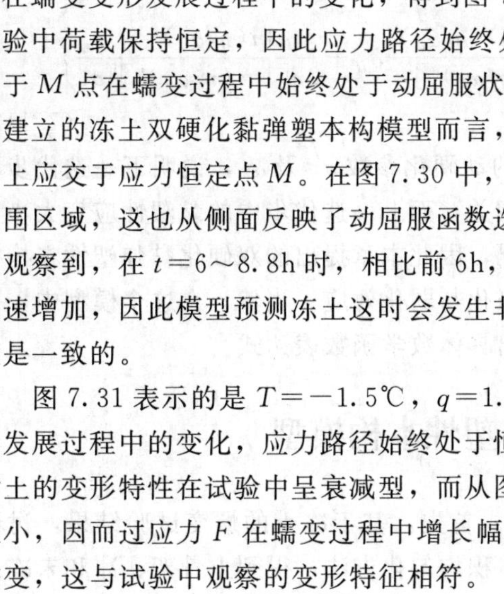

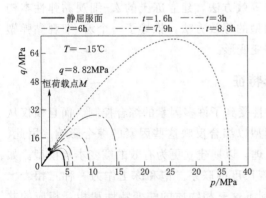

图 7.30　动屈服面在非衰减型蠕变中的变化

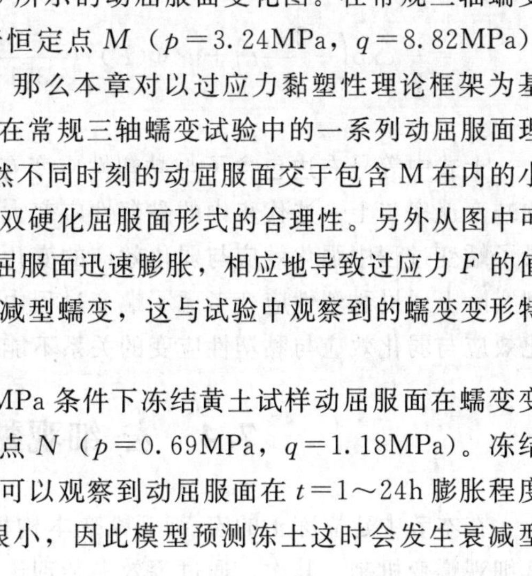

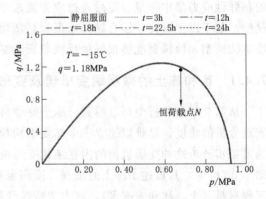

图 7.31　动屈服面在衰减型蠕变中的变化

因此动屈服面迅速膨胀是否发生决定了蠕变的类型。随着时间变化，当动屈服面发生迅速膨胀时，过应力 F 的值迅速增加，冻土这时会发生非衰减型蠕变；而当动屈服面的大小变化不大时，过应力 F 在蠕变过程中增长很小，冻土这时会发生衰减型蠕变。

3. *双硬化黏弹塑性本构模型中反映的强化与弱化效应*

本书前面的章节已经提过：冻土在不同应力水平与温度条件下会发生冰的黏塑性流动及冰的融化，冰与薄膜水被挤出的同时，土颗粒会发生重新组合和重新定向。矿物颗粒的位移使得矿物颗粒粒间联结破坏、结构缺陷-微裂隙产生与发展（弱化效应），同时也发生结构“损伤”的愈合及被破坏联结的恢复（强化效应），弱化效应与强化效应的相对大小决定了冻土的蠕变变形类型。将结构缺陷-微裂隙产生与发展与被破坏联结的恢复等土体细观结构的改变在宏观上表现理解为不可恢复的变形，即黏塑性变形，那么从这个意义上而言，强化效应与弱化效应的大小能通过与黏塑性变形值来体现。因而在数学形式上，强化效应与弱化效应可表示为与黏塑性应变有关的函数。

双硬化黏弹塑性本构的应变速率张量的表达式为

$$\begin{aligned}\dot{\varepsilon}_{ij}&=\dot{\varepsilon}_{ij}^{ve}+\dot{\varepsilon}_{ij}^{vp}\\&=\frac{s_{ij}}{\eta_1}\exp\left(-\frac{2G_1}{\eta_1}t\right)+u\langle\Phi(F)\rangle\left\{\frac{1-(1+n)(\eta/\alpha_d)^n}{3[1-(\eta/\alpha_d)^n]^2}\delta_{ij}+\frac{3n(\eta/\alpha_d)^n}{2\eta[1-(\eta/\alpha_d)^n]^2}\frac{s_{ij}}{\sigma_s}\right\}\end{aligned}\tag{7.112}$$

上式中等号右边包含了与黏塑性应变有关的动硬化参数 σ'_{cd} 及 α_d，说明下一迭代步中的蠕变速率与上一迭代步中的黏塑性应变大小相关，而上一迭代步中的黏塑性应变大小记录了蠕变过程中强化效应与弱化效应的变化情况，因此本章提出的双硬化黏弹塑性本构模型实际上通过黏塑性应变考虑了蠕变过程中的强化与弱化效应。当然，在这个模型中，强化效应与弱化效应与黏塑性应变的关系不能给出具体数学函数表达式。

7.4　宏-细观黏弹塑性本构模型

在本节中建立冻土的宏-细观蠕变本构模型。首先，基于冻土的蠕变试验结果，讨论其细观蠕变机制。其次，通过等效夹杂理论和体积均匀化方法，得到土骨架、冰和未冻水的黏弹性应力集中张量，随后通过应变能速率等效方法，建立冻土的宏-细观黏弹性本构模型。基于以上研究，结合黏弹模型和黏塑模型的等效方法，推导了一个宏-细观黏弹塑性本构模型，该模型能够很好地反映非衰减蠕变变形。

7.4.1　饱和冻土的微观蠕变机理及变形特征

从第 2 章的分析中可以看到，冻土蠕变特性受到了许多因素的综合控制。而且仅仅从宏观分析的角度，是难以建立一个蠕变本构模型以综合反映这些因素的综合影响。因此，通过初步分析这种变形机制的内在细观变形机理，以期建立更为有效的蠕变本构模型。如图 7.32 所示，其描述了冻土的细观尺度向宏观尺度的联系。饱和冻土作为一种三相岩土工程材料（土、冰和未冻水），其力学特性受到了这三相物质的蠕变特性和相互相应的共同影响。在宏观应力的施加过程中，饱和冻土内的土基体、冰颗粒和未冻水的实际应力是不同的，这主要是由于这三相物质的力学特性具有明显的差异性。这就说明了其存在明显的应力集中现象，这一点也在其他的多相材料中被证实（Mura，1987）。因此，当宏观应力发生变化时，这三相材料的实际应力状态也是以不同的形式发生变化，最终导致了宏观蠕变变形的变化。并且，这三相物质的实际应力状态的变化是与其各自的力学特性和体积分数密切相关。

基于以上分析，讨论在不同影响因素下的饱和冻土的细观蠕变机制，具体如下：

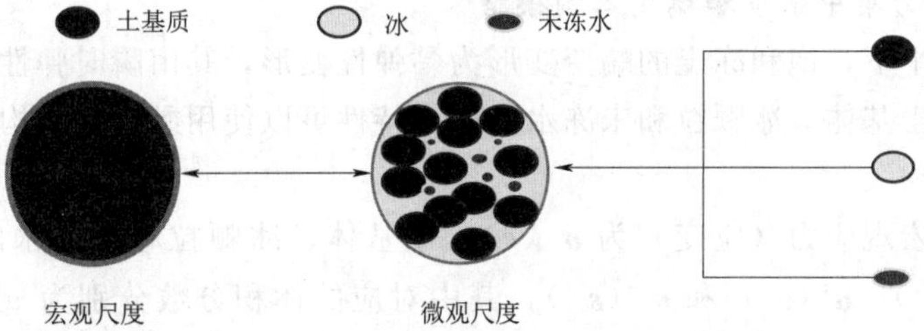

图 7.32　不同尺度下的饱和冻土示意

（1）含冰量。当其他试验条件保持不变时，其含冰量的变化十分明显的影响冻土的蠕变规律，说明了细观尺度上的冰颗粒体积分数的改变影响着宏观尺度上的蠕变变形规律。

（2）土性。冻土的蠕变规律随着颗粒含量的变化呈现出有规律的变化，其本质是细观尺度上的土基质力学特性和体积分数的改变，最终导致了宏观蠕变特性的改变。

（3）温度。随着温度的增加，蠕变应变呈现增加的趋势。这种试验现象的本质是由于冰水相变导致了细观尺度上的组分体积分数的改变，从而导致了冻土内部应力场的变化，并且冰的力学性质对温度的敏感特性，最终导致了宏观蠕变变形的改变。

基于以上的分析可知，特别是在外部条件的影响下冻土的宏观蠕变特性是复杂多变的，而这种变化的内在物理机制为：冻土在细观尺度上的各物质体积分数和力学特性的变化。因此，应该从细观尺度的角度，充分考虑土基体、冰颗粒和未冻水的体积分数、力学模型和相互影响。首先，推导了各相的实际应力张量。然后，通过均匀化方法，得到饱和冻土的蠕变本构模型（Wang et al.，2019，2020）。

7.4.2　宏-细观黏弹性蠕变模型

根据上述分析和现有的研究结论，可以发现饱和冻土的蠕变变形实际包括黏弹性变形（衰减蠕变型）和黏弹塑性变形（非衰减蠕变型）。因此，首先建立饱和冻土的宏细观黏弹性本构模型，随后在此基础上，并通过考虑土基体、冰颗粒的黏塑性变形而建立宏细观黏弹塑性本构模型，其中图 7.33 表明了两种组分（土基体和冰颗粒）分别具有两种力学特性：黏弹性和黏弹塑性，而未冻水始终为黏性特性。最终，导致了不同的宏观变形特性。

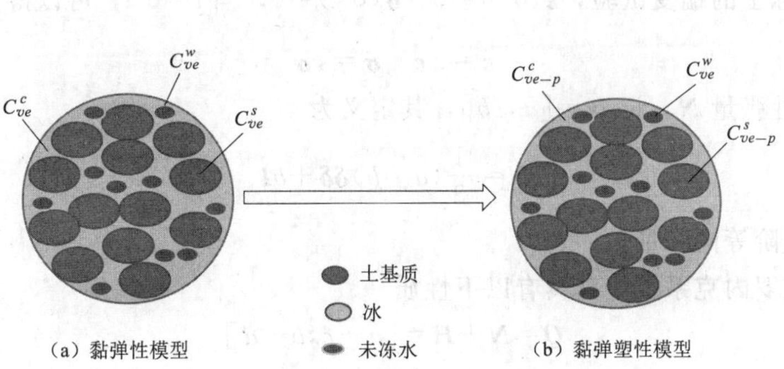

图 7.33　非饱和冻土的黏弹性模型和黏塑性模型

（$C_{ve}^{\chi=c,w,s}$ 和 $C_{ve-p}^{\chi=c,w,s}$ 分别是三相的黏弹性和黏弹塑性刚度张量）

1. 黏弹性应力集中张量和蠕变本构模型

在低应力水平下，饱和冻土的蠕变变形为黏弹性变形，其由瞬时弹性变形和衰减黏性变形组成，此时土基体、冰颗粒和未冻水的蠕变特性可以使用黏弹性本构进行描述，如图7.33（a）所示。

饱和冻土的宏观应力（应变）为 $\boldsymbol{\sigma}_0(e)$，土基体、冰颗粒和未冻水的真实应力（应变）分别为 $\boldsymbol{\sigma}^s(\boldsymbol{\varepsilon}^s)$、$\boldsymbol{\sigma}^c(\boldsymbol{\varepsilon}^c)$ 和 $\boldsymbol{\sigma}^w(\boldsymbol{\varepsilon}^w)$，其中对应的体积分数分别为 v、v_s、v_c 和 v_w。考虑到冻土的宏观应变能速率等效于各相应变能速率的体积平均，即为

$$\int_v \dot{e}\boldsymbol{\sigma}_0 \mathrm{d}v = \int_{vs} \dot{\boldsymbol{\varepsilon}}^s\boldsymbol{\sigma}^s \mathrm{d}v + \int_{vc} \dot{\boldsymbol{\varepsilon}}^c\boldsymbol{\sigma}^c \mathrm{d}v + \int_{vw} \dot{\boldsymbol{\varepsilon}}^w\boldsymbol{\sigma}^w \mathrm{d}v \tag{7.113}$$

上式中的 ˙ 表示为对时间的导数。通过假定各相内的应力、应变是均匀分布的，则式（7.113）变为

$$\dot{e}\boldsymbol{\sigma}_0 = f_s\dot{\boldsymbol{\varepsilon}}^s\boldsymbol{\sigma}^s + f_c\dot{\boldsymbol{\varepsilon}}^c\boldsymbol{\sigma}^c + f_w\dot{\boldsymbol{\varepsilon}}^w\boldsymbol{\sigma}^w \tag{7.114}$$

其中

$$f_{\Gamma=s,c,w} = \frac{v_\Gamma}{v} \tag{7.115}$$

代表的是三相体积对应总体积的比例系数。

基于对式（7.114）的分析，在宏观应力和各相的本构模型已知的条件下，可以得到三相的细观应力张量，那么就可以得到宏观蠕变变形。

根据现有的理论方法，这三相的应力张量可以通过细观力学方法得到。因此，黏弹性问题可以通过 Laplace 对应原则进行转化，变为弹性问题，随后三相的应力可以通过 Laplace 逆变换得到。

在进行黏弹性问题的求解前，首次解释如下的概念和性质以便于运算。

对于 Laplace 转化，其定义为

$$L[f(t)] = \widehat{f(s)} = \int_0^{+\infty} f(t)\mathrm{e}^{-st}\mathrm{d}t \tag{7.116}$$

式中　s——Laplace 参数；

$\widehat{f(s)}$——$f(t)$ 的 Laplace 转换。

对于饱和冻土的蠕变试验，$\boldsymbol{\varepsilon}(0^-)=0$、$\boldsymbol{\sigma}(0^-)=0$，当 $t=0^-$，可以得到以下关系

$$\hat{\dot{\boldsymbol{\varepsilon}}} = s\hat{\boldsymbol{\varepsilon}} \quad \hat{\dot{\boldsymbol{\sigma}}} = s\hat{\boldsymbol{\sigma}} \tag{7.117}$$

取一个四阶同性张量 $\boldsymbol{N}$，记 $\boldsymbol{N}=[a, b]$，其定义为

$$\boldsymbol{N} = \frac{1}{3}(a-b)\boldsymbol{\delta\delta} + b\boldsymbol{I} \tag{7.118}$$

式中　$\boldsymbol{I}$——四阶等同张量；

$\boldsymbol{\delta}$——克罗内克系数。其具有以下性质

$$\boldsymbol{Q} = \boldsymbol{N} + \boldsymbol{H} = [a+c, b+d] \tag{7.119-1}$$

$$\boldsymbol{Q} = \boldsymbol{N} : \boldsymbol{H} = [ac, bd] \tag{7.119-2}$$

$$(\boldsymbol{N} : \boldsymbol{H})_{ijkl} = \boldsymbol{N}_{ijmn}\boldsymbol{H}_{mnkl} \tag{7.119-3}$$

$$(\boldsymbol{N}:\boldsymbol{a})_{ij}=\boldsymbol{N}_{ijkl}\boldsymbol{a}_{kl} \tag{7.119-4}$$

式中　$\boldsymbol{N}=[a,b]$；

$\boldsymbol{H}=[c,d]$；

Q——四阶同性张量；

$\boldsymbol{a}$——二阶张量。

在本书中，土基体、冰颗粒和未冻水的黏弹性本构模型具体如下。

(1) 土基体的黏弹性本构关系。土基体的黏弹性本构模型应该能够描述瞬时的弹性变形和随后的非线性黏性变形。因此，可以用式 (7.120) 来描述这种变形参数（三参数蠕变本构模型），同时假定体应变是没有黏性变形的 (Yang et al.，2010)，则

$$\boldsymbol{\sigma}'_s+p_1^s\dot{\boldsymbol{\sigma}}'_s=q_0^s\boldsymbol{\varepsilon}'_s+q_1^s\dot{\boldsymbol{\varepsilon}}'_s \tag{7.120a}$$

$$\dot{\boldsymbol{\varepsilon}}''_s=\frac{1}{3K_s}\dot{\boldsymbol{\sigma}}''_s \tag{7.120b}$$

式中　$\boldsymbol{\sigma}'_s$、$\boldsymbol{\varepsilon}'_s$、$\dot{\boldsymbol{\sigma}}''_s$ 和 $\dot{\boldsymbol{\varepsilon}}''_s$——土基体的偏应力、偏应变、球应力和球应变，且

$$p_1^s=\frac{\eta_s}{\mu_s^1+\mu_s^2};q_0^s=\frac{2\mu_s^1\mu_s^2}{\mu_s^1+\mu_s^2};q_1^s=\frac{\mu_s^2\eta_s}{\mu_s^1+\mu_s^2} \tag{7.121}$$

式中　μ_s^1、μ_s^2 和 η_s——土基体的第一剪切模量、第二剪切模量和黏性系数。

因此，对土基体的黏弹性本构模型进行 Laplace 转换，可以得到

$$\widehat{\boldsymbol{\varepsilon}'_s}=\frac{1}{2\hat{\mu}_s}\widehat{\boldsymbol{\sigma}'_s} \tag{7.122a}$$

$$\widehat{\boldsymbol{\varepsilon}''_s}=\frac{1}{3K_s}\widehat{\boldsymbol{\sigma}''_s} \tag{7.122b}$$

式中　K_s——土基体的体积模量，而土基体在 Laplace 域的剪切模量为

$$\widehat{\mu_s}=\frac{sA_s+B_s}{sC_s+D_s} \tag{7.123}$$

式中　$A_s=\frac{1}{2}\eta_s\mu_s^2$；

$B_s=\mu_s^1\mu_s^2$；

$C_s=\eta_s$；

$D_s=\mu_s^1+\mu_s^2$。

(2) 冰颗粒的黏弹性本构模型。冰颗粒的黏弹性本构模型与土基体的一致 (Yang et al.，2010)，其表达式为

$$\boldsymbol{\sigma}'_c+p_1^c\dot{\boldsymbol{\sigma}}'_c=q_0^c\boldsymbol{\varepsilon}'_c+q_1^c\dot{\boldsymbol{\varepsilon}}'_c \tag{7.124a}$$

$$\dot{\boldsymbol{\varepsilon}}''_c=\frac{1}{3K_c}\dot{\boldsymbol{\sigma}}''_c \tag{7.124b}$$

式中　$\boldsymbol{\sigma}'_c$、$\boldsymbol{\varepsilon}'_c$、$\dot{\boldsymbol{\sigma}}''_c$ 和 $\dot{\boldsymbol{\varepsilon}}''_c$——冰颗粒的偏应力、偏应变、球应力和球应变，且

$$p_1^c=\frac{\eta_c}{\mu_c^1+\mu_c^2};q_0^c=\frac{2\mu_c^1\mu_c^2}{\mu_c^1+\mu_c^2};q_1^c=\frac{\mu_c^2\eta_c}{\mu_c^1+\mu_c^2} \tag{7.125}$$

式中　μ_c^1、μ_c^2 和 η_c——冰颗粒的第一剪切模量、第二剪切模量和黏性系数。

因此，对冰颗粒的黏弹性本构模型进行 Laplace 转换，可以得到

$$\widehat{\boldsymbol{\varepsilon}'_c}=\frac{1}{2\widehat{\mu_c}}\widehat{\boldsymbol{\sigma}'_c} \tag{7.126a}$$

$$\widehat{\boldsymbol{\varepsilon}''_c}=\frac{1}{3K_c}\widehat{\boldsymbol{\sigma}''_c} \tag{7.126b}$$

式中　K_c——冰颗粒的体积模量，而冰颗粒在 Laplace 域的剪切模量为

$$\widehat{\mu_c}=\frac{sA_c+B_c}{sC_c+D_c} \tag{7.127}$$

式中　$A_c=\frac{1}{2}\eta_c\mu_c^2$；

$B_c=\mu_c^1\mu_c^2$；

$C_c=\eta_c$；

$D_c=\mu_c^1+\mu_c^2$。

(3) 未冻水的黏弹性本构模型。在冻土内，由于土基体的表面能作用，负温下的冻土内部会存在一定量的未冻水，且该部分未冻水以结合水为主，是一种半固体的材料。

因此，可用式（7.128）来描述未冻水的黏弹性本构模型

$$\boldsymbol{\varepsilon}'_w=\frac{1}{2\eta_w}\boldsymbol{\sigma}'_w \tag{7.128a}$$

$$\dot{\boldsymbol{\varepsilon}}''_w=\frac{1}{3K_w}\boldsymbol{\sigma}''_w \tag{7.128b}$$

式中　$\boldsymbol{\sigma}'_w$、$\boldsymbol{\varepsilon}'_w$、$\boldsymbol{\sigma}''_w$ 和 $\boldsymbol{\varepsilon}''_w$——未冻水的偏应力、偏应变、球应力和球应变；

K_w 和 η_w——未冻水的体积模量和黏性系数。

因此，对未冻水的黏弹性本构模型进行 Laplace 转换，可以得到

$$\widehat{\boldsymbol{\varepsilon}'_w}=\frac{1}{2\widehat{\mu_w}}\widehat{\boldsymbol{\sigma}'_w} \tag{7.129a}$$

$$\widehat{\boldsymbol{\varepsilon}''_w}=\frac{1}{3K_w}\widehat{\boldsymbol{\sigma}''_w} \tag{7.129b}$$

其中未冻水在 Laplace 域的剪切模量为

$$\widehat{\mu_w}=s\eta_w \tag{7.130}$$

基于这种方法，土基体、冰颗粒和未冻水的黏弹性本构模型转换为以下形式

$$\widehat{\boldsymbol{\varepsilon}_s}=\boldsymbol{C}^s:\widehat{\boldsymbol{\sigma}_s} \tag{7.131a}$$

$$\widehat{\boldsymbol{\varepsilon}_c}=\boldsymbol{C}^c:\widehat{\boldsymbol{\sigma}_c} \tag{7.131b}$$

$$\widehat{\boldsymbol{\varepsilon}_w}=\boldsymbol{C}^w:\widehat{\boldsymbol{\sigma}_w} \tag{7.131c}$$

$$\boldsymbol{C}^s=\left[\frac{1}{3K_s},\frac{1}{2\widehat{\mu_s}}\right],\boldsymbol{C}^c=\left[\frac{1}{3K_c},\frac{1}{2\widehat{\mu_c}}\right]\boldsymbol{C}^w=\left[\frac{1}{3K_w},\frac{1}{2\widehat{\mu_w}}\right] \tag{7.131d}$$

式中　$\boldsymbol{C}^s$、$\boldsymbol{C}^c$ 和 $\boldsymbol{C}^w$——土基体、冰颗粒和未冻水在 Laplace 域的四阶张量。

基于以上提到的 Laplace 转换，可以求得三相材料的应力张量。在应力空间，冻土的宏观初始二阶应力张量为 $\boldsymbol{\sigma}_0$，因此，$\widehat{\boldsymbol{\sigma}_0}$ 表示为转换域的应力张量。三相之间的相互扰动会造成土基体产生平均应力扰动为 $\widehat{\boldsymbol{\sigma}'}$，其对应的平均扰动应变为 $\widehat{\boldsymbol{\varepsilon}'}$。因此，土基体的实际

平均应力（$\widehat{\boldsymbol{\sigma}^s}$）和平均应变（$\widehat{\boldsymbol{\varepsilon}^s}$）具有以下的关系（Mura，1987）

$$\widehat{\boldsymbol{\sigma}^s}=\widehat{\boldsymbol{\sigma}_0}+\widehat{\boldsymbol{\sigma}'}=\boldsymbol{C}^s:(\widehat{\boldsymbol{\varepsilon}_0}+\widehat{\boldsymbol{\varepsilon}'}) \tag{7.132a}$$

$$\widehat{\boldsymbol{\varepsilon}^s}=\widehat{\boldsymbol{\varepsilon}_0}+\widehat{\boldsymbol{\varepsilon}'} \tag{7.132b}$$

通过 Eshelby 等效原则，冰颗粒的扰动应力表示为

$$\widehat{\boldsymbol{\sigma}^c}=\boldsymbol{C}^c:(\widehat{\boldsymbol{\varepsilon}_0}+\widehat{\boldsymbol{\varepsilon}'}+\widehat{\boldsymbol{\varepsilon}^{c'}})=\boldsymbol{C}^s:(\widehat{\boldsymbol{\varepsilon}_0}+\widehat{\boldsymbol{\varepsilon}'}+\widehat{\boldsymbol{\varepsilon}^{c''}}-\widehat{\boldsymbol{\varepsilon}^{c*}}) \tag{7.133a}$$

$$\widehat{\boldsymbol{\varepsilon}^{c''}}=\hat{\boldsymbol{S}}:\widehat{\boldsymbol{\varepsilon}^{c*}} \tag{7.133b}$$

$$\hat{\boldsymbol{S}}=[\alpha,\beta] \tag{7.133c}$$

式中 $\widehat{\boldsymbol{\varepsilon}^{c''}}$、$\widehat{\boldsymbol{\varepsilon}^{c*}}$——冰颗粒的平均扰动应变和等效特征应变；

$\hat{\boldsymbol{S}}$——Eshelby 张量，其在冰颗粒为球形时的表达为

$$\alpha=\frac{3K_S}{3K_S+4\widehat{\mu_S}};\beta=\frac{6(K_s+2\widehat{\mu_S})}{5(3K_s+4\widehat{\mu_S})} \tag{7.134a}$$

通过式（7.132）和式（7.133）可以得到以下关系式

$$\widehat{\sigma^c}=\widehat{\sigma_0}+\widehat{\sigma'}+C^s:(\hat{S}:\widehat{\varepsilon^{c*}}-\widehat{\varepsilon^{c*}}) \tag{7.134b}$$

$$\widehat{\boldsymbol{\varepsilon}^{c*}}=[\boldsymbol{C}^c:\widehat{\boldsymbol{\varepsilon}_0}+\boldsymbol{C}^c:\widehat{\boldsymbol{\varepsilon}'}-\boldsymbol{C}^s:\widehat{\boldsymbol{\varepsilon}_0}-\boldsymbol{C}^s:\widehat{\boldsymbol{\varepsilon}'}]:[\boldsymbol{C}^s:\hat{\boldsymbol{S}}-\boldsymbol{C}^c:\hat{\boldsymbol{S}}-\boldsymbol{C}^s]^{-1} \tag{7.135}$$

根据同样的方法，未冻水的应力表示为

$$\widehat{\boldsymbol{\sigma}^w}=\boldsymbol{C}^w:(\widehat{\boldsymbol{\varepsilon}_0}+\widehat{\boldsymbol{\varepsilon}'}+\widehat{\boldsymbol{\varepsilon}^{w''}})=\boldsymbol{C}^s:(\widehat{\boldsymbol{\varepsilon}_0}+\widehat{\boldsymbol{\varepsilon}'}+\widehat{\boldsymbol{\varepsilon}^{w''}}-\widehat{\boldsymbol{\varepsilon}^{w*}}) \tag{7.136}$$

$$\widehat{\boldsymbol{\varepsilon}^{w*}}=[\boldsymbol{C}^w:\widehat{\boldsymbol{\varepsilon}_0}+\boldsymbol{C}^w:\widehat{\boldsymbol{\varepsilon}'}-\boldsymbol{C}^s:\widehat{\boldsymbol{\varepsilon}_0}-\boldsymbol{C}^s:\widehat{\boldsymbol{\varepsilon}'}]:[\boldsymbol{C}^s:\hat{\boldsymbol{S}}-\boldsymbol{C}^w:\hat{\boldsymbol{S}}-\boldsymbol{C}^s]^{-1} \tag{7.137}$$

$$\widehat{\boldsymbol{\varepsilon}^{w''}}=\hat{\boldsymbol{S}}:\widehat{\boldsymbol{\varepsilon}^{w*}} \tag{7.138}$$

式中 $\widehat{\boldsymbol{\varepsilon}^{w*}}$、$\widehat{\boldsymbol{\varepsilon}^{w''}}$——未冻水的等效特征应变和扰动应变。

随后，根据体积均匀化方法，建立三相的应力与宏观应力之间的关系如下：

$$\widehat{\boldsymbol{\sigma}_0}=\frac{v_s}{v}\widehat{\boldsymbol{\sigma}_s}+\frac{v_c}{v}\widehat{\boldsymbol{\sigma}_c}+\frac{v_w}{v}\widehat{\boldsymbol{\sigma}_w} \tag{7.139}$$

将式（7.133a）、式（7.134）和式（7.136）代入式（7.139），可以推导得到土基体的平均扰动应变$\widehat{\boldsymbol{\varepsilon}'}$

$$\widehat{\boldsymbol{\varepsilon}'}=[f_c(\boldsymbol{I}-\hat{\boldsymbol{S}}):\boldsymbol{A}:\boldsymbol{C}+f_w(\boldsymbol{I}-\hat{\boldsymbol{S}}):\boldsymbol{F}:\boldsymbol{E}]:[\boldsymbol{I}-f_c(\boldsymbol{I}-\hat{\boldsymbol{S}}):\boldsymbol{B}:\boldsymbol{C}-f_w(\boldsymbol{I}-\hat{\boldsymbol{S}}):\boldsymbol{D}:\boldsymbol{E}]^{-1} \tag{7.140}$$

式中 $\boldsymbol{A}=\boldsymbol{B}:\widehat{\boldsymbol{\varepsilon}_0}$；

$\boldsymbol{B}=\boldsymbol{C}^c-\boldsymbol{C}^s$；

$\boldsymbol{C}=[\boldsymbol{C}^s:\hat{\boldsymbol{S}}-\boldsymbol{C}^c:\hat{\boldsymbol{S}}-\boldsymbol{C}^s]^{-1}$；

$\boldsymbol{D}=\boldsymbol{C}^w-\boldsymbol{C}^s$；

$\boldsymbol{E}=[\boldsymbol{C}^s:\hat{\boldsymbol{S}}-\boldsymbol{C}^w:\hat{\boldsymbol{S}}-\boldsymbol{C}^s]^{-1}$，

$\boldsymbol{F}=\boldsymbol{D}:\widehat{\boldsymbol{\varepsilon}_0}$；

$\boldsymbol{A}$ 和 $\boldsymbol{F}$ 分别是 2 阶张量；$\boldsymbol{B}$，$\boldsymbol{C}$，$\boldsymbol{D}$，$\boldsymbol{E}$ 分别是 4 阶张量。

将式（7.131-4）、式（7.133-3）和式（7.134）代入式（7.140），有

$$\widehat{\boldsymbol{\varepsilon}'}=[\widehat{\boldsymbol{B}}_c+\widehat{\boldsymbol{B}}_w]:\widehat{\boldsymbol{\varepsilon}_0}:[\boldsymbol{I}-\widehat{\boldsymbol{B}}_c-\widehat{\boldsymbol{B}}_w]^{-1} \tag{7.141}$$

其中

$$\widehat{\boldsymbol{B}_{\chi=c,w}}=f_\chi\left[\frac{(1-\alpha)(k_s-k_\chi)(\alpha k_\chi-\alpha k_s-k_\chi)}{9k_s^2k_\chi^2},\frac{(1-\beta)(\widehat{\mu_s}-\widehat{\mu_\chi})(\beta\widehat{\mu_\chi}-\beta\widehat{\mu_s}-\widehat{\mu_\chi})}{4\,\widehat{\mu}_s^2\,\widehat{\mu}_\chi^2}\right]$$

因此，在 Laplace 域建立三相材料的应力和宏观应力之间的关系如下：

$$\widehat{\boldsymbol{\sigma}^s}=\widehat{\boldsymbol{\sigma}_0}+\widehat{\boldsymbol{\sigma}'}=\boldsymbol{C}^s:(\widehat{\boldsymbol{\varepsilon}_0}+\widehat{\boldsymbol{\varepsilon}'}) \tag{7.142}$$

$$\widehat{\boldsymbol{\sigma}^\chi}=\widehat{\boldsymbol{\sigma}_0}+\widehat{\boldsymbol{\sigma}'}+\boldsymbol{C}^s:(\widehat{\boldsymbol{S}:\boldsymbol{\varepsilon}^{\chi *}}-\widehat{\boldsymbol{\varepsilon}^{\chi *}}) \tag{7.143}$$

其中

$$\widehat{\boldsymbol{\sigma}'}=\boldsymbol{C}^s:\widehat{\boldsymbol{\varepsilon}'} \tag{7.144a}$$

$$\widehat{\boldsymbol{\varepsilon}^{c*}}=[\boldsymbol{B}:\widehat{\boldsymbol{\varepsilon}_0}+\boldsymbol{B}:\widehat{\boldsymbol{\varepsilon}'}]:\boldsymbol{C} \tag{7.144b}$$

$$\widehat{\boldsymbol{\varepsilon}^{w*}}=[\boldsymbol{D}:\widehat{\boldsymbol{\varepsilon}_0}+\boldsymbol{D}:\widehat{\boldsymbol{\varepsilon}'}]:\boldsymbol{E} \tag{7.144c}$$

在应用中，可以将三相本构关系代入式（7.140）和式（7.144）。随后，结合式（7.117）的性质和初始应力、应变条件，通过 Laplace 逆变换，可以得到各相在真实应力空间的实际应力张量。

2. 常规三轴应力下的模型验证

为了验证本节所建立的饱和冻土宏细观黏弹性本构模型，将其进行了常规三轴应力下的简化，并作出了土颗粒应力等同与宏观应力的假设。

对于饱和冻土的三轴蠕变试验，其宏观应力 $q_0(t)$ 可以表示为

$$q_0(t)=q^0H(t) \tag{7.145}$$

式中　$H(t)$——Heaviside 函数，具体定义为

$$H(t)=\begin{cases}1 & (t\geqslant 0)\\ 0 & (t<0)\end{cases} \tag{7.146}$$

根据式（7.142）～式（7.146），冰颗粒 q_c 和土基体 q_0 之间的应力关系可以表示为

$$\sum\nolimits_{n=0}^{c}\boldsymbol{Q}_n q_c^{(n)}=\sum\nolimits_{m=1}^{w}\boldsymbol{P}_m q_0^{(m)} \tag{7.147}$$

式中　$q_c^{(n)}$——q_c 的 n 阶导数。

$\boldsymbol{Q}_n$ 是一个关于冰颗粒、土基体和未冻水的剪切模量、体积模量和黏性系数的多项式系数，通过式（7.117）和式（7.147）的 Laplace 逆变换可以写为

$$Q_1\widetilde{q_c}+Q_2\dot{\widetilde{q_c}}+Q_3\ddot{\widetilde{q_c}}+Q_4\dddot{\widetilde{q_c}}=P_1q_0 \tag{7.148}$$

其中相关系数过于复杂没有列出。随后，通过将模型参数和式（7.145）代入式（7.148）中，冰颗粒的实际应力为

$$q_c=q_0+\widetilde{q_c} \tag{7.149}$$

未冻水的应力也可以通过同样的方法进行获得。

在常规三轴应力条件下，根据式（7.124a），冰颗粒的本构模型为

$$\varepsilon_c(t)=\frac{q_c}{3\mu_c^2}+\frac{q_c}{3\mu_c^1}(1-e^{-t\mu_c^1/\eta_c}) \tag{7.150}$$

在常规三轴应力条件下，根据式（7.128a），未冻水的本构模型为

$$\varepsilon_w(t)=\frac{t}{3\eta_w}q_w \tag{7.151}$$

在常规三轴应力条件下，根据式（7.120a），土基体的本构模型为

$$\varepsilon_s(t)=\frac{q_s}{3\mu_s^2}+\frac{q_s}{3\mu_s^1}(1-e^{-t\mu_s^1/\eta_s}) \tag{7.152}$$

因此，可以得到三相材料的应力，并通过将三相的黏弹性本构模型式（7.150）～式（7.152），代入式（7.114）中，既可以得到宏观蠕变变形。

根据本节所研究的试验结果，相关的模型参数如下。

土基体的黏弹性本构模型参数为：$f_s=0.8$，$\mu_s^2=90\text{MPa}$，$\mu_s^1=60\text{MPa}$，$\eta_s=120\text{MPa}\cdot\text{h}$，$K_s=100\text{MPa}$。

冰颗粒的黏弹性本构模型参数为：$f_c=0.18$，$\mu_c^2=150\text{MPa}$，$\mu_c^1=70\text{MPa}$，$\eta_c=100\text{MPa}\cdot\text{h}$。

未冻水的黏弹性本构模型参数为：$f_w=0.02$，$\eta_w=200\text{MPa}\cdot\text{h}$。

基于以上的模型参数，可以计算得到土基体、冰颗粒和未冻水在宏观应力作用下的初始真实应力，相应的曲线如图7.34所示。从图中可以看到，冰颗粒和未冻水的应力与宏观应力具有明显的差异性，且冰颗粒的真实应力大于宏观应力。另外，未冻水的真实应力小于宏观应力，且随着宏观应力的增加，其差异性表现越为明显。同样表明了在宏观应力作用下，冰颗粒和未冻水的应力集中现象是存在的。这也说明了现有的冻土本构模型将宏观应力作为均匀应力处理是不合理的。

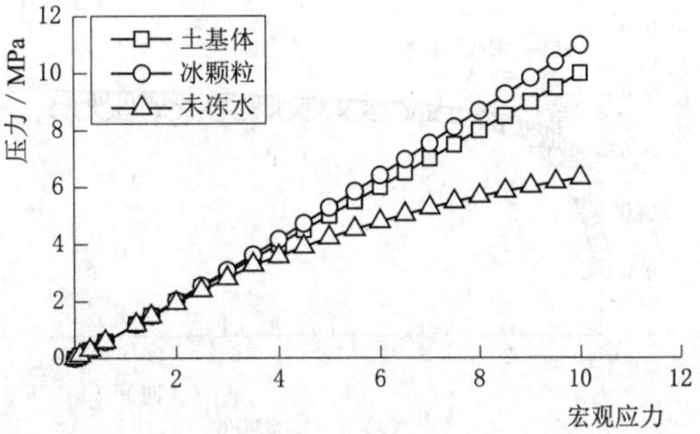

图7.34　宏观应力作用下的三相应力变化曲线

通过以上的模型参数，计算三相材料的真实蠕变曲线和宏观蠕变曲线，如图7.35所示，且将计算曲线与试验曲线进行对比，如图7.36所示。通过对图7.35的分析可知，在恒定宏观应力的作用下，三相材料的真实蠕变应变具有明显的差异性，即说明了冻土内部蠕变应变的非均匀分布。基于对图7.36的分析，计算曲线和试验曲线具有十分良好的相似性，说明了在本节推导的理论框架能够模拟冻土的黏弹性特性，且采用一种模型参数进行了预测。因此，这对现有本构模型参数多变的特性做出了改进，并且说明了将冻土的内在蠕变机制进行考虑使得本书的模型具有更好的适应性。

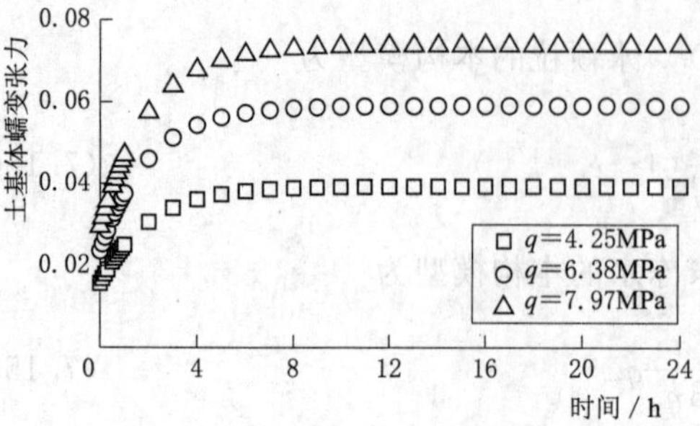

(a) 土基体计算蠕变曲线

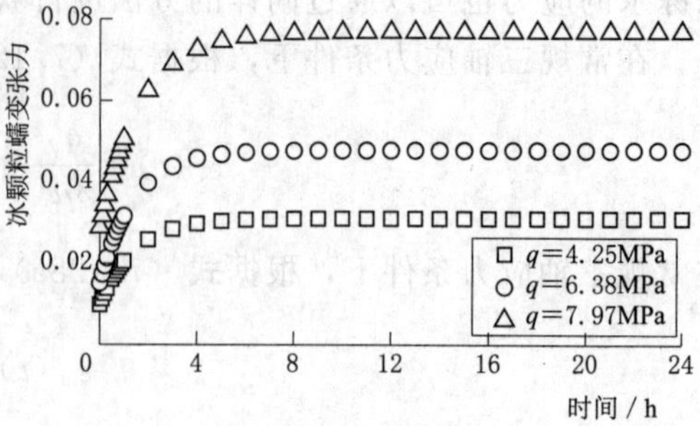

(b) 冰颗粒计算蠕变曲线

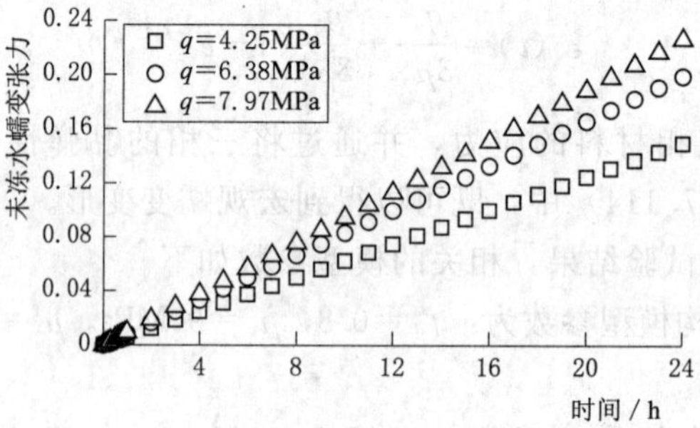

(c) 未冻水计算蠕变曲线

图 7.35　三相计算蠕变曲线

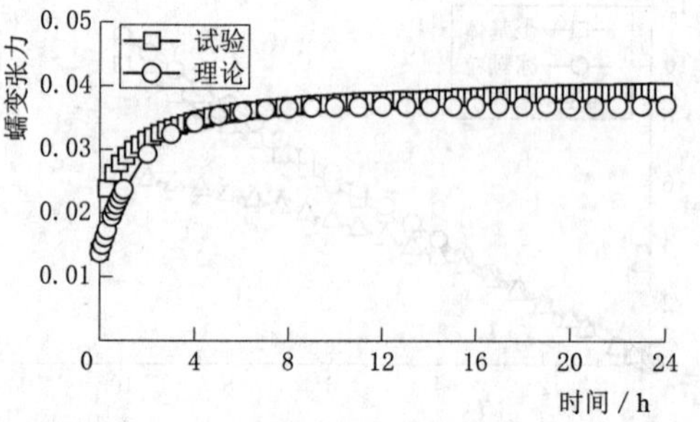

(a) $q=4.25\text{MPa}$

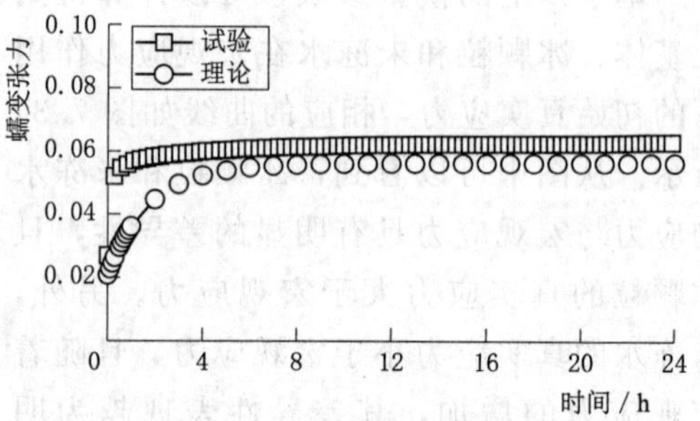

(b) $q=6.38\text{MPa}$

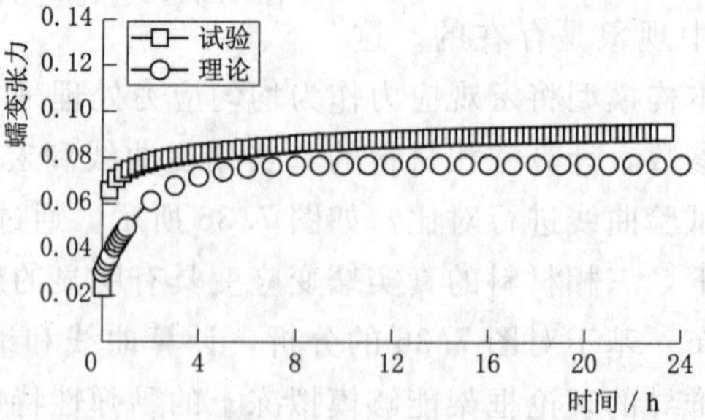

(c) $q=7.97\text{MPa}$

图 7.36　不同应力水平下的饱和冻土理论曲线和试验曲线对比（−15℃）

7.4.3　宏-细观黏弹塑性蠕变模型

1. 黏弹性和黏塑性模型的对应性原则

在上节中，已经建立了一个描述冻土衰减蠕变变形的宏细观黏弹性本构模型。然而，冻土的蠕变具有两种明显的蠕变类型："衰减型"和"非衰减型"，其本质分别是黏弹性变形（瞬时弹性变形和衰减黏性变形）和黏弹塑性变形（瞬时弹性变形、衰减黏性变形和加速黏性变形），并且剪应力水平和长期强度的关系是决定蠕变类型的控制性因素。因此，通过考虑土基体和冰颗粒的黏塑性变形，并基于前文的黏弹性模型，可以建立一个宏细观黏弹塑性本构模型以描述非衰减蠕变变形。

为了将黏塑性本构模型引入黏弹性本构模型中，Li 和 Weng（1997，1998）建议了一种割线黏性系数的方法，通过黏弹性模型和黏塑性模型在小应力范围内的数学等效，给出了颗粒增强体的弹黏塑性本构模型。然而，本节仅仅关注的是在恒定应力下的蠕变本构模型，因此可以采用黏弹性和黏塑性的黏性系数在数学形式上等效的方法，从而可以采用上节的结论。

土基体的黏弹塑性本构模型如下

$$\dot{\varepsilon}_s'=\dot{\varepsilon}_s^{e}+\dot{\varepsilon}_s^{ve}+\dot{\varepsilon}_s^{vp}=\dot{\varepsilon}_s^{e}+\dot{\varepsilon}_s^{v} \tag{7.153}$$

其中黏性变形$\dot{\varepsilon}_s^{v}$包含了黏塑性变形$\dot{\varepsilon}_s^{vp}$和黏弹性变形$\dot{\varepsilon}_s^{ve}$，即

$$\dot{\varepsilon}_s^{v}=\dot{\varepsilon}_s^{ve}+\dot{\varepsilon}_s^{vp} \tag{7.154}$$

土基体的黏塑性和黏弹性本构模型分别如下：

$$\dot{\varepsilon}_s^{vp}=\frac{1}{2\eta_s^{p}}\sigma_s' \tag{7.155a}$$

$$\dot{\varepsilon}_s^{ve}=\frac{1}{2\eta_s^{e}}\sigma_s' \tag{7.155b}$$

因此，土基体的等效黏性系数如下：

$$\dot{\varepsilon}_s^{v}=\frac{1}{2\eta_s}\sigma_s' \tag{7.156}$$

式中　η_s——等效黏性系数，$\eta_s=\dfrac{\eta_s^{e}\eta_s^{p}}{\eta_s^{e}+\eta_s^{p}}$；

η_s^{p} 和 η_s^{e}——黏塑性和黏弹性本构模型的黏性系数。

从而，直接把式（7.156）中的等效黏性系数可以代入前文所建立的黏弹性本构模型中，进而可以得到土颗粒的黏弹塑性本构模型的真实应力张量。在本书中使用等效方法时，黏塑性模型中的黏性系数张量是一个与时间无关的系数。

冻土的非衰减蠕变类型分为 3 个阶段（衰减阶段，稳定阶段和加速阶段），其中第 1、第 2 阶段基本是由黏弹性组成，而第 3 阶段主要由黏塑性变形组成。而且，黏塑性变形所占比例随着时间的增加而增加，直到冻土试样破坏。这也表明了饱和冻土的非衰减蠕变变形具有非常的阶段特性，即第 1、第 2 阶段的黏弹性变形的占比高，第 3 阶段的黏塑性的比例较高。这个特性也被 Hou et al.（2018）的研究所证实。所以本书对宏细观应变能速率相等式（7.114）进行了变化，重点考虑了随着时间的变化，饱和冻土内部的黏弹性应

变和黏塑性应变的比例系数变化如下：

$$\dot{e}\sigma_0 = f_s[\dot{\varepsilon}_s^e + f_s^{ev}(t)\dot{\varepsilon}_s^{ev} + f_s^{vp}(t)\dot{\varepsilon}_s^{vp}]\sigma^s + f_c[\dot{\varepsilon}_c^e + f_c^{ev}(t)\dot{\varepsilon}_c^{ev} + f_c^{vp}(t)\dot{\varepsilon}_c^{vp}]\sigma^c + f_w\dot{\varepsilon}^w\sigma^w \tag{7.157}$$

式中　$f_s^{vp}(t)$、$f_s^{ev}(t)$、$f_c^{vp}(t)$、$f_c^{ev}(t)$ ——土基体和冰颗粒的黏塑性、黏弹性应变对应于冻土总应变的比例系数。

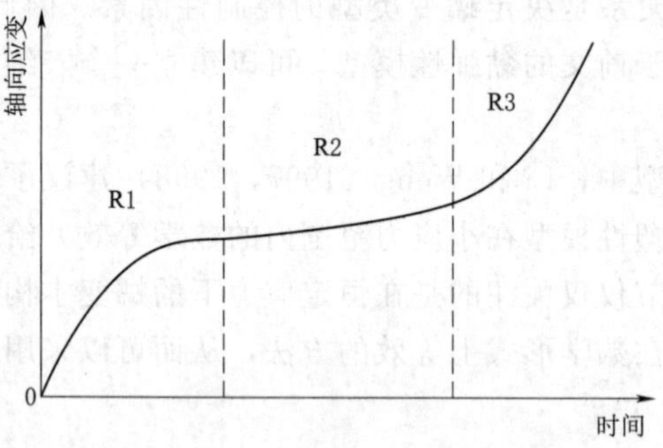

图 7.37　冻土的非衰减蠕变曲线

根据冻土的蠕变试验数据，分析其非衰减蠕变变形，如图 7.37 所示。第 1 阶段（R1）具有明显的衰减蠕变特性，所以在这一阶段，其变形基本由黏弹性变形所组成；第 3 阶段（R3）具有明显的加速变形特性，则其变形基本由黏塑性变形所组成。通过前边对两个阶段的分析，第 2 阶段的变形具有明显的稳定特性，则说明了在该阶段的黏弹性和黏塑性变形处于动态平衡。因此，这个分析结论也可以从冻土具有非常明显的 3 阶段变形特性处得到说明：在初始阶段，黏弹性变形占据到了冻土蠕变的主要部分，随后黏塑性变形逐渐增加，最终两者在蠕变的第 2 阶段保持动态平衡。最终，黏塑性变形成为了冻土蠕变变形的主要成分，所以蠕变变形进入到了第 3 阶段、破坏。对于冻土的蠕变变形，总变形、黏弹性变形和黏塑性变形的相关关系如图 7.38 所示。因此，式（7.158）用以描述这种变形特性而更合理，同时这些系数的变化范围为区间［0－1］，且其具体的表达式为

$$f_s^{ev}(t) = e^{-\omega t^{\kappa}} - s_0 \tag{7.158a}$$

$$f_s^{vp}(t) = 1 - e^{-\omega t^{\kappa}} + s_0 \tag{7.158b}$$

$$f_c^{ev}(t) = e^{-\zeta t^{Q}} - c_0 \tag{7.158c}$$

$$f_c^{vp}(t) = 1 - e^{-\zeta t^{Q}} + c_0 \tag{7.158d}$$

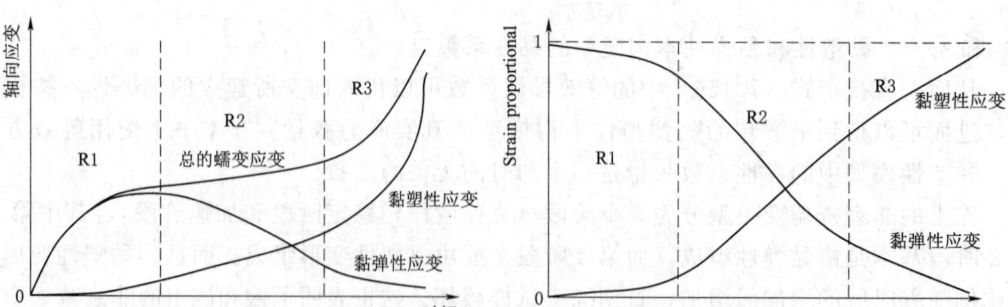

（a）轴向应变—时间曲线　　（b）应变比例—时间曲线

图 7.38　黏弹性变形、黏塑性变形和总变形的关系

式中 ω、κ、ζ和Q——一个无量纲的变形比例系数，其反映的是在外界因素影响下的变形比例系数；

s_0和c_0——变形比例系数的初始参数。

2. 土基体的黏弹塑性本构模型

许多学者的研究结果表明，土基体的蠕变变形的本质为黏弹塑性变形。基于这个观点，许多学者建立了关于土的不同蠕变本构模型。因此，现有的蠕变本构模型可以直接用于冻土中土基体的黏塑性变形的描述。在本节中，假设冻土内的土基体的蠕变特性不受负温的影响，且参数确定方法与融土确定方法一致。因此，采纳了 Bodner - Partom 无屈服面本构模型来描述土基体的蠕变特性，同时将总应变率$\dot{\varepsilon}_s$分解为弹性应变率$\dot{\varepsilon}_s^e$和黏塑性应变率$\dot{\varepsilon}_s^{vp}$，如下：

$$\dot{\varepsilon}_s=\dot{\varepsilon}_s^e+\dot{\varepsilon}_s^{vp} \tag{7.159}$$

其中，弹性应变率可以通过广义 Hooke's 定律求得，如下：

$$\dot{\varepsilon}_s^e=C^s\dot{\sigma}_s \tag{7.160}$$

式中 C^s——土基体的刚度张量，$C^s=\left[\dfrac{1}{3K_s},\dfrac{1}{2\mu_s}\right]$。

土基体的黏塑性应变率$\dot{\varepsilon}_s^{vp}$可以被表达为（Bodner 和 Parom，1975）

$$\dot{\varepsilon}_s^{vp}=\frac{1}{2\eta_s^p}\sigma_s' \tag{7.161}$$

其中

$$\eta_s^p=\frac{1}{2\lambda} \tag{7.162-1}$$

$$\lambda^2=\frac{I_2^{vp}}{J_2} \tag{7.162-2}$$

$$I_2^{vp}=I_0^2\exp\left[-\left(\frac{A^2}{J_2}\right)^n\right] \tag{7.162-3}$$

$$A^2=\left(\frac{1}{3}\right)Z^2\left(\frac{n+1}{n}\right)^{\frac{1}{n}} \tag{7.162-4}$$

式中 I_2^{vp}——黏塑性应变率的第二不变量，$I_2^{vp}=(\dot{\varepsilon}^{svp}\dot{\varepsilon}^{svp})/2$；

J_2——偏应力的第二不变量，$J_2=(\sigma_s'\sigma_s')/2$；

I_0^2、Z和n——材料参数，其可以通过对土的蠕变试验确定，且其影响土基体的黏塑性应变的演化规律如图 7.39 所示。

通过将式（7.160）和式（7.161）代入式（7.120）～式（7.124），式（7.124）可以重写为：

$$\widehat{\mu}_s^p=\frac{sA_s^p+B_s^p}{sC_s^p+D_s^p} \tag{7.163}$$

其中

$$A_s^p=\eta_s^pA_S \tag{7.164a}$$

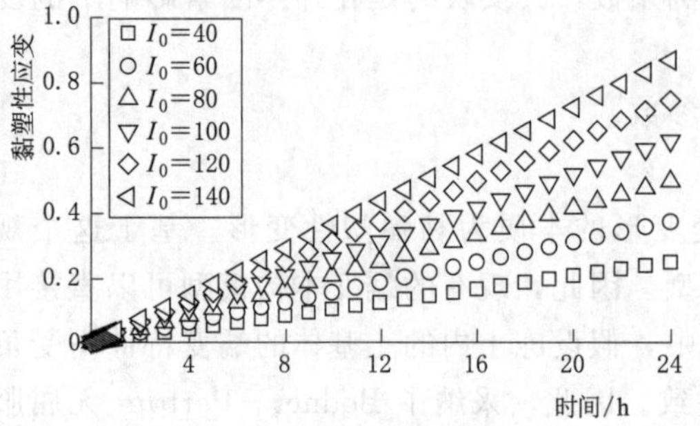

(a) 参数I_0的影响规律

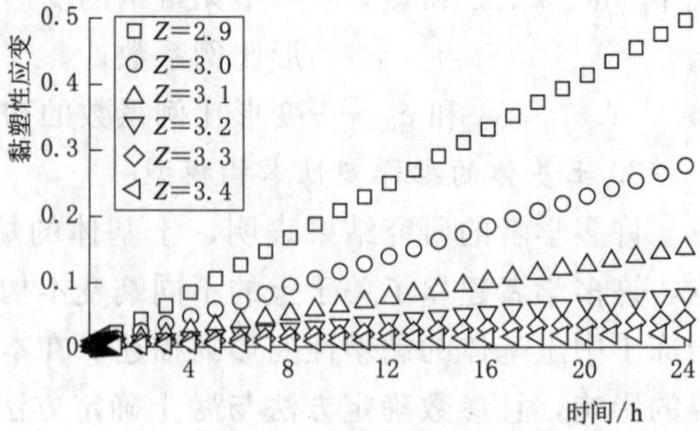

(b) 参数Z的影响规律

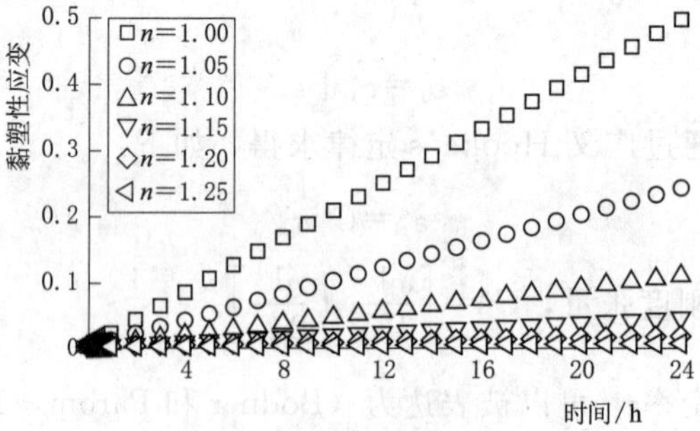

(c) 参数n的影响规律

图 7.39　模型参数对土基体黏塑性变形的影响规律

$$B_s^p = \eta_s^p B_S \tag{7.164b}$$

$$C_s^p = A_s + \eta_s^p C_S \tag{7.164c}$$

$$D_s^p = B_S + D_S \eta_s^p \tag{7.164d}$$

最终得到土基体的黏弹性本构模型和黏弹塑性本构的对应关系，并且按照上节的方法，获得土基体的黏弹塑性应力集中张量。

3. 冰颗粒的黏弹塑性本构模型

冰颗粒的黏弹塑性变形受到了温度和围压的影响（Chen 和 Xu.，1993），此处建立了一个冰颗粒的考虑温度的黏弹塑性本构模型，其具体表达式为

$$\dot{\varepsilon}^c = \dot{\varepsilon}^{ce} + \dot{\varepsilon}^{cvp} \tag{7.165}$$

同时，弹性应变率可以通过广义 Hooke's 定律确定，即

$$\dot{\varepsilon}^{ce} = C^c \dot{\sigma}^{ce} \tag{7.166}$$

式中　C^c——冰颗粒的弹性刚度张量，$C^c = \left[\dfrac{1}{3K_c}, \dfrac{1}{2\mu_c}\right]$；

K_c、μ_c——冰颗粒的体积模量和剪切模量；同时剪切模量与温度 θ，应力 σ_{ij}^c 和初始剪切模量 μ_c^0 密切相关。

$$G_c = f(\sigma_{ij}^c, \theta, \mu_c^0) \tag{7.167}$$

剪切模量随温度变化的关系式如下：

$$\mu_c = m + n\theta \tag{7.168}$$

式中　θ——温度值，℃；

m、n——温度无关的参数，单位分别为 MPa 和 MPa/℃，其可以通过冰的三轴压缩试验确定。

有关冰的黏塑性变形的描述是一个复杂的问题，为此选择了 Perzyna 模型来描述这种力学行为。Perzyna 模型的具体定义如下（Perzyna，1963）：

$$\dot{\varepsilon}_c^{vp}=\frac{\langle\phi(f)\rangle}{\eta}\frac{\partial g}{\partial\sigma_c} \tag{7.169}$$

式中　η——黏性系数；

$\phi(f)$——应力函数；

g——势能函数；

$\langle\cdot\rangle$——McCauley 符号。

过应力函数的定义为

$$\phi(f)=\left(\frac{f}{\alpha}\right)^N \tag{7.170}$$

式中　α——初始屈服应力；

N——模型参数，且需满足 $N\geqslant1$；冰的屈服函数可以选择 Mises 准则

$$f=q-k \tag{7.171}$$

式中　k——实验参数；

q——广义剪应力。

此处冰的变形被假定复合相关联流动法则 $f=g$。因此，冰的黏塑性模型定义为

$$\dot{\varepsilon}_c^{vp}=\frac{1}{2\eta_c^p}\sigma_c' \tag{7.172a}$$

$$\eta_c^p=\frac{q\eta}{3\langle\phi(f)\rangle} \tag{7.172b}$$

式中　η_c^p——冰的黏塑性模型中的黏性系数，其对模型变形的影响规律如图 7.40 所示。

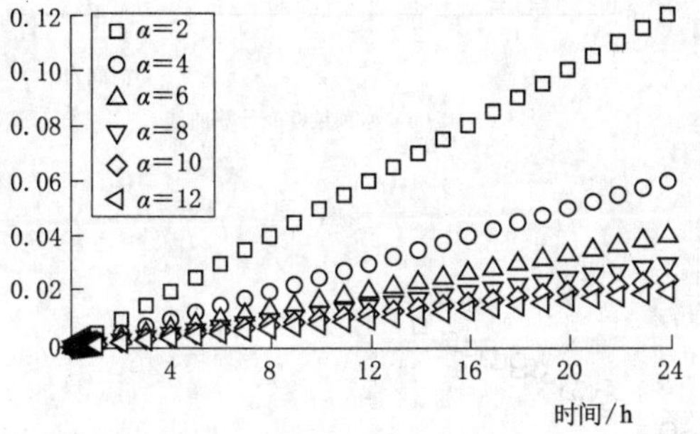

(a) 参数α的影响规律

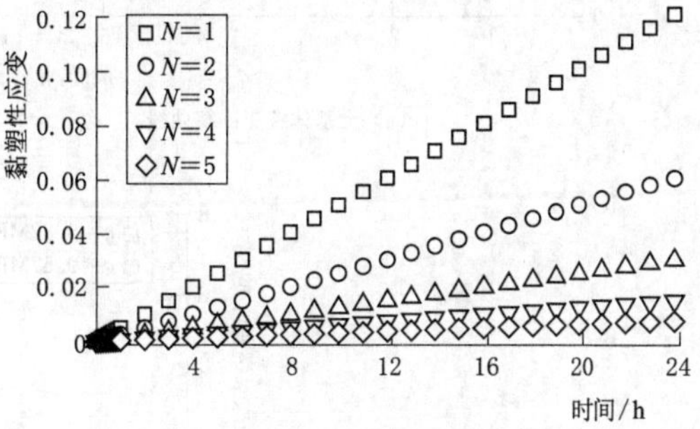

(b) 参数N的影响规律

图 7.40　模型参数对冰颗粒黏塑性变形的影响

冰颗粒的黏塑性模型的实际应力确定方法与土基体一致。由此，建立了饱和冻土的宏细观黏弹塑性本构模型。

4. 模型参数确定方法

在本书中，建立了饱和冻土的宏细观黏弹塑性本构模型。为了有效验证该模型对于冻土蠕变特性模拟的合理性和适应能力，首先应该明确相关模型参数的确定方法：

(1) 冰、土剪切模量可以通过相应的蠕变试验数据获得，具体为极小应变处的应力和变形，进而通过模量的定义确定参数数值。

(2) 在制样阶段，可以测得三相各自的质量，最终结合式 (7.157)，确定三相组分的体积分数 (f_s，f_c，f_w)。

(3) 对于冰、土其余模型参数的确定，可以通过现有常用的反分析方法，即通过对试验曲线的模拟效果不断进行重新的校核，直到给出相应数值；未冻水参数的确定可以通过类似的方法。

5. 常规三轴条件下的模型验证

根据前文所叙述的模型参数确定方法，土基体的黏弹塑性本构模型参数为：$f_s=0.8$、$\mu_s^2=50\text{MPa}$、$\mu_s^1=40\text{MPa}$、$\eta_s=20\text{MPa}\cdot\text{h}$、$I_0^2=7$、$Z=16$、$n=1.45$；冰颗粒的黏弹塑性模型参数为：$f_c=0.18$、$\mu_c^2=120\text{MPa}$，$\mu_c^1=70\text{MPa}$、$\eta_c=50\text{MPa}\cdot\text{h}$、$k=1$、$N=1$、$\alpha=1.5$；未冻水的黏弹塑性本构模型参数为：$f_w=0.02$、$\eta_w=200\text{MPa}\cdot\text{h}$；土基体和冰颗粒的变形比例系数为：$c_0=0.1$、$\kappa=5$、$\varrho=5$、$\omega=0.0003$ ($q=8.82\text{MPa}$)、$\omega=0.0006$ ($q=9.57\text{MPa}$)、$s_0=0.2$ ($q=8.82\text{MPa}$)、$s_0=0.01$ ($q=9.57\text{MPa}$) $\zeta=0.00015$ ($q=8.82\text{MPa}$)、$\zeta=0.0009$ ($q=9.57\text{MPa}$)。

从而，把以上的模型参数代入式 (7.150)～式 (7.152)、式 (7.156)～式 (7.158)、式 (7.165)，可以计算出理论曲线，如图 7.41 所示。并且，试验曲线和理论曲线的对比

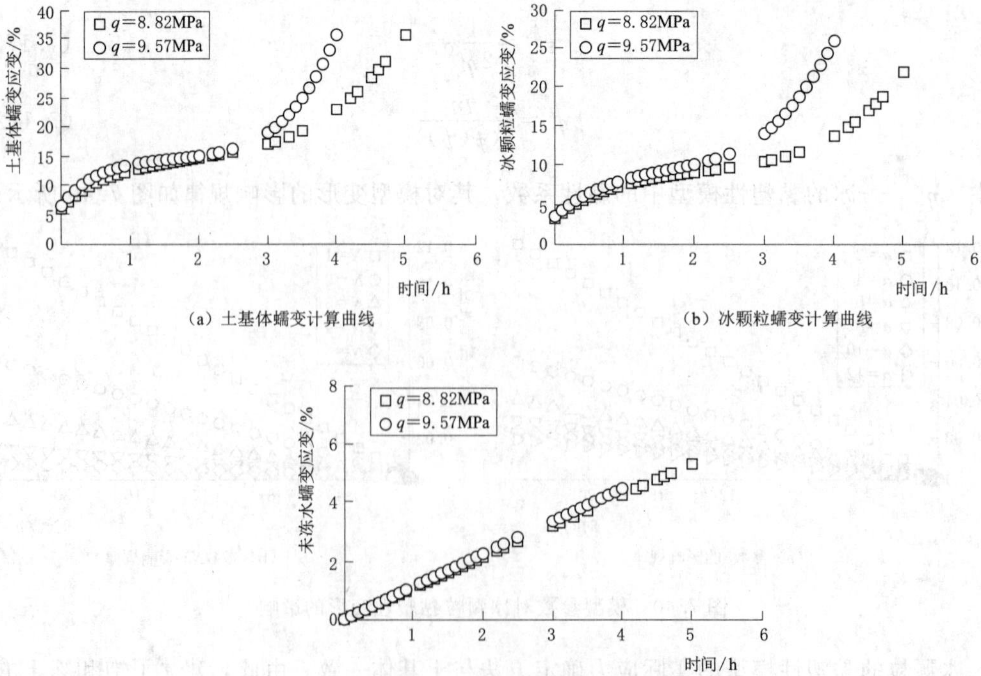

(a) 土基体蠕变计算曲线　　(b) 冰颗粒蠕变计算曲线

(c) 未冻水蠕变计算曲线

图 7.41　三相蠕变计算曲线

如图 7.42 所示。从这两幅图的分析可知，饱和冻土内部的应变为非均匀分布，且由于在低温下的冰抗剪强度较大，冰的蠕变应变明显小于土基体的。同时，试验曲线和理论曲线具有很好的相关性，说明了所建立的黏弹塑性本构模型能够很好地反映饱和冻土的黏弹塑性变形，且能够很好地模拟蠕变变形的三阶段特性。

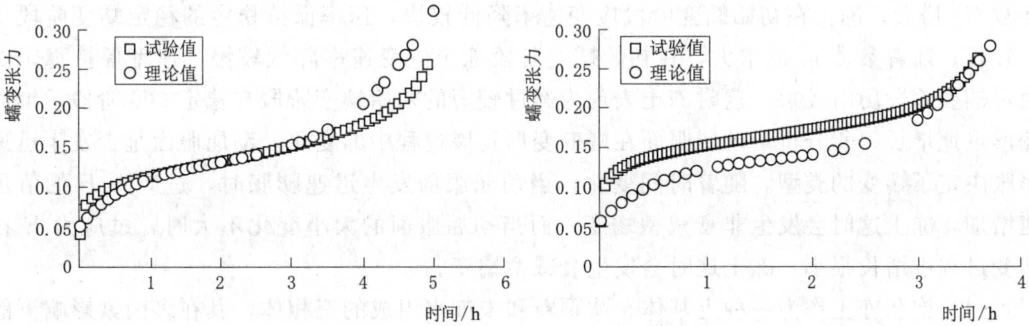

(a) q=8.82MPa　　(b) q=9.57MPa

图 7.42　饱和冻土的试验蠕变曲线与理论计算曲线对比（−15℃）

7.5　小　结

(1) 本章首先基于试验数据和前人的分析引入了损伤和硬化两个参数来模拟试样在蠕变过程中存在的硬化和损伤效应，其中提出了两个硬化函数，并对函数中的参数敏感性进行了分析；损伤函数采用的是常规的损伤函数，采用存在损伤阈值的理论。基于分数阶导数理论，结合硬化和损伤函数，提出了分数阶蠕变模型，对模型的三维应力状态进行推导。根据同一混合比，不同围压的试验数据进行模型参数拟合和对参数进行分析，结果表明，该模型能够很好地拟合不同类型的蠕变的各个阶段。

(2) 在传统西原模型基础上，通过引入硬化因子与损伤因子，提出了一种考虑温度与应力引发的弱化与强化效应的改进的西原模型，并对该模型的一维表达式进行推导，采用了适用于冻土的抛物线屈服准则，进而通过类比法得到了三维表达式，最终得到了模型在三轴蠕变试验中的验证公式。采用该蠕变模型对冻结黄土的三轴蠕变试验中应变变化的全过程曲线进行拟合，获得了模型的参数。通过将模型预测值与试验结果对比分析，发现改进的模型不仅可以充分反映冻结黄土初始蠕变、稳定蠕变阶段，还能很好地描述加速蠕变阶段的蠕变规律。该模型可用于预测一定温度与剪应力下的冻结黄土蠕变变形，具有一定的应用价值。

(3) 基于 Perzyna 的过应力黏塑性理论提出了一个黏弹塑性本构模型，模型动屈服面采用包含分别与塑性体应变及塑性广义剪应力有关的两个硬化参数的双硬化屈服准则，同时通过冻结黄土在同一围压（0.3MPa）不同温度及剪应力条件下的常规三轴蠕变试验验证模型合理性，具体如下：①将冻土的蠕变分为初始变形、黏弹性变形及黏塑性变形三部分，并对这三部分变形的增量形式的计算公式计算了推导，其中黏塑性应变部分的增量表达式以过应力黏塑性理论理论为基础建立，初始变形则采用双硬化弹塑性本构方程进行计算，动、静屈服面均采用双硬化屈服函数形式，并对动屈服面的参数敏感性进行了分析。

②提出了从各向等压固结试验、常规三轴压缩试验及常规三轴蠕变试验中获取模型参数的方法，并对模型的参数进行了初步拟合，得到了部分参数关于剪应力及温度的经验表达式。通过对比冻结黄土蠕变试验结果与模型预测结果，发现模型能反映冻土衰减型蠕变和非衰减型蠕变的变形发展特性。③分析了 G_1、η_1 对非衰减型蠕变变形发展过程的影响。参数 G_1 增大，冻土在初始蠕变阶段应变速率降低较快，速率保持稳定的稳定蠕变阶段历时较长；随着参数 η_1 的增大，在初始蠕变阶段冻土应变速率降低较慢，速率保持稳定的稳定蠕变阶段历时较短，这时冻土表现为经过较短的初始蠕变阶段与稳定蠕变阶段后继而变形迅速增长。④分析了动屈服面在蠕变变形发展过程中的变化。动屈服面是否发生迅速膨胀决定了蠕变的类型。随着时间变化，当动屈服面发生迅速膨胀时，过应力 F 的值迅速增加，冻土这时会发生非衰减型蠕变；而当动屈服面的大小变化不大时，过应力 F 在蠕变过程中增长很小，冻土这时会发生衰减型蠕变。

(4) 饱和冻土作为一种土基体、冰颗粒和未冻水组成的三相体，其在多因素影响下的蠕变规律的内在物理机制被讨论，并重点从细观机制角度给出了分析。基于能量方法和等效方法，宏细观黏弹性和黏弹塑性本构模型被推导，这个模型可以很好的描述饱和冻土的非衰减蠕变变形，且其合理性通过试验得到了验证，与现有的宏观本构模型相比，其主要的优势如下：①这个模型更加定量的描述了不同组分对宏观蠕变特性的贡献，从而更加真实地考虑了内在蠕变机制；②这个模型能够合理地反映不同因素对冻土蠕变特性的影响规律。

第 8 章　土冻结(融化)过程的水热力耦合数值分析

土的冻结与融化过程在本质上是冰、水相变时的水热力耦合过程，研究冻土的水热力耦合机理与过程可确保寒区工程的稳定性和安全性。本章主要介绍土冻结过程的水热力耦合方程、单向冻结（融化）过程的水热力耦合数值分析，以及非饱和土在冻结过程中的水、热、力、汽耦合数值分析。

8.1　土冻结过程的水热力耦合方程

本节假定小变形。对于饱和冻土的代表性体积单元（REV），它包括固体土颗粒、冰晶以及未冻水。拉格朗日孔隙率 ϕ 可分为冰的孔隙率 ϕ_c 和水的孔隙率 ϕ_w。

$$\phi=\phi_c+\phi_w \tag{8.1}$$

当前孔隙率 $\phi_\alpha(\alpha=c, w)$ 可以表示为

$$\phi_\alpha=\phi_0 S_\alpha+\varphi_\alpha, S_c+S_w=1 \tag{8.2}$$

式中　c——冰晶；

w——未冻水；

$S_\alpha(\alpha=c, w)$——饱和度；

$\varphi_\alpha(\alpha=c, w)$——由于孔隙的变形引起的体积变化；

ϕ_0——初始的拉格朗日孔隙率。当冻土受到荷载作用或者温度变化时，孔隙空间的变化会引起整体的孔隙体积变化，表示为

$$\varphi=\phi-\phi_0=\varphi_c+\varphi_w \tag{8.3}$$

当相变发生时，对于饱和冻土这一多孔介质材料单元，需要满足质量守恒、动量守恒、能量守恒以及热力学第二定律（Coussy，2004；Liu et al.，2018）。

对于土颗粒、冰晶、未冻水，满足如下的连续方程：

$$\frac{\partial(\rho_s(1-\phi))}{\partial t}+\nabla_x\cdot[\rho_s(1-\phi)v^s]=0 \tag{8.4}$$

$$\frac{\partial(\rho_c\phi_c)}{\partial t}+\nabla_x\cdot(\rho_c\phi_c v^c)=-\mathrm{M}_{c\to w} \tag{8.5}$$

$$\frac{\partial(\rho_w\phi_w)}{\partial t}+\nabla_x\cdot(\rho_w\phi_w v^w)=\mathrm{M}_{c\to w} \tag{8.6}$$

式中　$\rho_\pi(\pi=s, c, w)$——固体土颗粒、冰晶以及水的密度；

$\boldsymbol{v}^s$ 和 $\boldsymbol{v}^\alpha$（$\alpha=c, w$）——土颗粒以及孔隙相（冰晶和未冻水）的速度，表示为 $\boldsymbol{v}^\pi(\boldsymbol{x}, t)=\frac{\mathrm{d}^\pi x}{\mathrm{d}t}$（$\pi=s, c, w$），其中 $\boldsymbol{x}$ 表示当前的位

置($\pi=s, c, w$)；

$M_{c\to w}$——单位时间单位体积内冰晶转化为水的质量。

考虑饱和冻土代表性单元的线性动量平衡，可以得到如下的运动方程：

$$\nabla_x \cdot \boldsymbol{\sigma}+\rho_s(1-\phi)(\boldsymbol{g}-\boldsymbol{\gamma}^s)+\Sigma_{\alpha=c,w}\rho_\alpha\phi_\alpha(\boldsymbol{g}-\boldsymbol{\gamma}^\alpha)-\mathrm{M}_{c\to w}(\boldsymbol{v}^w-\boldsymbol{v}^c)=0 \tag{8.7}$$

式中　$\boldsymbol{\sigma}$——应力；

$\boldsymbol{g}$——重力加速度；

$\boldsymbol{\gamma}^\pi(\pi=s, c, w)$——土颗粒、冰晶以及未冻水的加速度，且为 $\boldsymbol{\gamma}^\pi(\boldsymbol{x}, t)=\dfrac{\mathrm{d}^\pi \boldsymbol{V}}{\mathrm{d}t}$ ($\pi=s, c, w$)。

基于热力学第一定律，可以得到饱和冻土代表性单元的能量平衡方程，表示如下：

$$\frac{\mathrm{d}^s e}{\mathrm{d}t}+e\ \nabla_x \cdot \boldsymbol{v}^s=\boldsymbol{\sigma}:\boldsymbol{d}^s-\Sigma_{\alpha=c,w}\nabla_x \cdot (h_\alpha \boldsymbol{w}^\alpha)-\nabla_x \cdot \boldsymbol{q}+\Sigma_{\alpha=c,w}(\boldsymbol{g}-\boldsymbol{\gamma}^\alpha)\boldsymbol{w}^\alpha+\boldsymbol{r}_q$$
$$-\frac{1}{2}\mathrm{M}_{c\to w}[(\boldsymbol{v}^w-\boldsymbol{v}^s)^2-(\boldsymbol{v}^c-\boldsymbol{v}^s)^2] \tag{8.8}$$

式中　e——总内能，$e=\rho_s(1-\phi)e_s+\Sigma_{\alpha=c,w}\rho_\alpha\phi_\alpha e_\alpha$；

$e_\pi(\pi=s,c,w)$——每相的比内能；

$\boldsymbol{d}^\pi$——每相的应变率张量，$\boldsymbol{d}^\pi=\dfrac{1}{2}(\nabla_x \boldsymbol{v}^\pi+{}^t\nabla_x \boldsymbol{v}^\pi)(\pi=s,c,w)$；

h_α——流体的比焓，$h_\alpha=e_\alpha+\dfrac{p_\alpha}{\rho_\alpha}(\alpha=c, w)$；

p_α——相应的压力，p_α ($\alpha=c, w$)；

$\boldsymbol{q}$——热流矢量，与表面热流关系为 $\boldsymbol{J}_Q=-\boldsymbol{q}\cdot\boldsymbol{n}$，$\boldsymbol{n}$ 表面 da 的单位外法向；

$\boldsymbol{w}^\alpha$——流体质量流量，$\boldsymbol{w}^\alpha=\rho_\alpha\boldsymbol{\vartheta}$，$\boldsymbol{\vartheta}=\phi_\alpha(\boldsymbol{v}^\alpha \boldsymbol{v}^s)$；

$\boldsymbol{r}_q$——外部热源提供的热密度。

基于热力学第二定律，并联合式 (8.8)，可以得到考虑饱和冻土相变的 Clausius - Duhem 不等式 (Coussy，2004；Liu et al.，2018)

$$\boldsymbol{\sigma}:\frac{\mathrm{d}\varepsilon}{\mathrm{d}t}+\Sigma_{\alpha=c,w}g_\alpha\frac{\mathrm{d}m_\alpha}{\mathrm{d}t}-\theta\frac{\mathrm{d}T}{\mathrm{d}t}-\frac{\mathrm{d}\psi}{\mathrm{d}t}-(g_c-g_w)\mathrm{M}_{c\to w}-\frac{1}{2}\mathrm{M}_{c\to w}[(\boldsymbol{v}^w-\boldsymbol{v}^s)^2-(\boldsymbol{v}^c-\boldsymbol{v}^s)^2]$$
$$-\Sigma_{\alpha=c,w}(\nabla g_\alpha+\theta_\alpha\ \nabla T-(\boldsymbol{g}-\boldsymbol{\gamma}^\alpha))\cdot\boldsymbol{w}^\alpha-\frac{q}{T}\cdot\nabla T\geqslant 0 \tag{8.9}$$

式中　$\boldsymbol{\varepsilon}$——应变张量；

$\theta=\rho_s(1-\phi)\theta_s+\Sigma_{\alpha=c,w}\rho_\alpha\phi_\alpha\theta_\alpha$，且 θ_s、θ_α ($\alpha=c, w$) 表示土颗粒以及孔隙相组分的比熵；

g_α——流体的比自由焓，$g_\alpha=h_\alpha-T\theta_\alpha$；

T——温度且在单元体内均匀分布；

m_α——流体质量，$m_\alpha=\rho_\alpha\phi_\alpha(\alpha=c, w)$；

ψ——亥姆赫兹自由能，$\psi=e-T\theta$。

不等式 (8.9) 左边表征的初始单位体积的总耗散可用 Φ 表示。众所周知，热力学第

二定律需要耗散以及相关的内熵增 Φ/T 非负。Φ 可以分解为每项都不小于零的 4 项，即

$$\Phi=\Phi_1+\Phi_2+\Phi_3+\Phi_{\rightarrow} \tag{8.10}$$

其中

$$\Phi_{int}=\Phi_1+\Phi_{\rightarrow}=\underbrace{\boldsymbol{\sigma}:\frac{\mathrm{d}\varepsilon}{\mathrm{d}t}+\Sigma_\alpha g_\alpha\frac{\mathrm{d}m_\alpha}{\mathrm{d}t}-\theta\frac{\mathrm{d}T}{\mathrm{d}t}-\frac{\mathrm{d}\psi}{\mathrm{d}t}}_{\Phi_1}\underbrace{-(g_c-g_w)\mathrm{M}_{c\rightarrow w}}_{\Phi_{\rightarrow}} \tag{8.11}$$

$$\Phi_2=-\frac{q}{T}\cdot\nabla T \tag{8.12}$$

$$\Phi_3=-\Sigma_{\alpha=c,w}(\nabla g_\alpha+\theta_\alpha\nabla T)\cdot\boldsymbol{w}^\alpha \tag{8.13}$$

式中 Φ_{int}——Φ_1 和 $\Phi_{\rightarrow}$ 之和，且 Φ_1 与开敞系统的与固体骨架运动相关的内部耗散有关；

$\Phi_{\rightarrow}$——与相变相关的耗散；

Φ_2——与热传导相关的耗散；

Φ_3——与孔隙质量传输相关的耗散。

对于流体（$\alpha=c$，w），可以采用线性的流体质量传导率（达西定律）$\frac{\boldsymbol{w}^\alpha}{\rho_\alpha}=-\boldsymbol{k}_\alpha\nabla_x p_\alpha$以及傅里叶定量$\boldsymbol{q}=-\boldsymbol{\kappa}\cdot\nabla_x T$，其中 $\boldsymbol{k}_\alpha$ 是渗透张量，κ 是热传导张量，p_α 是流体压力。

对于以上的耦合方程，添加冰水相变满足的判断条件，并结合相应的边界条件就可以进行求解。

8.2 土单向冻结过程的水热力耦合数值分析

本节把未冻区域用修正剑桥模型进行描述，已冻区域用非线性弹性模型进行描述，结合土冻结过程的水热力耦合方程，进行单向冻结过程冻胀算例分析。

8.2.1 修正剑桥模型的数学描述

1. 比体积与有效平均应力的关系

初始时刻比体积 υ 与有效平均应力满足的表达式为

$$\upsilon=\upsilon_\lambda-\lambda_c\ln\left(\frac{p'_{co}}{p'_1}\right)+\kappa_c\ln\left(\frac{p'_{co}}{p'_0}\right) \tag{8.14}$$

在计算过程中加载时比体积与有效平均应力满足式（8.15），卸载时比体积与有效平均应力满足式（8.16），其示意图如图 8.1 所示。

$$\upsilon=\upsilon_\lambda-\lambda_c\ln\left(\frac{p'}{p'_1}\right) \tag{8.15}$$

$$\upsilon=\upsilon_k-\lambda_c\ln\left(\frac{p'}{p'_1}\right) \tag{8.16}$$

式中 p'_{co}——先期固结压力；

p'_0——初始时刻平均有效应力；

p'_1——参考应力；

υ_λ——参考比体积；

λ_c——在 $\upsilon-\ln p'$ 正常固结线斜率的绝对值；

κ_c——在 $\upsilon-\ln p'$ 平面卸载曲线斜率的绝对值；

υ_k——在 $\upsilon-\ln p'$ 平面卸载曲线参考比体积。

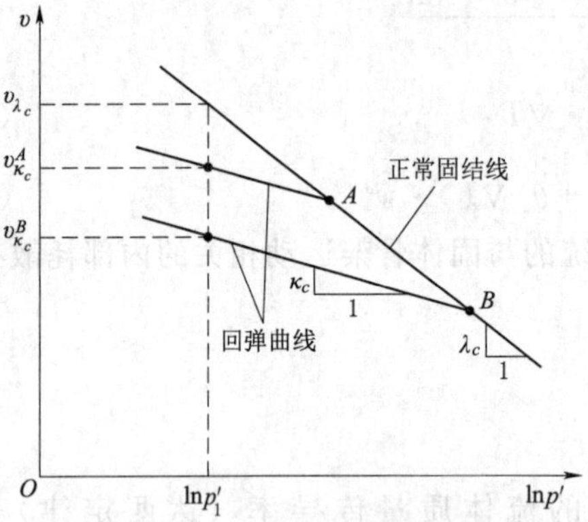

图 8.1　在等向压缩试验中正常固结线与回弹曲线

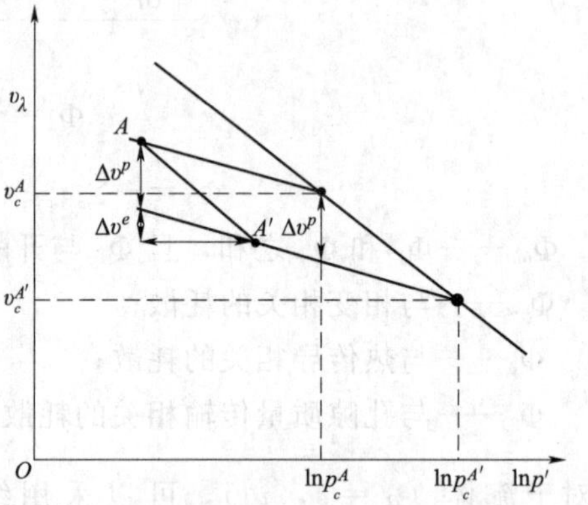

图 8.2　正常固结应力增量引起塑性体变增量的关系图

2. 平均有效应力的增长模式

偏应力 q 与平均有效应力 p' 满足下式

$$dq=3dp' \tag{8.17}$$

当知道平均有效应力的增长模式时，可由式（8.17）得到偏应力的增长模式。故本节重点关注平均有效应力的增长模式。将总体应变分为弹性和塑性两部分，其表达式为

$$\Delta\in_{p'}=\Delta\in_{p'}^{e}+\Delta\in_{p'}^{p} \tag{8.18}$$

当土的状态由 A 变为 A' 时，弹性比体积 $\Delta\upsilon^e$ 与塑性比体积 $\Delta\upsilon^p$ 的变化如图 8.2 所示。

对回弹曲线求导可知弹性体积变化 $\Delta\upsilon^e$ 的表达式如下：

$$\Delta\upsilon^e=-k_c\frac{\Delta p'}{p'} \tag{8.19}$$

同理可知塑性体积变化 $\Delta\upsilon^p$ 的表达式为

$$\Delta\upsilon^p=-(\lambda_c-k_c)\frac{\Delta p'_c}{p'_c} \tag{8.20}$$

因此，可以得到体变的表达式如下：

$$\Delta\in_{p'}^{e}=k_c\frac{\Delta p'_c}{\upsilon p'_c} \tag{8.21}$$

$$\Delta\in_{p'}^{p}=(\lambda_c-k_c)\frac{\Delta p'_c}{\upsilon p'_c} \tag{8.22}$$

观察式（8.21）和式（8.22）可得到如下结论：当知道塑性体应变时，可由式（8.21）和式（8.22）计算得到弹性体应变，即可以得到体应变，同时也得到了平均有效应力的增长模式。所以下文将重点关注塑性体应变的增长。

3. 塑性体应变的增长

对于修正剑桥模型，其屈服函数的表达式为

$$f(q,p')=q^2+M^2p'(p'-p'_c)=0 \tag{8.23}$$

采用相适应的流动准则，塑性势函数 g 为

$$g=q^2+M^2p'(p'-p'_c)=0 \tag{8.24}$$

塑性应变增量与势函数的关系满足如下表达式：

$$\Delta\in^p_{p'}=\lambda^\nu\frac{\partial g}{\partial p'} \tag{8.25}$$

$$\Delta\in^p_q=\lambda^\nu\frac{\partial g}{\partial q} \tag{8.26}$$

式中 λ^ν——塑性乘子。

对塑性势函数求导可得式（8.27）和式（8.28），具体表达式为

$$c_a=\frac{\partial g}{\partial p'}=M^2(2p'-p'_c) \tag{8.27}$$

$$c_b=\frac{\partial g}{\partial q}=2q \tag{8.28}$$

应力的增长满足式（8.29）和式（8.30），具体表达式为

$$p'^{\mathrm{N}}=p'^{\mathrm{I}}-K\Delta\in^p_{p'} \tag{8.29}$$

$$q^{\mathrm{N}}=q^{\mathrm{I}}-3G\Delta\in^p_q \tag{8.30}$$

其中

$$K=\frac{(1+e)p'}{\kappa_c} \tag{8.31}$$

$$G=\frac{1.5(1-\nu_p)}{1+\nu_p}K \tag{8.32}$$

式中 N——新的应力状态；

Ⅰ——旧的应力状态加上增量；

ν_p——泊松比。

可以认为式（8.29）和式（8.30）表示的是新的应力状态，是已有的应力状态加上新的弹性增量，认为新的应力状态与已有的应力状态具有相同的屈服面。将式（8.29）和式（8.30）代入屈服函数（8.23）可得如下表达式：

$$a(\lambda^\nu)^2+b\lambda^\nu+c=0 \tag{8.33}$$

其中式（8.33）的参数见式（8.34）和式（8.35）：

$$a=(MKc_a)^2+(3Gc_b)^2 \tag{8.34}$$

$$b=-[Kc_ac_a^{\mathrm{I}}+3Gc_bc_b^{\mathrm{I}}] \tag{8.35}$$

$$c=f(q^{\mathrm{I}},p'^{\mathrm{I}}) \tag{8.36}$$

$$\lambda^\nu=\frac{-b\pm\sqrt{b^2-4ac}}{2a} \tag{8.37}$$

求方程的解可得到塑性乘子 λ^ν，则可得到塑性体应变。

将式（8.22）写成孔隙比的形式即式（8.37），并联立式（8.35），可得到式（8.36）、

式 (8.37)，具体表达式为

$$\Delta \in_{p'}^{p} = (\lambda_c - \kappa_c)\frac{\Delta p_c'}{(1+e)p_c'} \tag{8.38}$$

$$\Delta p_c' = \lambda^{\nu} \frac{\partial g}{\partial p'} \frac{(1+e)p_c'}{\lambda_c - \kappa_c} \tag{8.39}$$

叠加式 (8.21) 和式 (8.22) 并除以比体积可得到体变，整理可得到方程如下：

$$\Delta \varepsilon_v = \lambda_c \frac{\Delta p_c'}{(1+e)p_c'} = \lambda^{\nu} \frac{\partial g}{\partial p'} \frac{\lambda_c}{\lambda_c - \kappa_c} \tag{8.40}$$

4. 在有限元数值计算中增量的执行

(1) 弹塑性计算执行的方案。弹塑性材料的本构模型仅仅以增量的形式给出，下文简单讨论如何用增量实现应力-应变的计算（罗会武，2015）。

计算基础：在所有状态变量（例如第 m 步）都已知的条件下进行，对于给定的应力增量计算应变增量。计算过程：定义试探应力增量（认为是弹性），假设在 m 步中，应力状态为弹性状态满足屈服函数不大于 0，即 $f(\{\sigma^{(m)}\},\varepsilon_p^{(m)})\leqslant 0$，如果下一步即 $m+1$ 步的屈服函数仍然小于 0，状态仍然为弹性，当屈服函数大于 0，即 $f(\{\sigma^{(m)}\}+\{\sigma^{(e)}\},\varepsilon_p^{(m)})>0$，表示进入塑性状态，此时假设存在一个比例系数 r，它满足 $f(\{\sigma^{(m)}\}+r\{\sigma^{(e)}\},\varepsilon_p^{(m)})=0$。相应的，应变增量可以分为弹性和塑性两部分，其表达式分别为：弹性的 $r\{\Delta\varepsilon\}$，塑性的 $(1-r)\{\Delta\varepsilon\}$，则应力增量可以表达为：$\{\Delta\sigma\} = r\{\Delta\sigma^{(e)}\} + \int_{\{\varepsilon^{(m)}+r\{\Delta\varepsilon\}\}}^{\{\varepsilon^{(m+1)}\}} [C^{ep}]\{d\varepsilon\}$。

(2) 加载状态的确定。屈服面函数是外凸形状，即应力状态沿着一个方向发展只能从弹性状态进入塑性状态。如果第 $m+1$ 步中原状态的应力增量加上试探应力增量的屈服函数小于零，那么试探应力增量全部为弹性状态不能判断是否处于加载状态，如果屈服函数大于零则表示为加载状态出现塑性应变。

(3) 计算执行方案。在计算过程中以 $\Delta p_c'$ 为增量，为了保证计算的稳定性以 p' 与 $\bar{\omega}p_c'$ 的大小关系为判别条件：当 $p'>\bar{\omega}p_c'$ 时，$p_c'=p_0 e^{\left(\frac{\Delta e}{\lambda_c-\kappa_c}\right)}$；当 $p'\leqslant\bar{\omega}p_c'$ 时，$p_c'=p_c'+\Delta p_c'$。此处 $\bar{\omega}$ 取定值为 0.4。可以看出方程 (3.20) 的根取决于其系数 c（因为系数 $a>0$）。当 $c\leqslant 0$ 时，取塑性乘子 $\lambda^{\nu}=0$；当 $c>0$ 时，在解方程 (8.33) 的时候会得到两个塑性乘子 λ^{ν}，保留塑性乘子 λ^{ν} 较低值。本书采用有限元多物理场耦合分析术解器进行计算。由于该求解器主要以微分方程为控制方程，不能直接执行变量的递增（例如不能实现 $p_c'=p_c'+\Delta p_c'$）。故采用调用 M 文件的方式实现该项功能。

8.2.2　水热力耦合分析

1. 冻土的基本性质

饱和冻土的三相组成见表 8.1，其中 e 是孔隙比，S_i 表示孔隙中冰的体积与孔隙体积的比值。

表 8.1　　饱和冻土三相组成

组成成分	孔隙比	各相相对体积
冰	e	eS_i
未冻水		$e(1-S_i)$
土颗粒	1	1

Tice 等 (1976) 经过大量不同土的性

质和含水率的试验认为冰体积含量是关于温度的指数函数，并给出了 S_i 的表达式。

$$S_i=\begin{cases}1-[1-(T-T_0)]^{\alpha} & T\leqslant T_0\\ 0 & T>T_0\end{cases} \tag{8.41}$$

式中 T——温度；

α——实验系数；

T_0——冻结温度。

由表 8.1 可以写出任意时刻任意单元的土重度表达式：

$$\gamma=\frac{g}{1+e}[\rho_s+eS_i\rho_i+e(1-S_i)\rho_w] \tag{8.42}$$

式中 g——重力加速度；

γ——任意时刻土的重度；

ρ_s、ρ_i 和 ρ_w——土颗粒密度、冰的密度以及水的密度。

在没有施加温度梯度的时候，$T>0$、$S_i=0$、$e=e_0$，初始重度 γ_0 有

$$\gamma_0=\frac{g}{1+e}[\rho_s+e_0\rho_w] \tag{8.43}$$

2. 冻土的静力平衡方程及本构方程

本节忽略土体在冻结过程中重度的变化，则有土体内的平衡微分方程及边界条件为表达式（8.44）和式（8.45），见图 8.3，即

$$\frac{\mathrm{d}p}{\mathrm{d}x}+\gamma_0=0 \tag{8.44}$$

$$p|_{x=l}=p_0 \tag{8.45}$$

式中 p_0——顶部施加的荷载。

则土体的总应力 p 可表达为式（8.46），初始时刻总应力 p_{c0} 可表达为式（8.47）：

$$p=p_0+\int_x^l\gamma\mathrm{d}x_0 \tag{8.46}$$

$$p_{c0}=p_0+\int_x^l\gamma_0\mathrm{d}x_0 \tag{8.47}$$

当温度存在变化时，冻土的压缩模量会存在变化。文献（Lai et al.，2014）的研究表明冻土的强度明显依赖于温度，冻土的强度和抵抗变形的能力在一定温度范围内随温度的降低而提高。在冻结区认为土体满足非线性弹性本构关系：

$$E_s=a+b|T|^m \tag{8.48}$$

式中 a、b——实验参数，当温度大于冻结温度时，取 $b=0$；

m——小于 1 的非线性指数，根据试验结果建议取 $m=0.6$。

应变与孔隙比有如下关系：

$$\varepsilon=\frac{e-e_0}{1+e_0} \tag{8.49}$$

土体在冻结过程中，在温度梯度和水力梯度的共同作用下沿孔隙向上迁移，由于冷端温度较低，土体快速冻结形成不透水条件，则土体可以看做不排水边界条件。初始时刻应变为 0，孔压为 0，在冻结过程中则有

$$p'=-E_s\varepsilon+p_0 \tag{8.50}$$

对于非冻土区采用上述的修正剑桥模型进行描述。

3. 孔隙压力

P_{por} 表示孔隙压力，此处认为在试样进行冻结之前完成了固结，即孔压为0。

在冻结区，在计算过程中孔隙压力可表示为

$$P_{por}=p-p' \tag{8.51}$$

$$P_{por}=\int_x^l(\gamma-\gamma_0)\mathrm{d}x_0+E_s\frac{e-e_0}{1+e_0} \tag{8.52}$$

在非冻结区域以下有

$$P_{por}=\left(p_0+\int_x^l\gamma\mathrm{d}x_0\right)-p' \tag{8.53}$$

满足修正剑桥模型，在初始阶段没有孔隙水压力，则有 $p_0'=p_0$，由式（8.39）可知

$$p'-p_0'=\sum\Delta p_c'=\sum\frac{(1+e)p_c'}{\lambda_c}\Delta\varepsilon_v \tag{8.54}$$

$$p'-p_0'=\sum\frac{(1+e)p_c'\lambda^v c_a}{\lambda_c-\kappa_c} \tag{8.55}$$

代入到方程可得

$$P_{por}=\int_x^l\gamma\mathrm{d}x_0-\sum\frac{(1+e)p_c'\lambda^v c_a}{\lambda_c-\kappa_c} \tag{8.56}$$

此处认为当孔隙比达到 e_s 时，土颗粒处于悬浮状态有效应力为0，最大孔压应为总应力为

$$P_{por(\max)}=p_0 \tag{8.57}$$

结合式（8.46）与式（8.57）可得 e_s 的表达式为

$$e_s=\frac{1}{E_s}(1+e_0)\left[p-\int_x^l(\gamma-\gamma_0)\mathrm{d}x_0\right]+e_0 \tag{8.58}$$

综上所述孔压表达为

$$P_{por}=\begin{cases}\displaystyle\int_x^l\gamma\mathrm{d}x_0-\sum\frac{(1+e)p_c'\lambda^v c_a}{\lambda_c-\kappa_c} & (x\leqslant x_{unf})\\ \displaystyle\int_x^l(\gamma-\gamma_0)\mathrm{d}x_0+E_s\frac{e-e_0}{1+e_0} & (x>x_{unf})\\ p_0 & (e>e_s)\end{cases} \tag{8.59a}$$

或者

$$P_{por}=\begin{cases}\displaystyle\int_x^l\gamma\mathrm{d}x_0-(p'-p_0) & (x\leqslant x_{unf})\\ \displaystyle\int_x^l(\gamma-\gamma_0)\mathrm{d}x_0+E_s\frac{e-e_0}{1+e_0} & (x>x_{unf})\\ p_0 & (e>e_s)\end{cases} \tag{8.59b}$$

e_0 是初始孔隙比，$e\geqslant e_0$ 表示冻结区和冻结缘区满足非线性弹性本构关系；当 $e\leqslant e_0$ 时，记录此点位置，标记为 x_{unf} 表示非冻结区。

4. 几何方程

位移公式计算如下：

$$du=\frac{e-e_0}{1+e_0} \tag{8.60}$$

则冻胀量 ΔH 等于土体顶部的位移：

$$\Delta H=u(l) \tag{8.61}$$

5. 水分迁移驱动力

孔隙压力由孔隙冰压力和孔隙水压力组成，按平均加权的思想有如下表述：

$$P_{por}=\chi P_w+(1-\chi)P_i \tag{8.62}$$

式中　χ——孔隙压力系数，可用如下关系表示：

$$\chi=(1-S_i)^{1.5} \tag{8.63}$$

克拉贝隆方程描述的是在冰水系统中相平衡状态下压力与温度的关系，其形式为

$$\frac{P'_w}{\rho_w}-\frac{P'_i}{\rho_i}=L\ln\left(\frac{T'}{T'_0}\right) \tag{8.64}$$

式中　P'_w、P'_i——孔隙水压力和孔隙冰压力的绝对值；

L——单位质量的水冻结所释放的热能；

T'——绝对温度；

T'_0——孔隙中液态水冻结绝对温度。

可得

$$P'_w=\frac{\rho_w}{\rho_i}P'_i+L\rho_w\ln\frac{T'}{T'_0} \tag{8.65}$$

在实际工程中，常用相对压强和摄氏温度，故可将式（8.65）表示为如下形式：

$$P_w+P_a=\frac{\rho_w}{\rho_i}(P_i+P_a)+L\rho_w\ln\frac{T+273}{T_0+273} \tag{8.66}$$

式中　P_w、P_i——孔隙水压力和孔隙冰压力的相对值；

P_a——大气压力；

T——摄氏温度。

可得

$$P_w=\frac{\rho_w}{\rho_i}P'_i+\left(\frac{\rho_w}{\rho_i}-1\right)P_a+L\rho_w\ln\frac{T+T'_0}{T'_0} \tag{8.67}$$

联立式（8.67）和式（8.66）消去，得

$$P_w=\frac{(1-\chi)(\rho_w-\rho_i)P_a+(1-\chi)\rho_w\rho_i L\ln\dfrac{T+273}{T_0+273}+\rho_w P_{por}}{(1-\chi)\rho_i+\chi\rho_w} \tag{8.68}$$

水头为 ψ，可表示为

$$\psi=x+\frac{P_w}{\rho_w g} \tag{8.69}$$

6. 渗透系数

文献（Zhou 和 Li，2012）提出分离孔隙比 e_{sep} 的概念认为冰透镜体的萌生准则可以

表示为$e>e_{sep}$，且认为当冰透镜体能阻断水分穿过冰透镜体进入到冻结区时建议通过调节渗透系数来体现这个特征，因此建议渗透系数写成如下形式：

$$k=\begin{cases}k_0[1-(T-T_0)]^\beta & (T\leqslant 0,x<x_{sep})\\ k_0 & (T>0,x<x_{sep})\\ 0 & (x\geqslant x_{sep})\end{cases} \tag{8.70}$$

x 方向从未冻区指向冻结区，x_{sep}表示冰透镜体形成的位置。在计算时先依次求解域内每个节点上的孔隙比 e，如果 e 达到 e_{sep} 则标记该点位置为 x_{sep}，然后将 $x\geqslant x_{sep}$ 范围内的渗透系数设置为 0。

未冻区导水系数与孔隙率的关系文献建议采用如下公式表示：

$$k=k_0\left(\frac{n}{n_0}\right)^5 \tag{8.71}$$

本节认为在未冻区采用此建议则渗透系数写成如下形式：

$$k=\begin{cases}k_0[1-(T-T_0)]^\beta & (T\leqslant 0,x<x_{sep})\\ k_0\left(\dfrac{e}{e_0}\right)^5 & (T>0,x<x_{sep})\\ 0 & (x\geqslant x_{sep})\end{cases} \tag{8.72}$$

7. 水分迁移方程

在计算过程中，可以观察到以 dx 为研究对象有不妥之处：因为冻胀量较大，一般超过试样长度的 10%，小变形理论不在适用。本书以微小单元内的土体 dx_s 为研究对象，假定在冻结过程中单元内不涉及到土颗粒的迁移，即土柱土颗粒的长度为定值。假定单元内的冰颗粒是由低温向高温有序生成，则单元内的冰和水的质量分别为 m_{i}、m_{w}，表述如下：

$$m_{\mathrm{i}}=\rho_{\mathrm{i}}eS_{\mathrm{i}}\mathrm{d}x_{\mathrm{s}} \tag{8.73}$$

和

$$m_{\mathrm{w}}=\rho_{\mathrm{w}}e(1-S_{\mathrm{i}})\mathrm{d}x_{\mathrm{s}} \tag{8.74}$$

由达西定律，水分迁移速度 v 可表示为

$$v=-k\frac{\partial\psi}{\partial x} \tag{8.75}$$

微元体积 dx 与微元内土颗粒的体积 dx_{s} 满足如下方程：

$$\mathrm{d}x=\mathrm{d}x_{\mathrm{s}}+e(1-S_{\mathrm{i}})\mathrm{d}x_{\mathrm{s}}+eS_{\mathrm{i}}(1+\alpha_{\mathrm{ice}})\mathrm{d}x_{\mathrm{s}} \tag{8.76a}$$

$$\mathrm{d}x=(1+e+eS_{\mathrm{i}}\alpha_{\mathrm{ice}})\mathrm{d}x_{\mathrm{s}} \tag{8.76b}$$

式中　α_{ice}——水转换成冰的体积膨胀率，取 9%。

在单元土体内流入的水分等于水和冰的质量和，由质量守恒可知

$$\frac{\partial}{\partial t}(m_{\mathrm{i}}+m_{\mathrm{w}})=-\rho_{\mathrm{w}}\frac{\partial v}{\partial x}\mathrm{d}x \tag{8.77}$$

代入相关表达式可得到如下方程：

$$\frac{\partial}{\partial t}(\rho_{\mathrm{i}}eS_{\mathrm{i}}\mathrm{d}x_{\mathrm{s}}+\rho_{\mathrm{w}}e(1-S_{\mathrm{i}})\mathrm{d}x_{\mathrm{s}})=-\rho_{\mathrm{w}}(1+e+eS_{\mathrm{i}}\alpha_{\mathrm{ice}})\frac{\partial}{\partial x}\left(k\frac{\partial\psi}{\partial x}\right)\mathrm{d}x_{\mathrm{s}} \tag{8.78}$$

整理可得

$$\frac{\rho_{\mathrm{i}}S_{\mathrm{i}}+\rho_{\mathrm{w}}(1-S_{\mathrm{i}})}{\rho_{\mathrm{w}}(1+e+eS_{\mathrm{i}}\alpha_{\mathrm{ice}})}\frac{\partial e}{\partial t}+\frac{e(\rho_{\mathrm{i}}-\rho_{\mathrm{w}})}{\rho_{\mathrm{w}}(1+e+eS_{\mathrm{i}}\alpha_{\mathrm{ice}})}\frac{\partial S_{\mathrm{i}}}{\partial T}\frac{\partial T}{\partial t}=\frac{\partial}{\partial x}\left(k\frac{\partial\psi}{\partial x}\right) \tag{8.79}$$

含水率 w 为

$$w=\frac{\rho_{\mathrm{i}}eS_{\mathrm{i}}+\rho_{\mathrm{w}}e(1-S_{\mathrm{i}})}{\rho_{\mathrm{s}}} \tag{8.80}$$

8. *热扩散方程*

以微元 $\mathrm{d}x$ 为研究对象，由式（8.76b）可得冰体积含量为$\frac{(1+\alpha_{\mathrm{ice}})eS_{\mathrm{i}}}{1+e+eS_{\mathrm{i}}\alpha_{\mathrm{ice}}}\mathrm{d}x$，单位时间微元体内温度传导对其的影响不计，则由于液态水转换成冰增大所释放的潜热为$L\rho_{\mathrm{i}}\frac{\partial}{\partial t}\left[\frac{(1+\alpha_{\mathrm{ice}})eS_{\mathrm{i}}}{1+e+eS_{\mathrm{i}}\alpha_{\mathrm{ice}}}\mathrm{d}x\right]$，单位时间微元体内由于液体流动带走的热量为 $C_{\mathrm{w}}v\frac{\partial T}{\partial x}\mathrm{d}x$，由能量守恒可建立考虑相变和对流的热扩散方程

$$C\frac{\partial T}{\partial x}\mathrm{d}x-L\rho_{\mathrm{i}}\frac{\partial}{\partial t}\left(\frac{(1+\alpha_{\mathrm{ice}})eS_{\mathrm{i}}}{1+e+eS_{\mathrm{i}}\alpha_{\mathrm{ice}}}\mathrm{d}x\right)=\frac{\partial}{\partial x}\left(\lambda\frac{\partial T}{\partial x}\right)\mathrm{d}x-C_{\mathrm{w}}v\frac{\partial T}{\partial x}\mathrm{d}x \tag{8.81}$$

其中

$$C=\frac{1}{1+e}(C_{\mathrm{s}}+e(1-S_{\mathrm{i}})C_{\mathrm{w}}+eS_{\mathrm{i}}C_{\mathrm{i}}) \tag{8.82}$$

$$\lambda=\lambda_{\mathrm{s}}^{\frac{1}{1+e}}\lambda_{\mathrm{w}}^{\frac{e(1-S\mathrm{i})}{1+e}}\lambda_{\mathrm{i}}^{\frac{eS\mathrm{i}}{1+e}} \tag{8.83}$$

上几式中　C——土的体积热容量；

λ——土的导热系数；

C_{w}——液态水的体积热容量；

C_{s}——土颗粒体积热容量；

C_{i}——冰晶体积热容量；

λ_{s}、λ_{w}、λ_{i}——土颗粒、液态水以及冰晶的导热系数。

整理可得热扩散方程为

$$\left[C-\frac{(1+\alpha_{\mathrm{ice}})eL\rho_{\mathrm{i}}}{1+e+eS_{\mathrm{i}}\alpha_{\mathrm{ice}}}\frac{\partial S_{\mathrm{i}}}{\partial T}\right]\frac{\partial T}{\partial t}-\frac{(1+\alpha_{\mathrm{ice}})L\rho_{\mathrm{i}}S_{\mathrm{i}}}{1+e+eS_{\mathrm{i}}\alpha_{\mathrm{ice}}}\frac{\partial e}{\partial t}=\frac{\partial}{\partial x}\left(\lambda\frac{\partial T}{\partial x}\right)\mathrm{d}x+C_{\mathrm{w}}k\frac{\partial\psi}{\partial x}\frac{\partial T}{\partial x} \tag{8.84}$$

8.2.3　冻胀算例及分析

本书采用与文献（Zhou 和 Li，2012）相同的边界条件进行冻胀算例分析，并与文献

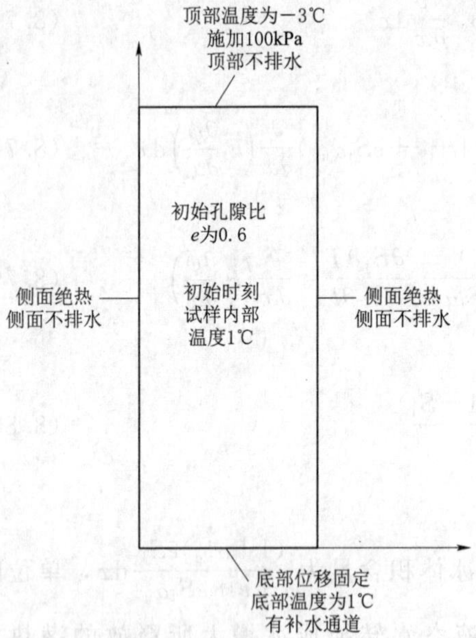

图 8.3 边界条件示意图

计算结果进行比较。采用 12cm 高的圆柱形土样，然后将试样放置在 1℃的恒温环境中足够长的时间。试验时，土柱顶端温度保持为－3℃，底端温度保持为 1℃，侧面绝热，对土柱施加压力为 100kPa，试样顶部能移动，底部固定约束。初始孔隙比为 0.6，顶端瞬间冻结，孔隙水只发生原位冻结，土柱底端有补水通道，且温度较高冻结，因此孔隙比不变仍为 0.6。由于水分和热量只在垂向上传递，轴向未加载，侧向变形不明显，因此本问题可以简化成一维水热力耦合问题，边界条件如图 8.3 所示。

本问题的数学描述如下：

控制方程

$$\frac{\mathrm{d}p}{\mathrm{d}x}-\gamma_0=0 \tag{8.85a}$$

$$\mathrm{d}u=\frac{e-e_0}{1+e_0} \tag{8.85b}$$

$$\frac{\rho_{\mathrm{i}}S_{\mathrm{i}}+\rho_{\mathrm{w}}(1-S_{\mathrm{i}})}{\rho_{\mathrm{w}}(1+e+eS_{\mathrm{i}}\alpha_{\mathrm{ice}})}\frac{\partial e}{\partial t}+\frac{e(\rho_{\mathrm{i}}-\rho_{\mathrm{w}})}{\rho_{\mathrm{w}}(1+e+eS_{\mathrm{i}}\alpha_{\mathrm{ice}})}\frac{\partial S_{\mathrm{i}}}{\partial T}\frac{\partial T}{\partial t}=\frac{\partial}{\partial x}\left(k\frac{\partial\psi}{\partial x}\right) \tag{8.85c}$$

$$\left[C-\frac{(1+\alpha_{\mathrm{ice}})eL\rho_{\mathrm{i}}}{1+e+eS_{\mathrm{i}}\alpha_{\mathrm{ice}}}\frac{\partial S_{\mathrm{i}}}{\partial T}\right]\frac{\partial T}{\partial t}-\frac{(1+\alpha_{\mathrm{ice}})L\rho_{\mathrm{i}}S_{\mathrm{i}}}{1+e+eS_{\mathrm{i}}\alpha_{\mathrm{ice}}}\frac{\partial e}{\partial t}=\frac{\partial}{\partial x}\left(\lambda\frac{\partial T}{\partial x}\right)\mathrm{d}x+C_{\mathrm{w}}k\frac{\partial\psi}{\partial x}\frac{\partial T}{\partial x} \tag{8.85d}$$

边界条件

$$\sigma|_{x=0.12}=100\mathrm{kPa} \tag{8.85e}$$

$$u|_{x=0}=0 \tag{8.85f}$$

$$e|_{x=0}=0.6 \tag{8.85g}$$

$$e|_{x=0.12}=0.6 \tag{8.85h}$$

$$T|_{x=0}=1 \tag{8.85i}$$

$$T|_{x=0.12}=-3 \tag{8.85j}$$

初始条件

$$e|_{t=0}=0.6 \tag{8.85k}$$

$$T|_{t=0}=1 \tag{8.85l}$$

式（8.85a）～式(8.85l）构成了该计算模型的数学描述，结合前述方程可以算出冰透镜体分布、冻胀量、温度分布、含水率变化和负温引起的力的变化等。将所写的数学模型输入多物理场耦合分析求解器并进行求解。计算所需参数与取值见表 8.2。

表 8.2　　　　　　　　**三场耦合计算参数及取值**

参　　数	值	参　　数	值
α	−5	$\lambda_s/[W/(m^1K^1)]$	1.20
β	−8	$\lambda_i/[W/(m^1K^1)]$	2.22
k_0	2.5	$\lambda_w/[W/(m^1K^1)]$	0.58
P_a	101	$C_s/[kJ/(m^3K^1)]$	2160
$\rho_s/(10^3 kg/m^3)$	2.7	$C_w/[kJ/(m^3K^1)]$	4180
$\rho_i/(10^3 kg/m^3)$	0.917	$C_i/[kJ/(m^3K^1)]$	1874
$\rho_w/(10^3 kg/m^3)$	1.0	$L/(kJ/kg)$	334.56
$g/(m/s^2)$	9.8	e_{sep}	1.2
T_0/℃	0	λ_c	0.639
M	1.125	κ_c	0.0181

图 8.4 表示 59.4h、65h、70h 和 80h 时冰透镜体分布的柱状图，从图中可以观察到 59.4h 左右第一次出现冰透镜体，随着时间的增长，冰透镜体开始发育并分层。开始时顶部位移很小，随着冻胀过程的进行，冰透镜体快速发育，顶部位移增长较快，这说明了引起冻胀的原因是外界水分的补充及冰透镜体的生成，这是符合实际情况的。

计算得到的冻结过程曲线如图 8.5 所示，本节建立的模型表示为新模型，文献（周家作，2012）建立的模型表示为旧模型。试样高度为 0.12m，随时间增加逐渐递增的曲线表示为冻胀曲线，随时间增加逐渐衰减的曲线表示为未冻土的高度随时间发展的曲线。观察新模型中的冻胀曲线可以看出：在最初冻结 20h 小时以内冻胀量平稳增加，20～80h 期间冻胀量的速率明显加快，在 80h 以后冻结速率开始减小趋于稳定。解释如下：在最初的这段时间冻胀产生的原因是由于水分冻结成冰而产生的膨胀，由于冻结而产生的负孔压对试样底部水的吸附作用并不明显，补水速率较小（图 8.6），水分补充不明显，冻胀量有限。在 20～80h 之间，温度梯度减小，冰透镜体开始生成，且由于负孔压作用范围的下移，底部的补水速率增加，冻胀速率明显加速。在 80h 以后，由于温度而导致的抽吸力下降和分凝冰的生成速率减慢导致冻胀量减慢趋于稳定。而旧模型中冻胀量几乎与时间成线性增加，在冻结 100h 都没有趋于稳定。与旧模型比较，新模型描述冻胀曲线比较符合实

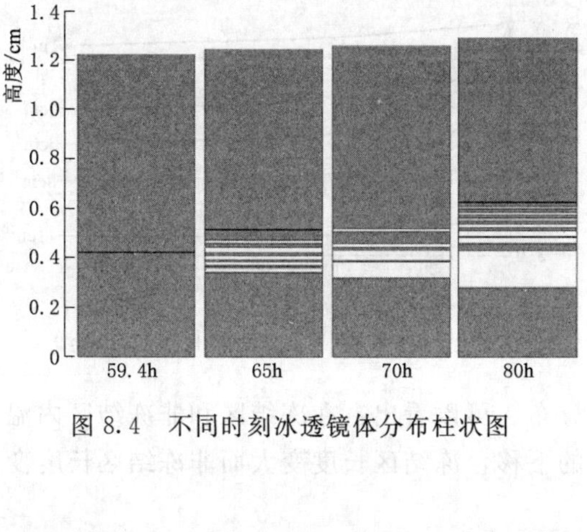

图 8.4　不同时刻冰透镜体分布柱状图

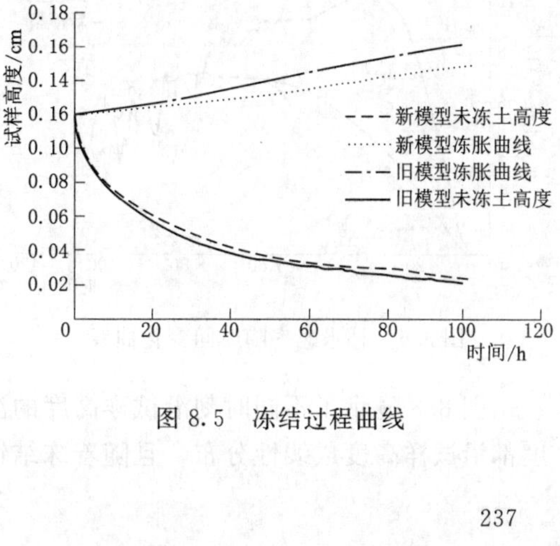

图 8.5　冻结过程曲线

际情况，有较大的优势。明峰（2014）统计了 72h 后的冻胀量与外部荷载的关系，得到冻胀量大约是 10%。新模型在冻结 72h 后计算所得冻胀率为 15.8%，而旧模型计算所得冻胀率为 25.5%。回归分析表明土体的总冻胀量与冷端温度和试验持续的时间均成正比关系，土体冻胀量的影响因素较多，明峰等人的试验结果虽然不能作为标准，但侧面表明旧模型计算所得冻胀量偏大，在数量上新模型更加符合实际情况。图 8.5 还显示了未冻土高度随时间变化的规律，新模型和旧模型区别较小，都表现出相同的规律即在开始阶段冻结速率很大，未冻土高度急剧下降，大约在 20h 的时候冻结速率进入过渡区，冻结速率变慢，在 80h 以后未冻土高度基本保持不变。

图 8.6 对比了新模型和旧模型的补水速率曲线。此处的补水速率指试样底部单位时间内单位面积上通过的水量。它用来描述外界向土体内补充水分的快慢。可以看出两个模型都是先上升后波动下降。对于新模型而言，冰透镜体大约在 59.4h 的时候生成，此时补水速率接近最大值，大约在 65h 时补水速率达到最大值，随后出现波动，大约在 80h 以后补水速率快速下降。而旧模型在 39.4h 出现冰透镜体，此时补水速率同样接近最大值，但是却出现在峰值之后。徐敩祖等（2010）解释了补水速率出现峰值后再下降的现象：冰透镜体和冻结锋面之间发育一层低渗透性冻结带即冻结缘，在冰透镜体形成之前水分在单层介质中流动，冰透镜体形成之后水分迁移由单层介质迁移转变成为一个在双层介质中流动的过程。本书认为在冰透镜体生成之后补水速率缓慢上升达到峰值再下降比较符合徐敩祖等（2010）的解释，因此新模型与旧模型相比更加符合真实情况。

图 8.7 反映了试样上若干点的温度随时间的变化规律。可以看出 1cm 处的温度比较平缓的下降，在计算时间内没有出现拐点。在 11cm 处由于温度梯度大，该点温度急剧下降，大约在 20h 内达到稳定值，在计算时间内同样没有出现拐点。而 4cm、6cm 和 8cm 处都出现了拐点，且拐点对曲线的影响在 8cm 处较小，在 4cm 处较大。这是因为水分在相变的过程中对温度有影响，且随着相变程度的加大，释放的潜热对温度分布的影响加剧。以 4cm 处为例，最初的阶段在温度梯度的作用下温度快速下降，随后试样上部水分开始相变成冰释放潜热，从而减缓温度的下降，直到大约在 56.6h 处出现第 2 个拐点，此时冰透镜体开始生成，进一步使温度平缓下降直到达到稳定状态。

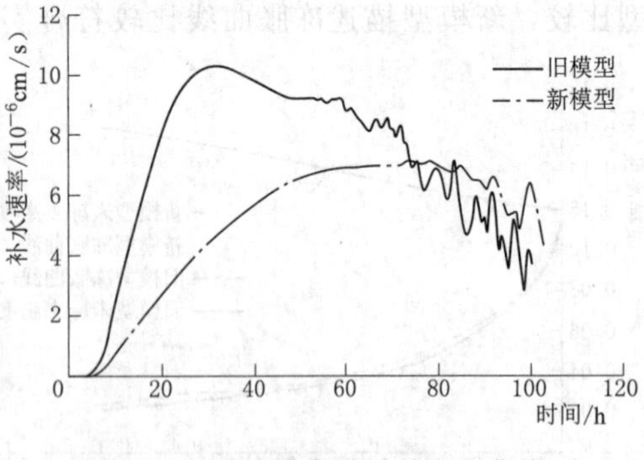

图 8.6　补水速率随时间变化曲线

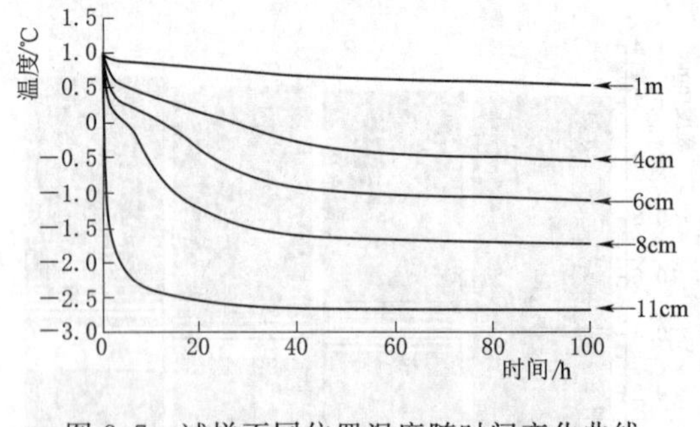

图 8.7　试样不同位置温度随时间变化曲线

图 8.8 显示了不同时刻沿试样高度的温度分布。可以看出：在冻结区和非冻结区内温度都沿试样高度成线性分布，且随着冻结锋面的下移，冻结区长度变大而非冻结区长度变

小，且上下两端温度保持不变，这与试验观察到的现象和文献计算的温度分布如图 8.9 的规律相同。观察不同时间的温度随时间的分布图，可以认为在时间达到 40h 的时候温度沿高度基本达到稳定状态，时间对温度分布的影响可以忽略。

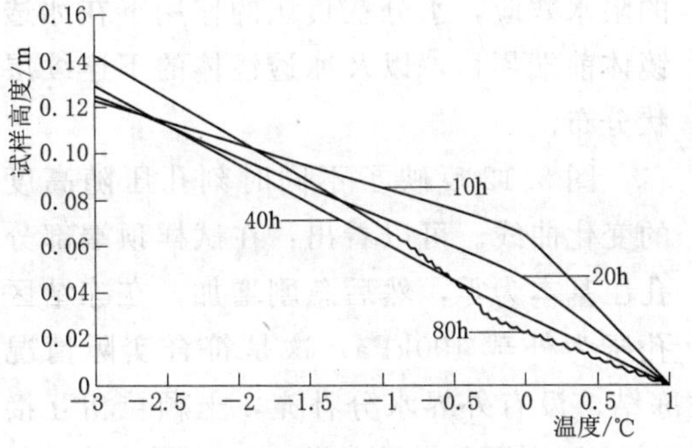

图 8.8　不同时刻的温度分布曲线

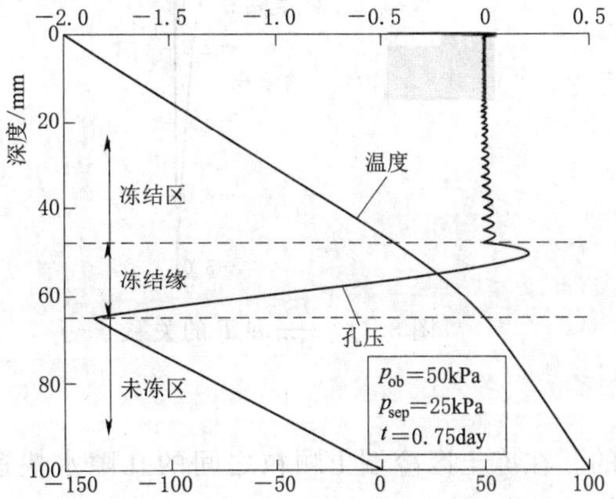

图 8.9　孔隙压力与温度分布（Thomas et al.，2009）

图 8.10 反映了不同时刻土体的含水率沿试样高度的分布图。从图中可以看出总体规律表现为在冻土区含水率在增加，这是因为在负孔压的作用下水分向冻土区迁移，然后水分相变成冰导致孔隙比变大从而引起含水率的增大。在非冻土区由于在冻结力的作用下压缩导致孔隙比减小从而引起含水率的减少。观察不同时刻的含水率变化趋势可以看出随着冻结锋面的下移，最小含水率先变大后变小，且逐渐下移。观察图 8.10 可以看出在冻土区内含水率的增大并不是平滑的增大，而是存在一定的震荡。周家作（2012）解释了这一现象：在水分迁移方程存在一项$\dfrac{\partial S_i}{\partial T}$，由式（8.41）可以看出$\dfrac{\partial S_i}{\partial T}$并不是连续方程，而是在 $T=0$ 的时候会产生一个脉冲，如图 8.11 所示。而在冻土区孔压达到最大值，且没有压力梯度，如图 8.12 所示，无法平衡由于这一脉冲而产生的含水率的变化，因而导致计算含水率分布曲线有一定震荡。在 40～80h 之间含水率急剧增大，且出现剧烈震荡。出现含水率急剧增大的原因本书认为是相变生成潜热、外界水分补充以及土颗粒之间的相互作

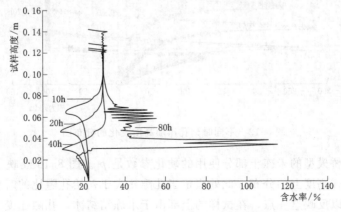

图 8.10　不同时刻含水率分布曲线

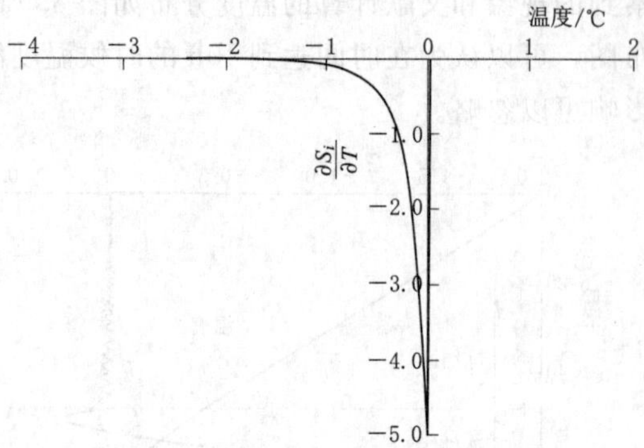

图 8.11　$\frac{\partial S_i}{\partial T}$和 T 的关系

用共同作用的结果。此时外界温度的影响很小，如图 8.8 所示，在 40h 以后温度在试样上基本完成最终的分布，这说明温度梯度的作用时间严重滞后于其形成时间。含水率出现剧烈震荡的原因在于冰透镜体的阻水效应，水分在负压的作用下在冰透镜体前端累积，以及冰透镜体的不连续层状分布。

图 8.12 反映了不同时刻孔压随高度的变化曲线。可以看出：在试样顶端部分孔压基本为零，然后急剧增加，在冻结区孔压为外载 100kPa，这是符合实际情况的。在冻土区冷端土颗粒之间的孔隙水快速被冻结，没有外界水分补充，土颗粒相互接触，荷载主要由土颗粒承担，孔压基本为零，在冻土区土颗粒被冰晶分离，土颗粒外面包裹未冻水膜，土颗粒处于悬浮状态，不再承担外荷载，此时外荷载全部由孔压承担。在未冻区存在一定的负孔压，且随着高度成指数递减，正是由于这种负孔压的存在导致水分向试样冻结缘内迁移。图 8.9 也反映了这种规律。本节认为负孔压成指数衰减比图 8.9 更能反映土的性质。在冻结区和非冻结区之间存在一个过渡带，孔压由最大值急剧降到−250kPa 左右，降幅达到 300～400kPa，如果施加的外载足够大，当过渡带不会出现负孔压的时候水分不会向试样内部迁移，而是向外发生固结现象而排水，冻胀现象就不会发生。

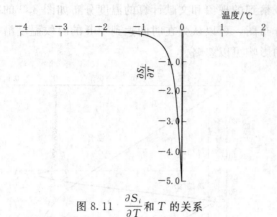

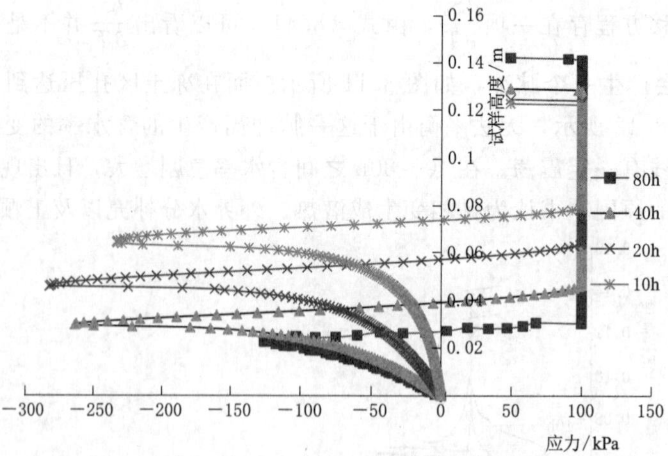

图 8.12　不同时刻孔压随高度变化的分布图

本节修正剑桥模型的未冻土部分使用的硬化参数是 p_c'。图 8.13 反映了硬化参数增量在不同时刻在试样高度上的分布。此处假定当孔隙比大于初始孔隙比的时候不再适用剑桥模型。在图中可以反映这一点，在试样的上部由于水冻结结冰，孔隙比变大，因此增量为零。在冻土区以下由于负温吸力作用而产生压缩，在力的作用下剑桥模型的硬化参数开始增加。增加的规律为先增加后降低，硬化参数增量在一定程度上反映了冻结锋面的移动和负温吸力的作用大小和作用范围，可以看出负温作用范围迅速衰减，增量峰值增幅为 2kPa 左右，增幅很小，满足剑桥模型是弹塑性本构采用增量计算的原则。图 8.14 反映了硬化参数在不同时刻随高度的分布，可以认为是硬化参数增量的累加效果。以硬化参数增量峰值对应的高度向试样底部观察，可以看出硬化参数总体上来说是增加的趋势，只是增速不同，增速先增加后降低。硬化参数大部分落在 100～200kPa 之间，部分硬化参数较大。

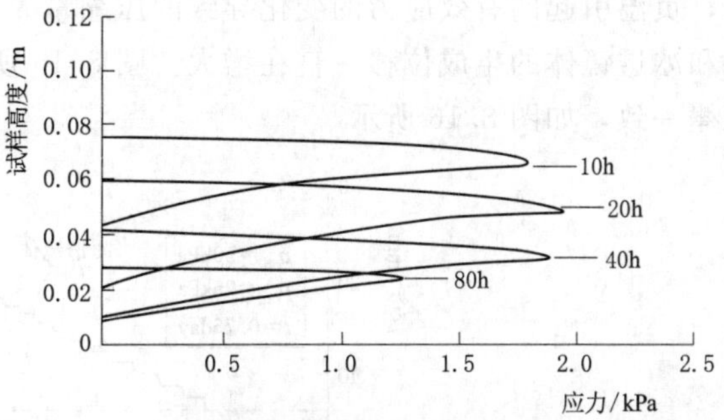

图 8.13　硬化参数增量随高度的变化分布曲线

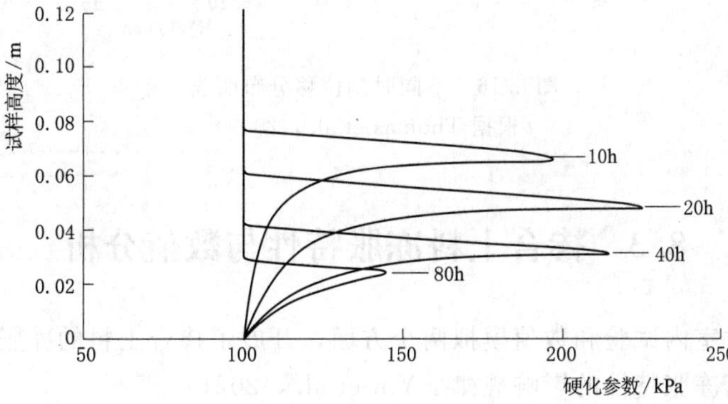

图 8.14　硬化参数随高度变化的分布曲线

图 8.15 给出了不同时刻试样不同高度的位移值，观察图可以看出在试样顶部和上部由于液态水转化成冰颗粒且冰颗粒会排开土颗粒，试样表现为膨胀，变形为正值，在试样中下部，由于负温吸力作用而产生压缩，变形为负值。随着冻结锋面的下移，在非冻结

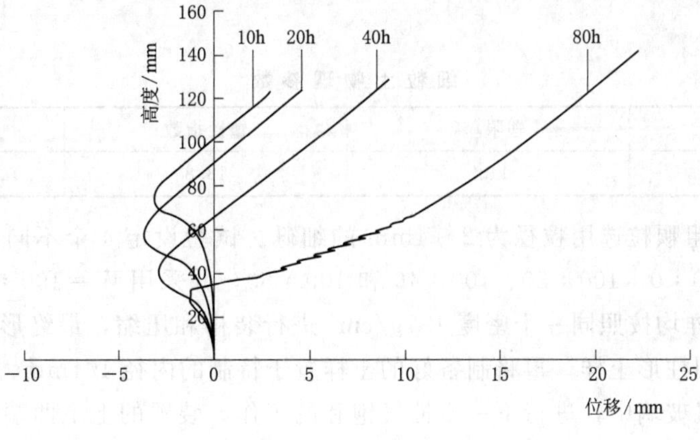

图 8.15　不同时刻位移分布曲线

区，负温引起的有效应力的变化导致的压缩量先增大后减小，而在冻结区，由于水分的补充和冰透镜体的生成位移一直在增大。图 8.15 所给的位移分布规律与文献中的位移分布规律一致，如图 8.16 所示。

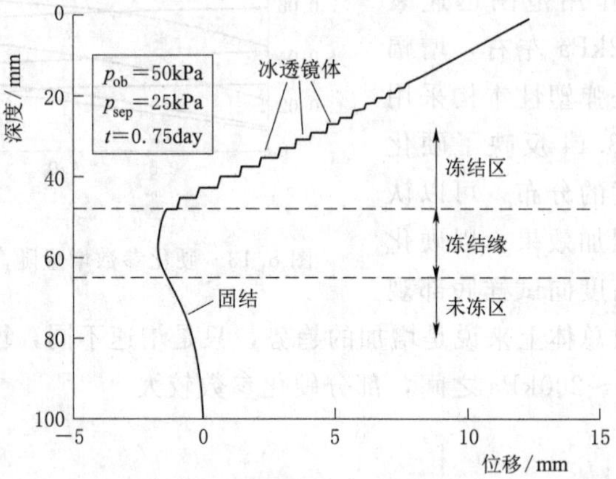

图 8.16　不同时刻位移分布曲线
（根据 Thomas et al.，2009）

8.3　掺合土料冻胀特性与数值分析

本节主要通过室内试验和数值模拟两个方面，开展了掺合土料的冻胀特性研究，揭示了粗颗粒含量对其冻胀特性的影响规律（Yin et al.，2021）。

8.3.1　试验概况

图 8.17（a）和（b）所示为寒区心墙坝碾压施工现场及其心墙填筑材料。试验所用的掺合土料由过 2mm 细筛的细粒土和粗颗粒组成，如图 8.17（c）所示（左为细粒土，右为粗颗粒)。混合土中细粒土为粉质黏土，其粒径分布曲线和物理参数可分别参见图 8.18 和表 8.3。

表 8.3　　细粒土物理参数

液限/%	塑限/%	塑性指数	天然含水率/%
28	14.2	13.8	1.6

掺合土料中粗颗粒选用粒径为 2～4mm 的细砾。试验设定 4 个不同的细粒土与粗颗粒质量比 W：100：0、100：20、100：40 和 100：60，并采用 W=100：w 的形式表示。所有的混合土试样均按照同一干密度 1.7g/cm^3 进行装样和压缩，最终形成直径 100mm、高度 100mm 的圆柱形土样。再将制备好的土样置于特制的内径 101mm、厚度 20mm、高度 200mm 的有机玻璃中，进行下一步抽气饱和的工作，装置的上下两端在抽气过程中均保持固定，如图 8.19（a）所示。

（a）寒区心墙坝碾压施工现场 （b）心墙填筑材料

（c）试验所用的掺合土料

图 8.17 大坝心墙填筑料及试验所用的掺合土料示意图

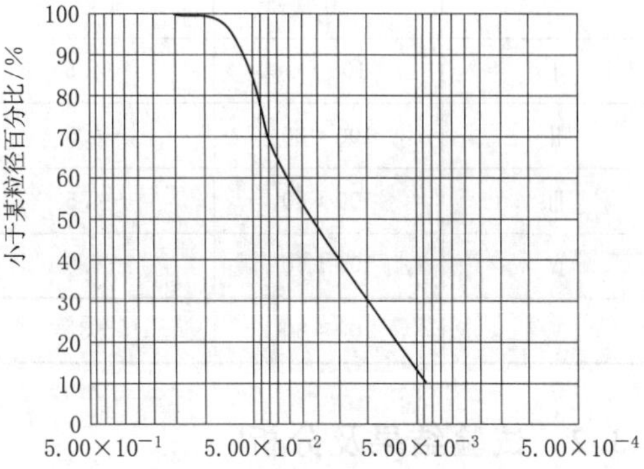

图 8.18 细粒土粒径分布曲线

(a) (b) (c)

图 8.19 掺合土料试样制备及单向冻结试验仪器装置

在试样的顶端，分别放置了一根温度探头和一个位移测量探头。沿着土样高度每隔1cm 放置一根温度探头，共计 10 根，如图 8.19（b）所示。

在开放补水系统和无压荷载条件下，共计开展两组冻结试验。

其中一组编号为Ⅰ～Ⅳ（表 8.4）用以探究粗颗粒含量对冻胀特性的影响。另一组选用编号Ⅱ和Ⅴ（表 8.4）的试样用以探究不同冷端温度对冻胀特性的影响。试验开始前，顶端和底端温度均调节为＋3℃并维持数小时以保证土样沿高度各处均维持该温度。将顶端温度调成负温，冻结过程开始。冻结过程中顶端的负温始终保持不变，土样四周保持绝热状态，冻结过程持续 90h。

表 8.4　　试　验　设　计

土样编号	质量比 W	顶端温度 /℃	底端温度 /℃	初始温度 /℃	初始含水率 /%
Ⅰ	100：0	−4.5	+3	+3	21.8
Ⅱ	100：20	−4.5	+3	+3	20.2
Ⅲ	100：40	−4.5	+3	+3	18.3
Ⅳ	100：60	−4.5	+3	+3	17.8
Ⅴ	100：80	−3	+3	+3	20.6

8.3.2　试验结果及分析

1. 初始含水率

表 8.4 记录了试样Ⅰ～Ⅴ的初始含水率。可以看到，随着粗颗粒含量的增加，试样初始含水率减少。其原因在于：所有的试样在制样过程维持同一干密度，随着粗颗粒含量增加，由于细粒土的密度大于粗颗粒的密度，因此土样中的孔隙减少，造成液态水充满的空间减少。同时随着粗颗粒含量的增加，掺合土料毛细吸力作用也随之降低。

2. 温度分布

图 8.20 分别给出了试样Ⅰ～Ⅳ不同高度处的温度随时间变化规律。同 Lai 等的实验观察结果相似（Lai et al.，2014），这些温度分布曲线大致可分为快速冻结阶段（FC），缓慢冻结阶段（SC）以及稳定阶段（SS）。越靠近冷端，土柱温度下降越快，也越快达到稳定状态。由于粗颗粒具有较高的热传导系数，因此掺合土样随着粗颗粒含量的增加，温度更快达到稳定阶段。同时可以看到，在相同高度处，粗颗粒含量越高的土样其温度也越高。

3. 冻胀量及冻结锋面

图 8.21 记录了试样Ⅰ～Ⅳ的冻胀曲线。随着粗颗粒含量的增加，掺合土料试样的冻胀量逐渐减小，相应地冻结锋面位置也越高。粗颗粒含量增加，掺合土料毛细吸力作用减弱，外界补给并迁移到冻结区的水分减少，造成土样的冻胀量减少。同时，由于冻结锋面处冰水相变的剧烈程度有所下降，被压缩的未冻土区减小，最终导致了冻结锋面处于略高一点的位置。

为了定量描述粗颗粒含量与掺合土料冻胀特性的关系，分别对冻胀量 Δu 和冻胀率 ζ 与粗颗粒含量的关系进行了拟合（图 8.22），其中冻胀率 ζ 为土柱冻胀量与冻结深度 H_f 的比值

$$\zeta=\frac{\Delta u}{H_f}\times 100\% \tag{8.86}$$

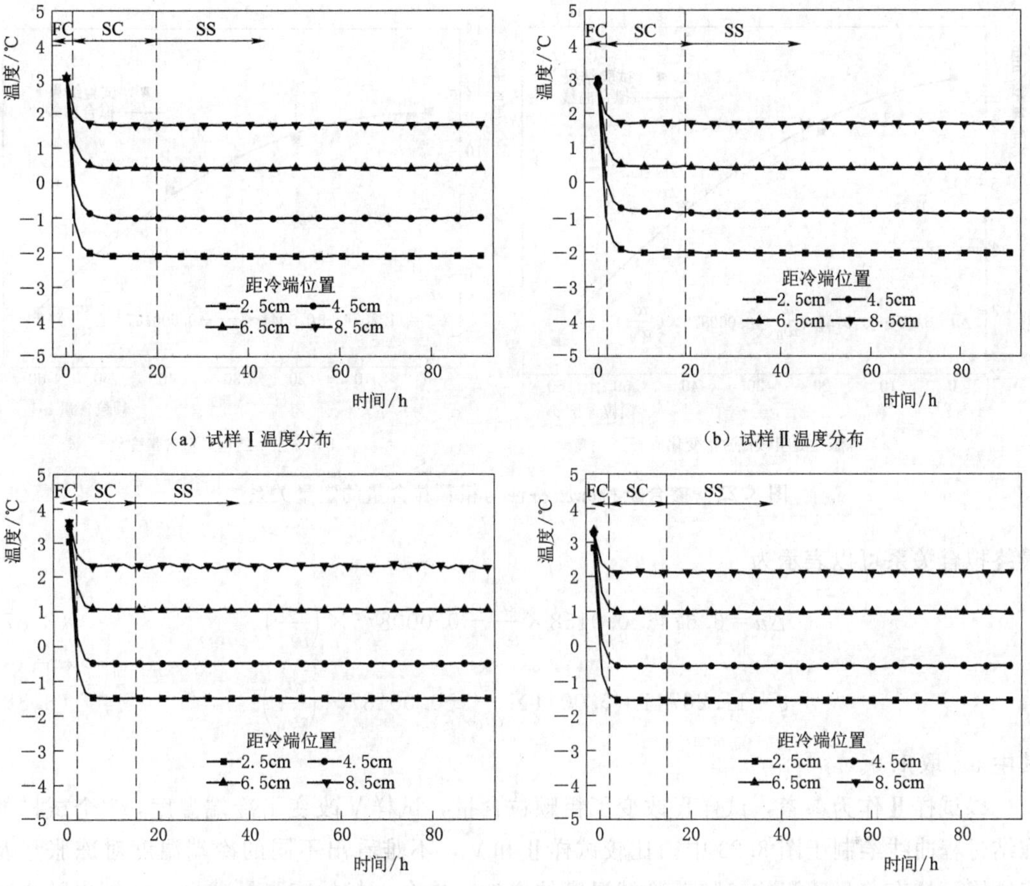

（a）试样Ⅰ温度分布

（b）试样Ⅱ温度分布

（c）试样Ⅲ温度分布

（d）试样Ⅳ温度分布

图 8.20　不同高度处试样温度分布曲线

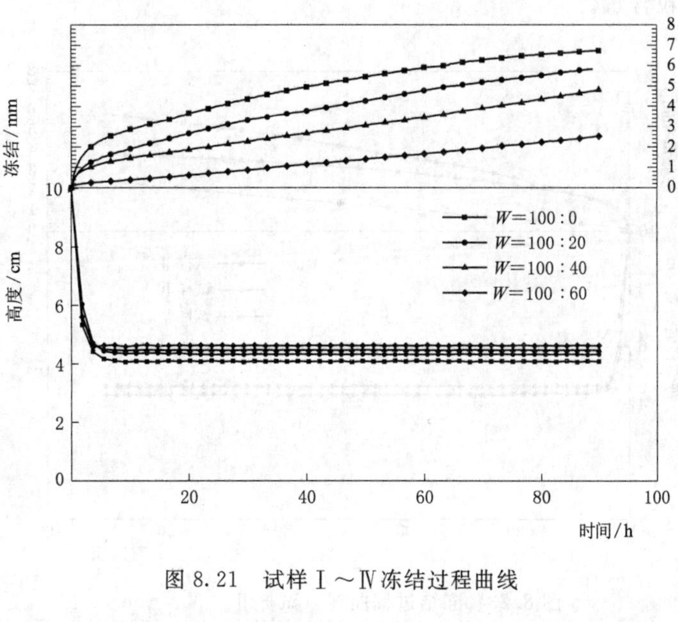

图 8.21　试样Ⅰ～Ⅳ冻结过程曲线

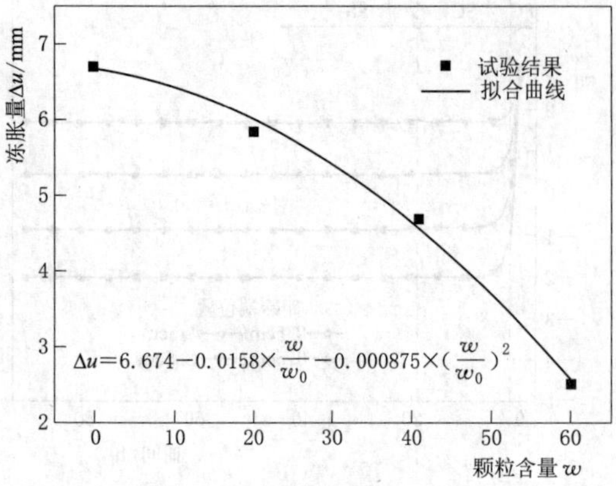

(a) 冻胀量随粗颗粒含量变化

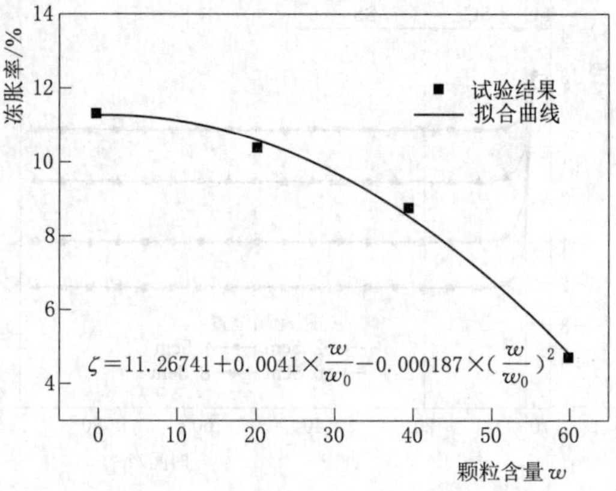

(b) 冻胀率随粗颗粒含量变化

图 8.22　掺合土料冻胀特性与粗颗粒含量的定量关系

最终拟合关系可以表示为

$$\Delta u=6.674-0.0158\times\frac{w}{w_0}-0.000875\times\left(\frac{w}{w_0}\right)^2 \tag{8.87}$$

$$\zeta=11.26741+0.0041\times\frac{w}{w_0}-0.00187\times\left(\frac{w}{w_0}\right)^2 \tag{8.88}$$

其中 w_0 取 1.0。

以试样Ⅱ作为参考，试样Ⅳ改变了粗颗粒含量，试样Ⅴ改变了冷端温度，3 个试样的冻结过程曲线绘制于图 8.23 中。比较试样Ⅱ和Ⅴ，不难看出不同的冷端温度对冻胀量及冻结锋面均有着显著影响。随着冷端温度的增加，掺合土料的冻胀量减少，冻深也随之减少。比较 3 个试样的冻结锋面曲线，不难看出决定冻结锋面位置分布的主要因素是温度梯度，而不是粗颗粒含量。

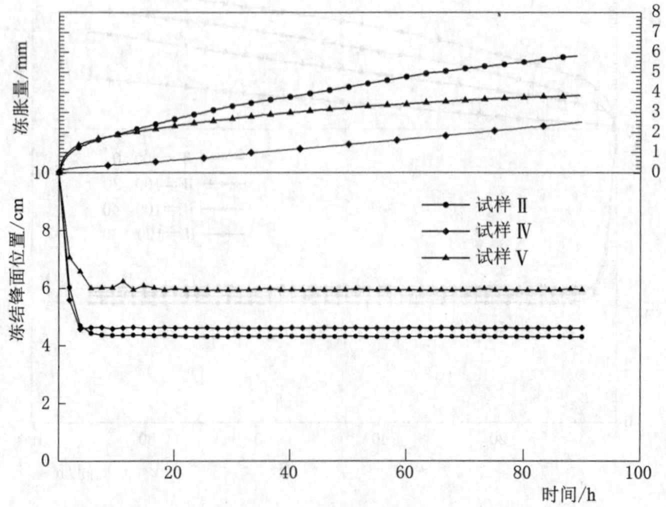

图 8.23　冻结过程曲线（试样Ⅱ、Ⅳ、Ⅴ）

4. 水分补给

图 8.24 分别给出了试样Ⅱ、Ⅳ、Ⅴ的冻胀量与补水量的关系趋势。

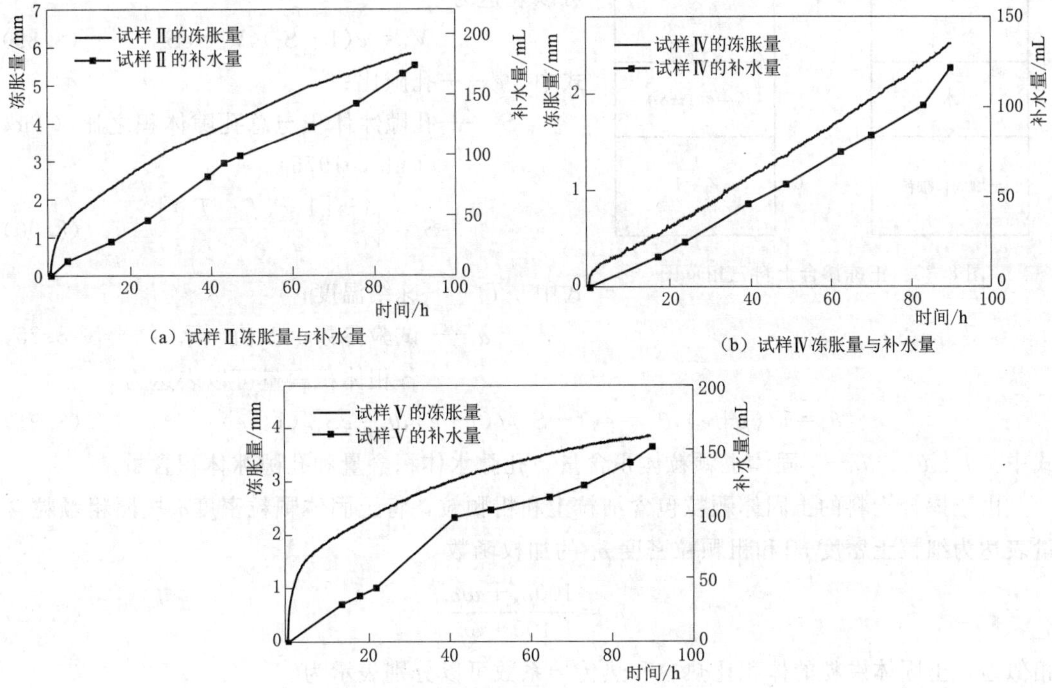

(a) 试样Ⅱ冻胀量与补水量

(b) 试样Ⅳ冻胀量与补水量

(c) 试样Ⅴ冻胀量与补水量

图 8.24　冻胀量与补水量（试样Ⅱ、Ⅳ、Ⅴ）

总的来说，补水量与掺合土样的冻胀量变化规律是一致的。补给的水分越多，冻胀量也就越大。按照前文介绍的温度变化的 3 个阶段，对应选取并记录了 3 个土样在 2h、10h 和 64.5h 的补给水量，试验数据见表 8.5。

表 8.5　　补　水　量

时间/h	补　水　量/mL		
	编号Ⅱ	编号Ⅳ	编号Ⅴ
2	6	2	4.5
10	22.7	10	22.3
64.5	123	77.4	113

3 个试样在 2h 的补水量都维持在相当低的水平。随着冻结过程的推进，补水量数据逐渐增大。对比试样Ⅱ和Ⅳ，可以看出粗颗粒含量减少，由于毛细作用的增加，导致补水量加剧。由于试样Ⅴ较试样Ⅱ的冻深更小，因此其在未冻区的温度梯度也越小，可以看到最终其补水量比试样Ⅱ更少。

8.3.3　数学模型

图 8.25 给出了饱和冻结土样的三相草图。

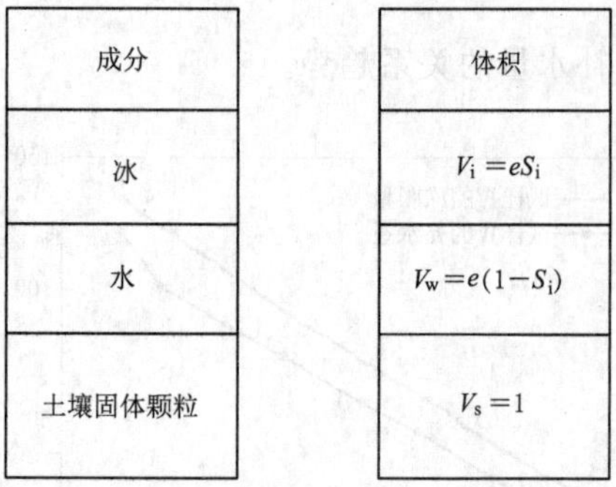

图 8.25 正冻掺合土料三相草图

固体土颗粒体积记为 V_s 并设定为单位体积，相应地孔隙水体积含量 V_w 和孔隙冰体积含量 V_i 可以表达为

$$V_w=e(1-S_i),V_i=eS_i \tag{8.89}$$

式中 e——孔隙比；

S_i——孔隙冰体积与总孔隙体积之比（Tice et al., 1976）。

$$S_i=\begin{cases}1-[1-(T-T_f)]^{\alpha} \\ 0\end{cases} \tag{8.90}$$

式中 T_f——冻结温度；

α——试验参数，取值−5。结合图 8.25，各相体积含量可以表达为

$$\theta_s=1/(1+e),\theta_w=e(1-S_i)/(1+e),\theta_i=eS_i/(1+e) \tag{8.91}$$

式中 θ_s、θ_w、θ_i——固体土颗粒体积含量、孔隙水体积含量和孔隙冰体积含量。

由于掺合土料的土固体颗粒包含细粒土和粗颗粒，将土固体颗粒密度$\overline{\rho_s}$按照粗颗粒含量表达为细粒土密度 ρ_s 和粗颗粒密度 ρ_c 的加权函数

$$\overline{\rho_s}=\frac{100\rho_s+w\rho_c}{100+w} \tag{8.92}$$

相似地，土固体颗粒的体积比热容和热传导系数可以分别表示为

$$\overline{C_s}=\frac{(100/\rho_s)C_s+(w/\rho_c)C_c}{100/\rho_s+w/\rho_c},\overline{\lambda_s}=\frac{(100/\rho_s)\lambda_s+(w/\rho_c)\lambda_c}{100/\rho_s+w/\rho_c} \tag{8.93}$$

式中 $\overline{C_s}$、C_s 和 C_c——固体土颗粒、细粒土和粗颗粒的体积比热容；

$\overline{\lambda_s}$、λ_s 和 λ_c——固体土颗粒、细粒土和粗颗粒的热传导系数。

1. 质量守恒方程

孔隙水流速 v_w 可以用达西定律表达

$$v_w=-k\frac{\partial\varphi}{\partial x} \tag{8.94}$$

式中 k——渗透系数；

x——空间坐标（以向上为正）；

φ——土水势。基于质量守恒原理，可以建立如下方程：

$$\frac{\partial}{\partial t}\left(\frac{\rho_w\theta_w+\rho_i\theta_i}{\rho_w}\right)=-\frac{\partial v_w}{\partial x} \tag{8.95}$$

式中 t——时间；

ρ_w 和 ρ_i——孔隙水和孔隙冰的密度。将式（8.91）和式（8.94）代入式（8.95）中，可以得到

$$\frac{\rho_iS_i+\rho_w(1-S_i)}{\rho_w(1+e)}\frac{\partial e}{\partial t}+\frac{e(\rho_i-\rho_w)}{\rho_w(1+e)}\frac{\partial S_i}{\partial T}\frac{\partial T}{\partial t}=\frac{\partial}{\partial x}\left(k\frac{\partial\varphi}{\partial x}\right) \tag{8.96}$$

在土的冻结区，渗透系数 k 可以表达为（Nixon，1991）

$$k=k_0[1-(T-T_f)]^\beta \tag{8.97}$$

式中 k_0——细粒土饱和渗透系数；

β——实验参数。

随着孔隙冰出现、发展、聚集，水分补给通道受阻，当冰晶贯穿最终形成冰透镜体层时，水分不再向上迁移（周家作，2012），因此冻结区的渗透系数可以修改为如下的分段表达式：

$$k=\begin{cases}k_0[1-(T-T_f)]^\beta & (T\leqslant T_f, x<x_{sep})\\ 0 & (T\leqslant T_f, x\geqslant x_{sep})\end{cases} \tag{8.98}$$

式中 x_{sep}——孔隙比达到或超过分离孔隙比 e_{sep} 的位置（周家作，2012），这里分离孔隙比取值为 1.0。

在土的未冻区，渗透系数可以表达为

$$k=k_0(e/e_0)^\xi \tag{8.99}$$

式中 e_0——初始孔隙比，且有

$$e_0=\frac{\overline{\rho_s}}{\rho_d}-1 \tag{8.100}$$

式中 ξ——实验参数，取值为 4。

结合冻结区和未冻区渗透系数的表达式，最终可以将渗透系数记为

$$k=\begin{cases}k_0(e/e_0)^\xi & (T>T_f)\\ k_0[1-(T-T_f)]^\beta & (T\leqslant T_f, x<x_{sep})\\ 0 & (T\leqslant T_f, x\geqslant x_{sep})\end{cases} \tag{8.101}$$

2. 能量守恒方程

考虑冰水相变的正冻土能量守恒方程可以表达为

$$C\frac{\partial T}{\partial t}-L_i\rho_i\frac{\partial \theta_i}{\partial t}=\frac{\partial}{\partial x}\left(\lambda\frac{\partial T}{\partial x}\right)-C_w v_w\frac{\partial T}{\partial x} \tag{8.102}$$

方程（8.102）左边的第一项为土中的热能变化，左边的第二项代表由于水相变成冰释放出的潜热。方程（8.102）右边两项依次代表土中由于传导和对流效应造成的热量流动。C 代表掺合土的体积比热容，可以记为

$$C=\overline{C_s}\theta_s+C_w\theta_w+C_i\theta_i \tag{8.103}$$

式中 C_w 和 C_i——孔隙水和孔隙冰的体积比热容；

λ——掺合土的热传导系数，可以记为：

$$\lambda=\overline{\lambda_s}^{\theta_s}\lambda_w^{\theta_w}\lambda_i^{\theta_i} \tag{8.104}$$

式中 λ_w 和 λ_i——孔隙水和孔隙冰的热传导系数。

将式（8.91）代入式（8.103）和式（8.104）中，可以得到

$$C=\frac{\overline{C_s}+e(1-S_i)C_w+eS_iC_i}{1+e},\lambda=\overline{\lambda_s}^{\frac{1}{1+e}}\lambda_w^{\frac{e(1-S_i)}{1+e}}\lambda_i^{\frac{eS_i}{1+e}} \tag{8.105}$$

将式（8.105）和式（8.95）同时代入方程（8.102）中，可最终得到能量守恒方程的形式为

$$\left(C-\frac{eL_i\rho_i}{1+e}\frac{\partial S_i}{\partial T}\right)\frac{\partial T}{\partial t}-\frac{L_i\rho_iS_i}{1+e}\frac{\partial e}{\partial t}=\frac{\partial}{\partial x}\left(\lambda\frac{\partial T}{\partial x}\right)+C_wk\frac{\partial \varphi}{\partial x}\frac{\partial T}{\partial x} \tag{8.106}$$

3. 静应力平衡方程

假定土为各相同性和线弹性的，一维条件下静应力平衡方程可以记为

$$\frac{d\sigma}{dx}=\gamma \tag{8.107}$$

式中　σ——总应力；

γ——土的容重，且有

$$\gamma=[\overline{\rho_s}+e(1-S_i)\rho_w+eS_i]g/(1+e) \tag{8.108}$$

式中　g——重力加速度。

一维条件下土的应变 ε 和位移 u 存在以下关系：

$$\frac{du}{dx}=\varepsilon \tag{8.109}$$

同时应变又可以定义为

$$\varepsilon=\frac{e-e_0}{1+e_0} \tag{8.110}$$

结合式（8.109）和式（8.110）有

$$\frac{du}{dx}=\frac{e-e_0}{1+e_0} \tag{8.111}$$

饱和土线弹性应力应变关系可以表达为

$$d\sigma'=-E_s d\varepsilon \tag{8.112}$$

式中　σ'——有效应力；

E_s——掺合土压缩模量。参考已有文献（周家作，2012），孔隙压力 P_p 可以表达为

$$P_p=\begin{cases}\int_x^{h_0}(\gamma-\gamma_0)dx+E_s\dfrac{e-e_0}{1+e_0} & (e<e_s)\\ \sigma & (e\geqslant e_s)\end{cases} \tag{8.113}$$

式中　h_0——土柱初始高度；

γ_0——初始容重

$$\gamma_0=(\overline{\rho_s}+e_0\rho_w)g/(1+e_0) \tag{8.114}$$

e_s 表示孔隙压力等于总应力时的孔隙比，可以表达为

$$e_s=e_0+(1+e_0)\left[\sigma-\int_x^{h_0}(\gamma-\gamma_0)dx\right]/E_s \tag{8.115}$$

同时土水势 φ 可以记为

$$\varphi=x+\frac{P_w}{\rho_w g} \tag{8.116}$$

利用克拉贝隆方程（Black，1995；Thomas et al.，2009）以及将孔隙压力记为孔隙水压力、孔隙冰压力的权重和（O'Neill 和 Miller，1985；周家作，2012），最终可以推导得到孔隙水压力的表达式

$$P_w=\frac{(1-\eta)(\rho_w-\rho_i)P_a+(1-\eta)\rho_i\rho_w L_i\ln[(T+273)/(T_f+273)]+\rho_w P_p}{(1-\eta)\rho_i+\eta\rho_w} \tag{8.117}$$

式中　P_a——大气压；

η 可以记为

$$\eta=(1-S_i)^{1.5} \tag{8.118}$$

至此，描述掺合土料的冻结过程的数学耦合方程建立完成，其主要变量有 σ、u、e 和 T，4 个控制方程为式（8.96）、式（8.106）、式（8.107）和式（8.111）。

8.3.4 数值模拟结果分析

1. 试验参数和模型验证

上述 5 个试样均在底端补水、无压荷载的冻结条件下展开。通过施以与实验条件相应的初始和边界值条件，控制方程可以利用数值求解器进行求解。掺合土料的物理学参数可见表 8.6。不同粗颗粒含量下的土性参数列在表 8.7 中。

表 8.6 掺合土料物理参数

参数	值	参数	值
冻结温度 T_f/℃	0	细粒土热传导系数 λ_s/[W/(m/℃)]	1.5
细粒土密度 ρ_s/(kg/m³)	2700	粗颗粒热传导系数 λ_c/[W/(m/℃)]	5
粗颗粒密度 ρ_c/(kg/m³)	1880	孔隙水热传导系数 λ_w/[W/(m/℃)]	0.58
孔隙水密度 ρ_w/(kg/m³)	1000	孔隙冰热传导系数 λ_i/[W/(m/℃)]	2.22
孔隙冰密度 ρ_i/(kg/m³)	917	潜热系数 L_i/(kJ/kg)	334.56
细粒土体积比热容 C_s/[kJ/(m³/℃)]	2160	重力加速度 g/(m/s²)	9.81
粗颗粒体积比热容 C_c/[kJ/(m³/℃)]	1380	掺合土柱初始高度 h_0/m	0.1
孔隙水体积比热容 C_w/[kJ/(m³/℃)]	4180	大气压力 P_a/kPa	101
孔隙冰体积比热容 C_i/[kJ/(m³/℃)]	1874		

表 8.7 不同粗颗粒含量下的土性参数

参数	试样Ⅰ	试样Ⅱ(Ⅴ)	试样Ⅲ	试样Ⅳ
饱和渗透系数 k_0/(10^{-11}m/s)	4.14	2.46	1.92	0.38
压缩模量 E_s/MPa	1.0	2.46	3.27	5.32
实验参数 β	−9	−10	−11	−12

图 8.26 给出了试样Ⅰ～Ⅳ在实验和数值模拟条件下的冻胀量。可以观察到尽管曲线并非完全重合，但由数值计算得到的结果在最终的冻胀量数值上与实验结果是吻合的。同时需要指出的是，对于高粗颗粒含量的试样Ⅳ，在冻结初期的数小时内，其数值计算得到的冻胀量与实验测得的冻胀量差别较大，其可能的原因在于掺合土冻胀数学模型的建立，主要是基于水分迁移成冰引起冻胀的理论。随着粗颗粒含量的急剧增加，掺合土的冻胀敏感性减弱，模型的使用受到了一定程度上的限制。

图 8.27 给出了试样Ⅴ的冻胀曲线和冻结锋面曲线。可以看到，由数值模拟计算得到的试样Ⅴ的冻胀量与实验记录的数据是吻合的。计算得到的冻结锋面曲线与实测记录得到

的略有差异，其主要是由于掺合土制样不均匀造成的。但总的来说，由模型计算得到的结果与实测结果基本上是吻合的，建立的掺合土冻胀数学模型其有效性得到了一定程度的验证。

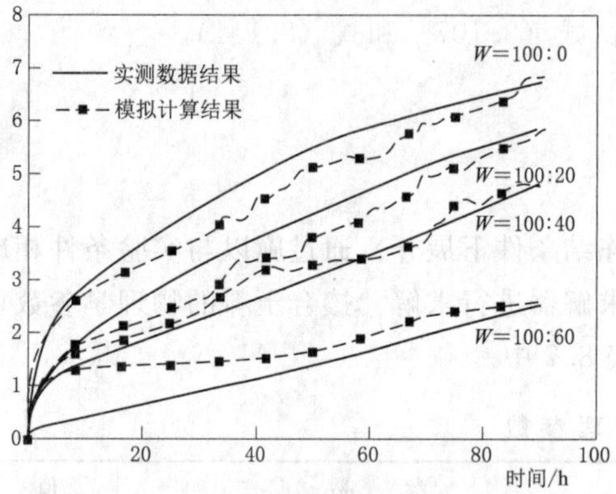

图 8.26　试样Ⅰ～Ⅳ冻胀量：模拟计算结果与实测数据对比

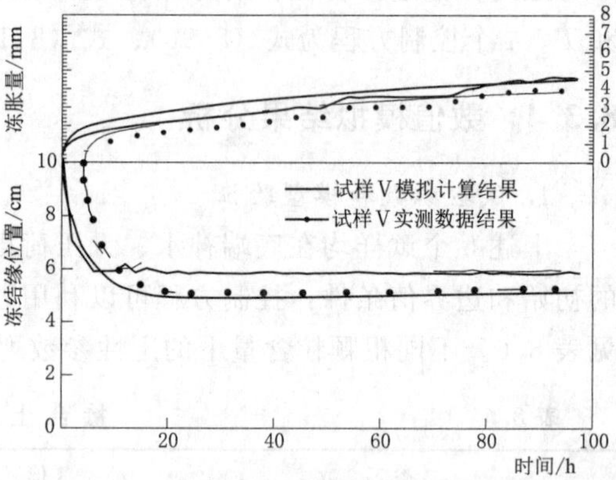

图 8.27　试样Ⅴ冻结过程曲线：模拟计算结果与实测数据对比

2. 数值结果分析

选取试样Ⅱ作为掺合土样冻胀特性研究的代表性试样，以此研究其在冻结过程中温度场、水分场和应力场之间的相互作用关系。图 8.28 反映了掺合土样Ⅱ在冻结过程中的质量含水率分布情况。这里含水率的计算公式为

$$w=\frac{e(1-S_i)\rho_w+eS_i}{\overline{\rho_s}} \tag{8.119}$$

随着冻结过程的推进，含水率沿土柱高度分布曲线呈现出相同的模式，即含水率在未冻区沿着土柱高度逐渐降低，在冻结锋面附近含水率急剧变化并达到最大值。与此同时，可以观察到含水率最小值的位置在 30h 以后没有再发生变化。这主要和温度分布在 30h 后趋于稳定有关（图 8.29）。

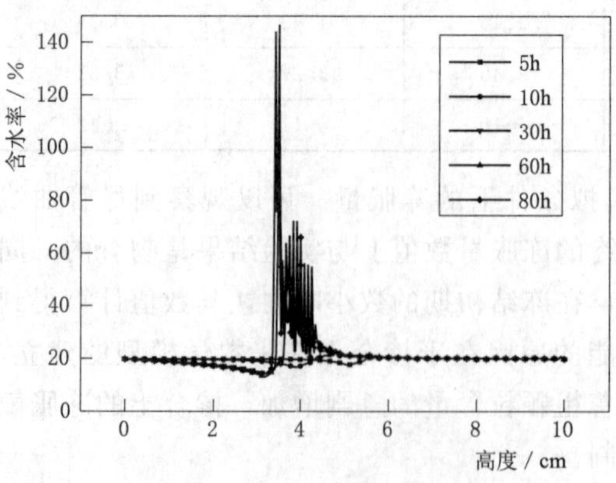

图 8.28　试样Ⅱ冻结过程含水率分布

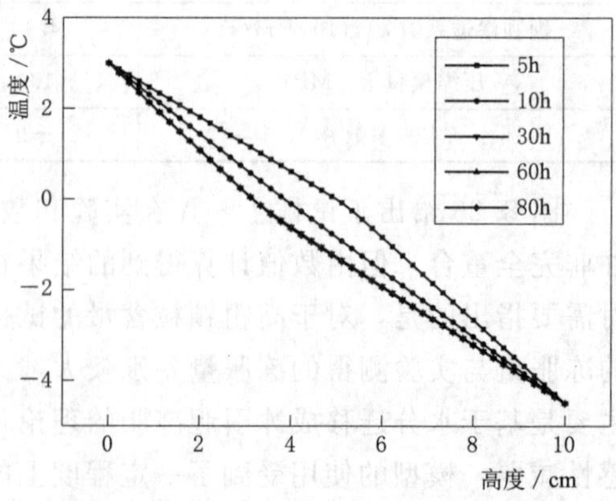

图 8.29　试样Ⅱ冻结过程温度分布

图 8.30 给出了不同时刻孔隙压力的分布状况。可以看出，孔隙压力在未冻区沿土柱高度降低至最小值，在冻结区始终保持上覆荷载的水平。孔隙压力最小值在 60h 前逐渐下降，且在 30h 之前下降的速度更快，在 60h 之后略微增加。其原因在于，从图 8.28 可以看到，冻结锋面附近的含水率在 60h 之前是逐渐增加的，这也意味着 60h 之前越来越多的水迁移并积聚在冻结锋面处，对应着孔隙压力的最小值逐渐下降。60h 以后，冻结锋面处含水率变化不大，但随着冻结过程的持续，不断有孔隙水相变成冰，进而导致了最小孔隙水压力的略微增加。

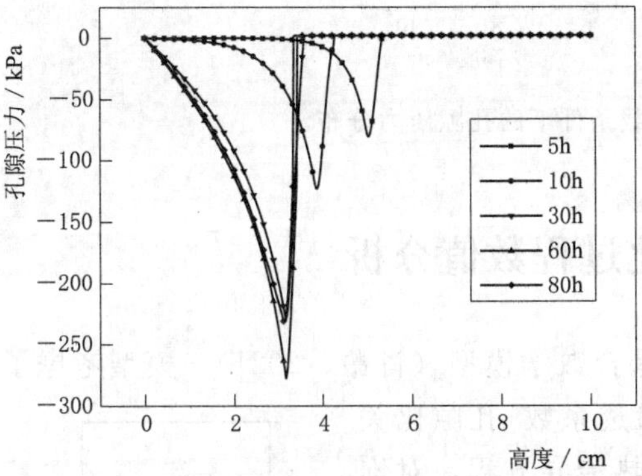

图 8.30 试样Ⅱ冻结过程孔隙压力分布

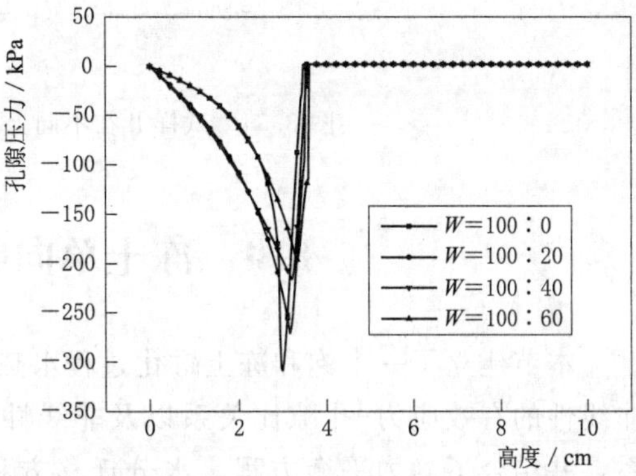

图 8.31 不同粗颗粒含量试样 40h 孔隙压力分布

图 8.31 给出了Ⅰ～Ⅳ 4 个试样在 40h 的孔隙压力分布状况。可以看到，不同粗颗粒含量下的孔隙压力分布规律是一致的。随着粗颗粒含量的降低，孔隙压力的最小值逐步增加。图 8.32 给出了Ⅰ～Ⅳ 4 个试样在 40h 的含水率分布状况。不难看出，随着粗颗粒含量的减少，冻结锋面处的含水率明显增大，含水率在未冻区和冻结区的变化幅值有所增加。

现改变试样Ⅱ的应力边界条件，对其施加 50kPa 和 80kPa 的上覆荷载，以此评估由于应力增加对掺合土料冻胀特性的影响。由图 8.33 可以看到，上覆荷载越大，掺合土料的冻胀量越小，这与饱和均质土在受到外荷载作用下的冻胀特性是一致的。同时，上覆荷载越大，掺合土料冻结过程中产生的孔隙压力的最小值有所增加，如图 8.34 所示。

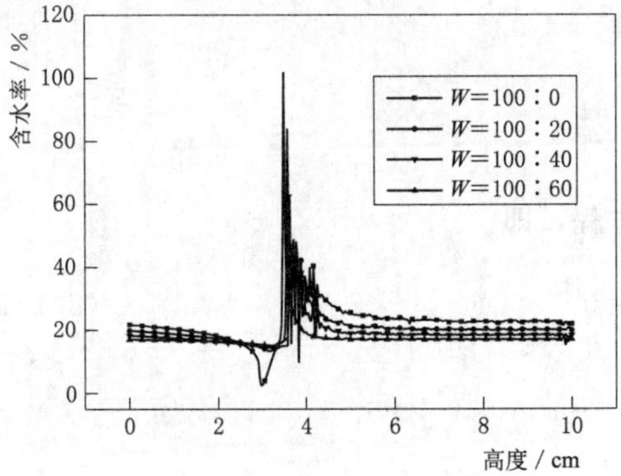

图 8.32 不同粗颗粒含量试样
40h 含水率分布

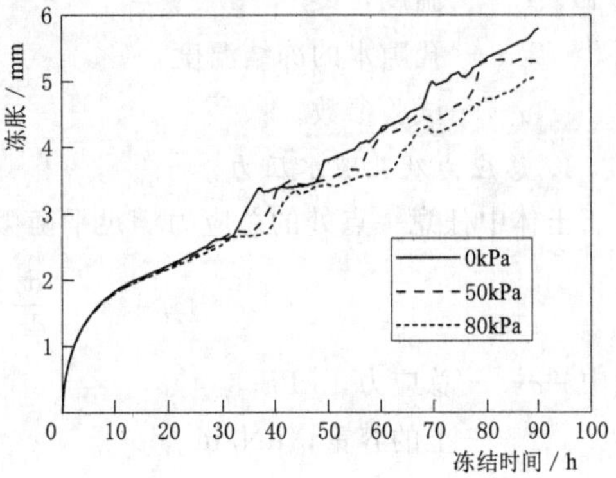

图 8.33 试样Ⅱ在不同上覆荷载
条件下的冻胀量曲线

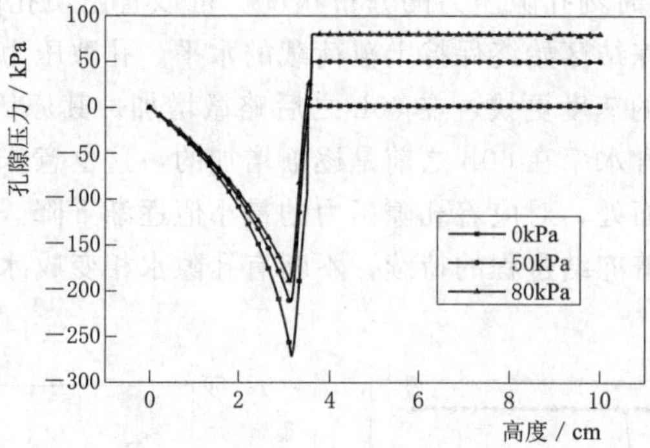

图 8.34　试样Ⅱ在不同上覆荷载条件下的孔隙压力分布

8.4　冻土单向融化过程数值分析

本节建立了一个饱和冻土融化过程水热力耦合数学模型（肖薇，2021）。模型考虑了非线性的有效应力-孔隙比关系以及非线性的渗透系数-孔隙比关系，并结合了静力平衡方程、水分迁移方程及热传导方程，对饱和冻土在融化过程中水热力三场耦合的过程进行了模拟。

8.4.1　水热力耦合数学模型

本节仅分析饱和冻土的单向融化过程，在整个融化过程中土样保持饱和状态，图 8.35 为饱和融化冻土的三相图。图 8.35 中，土颗粒体积为单位体积 1，e 为孔隙比，S_i 为孔隙含冰量。

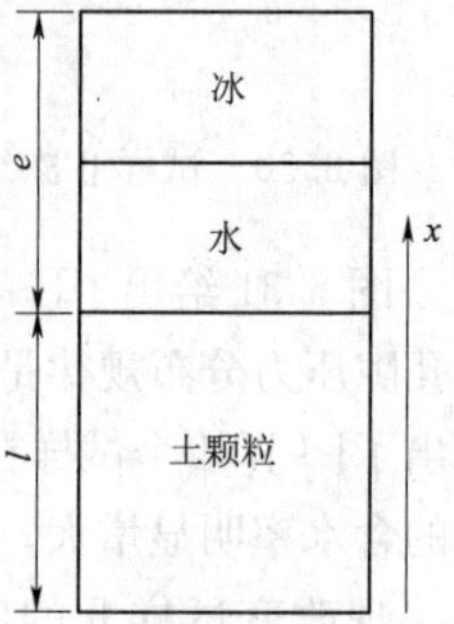

图 8.35　饱和冻土三相图

在冻土融化过程中，孔隙含冰量 S_i 是温度的函数

$$S_i=\begin{cases}1-[1-(T-T_0)]^{\alpha} & (T\leqslant T_0)\\ 0 & (T>T_0)\end{cases} \tag{8.120}$$

式中　T——温度，℃；

T_0——孔隙水的冻结温度，℃；

α——试验参数。

1. 总应力及孔隙水压力

土体中任意一点处的总应力满足平衡微分方程，即

$$\frac{d\sigma}{dx}+\gamma=0 \tag{8.121}$$

式中　σ——总应力，kPa；

γ——土的容重，kN/m^3。

由图 8.35 可以得到容重 γ 的表达式为

$$\gamma=\frac{g}{1+e}[\rho_s+eS_i\rho_i+e(1-S_i)\rho_w] \tag{8.122}$$

式中 g——重力加速度，m/s^2；

ρ_w、ρ_i、ρ_s——水、冰及土颗粒的密度，kg/m^3。

试样的高度为 l(m)，试样顶部施加有上覆荷载 p(kPa)，对式（8.121）进行积分，则得到总应力 σ 的表达式为

$$\sigma = p + \int_x^l \gamma \mathrm{d}x_0 \tag{8.123}$$

根据有效应力原理，孔隙压力可以表示为

$$P_{por} = \sigma - \sigma' \tag{8.124}$$

式中 P_{por}——孔隙压力，kPa；

σ'——有效应力，kPa。

本节采用弹性本构描述冻土融化过程中的应力应变关系，则有效应力表示为

$$\mathrm{d}\sigma' = E_s \mathrm{d}\varepsilon \tag{8.125}$$

式中 ε——应变；

E_s——压缩模量，MPa。

应变与孔隙比的关系为

$$\varepsilon = \frac{\mathrm{d}u}{\mathrm{d}x} \tag{8.126}$$

$$\frac{\mathrm{d}u}{\mathrm{d}x} = \frac{e_0 - e}{1 + e_0} \tag{8.127}$$

式中 u——位移，m；

e_0——初始孔隙比。

将式（8.126）、式（8.127）代入式（8.125）中，并对式（8.125）进行积分，可以得到

$$\sigma' = \sigma_0' + E_s \frac{e_0 - e}{1 + e_0} \tag{8.128}$$

式中 σ_0'——初始有效应力，在富冰土壤中可以认为冰承担了全部荷载，因此融化开始时初始有效应力为 0，即 $\sigma_0' = 0$。

把式（8.123）、式（8.128）代入式（8.124）中，可以得到

$$P_{por} = p + \int_x^l \gamma \mathrm{d}x_0 - E_s \frac{e_0 - e}{1 + e_0} \tag{8.129}$$

对于冻土，孔隙压力由孔隙水压力和孔隙冰压力组成，则孔隙压力可以表示为二者的加权平均值

$$P_{por} = \chi P_w + (1 - \chi) P_i \tag{8.130}$$

式中 P_w——孔隙水压力，kPa；

P_i——孔隙冰压力，kPa；

χ——加权系数，是 S_i 的函数

$$\chi = (1 - S_i)^{1.5} \tag{8.131}$$

在冰水相变过程中，孔隙水压力与孔隙冰压力的关系可以由克拉伯龙方程给出，即

$$\frac{P'_{\mathrm{w}}}{\rho_{\mathrm{w}}}-\frac{P'_{\mathrm{i}}}{\rho_{\mathrm{i}}}=L\ln\frac{T'}{T'_0} \tag{8.132}$$

式中　P'_{w}、P'_{i}——孔隙水压力和孔隙冰压力的绝对值，kPa，即 $P'_{\mathrm{w}}=P_{\mathrm{w}}+P_{\mathrm{a}}$，$P'_{\mathrm{i}}=P_{\mathrm{i}}+P_{\mathrm{a}}$，其中 P_{a} 为大气压力；

T'、T'_0——温度及冻结温度的开尔文温度，K，即：$T'=T+273$，$T'_0=T_0+273$；

L——水的融化潜热，kJ/kg。

由式（8.130）、式（8.132）可以得到孔隙水压力的表达式为

$$P_{\mathrm{w}}=\frac{(1-\chi)(\rho_{\mathrm{w}}-\rho_{\mathrm{i}})P_{\mathrm{a}}+(1-\chi)\rho_{\mathrm{w}}\rho_{\mathrm{i}}L\ln\frac{T'}{T'_0}+\rho_{\mathrm{w}}P_{\mathrm{por}}}{\chi\rho_{\mathrm{w}}+(1-\chi)\rho_{\mathrm{i}}} \tag{8.133}$$

考虑到冻结区和未冻结区的力学性质不同，应分别考虑压缩模量。在冻结区，我们认为冻土的应力-应变关系为线弹性，压缩模量是一个常数。在未冻结区，有效应力-孔隙比关系通常是非线性的，压缩系数随孔隙比的减小而增大。

$$E_{\mathrm{s}}=\begin{cases}E_{\mathrm{sf}} & (T\leqslant T_0)\\ E_{\mathrm{s0}}\left(\dfrac{1+e_0}{1+e}\right)^m & (T>T_0)\end{cases} \tag{8.134}$$

式中　E_{sf}——冻结区土体的压缩模量；

E_{s0}——冻融前试样的压缩模量；

m——试验参数。

2. 水分迁移方程

在融化过程中，水分迁移遵循质量守恒定律

$$\frac{\partial}{\partial t}(m_{\mathrm{w}}+m_{\mathrm{i}})=-\rho_{\mathrm{w}}\frac{\partial v}{\partial x}\mathrm{d}x \tag{8.135}$$

式中　m_{w}、m_{i}——水和冰的质量；

v——水分迁移速率，m/s；

t——时间，s。

以微元体 $\mathrm{d}x$ 为研究对象，则水和冰的质量为

$$m_{\mathrm{w}}=\frac{\rho_{\mathrm{w}}e(1-S_{\mathrm{i}})}{1+e}\mathrm{d}x \tag{8.136}$$

$$m_{\mathrm{i}}=\frac{\rho_{\mathrm{i}}eS_{\mathrm{i}}}{1+e}\mathrm{d}x \tag{8.137}$$

水分迁移速率可由达西定律得到

$$v=-k\frac{\partial\psi}{\partial x} \tag{8.138}$$

式中　k——渗透系数，m/s；

ψ——水头，m，可以表示为

$$\psi=x+\frac{P_{\mathrm{w}}}{\rho_{\mathrm{w}}g} \tag{8.139}$$

将式（8.136）、式（8.137）、式（8.139）代入式（8.135）中，整理后得到

$$\frac{\rho_w(1-S_i)+\rho_i S_i}{\rho_w(1+e)}\frac{\partial e}{\partial t}+\frac{e(\rho_i-\rho_w)}{\rho_w(1+e)}\frac{\partial S_i}{\partial T}\frac{\partial T}{\partial t}=\frac{\partial}{\partial x}\left(k\frac{\partial \psi}{\partial x}\right) \tag{8.140}$$

在冻土中，冻结区土体的渗透系数是温度的函数

$$k=k_0[1-(T-T_0)]^{\beta} \tag{8.141}$$

式中 k_0——冻融前试样的渗透系数，m/s；

β——试验参数。

在冻土中冰透镜体可以被认为是不透水层，因此冰透镜体的形成将阻止水分在土体中的迁移。周家作（2012）出了分离孔隙比 e_{sep} 的概念以判定冰透镜体形成的位置，将 $e>e_{sep}$ 作为冰透镜体萌生判据。依据这一理论，得到冻结区的渗透系数为

$$k=\begin{cases}k_0[1-(T-T_0)]^{\beta} & (x>x_{sep})\\ 0 & (x\leqslant x_{sep})\end{cases} \tag{8.142}$$

式中 x_{sep}——冰透镜体形成的位置。

在未冻区，渗透系数与孔隙比有关。研究发现，在未冻土和已融土中，孔隙比与渗透系数在半对数坐标系中为线性关系，下式能够较好地模拟这种线性关系

$$k=k_p\left(\frac{1+e}{1+e_p}\right)^n \tag{8.143}$$

式中 k_p——参考渗透系数，m/s；

e_p——与 k_p 相对应的参考孔隙比；

n——试验参数。

综上，渗透系数可以表达为如下形式：

$$k=\begin{cases}k_p\left(\dfrac{1+e}{1+e_p}\right)^n & (T>T_0, x>x_{sep})\\ k_0[1-(T-T_0)]^{\beta} & (T\leqslant T_0, x>x_{sep})\\ 0 & (T\leqslant T_0, x\leqslant x_{sep})\end{cases} \tag{8.144}$$

3. 热传导方程

根据能量守恒定律，考虑相变和对流时，可以建立如下热传导方程：

$$C\frac{\partial T}{\partial t}\mathrm{d}x-L\frac{\partial m_i}{\partial t}=\frac{\partial}{\partial x}\left(\lambda\frac{\partial T}{\partial x}\right)\mathrm{d}x-C_w v\frac{\partial T}{\partial x}\mathrm{d}x \tag{8.145}$$

$$C=\frac{1}{1+e}[C_s+e(1-S_i)C_w+eS_iC_i] \tag{8.146}$$

$$\lambda=\lambda_s^{\frac{1}{1+e}}\lambda_w^{\frac{e(1-S_i)}{1+e}}\lambda_i^{\frac{eS_i}{1+e}} \tag{8.147}$$

式中 C——土的体积热容量，kJ/(m³·℃)；

C_w、C_i、C_s——水、冰以及土颗粒的体积热容量；

λ——土的导热系数，W/(m·℃)；

λ_w、λ_i、λ_s——水、冰以及土颗粒的导热系数。

将式（8.137）代入式（8.143）中，整理后得到

$$\left(C-\frac{L\rho_i e}{1+e}\frac{\partial S_i}{\partial T}\right)\frac{\partial T}{\partial t}-\frac{L\rho_i e}{1+e}\frac{\partial e}{\partial t}=\frac{\partial}{\partial x}\left(\lambda\frac{\partial T}{\partial x}\right)+C_w k\frac{\partial\psi}{\partial x}\frac{\partial T}{\partial x}\tag{8.148}$$

8.4.2　单向融化算例分析

本节所建立的模型将采用多物理场仿真求解器对典型的饱和冻土融化过程进行数值模拟，模拟结果将与姚晓亮（2010）的融化固结试验进行对比验证。试样高度为 10cm，初始温度为－1℃。试样的侧面绝热，试验开始时，将试样顶部温度调为正温，同时底部的温度保持－1℃不变，使得试样自上而下发生融化。试验过程中，试样底部保持冻结状态，故水分只从顶部排出。试样顶部施加有竖直向下的荷载，融化过程中只发生轴向变形。在本案例中，水分、热量的迁移及变形只发生在轴向，故可以简化为一维问题。根据文献计算所需的基本参数见表 8.8，为探究不同边界条件及初始条件对融化过程的影响，本节选取了 7 个算例进行了计算分析，如表 8.9 所示。

表 8.8　　基本计算参数

参　数	数值	参　数	数值
冻结温度 T_0/℃	0	冻土压缩模量 E_{sf}/MPa	1.2
土颗粒密度 ρ_s/(kg/m^3)	3100	参考渗透系数 k_p/(m/s)	6.02×10^{-9}
水密度 ρ_w/(kg/m^3)	1000	参考孔隙比 e_p/	0.54
冰密度 ρ_i/(kg/m^3)	917	分离孔隙比 e_{sep}/	1.2
融化潜热 L/(kJ/kg)	334.56	试验参数 α/	－5
土颗粒体积热容量 C_s/[kJ/(m^3/K)]	2250	试验参数 β/	－10
水体积热容量 C_w/[kJ/(m^3/K)]	4180	试验参数 m/	5
冰体积热容量 C_i/[kJ/(m^3/K)]	1874	试验参数 n/	2
土颗粒导热系数 λ_s/[W/(m/K)]	1.2	大气压力 Pa/kPa	101
水导热系数 λ_w/[W/(m/K)]	0.58	重力加速度 g/(m/s^2)	9.81
冰导热系数 λ_i/[W/(m/K)]	2.22		

表 8.9　　初始及边界条件

算例	初始孔隙比 e_0	顶部温度/℃	初始压缩模量 E_{s0}/MPa	上覆荷载 p/kPa	含水量/%
1	1.39	20	0.025	100	41
2	1.39	10	0.025	100	41
3	1.39	6	0.025	100	41
4	1.39	20	0.025	60	41
5	1.39	20	0.025	200	41
6	1.68	20	0.01	100	50
7	1.2	20	0.038	100	35

式（8.121）、式（8.127）、式（8.140）及式（8.146）构成了本文所建立的数学模型的控制方程，结合初边值条件可以得到融化沉降、融化深度、温度、孔隙压力及含水量等

参数的变化情况。

1. 融化沉降及融化深度计算结果分析

图 8.36 为融化过程曲线，横坐标为时间的平方根，纵坐标的上半部分为轴向应变（即融化沉降），下半部分则是融化深度。本书认为温度大于 0℃的区域即为融化区域，因此将 0℃等温线作为融化界线。如图 8.36 所示，在融化过程中，试样的融化沉降以及

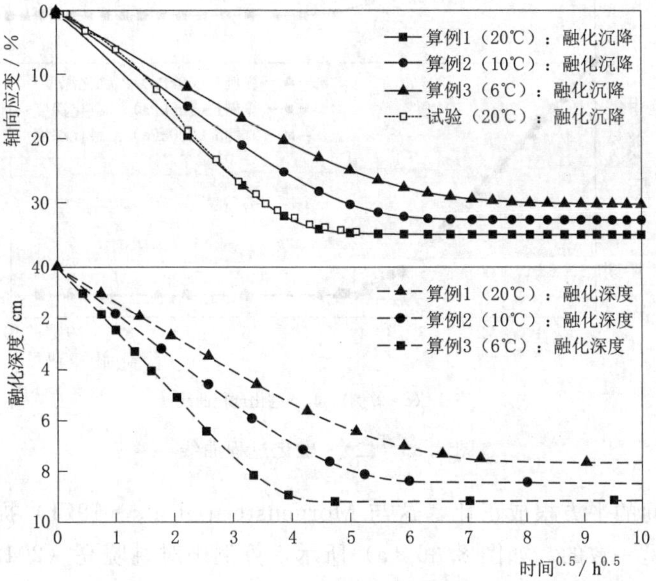

(a) 算例1、2、3融化过程曲线

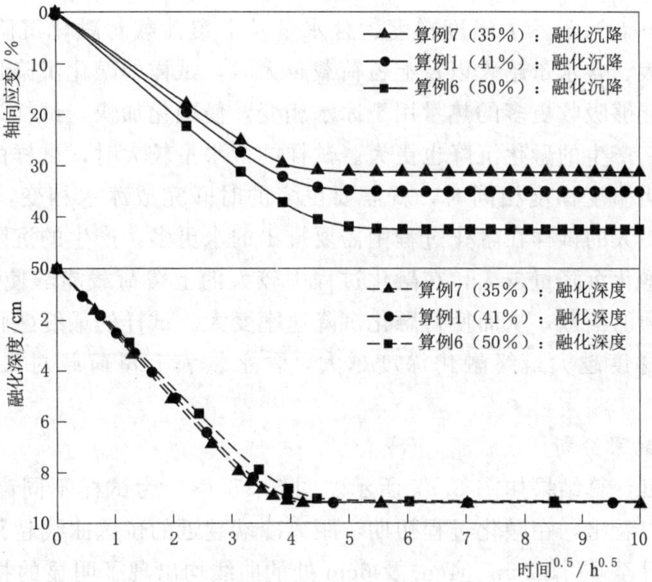

(b) 算例1、6、7融化过程曲线

图 8.36（一）　融化过程曲线

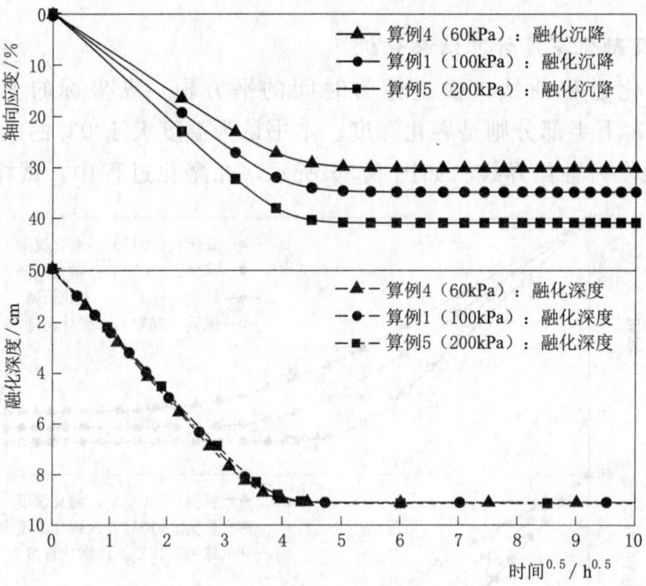

（c）算例1、4、5融化过程曲线

图 8.36（二）　融化过程曲线

融化深度均与时间的平方根成正比，这与 Morgenstern et al.（1971）提出的一维融化固结理论中的描述是一致的。如图 8.36（a）所示，算例 1 对姚晓亮（2010）所做的试验进行了验证，轴向应变的模拟值和试验值具有相似的变化趋势，最终轴向应变均稳定在 35%左右。

图 8.36（a）～(c) 显示了温度梯度、含水量及上覆荷载对融化沉降及融化深度的影响。温度梯度越大、含水量越大以及上覆荷载越大时，试样的融化沉降量越大。温度梯度较大时，孔隙冰能够吸收更多的热量用于冰水相变，使融化加快，试样达到热平衡状态时的融化深度更大，产生的融化沉降也更大。试样的含水量较大时，试样的冰水相变需要消耗更多的热量，当温度梯度相同时，就需要更多的时间完成冰水相变，使得融化速率变小，同时含水量更大的试样在融化过程中需要排出的水更多，产生的沉降也更大。上覆荷载越大，试样的融化沉降量越大，在融化过程中较大的上覆荷载能够使孔隙水快速排出，加速了孔隙水压力的消散，从而使得融化沉降速率变大。试样的最终融化深度主要由温度梯度决定，温度梯度越大最终融化深度越大，含水量和上覆荷载对最终融化深度影响极小。

2. 温度计算结果分析

算例 1 的温度计算结果如图 8.37 所示。图 8.37（a）为试样不同高度处的温度变化曲线，从图中可以看出，在融化过程初期，距离冷端越近的位置曲线越平缓，温度变化越慢，随着温度上升至 0℃，2cm、4cm 及 6cm 处的曲线均出现了明显的拐点，拐点后曲线的斜率明显增大，土体的温度快速上升。这是因为在富冰土壤中冰水相变吸收了大量热量，减小了温度的上升速率，因此含冰土体的温度变化速率小于融化土体的温度变化速率。8cm 处由于温度梯度大，冻结区温度上升快速，因此 0℃处未出现明显拐点。图

8.37（b）为不同时刻温度沿试样高度的分布曲线，由于冻土和融土热力学性质的差异，温度分布曲线在0℃处被划分为两个区段，冻土段的曲线斜率小于融土段，即冻土段的温度梯度小于融土段，因此试样在融土段的温度上升更快，而随着融化时间的增长，两个区段斜率的差异不断地减小。试样经历了40h的融化后，温度分布已经趋于稳定，试样内部的冰水相变基本完成，此时温度分布曲线近似一条直线，试样各点处的温度梯度趋于一致。

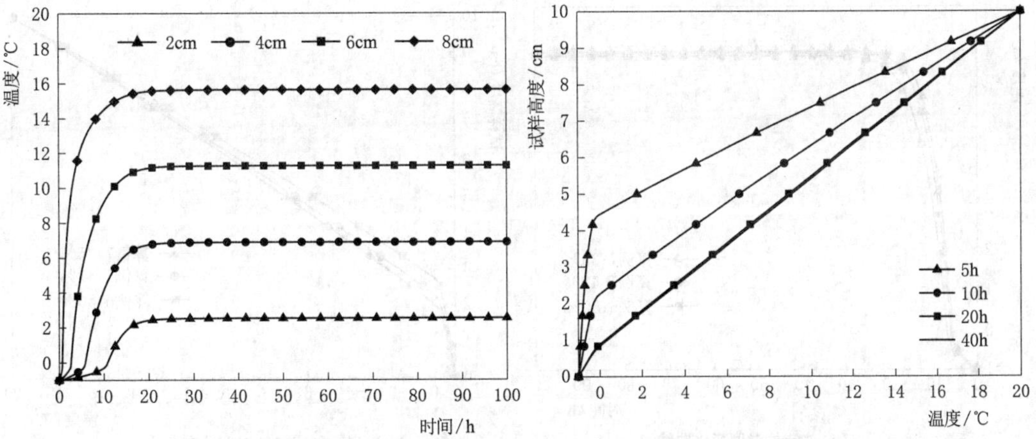

（a）2cm、4cm、6cm、8cm处温度变化曲线　（b）5h、10h、20h、40h温度分布曲线

图8.37　算例1温度变化曲线及温度分布曲线

不同温度梯度对融化过程中试样温度的影响如图8.38所示。图8.38（a）为算例1、2、3在距离冷端4cm处的温度变化曲线，当温度梯度较大时，试样能够吸收大量的热量，使温度快速上升，温度变化曲线更为陡峭，试样温度达到稳定所需的时间也更短。温度梯度越小温度变化曲线越平缓，0℃拐点前后的斜率差异越小。图8.38（b）是算例1、算例2及算例3融化10h后的温度分布曲线。温度梯度越大的试样，其融化速率越大，融化范围也越大。

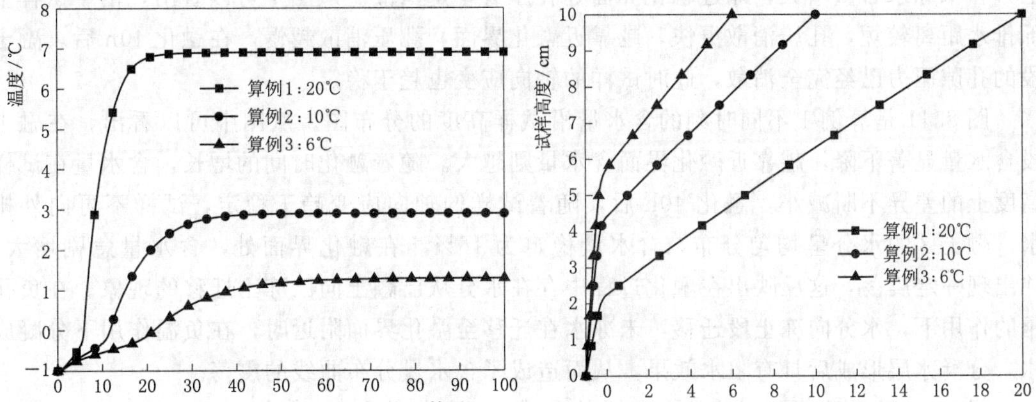

（a）4cm处温度变化曲线　（b）10h温度分布曲线

图8.38　算例1、2、3温度变化曲线及温度分布曲线

图 8.39 是不同含水量的试样在距离冷端 4cm 处的温度变化曲线和融化 10h 后的温度分布曲线。如图 8.39（a）所示，试样的温度上升速率随含水量的增大而减小，试样温度达到稳定所需的时间也更长。含水量较大的试样，在融化过程中需要吸收更多的热量以完成冰水相变，因此温度上升较为缓慢。在图 8.39（b）中，含水量越大的试样，融土段的温度梯度越大，但是由于水的比热容较大而导热系数较小，因此热量在含水量大的试样内传递速度更慢。在冻土段含水量越大的试样其温度梯度越小，温度上升越慢。

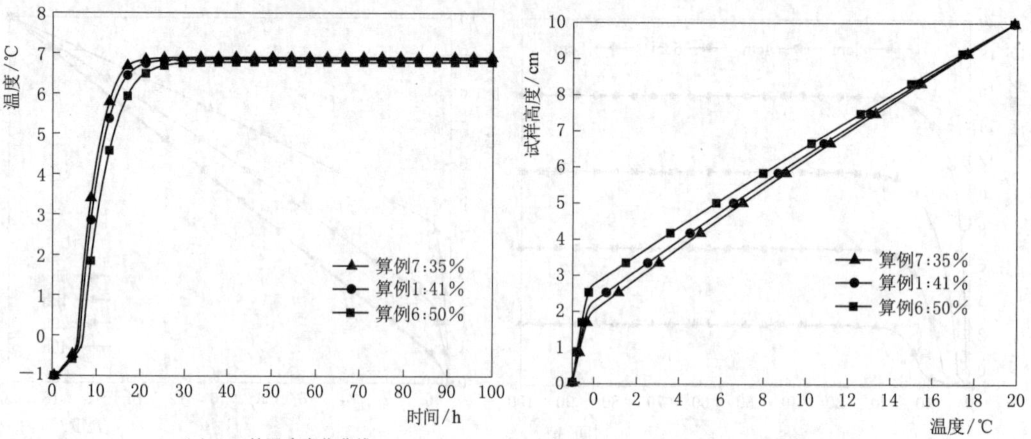

（a）4cm处温度变化曲线　　（b）10h温度分布曲线

图 8.39　算例 1、6、7 温度变化曲线及温度分布曲线

3. 孔隙压力计算结果分析

图 8.40 是算例 1 不同时刻的孔隙压力沿试样高度的分布图。融化开始前上覆荷载全部由孔隙冰承担，因此孔隙压力与荷载大小相等。融化开始后孔隙冰发生相变，在融土段，荷载由孔隙水和土颗粒共同承担，初始时刻孔隙水尚未排出，荷载全部由孔隙水承担，随着融化时间的增长，孔隙水向外排出，孔隙水压力消散。在融化界面附近存在一定的负孔隙压力，且随着融化界面的下移，负孔压的绝对值不断增大。在冻土段，随着温度上升，未冻水含量增大，靠近融化界面处孔压有一定消散。从图中可以看出，由于试样上部排水距离较短，孔压消散更快，越靠近融化界面，孔压消散越慢，在融化 40h 后，融土段的孔隙压力已经完全消散，此时试样的轴向应变也趋于稳定。

图 8.41 是算例 1 不同时刻的含水量沿试样高度的分布图。从图中可以看出，在融土段含水量显著下降，越靠近融化界面含水量则越大。随着融化时间的增长，含水量在试样高度上的差异不断减小，融化 40h 后，随着试样的轴向应变趋于稳定，试样不再向外排水，融土区的水分呈均匀分布，含水量稳定为 16%。在融化界面处，含水量急剧增大，并出现一定震荡，这反映出在融化过程中存在水分从已融土向已冻土迁移的现象。在负孔压的作用下，水分向冻土段迁移，未冻水在迁移至融化界面附近时，在负温作用下分凝成冰。分凝冰层形成后具有阻水效果，从而造成了含水量分布曲线的震荡。

图 8.42 是在融化 10h 后各算例的标准化孔隙压力沿试样高度的分布曲线。图 8.42（a）～(c）反映了不同含水量、不同上覆荷载及不同温度梯度对融化过程中孔隙压力的影响。如图 8.42（a）所示，含水量越大，孔隙压力的消散越慢，在融化界面附近的负孔压越

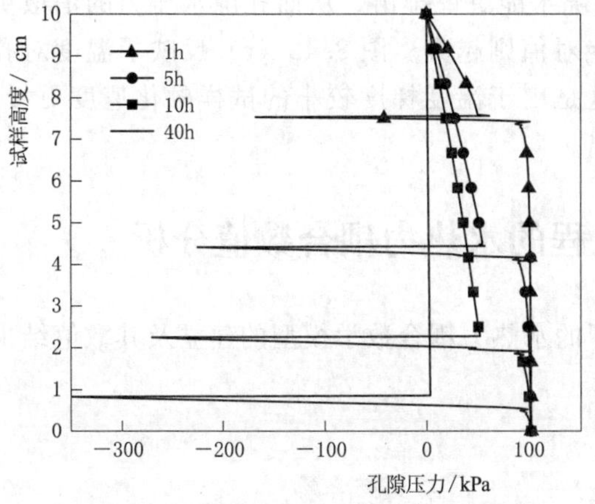

图 8.40　算例 1 孔隙压力分布曲线

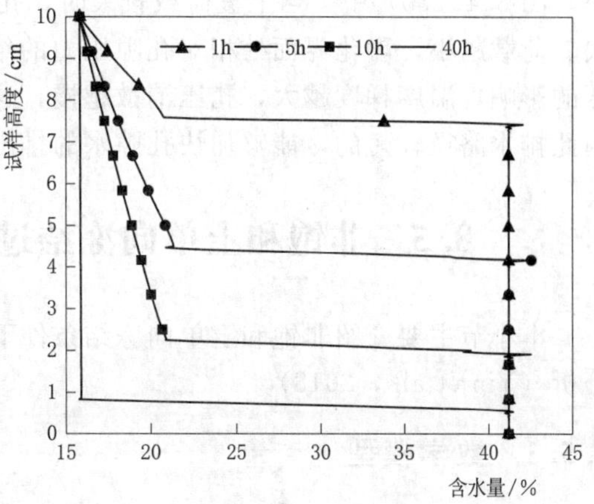

图 8.41　算例 1 含水量分布曲线

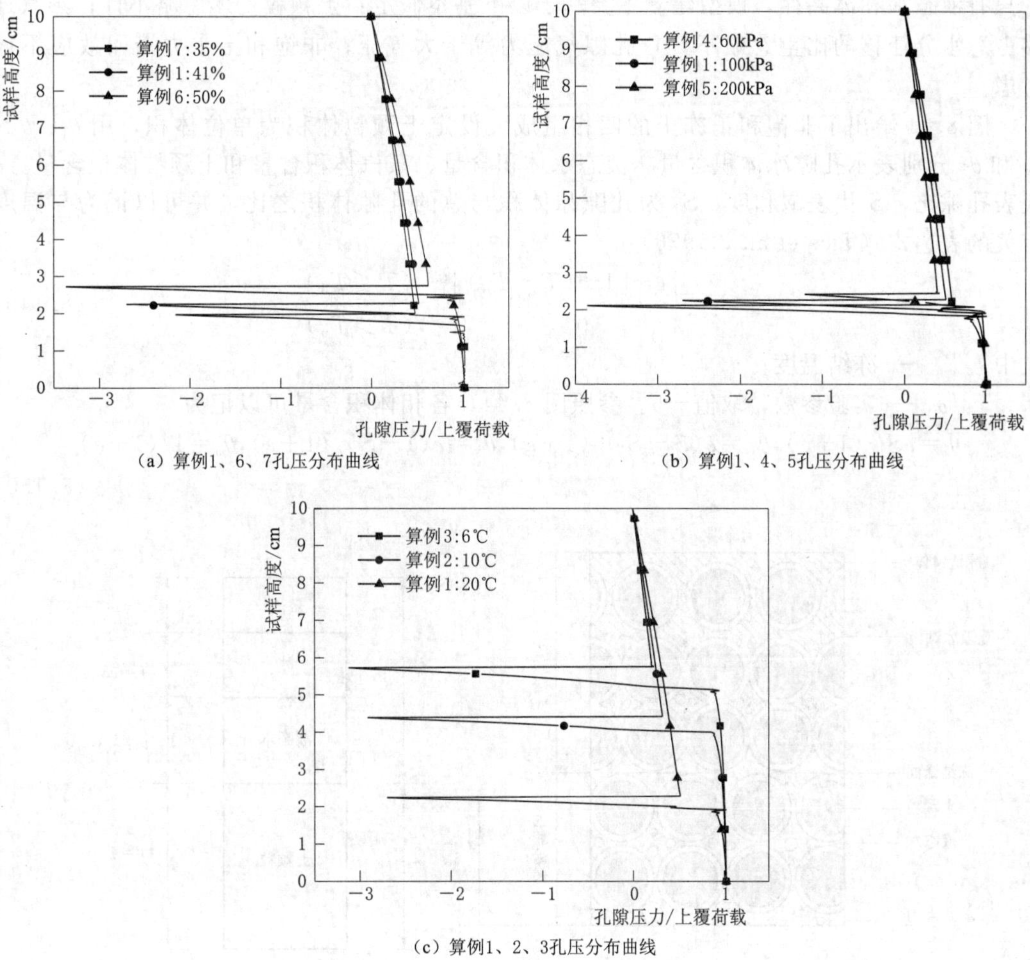

(a) 算例1、6、7孔压分布曲线

(b) 算例1、4、5孔压分布曲线

(c) 算例1、2、3孔压分布曲线

图 8.42　10h 孔隙压力分布曲线

小。图 8.42（b）中，当上覆荷载较大时，孔隙水能更快排出，从而孔隙水压力的消散更快。荷载越小，融化界面处相对孔隙压力的绝对值则越大。图 8.42（c）反映了温度对孔压的影响，温度梯度越大，孔压消散越慢，这是由于温度梯度较小的试样融化速度更慢，因此排水路径较短的，能够加快孔隙水的排出。

8.5　非饱和土单向冻结过程的水热力耦合数值分析

本小节主要介绍非饱和土单向冻结条件下的水热力耦合数学模型的建立及其数值结果分析（Yin et al.，2018）。

8.5.1　数学模型

图 8.43 反映了非饱和土的单向冻结过程。在土的未冻区，土中孔隙由液态水和蒸汽相组成。假定水蒸气将在冻结锋面处（冻结锋面简化为温度为 0℃的界面）冷凝，在冻结区只有液态水和冰共存。模型建立主要基于以下基本假定：土颗粒变形忽略不计；蒸汽迁移占总水分迁移的比重忽略不计；孔隙气压力等于大气压；非饱和土水力滞回效应不计考虑。

图 8.44 给出了非饱和正冻土的四相组成。设定土颗粒体积为单位体积，用 θ_i、θ_w、θ_v 和 θ_s 分别表示孔隙冰体积含量、液态水体积含量、蒸汽体积含量和土颗粒体积含量。e 代表孔隙比，S 代表饱和度，S_i 为孔隙冰体积与总的孔隙体积之比，并可以记为与温度有关的表达式（Tice et al.，1976）

$$S_i=\begin{cases}1-[1-(T-T_0)]^{\alpha} & (T\leqslant T_0)\\ 0 & (T>T_0)\end{cases} \tag{8.149}$$

式中　T_0——冻结温度；

α——实验参数，取值−5。参照图 8.44，各相体积含量可以记为

$$\theta_i=eS_i/(1+e),\theta_w=e(S-S_i)/(1+e),\theta_v=e(1-S)/(1+e),\theta_s=1/(1+e) \tag{8.150}$$

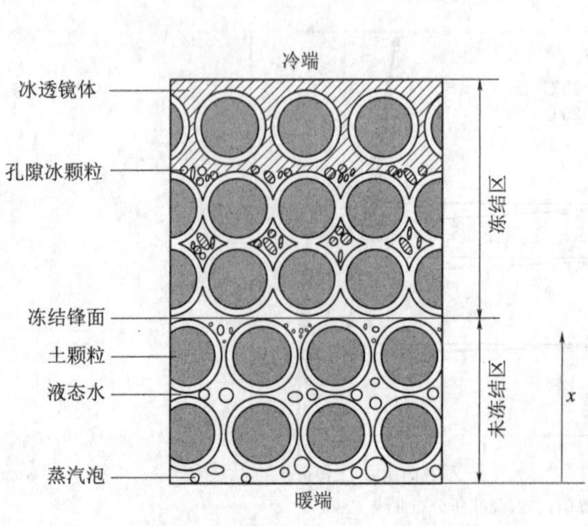

图 8.43　非饱和土冻结过程示意图

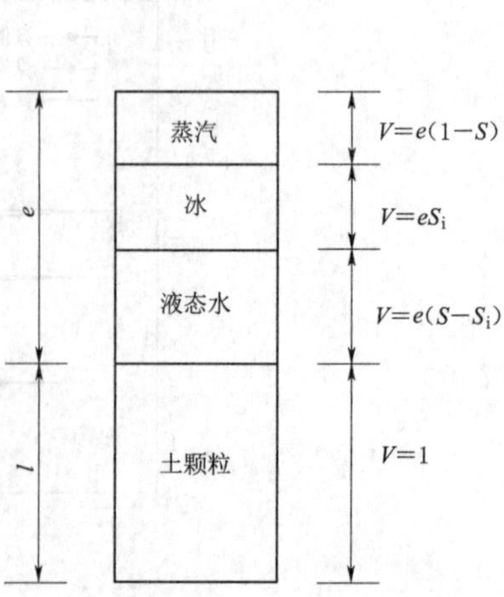

图 8.44　非饱和正冻土四相图

1. 水分迁移控制方程及非饱和正冻土水力特性

液态水的流速记为 v_w，其流动服从达西定律：

$$v_w = -k\frac{\partial \varphi}{\partial x} \tag{8.151}$$

式中　x——空间坐标，正负号以向上为正（图 8.43）；

k——渗透系数；

φ——水头。

由质量守恒容易建立：

$$\frac{\partial}{\partial t}\left(\frac{\rho_i\theta_i+\rho_w\theta_w+\rho_v\theta_v}{\rho_w}\right) = -\frac{\partial v_w}{\partial x} \tag{8.152}$$

式中　t——时间；

ρ_i、ρ_w 和 ρ_v——孔隙冰、液态水和蒸汽的密度。

将式（8.150）和式（8.151）代入方程（8.152），同时由于蒸气密度过小，认为 $\rho_v/\rho_w \approx 0$，简化后可以得到：

$$\frac{\rho_i S_i+\rho_w(S-S_i)}{\rho_w(1+e)}\frac{\partial e}{\partial t}+\left[\frac{e(\rho_i-\rho_w)}{\rho_w(1+e)}\frac{\partial S_i}{\partial T}+\frac{e}{1+e}\frac{\partial S}{\partial T}\right]\frac{\partial T}{\partial t} = \frac{\partial}{\partial x}\left(k\frac{\partial \varphi}{\partial x}\right) \tag{8.153}$$

在冻结区，土的渗透系数与温度有关（Gilphin，1980；Nixon，1991），可以记为

$$k = k_0[1-(T-T_0)]^{\beta} \tag{8.154}$$

式中　k_0——土在未冻结饱和状态下的密度；

β——实验参数，取值－8。

与此同时，冰透镜体的出现将导致冻结区中的水分迁移进一步受阻，因此冻结区的渗透系数可最终表达为

$$k = \begin{cases} k_0[1-(T-T_0)]^{\beta} & (T \leqslant T_0, x < x_{sep}) \\ 0 & (T \leqslant T_0, x \geqslant x_{sep}) \end{cases} \tag{8.155}$$

式中　x_{sep}——土柱上孔隙比 e 达到分离孔隙比 e_{sep} 的位置。

分离孔隙比的取值可以参考土样在最松散状态下的最大孔隙比（周家作．2012）。这里分离孔隙比设定为 1.2，便于模型的验证。忽略非饱和土中的滞回效应，未冻区的渗透系数可以记为

$$k = k_0 S^l[1-(1-S^{1/m})^m]^2 \tag{8.156}$$

式中　l——拟合参数，取值 0.5；

m——土的形状参数，取值 0.5。

结合冻结区和未冻区的渗透系数表达式，最终非饱和正冻土的渗透系数可以表达为

$$k = \begin{cases} k_0 S^l[1-(1-S^{1/m})^m]^2 & (T > T_0) \\ k_0[1-(T-T_0)]^{\beta} & (T \leqslant T_0, x < x_{sep}) \\ 0 & (T \leqslant T_0, x \geqslant x_{sep}) \end{cases} \tag{8.157}$$

2. 热量迁移控制方程及非饱和正冻土的热特性

考虑非饱和正冻土中冰水相变和蒸汽冷凝，忽略蒸汽迁移占总水分迁移的比重，由能量守恒原理可以得到非饱和土冻结过程热量迁移的控制方程

$$C\frac{\partial T}{\partial t}-L_{\mathrm{i}}\rho_{\mathrm{i}}\frac{\partial\theta_{\mathrm{i}}}{\partial t}+L_{\mathrm{w}}\rho_{\mathrm{v}}\frac{\partial\theta_{\mathrm{v}}}{\partial t}=\frac{\partial}{\partial x}\left(\lambda\frac{\partial T}{\partial x}\right)-C_{\mathrm{w}}v_{\mathrm{w}}\frac{\partial T}{\partial x} \tag{8.158}$$

其中，方程左边的第一项代表土中热能的变化；方程左边的第二、三项分别表示了由于水冰相变和蒸汽冷凝产生的潜热；方程右端的两项依次代表了由于传导和对流效应造成的热迁移。

将式（8.150）和式（8.151）代入方程（8.158），可得到

$$\left(C-\frac{L_{\mathrm{i}}\rho_{\mathrm{i}}e}{1+e}\frac{\partial S_{\mathrm{i}}}{\partial T}-\frac{L_{\mathrm{w}}\rho_{\mathrm{v}}e}{1+e}\frac{\partial S}{\partial T}\right)\frac{\partial T}{\partial t}-\left[\frac{L_{\mathrm{i}}\rho_{\mathrm{i}}S_{\mathrm{i}}-L_{\mathrm{w}}\rho_{\mathrm{v}}(1-S)}{1+e}\right]\frac{\partial e}{\partial t}=\frac{\partial}{\partial x}\left(\lambda\frac{\partial T}{\partial x}\right)+C_{\mathrm{w}}k\frac{\partial\varphi}{\partial x}\frac{\partial T}{\partial x} \tag{8.159}$$

式中　L_{i}——水冻结过程的潜热系数；

L_{w}——蒸汽冷凝的潜热系数，可以记为温度的函数（Sakai et al.，2009）；

C——土的体积比热容，可由下式表达

$$C=C_{\mathrm{s}}\theta_{\mathrm{s}}+C_{\mathrm{w}}\theta_{\mathrm{w}}+C_{\mathrm{i}}\theta_{\mathrm{i}}+C_{\mathrm{v}}\theta_{\mathrm{v}} \tag{8.160}$$

式中　C_{s}、C_{w}、C_{i} 和 C_{v}——土颗粒、液态水、孔隙冰和蒸汽的体积热容量。

式（8.158）和式（8.159）中的 λ 代表土的热传导系数，可以表示为

$$\lambda=\lambda_{\mathrm{s}}^{\theta_{\mathrm{s}}}\lambda_{\mathrm{w}}^{\theta_{\mathrm{w}}}\lambda_{i}^{\theta_{i}}\lambda_{\mathrm{v}}^{\theta_{\mathrm{v}}} \tag{8.161}$$

式中　λ_{s}、λ_{w}、λ_{i} 和 λ_{v}——土颗粒、液态水、孔隙冰和蒸汽的热传导系数。

将式（8.150）代入式（8.160）和式（8.161）中，整理可得到非饱和正冻土的体积比热容和热传导系数分别为

$$C=[C_{\mathrm{s}}+e(S-S_{\mathrm{i}})C_{\mathrm{w}}+eS_{\mathrm{i}}C_{\mathrm{i}}+e(1-S)C_{\mathrm{v}}]/(1+e) \tag{8.161}$$

$$\lambda=\lambda_{\mathrm{s}}^{\frac{1}{1+e}}\lambda_{\mathrm{w}}^{\frac{e(S-S_{\mathrm{i}})}{1+e}}\lambda_{\mathrm{i}}^{\frac{eS_{\mathrm{i}}}{1+e}}\lambda_{\mathrm{v}}^{\frac{e(1-S)}{1+e}} \tag{8.162}$$

$$L_{\mathrm{w}}=2.501\times10^{6}-2369.2T \tag{8.163}$$

方程（8.159）中的 ρ_{v} 代表蒸汽密度，且有

$$\rho_{\mathrm{v}}=\rho_{\mathrm{vs}}H_{\mathrm{r}} \tag{8.164}$$

式中　ρ_{vs}——饱和蒸汽密度，其为以温度为变量的指数函数

$$\rho_{\mathrm{vs}}=\exp(31.37-6014.79T^{-1}-7.92\times10^{-3}T)\times10^{-3}T^{-1} \tag{8.165}$$

式中　H_{r}——相对湿度，可以表达为

$$H_{\mathrm{r}}=\exp(\varphi Mg/RT) \tag{8.166}$$

式中　M——水的摩尔质量；

g——重力加速度；

R——通用气体常数，需要说明的是该处温度的单位为 K。

3. 静应力平衡方程，有效应力和非饱和土的力学特性

假定土是各相同性，在 x 轴方向上，静应力平衡方程可以记为

$$\frac{\mathrm{d}\sigma}{\mathrm{d}x}-\gamma=0 \tag{8.167}$$

式中　σ——总应力；

γ——单位容重，其可以表达成

$$\gamma=[\rho_s+e(S-S_i)\rho_w+eS_i\rho_i]g/(1+e) \tag{8.168}$$

式（8.168）忽略了蒸汽相的质量，ρ_s 为土颗粒的密度。因此，质量含水率可以表达为

$$w=\frac{e(S-S_i)\rho_w+eS_i\rho_i}{\rho_s} \tag{8.169}$$

考虑到一维条件下位移 u 和应变 ε 之间的关系，有

$$\frac{du}{dx}=\varepsilon \tag{8.170}$$

同时应变 ε 又可以表达为

$$\varepsilon=\frac{e-e_0}{1+e_0} \tag{8.171}$$

式中 e_0——初始孔隙比。

非饱和土的有效应力公式为

$$\sigma'=\sigma-u_a+\chi(u_a-u_w) \tag{8.172}$$

式中 σ'——非饱和土有效应力；

u_a——孔隙气压力；

u_w——孔隙水压力；

χ——吸力折减系数，其可以记为与饱和度相关的表达式

$$\chi=\frac{S}{0.4S+0.6} \tag{8.173}$$

上述由 Bishop 提出的非饱和土有效应力公式已经得到了广泛应用（Liu et al.，2014）。在饱和土中，简单的线弹性应力应变关系可以记为

$$d\sigma'=-E_{s0}d\varepsilon \tag{8.174}$$

式中 E_{s0}——土的压缩模量，在饱和土中为常数。

考虑到土在非饱和状态下饱和度对土强度的影响，这里用 χE_{s0} 代替式（8.174）饱和条件下的 E_{s0}，从而得到非饱和土的应力应变关系

$$d\sigma'=-\chi E_{s0}d\varepsilon \tag{8.175}$$

孔隙压力 u_{por} 可以表达为

$$u_{por}=\sigma-\sigma' \tag{8.176}$$

对式（8.167）和式（8.175）沿土样高度分别进行积分，再将其带入式（8.176），由此可进一步得到孔隙压力的表达式

$$u_{por}=\int_x^{h_0}(\gamma-\gamma_0)dx+\chi E_{s0}\frac{e-e_0}{1+e_0} \tag{8.177}$$

式中 h_0——土样初始高度；

γ_0——初始容重：

$$\gamma_0=(\rho_s+e_0S_0)g/(1+e_0) \tag{8.178}$$

式中 S_0——初始饱和度。

当孔隙压力等于总应力时，即

$$\int_x^{h_0}(\gamma-\gamma_0)dx+\chi E_{s0}\frac{e_s-e_0}{1+e_0}=\sigma \tag{8.179}$$

当下的孔隙比 e_s 称为临界孔隙比，且有

$$e_s=\frac{1}{\chi E_{s0}}(1+e_0)\left[\sigma-\int_x^{h_0}(\gamma-\gamma_0)\mathrm{d}x\right] \tag{8.180}$$

由于孔隙压力最大不得超过总应力，因此有

$$u_{por}=\begin{cases}\int_x^{h_0}(\gamma-\gamma_0)\mathrm{d}x+\chi E_{s0}\dfrac{e-e_0}{1+e_0} & (e<e_s)\\ \sigma & (e\geqslant e_s)\end{cases} \tag{8.181}$$

4. 补充方程

针对冻结区中冰水两相体系共存的情况，采用 Clapeyron 方程来描述平衡状态下的孔隙冰压力和孔隙水压力之间的关系。其方程形式可采用如下表达（Black，1995；周家作，2012；Lai et al.，2014）：

$$\frac{u'_w}{\rho_w}-\frac{u'_i}{\rho_i}=L_i\ln\frac{T'}{T'_0} \tag{8.182}$$

式中　上标——绝对压力和绝对温度，即

$$u'_w=u_w+u_{atm},u'_i=u_i+u_{atm} \tag{8.183}$$

式中　u_{atm}——大气压力。

基于假定，孔隙气压力保持为大气压，因此孔隙压力可以表达为（O'Neill 和 Miller，1985）

$$u_{por}=\eta u_w+(1-\eta)u_i \tag{8.184}$$

于是有

$$u_i=\frac{u_{por}-\eta u_w}{(1-\eta)} \tag{8.185}$$

其中 η 又可以记为

$$\eta=(1-S_i)^{1.5} \tag{8.186}$$

将式（8.183）、式（8.185）和式（8.186）同时代入方程（8.182）中，整理可以得到最终孔隙水压力的表达式

$$u_w=\frac{(1-\eta)(\rho_w-\rho_i)u_{atm}+(1-\eta)\rho_i\rho_w L_i\ln\left(\dfrac{T+273}{T_0+273}\right)+\rho_w u_{por}}{(1-\eta)\rho_i+\eta\rho_w} \tag{8.187}$$

并用于计算土在冻结过程中的水分驱动迁移力 φ

$$\varphi=\frac{u_w}{\rho_w g} \tag{8.188}$$

考虑到非饱和土水力参数和力学参数之间的相关关系（Sheng 和 Zhou，2011），有

$$\frac{\partial S}{\partial e}=-\frac{S(1-S)^{\zeta}}{e} \tag{8.189}$$

式中　ζ——拟合参数，可取值 0.05。

需要说明的是，方程（8.189）仅适用于未冻区，对于冻结区，饱和度始终等于 1。至此，利用控制式（8.153）、式（8.159）、式（8.168）、式（8.171）和式（8.189）最终建立了非饱和正冻土的耦合数学模型。

8.5.2　数值模拟和模型验证

通过施加合理的初值和边界条件，上述方程组可以通过多物理场求解器进行数值计算。计算的模型为高度为12cm的粉土土柱，其初始孔隙比为0.6。实验开始初期，整个试样温度控制在1℃。在试样的顶部可以施加荷载。将试样顶端的温度调节为负值，冻结过程开始。试样底部连接着可供液态水和蒸汽补给的通道，试样周围均保持绝热状态，冻结过程持续100h。模型计算结果与已有的饱和条件下正冻土的数值计算结果（周家作，2012）进行对比，土的物理和力学参数和模型计算参数可参见表8.10。表8.11列出了含不同初、边界条件的7种数值模拟方案。

表8.10　　土的物理和力学参数

参　数	值	参　数	值
冻结温度 T_0/℃	0	土颗粒密度 ρ_s/(kg/m³)	2700
未冻土饱和渗透系数 k_0/(10^{-10}m/s)	2.5	液态水密度 ρ_w/(kg/m³)	1000
土颗粒体积比热容 C_s/[kJ/(m³/K)]	2160	孔隙冰密度 ρ_i/(kg/m³)	917
液态水体积比热容 C_w/[kJ/(m³/K)]	4180	水的摩尔质量 M/(kg/mol^1)	0.018
孔隙冰体积比热容 C_i/[kJ/(m³/K)]	1874	重力加速度 g/(m/s²)	9.81
蒸汽体积比热容 C_v/[kJ/(m³/K)]	1.21	通用气体常数 R/[J/(mol/K)]	8.341
土颗粒热传导系数 λ_s/[W/(m/K)]	1.2	压缩模量 E_{s0}/MPa	1.2
液态水热传导系数 λ_w/[W/(m/K)]	0.58	初始土柱高度 h_0/m	0.12
孔隙冰热传导系数 λ_i/[W/(m/K)]	2.22	大气压 u_{atm}/kPa	101
蒸汽热传导系数 λ_v/[W/(m/K)]	0.025	初始孔隙比 e_0	0.6
液态水冻结潜热系数 L_i/(kJ/kg)	334.56	分离孔隙比 e_{sep}	1.2

表8.11　　不同初始和边界条件数值模拟设定方案

方案编号	初始饱和度	顶端温度/℃	底端温度/℃	上覆荷载/kPa
1	0.6	−3	+1	100
2	0.8	−3	+1	100
3	1.0	−3	+1	100
4	0.8	−1.5	+1	100
5	0.8	−4.5	+1	100
6	0.8	−3	+1	50
7	0.8	−3	+1	200

1. 冻胀特性分析

图8.45分别反映了不同方案条件下的冻结过程曲线。总的来看，初始饱和度越大、上覆荷载越小、温度梯度越大，产生的冻胀量也越大。由图8.45（a）和图8.45（c）可以看到冻结锋面曲线没有明显的变化，对比图8.45（b）可以得出，影响冻结锋面位置的主要因素是温度梯度。表8.11中方案3同周家作（2012）数值模型计算采用的工况条件

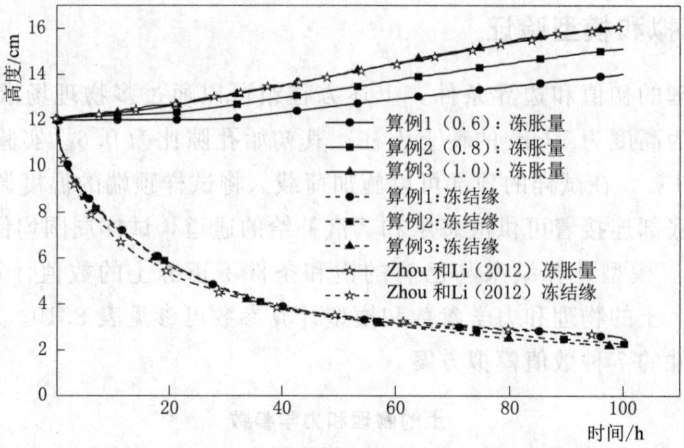

（a）不同初始饱和度（方案1、2、3）

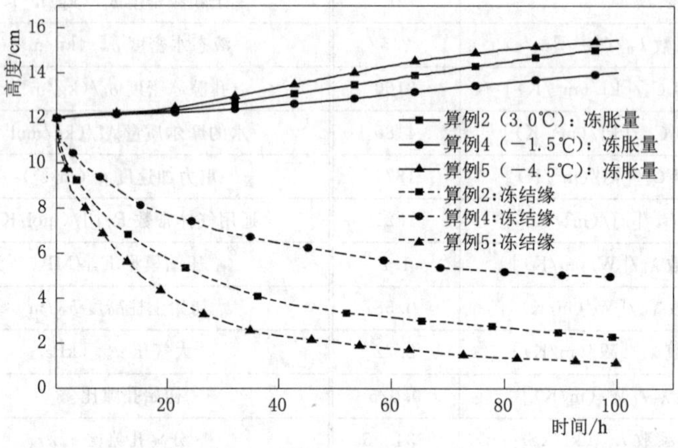

（b）不同顶端温度（方案2、4、5）

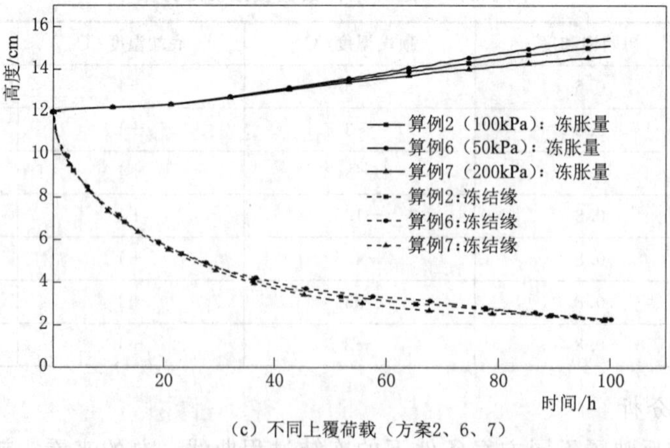

（c）不同上覆荷载（方案2、6、7）

图 8.45　冻结过程曲线（冻胀曲线和冻结锋面曲线）

和模型参数均是一致的，而图 8.45（a）中由两个模型计算得到的结果近乎重合，从而验证了模型的可靠性。

图 8.46 反映了不同初边值条件下100h 后的冰透镜体分布状况。对比分析方案编号为 1、2、3 的试样，可以观察到随着饱和度的增大，冻胀量也随之增加。对比方案 2 和方案 4，可以总结温度梯度越大，土柱中越容易形成数量较少但冰层更厚的冰透镜体层，同时冰透镜体层分布的位置也越低。比较方案编号为 2 和 7 的试样，不难发现上覆荷载越大，土的冻结深度略微减小，形成的冰透镜体层的厚度也越薄，该结论与 Lai et al.（2014）的试验规律吻合。

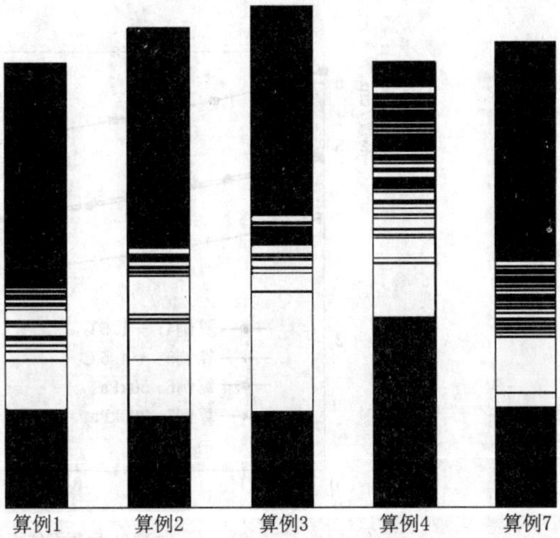

图 8.46　100h 后冰透镜体分布图

2. 蒸汽含量、温度场、应力场相互作用关系分析

如表 8.11 所列，7 种方案包含了 3 种不同初始饱和度、3 个不同顶端温度以及 3 种不同上覆荷载水平的条件设定。图 8.47（a）反映了方案编号为 4、5、6 和 7 的试样 10h 蒸汽含量的分布状况。方案 6 和方案 7 条件下得到的蒸汽含量分布曲线并没有明显差别，也就是说，上覆荷载水平对蒸汽含量分布影响不大。另一方面，从方案 4 和方案 5 条件下得到的数值结果可以得出，温度场是影响蒸汽含量分布的主要因素。顶端温度越低，蒸汽发生冷凝的位置也就越低。图 8.47（b）给出了方案编号为 1、3、6、7 的试样 20h 的温度分布图。从图中不难看出，上覆荷载水平对温度分布的影响几乎可以忽略。尽管不同初始饱和度对温度分布的影响也不大，但还是可以看到不同初始饱和度的试样其温度分布曲线在未冻区段仍存在差异，这主要与蒸汽不同于液态水的热学性质有关。图 8.47（c）揭示了不同初始饱和度和不同顶端温度条件下的试样 40h 后孔隙压力的分布情况。4 条孔隙压力曲线均保持着相同的分布规律。在未冻区，孔隙压力逐渐减小，在冻结锋面处降到最小值，而在冻结区保持着与上覆荷载相同的数值。不同饱和度（对比方案 1 和方案 3 条件下的试样）对孔隙压力的最小值有着显著影响，饱和度越低，产生的最小孔隙压力值越小。

3. 非饱和正冻土代表性案例数值分析

为了研究分析含蒸汽相的非饱和土冻结过程中的水热力耦合作用，选取方案 1 条件下的试样作为代表性试样并进行深入的数值结果分析。图 8.48～图 8.51 分别研究了代表性试样的温度、质量含水率、蒸汽含量和孔隙压力随时间变化的演化规律。

图 8.48 描绘了不同高度处试样温度随时间的分布曲线。同饱和土中温度分布曲线变化规律相同（周家作，2012；Lai et al.，2014），在高度为 4cm、6cm 和 8cm 处的温度曲线呈现出阶梯状的分布，其主要原因为液态水以及水蒸气在冻结锋面处发生相变并释放出潜热。同时可以看到，高度为 11cm 处的温度下降最快，同时也最快保持到稳定状态。越靠近冷端，温度下降也越快，达到稳定状态的时间也越短。

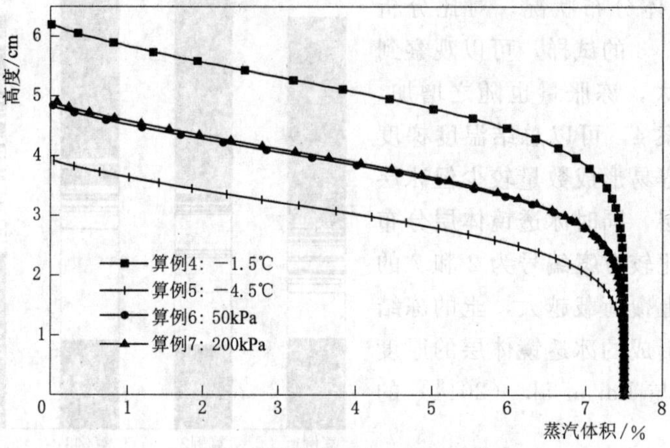

(a) 10h 后蒸汽体积含量（方案 4、5、6、7）

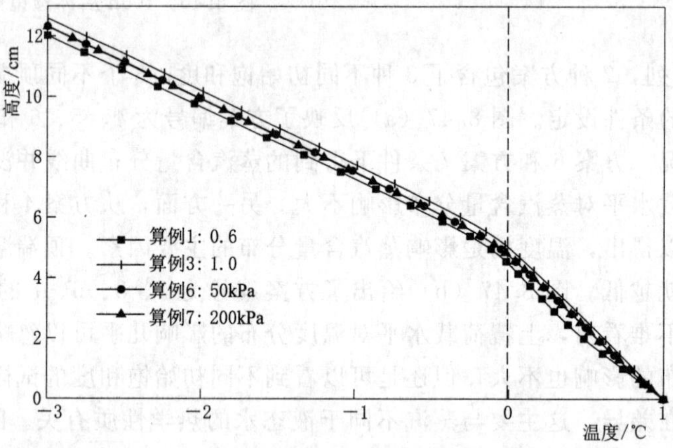

(b) 20h 后温度分布（方案 1、3、6、7）

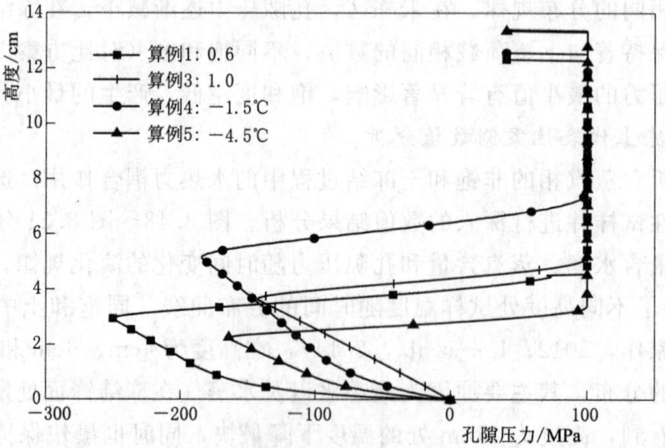

(c) 40h 后孔隙压力分布（方案 1、3、4、5）

图 8.47　蒸汽含量、温度以及孔隙压力随着土样高度的分布图

图 8.49 揭示了代表性试样质量含水率在 2h、5h、10h 和 40h 的分布状况。可以看到，含水率均在冻结锋面处急剧变化，随着冻结锋面的下移，含水率分布曲线也随着时间逐步向下移动。

蒸汽体积含量分布曲线可以从图 8.50 中得到。曲线在开始的 5～30h 之间沿着土柱高度急剧下降，但在 30h 以后几乎保持不变。其原因在于决定蒸汽含量分布的主导因素是温度梯度，而温度在土柱中的传递在 30h 已趋于稳定（图 8.51）。

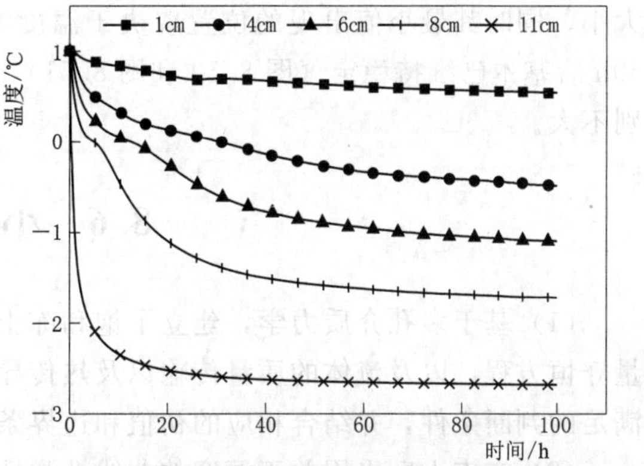

图 8.48　代表性试样不同高度处的温度分布图

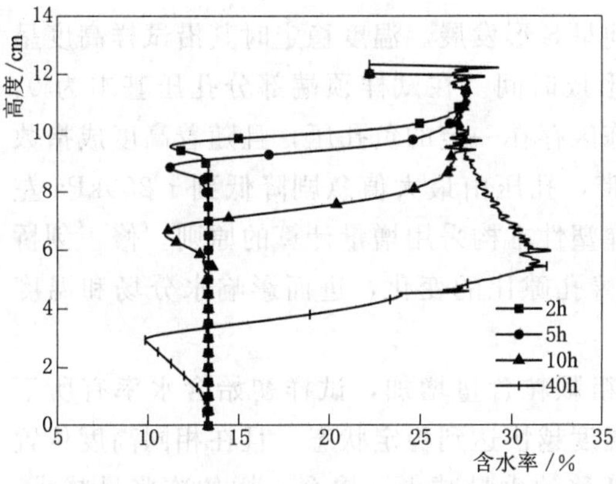

图 8.49　代表性试样质量含水率随时间分布图

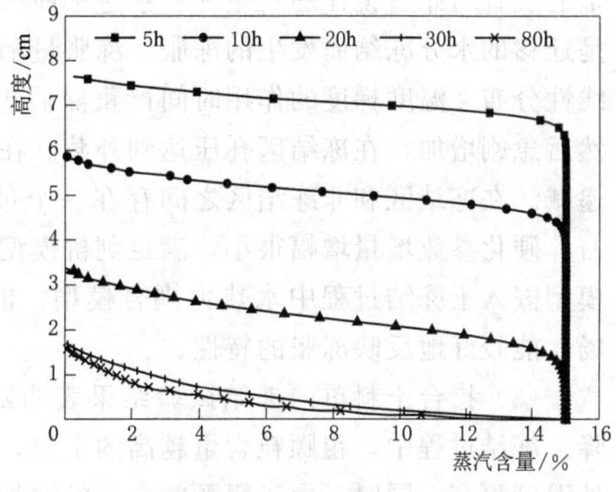

图 8.50　代表性试样不同时刻的蒸汽含量分布

图 8.52 呈现了不同时刻（30h、40h、60h、80h）下代表性试样孔隙压力的分布曲线。不难看出，所有的曲线均保持着相同的分布规律。在未冻区，孔隙压力沿着土柱高度逐渐减小到最小，在冻结区维持上覆荷载的大小。由于孔隙压力的最小值主要取决于饱和度的

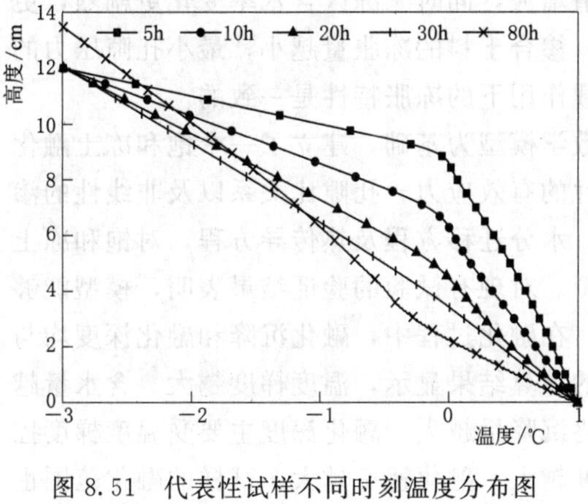

图 8.51　代表性试样不同时刻温度分布图

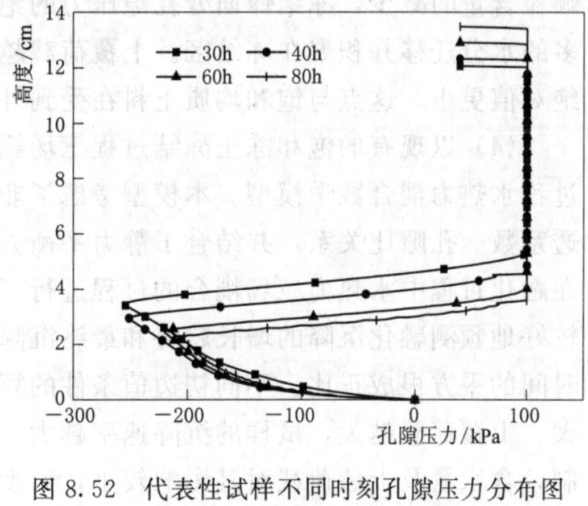

图 8.52　代表性试样不同时刻孔隙压力分布图

大小，同时其最小值出现的位置取决于温度的分布状况，而蒸汽含量分布、温度分布在 30h 后基本已维持稳定（图 8.50 和图 8.51），因此图 8.52 中 4 条孔隙压力分布曲线亦差别不大。

8.6　小　　结

（1）基于多孔介质力学，建立了饱和冻土所满足的质量连续方程、动量守恒方程、能量守恒方程，以及流体的质量传输以及热传导方程。对于以上的耦合方程，添加冰水相变满足的判断条件，并结合相应的初值和边界条件就可以进行求解。

（2）在冻土区采用关于温度的非线性弹性本构关系，在融土区采用修正剑桥模型，然后对冰体积含量与温度的函数与渗透系数做了修改，建立了水热力耦合的数学模型。冻胀量的发育与冰透镜体的产生和补水速率曲线有密切的联系，这说明冻胀量的主要决定因素是迁移的水分冻结而发生的冻胀。冻胀量随时间呈 S 形发展。温度稳定时其沿试样高度呈线性分布。温度梯度的作用时间严重滞后于其形成时间。在试样顶端部分孔压基本为 0，然后急剧增加，在冻结区孔压达到外载。在未冻区存在一定的负孔压，且随着高度成指数递减。在冻结区和非冻结区之间存在一个过渡带，孔压由最大值急剧降低到－250kPa 左右。硬化参数增量增幅很小，满足剑桥模型是弹塑性本构采用增量计算的原则。修正剑桥模型嵌入土冻结过程中水热力耦合模型，能改善孔隙比的变化，进而影响水分场和温度场，能较好地反映冻胀的特性。

（3）掺合土料单向冻结试验结果表明随着粗颗粒含量增加，试样初始含水率有所下降。冻结过程中，粗颗粒含量越高的土样，其温度越快达到稳定状态，且在相同高度位置处温度更高。同时，由于粗颗粒含量的增加，迁移的水量减少，掺合土样的冻胀量减小，冻结深度减小。对于掺合土料而言，冷端温度越高，其冻胀量越小，冻结深度越浅。较粗颗粒含量而言，温度梯度是影响掺合土样冻结锋面位置的主导因素。掺合土料单向冻结试验及数值模拟结果均表明其冻结过程是土样内部温度场、水分场和应力场相互作用的结果。掺合土料最小孔隙压力及含水率最小值出现的位置与温度场的分布密切相关。随着粗颗粒含量的减少，冻结锋面处孔隙压力的绝对值增大，同时未冻区含水率变化更剧烈，更多的水分迁移并积聚在冻结区。上覆荷载越大，掺合土料的冻胀量越小，最小孔隙压力的绝对值更小，这点与饱和均质土料在受到外荷载作用下的冻胀特性是一致的。

（4）以现有的饱和冻土冻结过程三场耦合数学模型为基础，建立了一个饱和冻土融化过程水热力耦合数学模型。本模型考虑了非线性的有效应力－孔隙比关系以及非线性的渗透系数－孔隙比关系，并结合了静力平衡方程、水分迁移方程及热传导方程，对饱和冻土在融化过程中水热力三场耦合的过程进行了模拟。对现有试验的验证结果表明，模型能够较好地预测融化沉降的增长趋势和最终沉降量。在融化过程中，融化沉降和融化深度均与时间的平方根成正比。不同初边值条件的算例的计算结果显示，温度梯度越大、含水量越大、上覆荷载越大，试样的沉降速率越大，最终沉降量越大。融化深度主要受温度梯度控制，含水量及上覆荷载对其影响较小，温度梯度越大，融化速率越大，试样的融化范围也越大。温度在冻结区和融化区均沿高度呈线性分布，融土区的温度梯度大于冻土段，融土区的温度上升速率大于冻土区。距离暖端越近的位置温度上升速率越大。试样各点温度趋于稳定后，温度沿整个试样高度呈线性分布，试样各点处的温度梯度趋于一致。温度梯度越大、含水量越小时，温度的上升速率越大，温度趋于稳定所需的时间越短。融化过程中，随着孔隙水向外排出，融土段的孔隙压力不断消散，孔隙压力完全消散后，试样的轴向变形不再增长。含水量越大、上覆荷载越小、温度梯度越大时，融土段的孔隙压力消散越慢。在融化界面附近存在一定的负孔压，在负孔压作用下，部分未冻水向冻土段迁移，并在融化界面附近发育为分凝冰。最终融化过程中的水分迁移导致试样融土段的含水量减少以及融化界面处的含水量增加。

（5）非饱和土冻胀特性的分析表明饱和度越大，温度梯度越大，上覆荷载越小，产生的冻胀量越小。影响冻结锋面位置的主要因素为温度梯度。不同的初始和边界条件对冰透镜体的形成和分布均造成不同程度的影响。非饱和土柱在较大的温度梯度、较高的饱和度条件以及较低的上覆荷载水平下，将容易形成更厚的冰透镜体层。同时温度梯度越大，冰透镜体分布沿土柱高度的位置越低；上覆荷载越大，冻结深度有所减小。蒸汽体积含量水平、温度分布状况和土中应力分布水平3个因素相互作用和联系。温度场是影响蒸汽相分布的最主要因素。上覆荷载水平和饱和度变化对温度分布均没有太大影响。较温度梯度而言，不同的初始饱和度对孔隙压力的最小值有着更为显著的影响。越接近冷端，土柱温度下降越快并更快达到稳定状态。非饱和土柱含水率在冻结锋面处变化剧烈，蒸汽含量分布与温度分布紧密相关。非饱和土冻结过程中孔隙压力在未冻区沿着土柱高度逐渐减至最小，而在冻结区保持与上覆荷载相同的水平，这一点与饱和正冻土的孔隙压力分布是一致的。

参考文献

[1] 陈敦. 全应力空间下冻结粘土强度特征及强度准则研究 [D]. 北京：中国科学院大学，2018.

[2] 陈湘生，汪崇鲜，吴成义. 典型人工冻结粘土三轴剪切强度准则的试验研究 [J]. 建井技术，1998，19 (4)：1-7.

[3] 范秋雁，阳克青，王渭明. 泥质软岩蠕变机制研究 [J]. 岩石力学与工程学报，2010，29 (8)：1555-1561.

[4] 侯丰. 坝料冻结混合土的蠕变本构模型 [D]. 成都：四川大学，2017.

[5] 黄克智，黄永刚. 固体本构关系 [M]. 北京：清华大学出版社，1999.

[6] 胡敏，徐国元，胡盛斌. 基于 Eshelby 张量和 Mori-Tanaka 等效方法的砂卵石土等效弹性模量研究 [J]. 岩土力学，2013，34 (5)：1437-1442.

[7] 李广信. 高等土力学 [M]. 北京：清华大学出版社，2004.

[8] 李鑫. 冻结黄土的黏弹塑性蠕变本构模型研究 [D]. 成都：四川大学，2019.

[9] 李鑫，刘恩龙，侯丰. 考虑温度影响的冻土蠕变本构模型 [J]. 岩土力学，2019，40 (2)：624-631.

[10] 刘恩龙，沈珠江. 结构性土的二元介质模型 [J]. 水利学报，2005，36 (4)：391-395.

[11] 刘恩龙，张建海，何思明，等. 循环荷载作用下岩石的二元介质模型 [J]. 重庆理工大学学报，2013，27 (9)：6-12.

[12] 刘恩龙. 岩土结构块破损机制与二元介质模型研究 [D]. 北京：清华大学，2005.

[13] 刘恩龙，沈珠江. 结构性土的二元介质模型 [J]. 水利学报，2005，36 (4)：391-395.

[14] 刘恩龙，沈珠江. 基于二元介质模型的岩土类材料破损过程数值模拟 [J]. 水利学报，2006，37 (6)：721-726.

[15] 刘恩龙，沈珠江. 岩土材料不同应力路径下脆性变化的二元介质模拟 [J]. 岩土力学，2006，27 (2)：261-267.

[16] 刘恩龙，黄润秋，何思明. 岩样变形特性的二元介质模拟 [J]. 水利学报，2012，43 (10)：1237-1245.

[17] 刘恩龙，覃燕林，陈生水，等. 堆石料的临界状态探讨 [J]. 水利学报，2012，43 (5)：505-511，519.

[18] 刘恩龙，罗开泰，张数祎. 初始应力各向异性结构性土的二元介质模型 [J]. 岩土力学，2013，34 (11)：3103-3109.

[19] 刘星炎. 冻土双剪强度准则和双硬化本构模型研究 [D]. 北京：中国科学院大学，2020.

[20] 罗会武. 土冻结过程中的水-热-力耦合数值分析 [D]. 成都：四川大学，2016.

[21] 罗汀，姚仰平，侯伟. 土的本构关系 [M]. 北京：人民交通出版社，2010.

[22] 马巍，王大雁. 冻土力学 [M]. 北京：科学出版社，2014.

[23] 明峰. 饱和土冻结过程中冰透镜体生长规律研究 [D]. 北京：中国科学院大学，2014.

[24] 蒲毅彬. CT 用于冻土实验研究中的使用方法介绍 [J]. 冰川冻土，1993，15 (01)：196-198.

[25] 屈智炯，刘恩龙. 土的塑性力学 [M]. 北京：科学出版社，2011.

[26] 任建喜，葛修润，杨更社. 单轴压缩岩石损伤扩展细观机制 CT 实时试验 [J]. 岩土力学，2001，22 (2)：130-133.

[27] 沈珠江. 粘土的双硬化模型 [J]. 岩土力学，1995 (1)：1-8.

[28] 沈珠江. 岩土破损力学与双重介质模型 [J]. 水利水运工程学报，2002，(4)：1-6.
[29] 沈珠江，陈铁林. 岩土破损力学：基本概念、目标和任务 [C]. 中国岩石力学与工程大会第七次学术会议论文集. 2002：9-12.
[30] 沈珠江，胡再强. 黄土的二元介质模型 [J]. 水利学报，2003，(7)：1-6.
[31] 沈珠江，刘恩龙，陈铁林. 岩土二元介质模型的一般应力应变关系 [J]. 岩土工程学报，2005，27 (5)：489-494.
[32] 宋丙堂. 冻结混合土的蠕变性质与本构模型 [D]. 北京：中国科学院大学，2019.
[33] 肖薇. 冻融作用下非饱和心墙坝料水-热-力耦合数值分析 [D]. 成都：四川大学，2021.
[34] 谢定义. 土动力学 [M]. 北京：高等教育出版社，2011.
[35] 徐洪宇，赖远明，喻文兵，等. 人造多晶冰三轴压缩强度特性试验研究 [J]. 冰川冻土，2011，33 (5)：268-272.
[36] 徐斅祖，王家澄，张立新. 冻土物理学 [M]. 北京：科学出版社，2010.
[37] 吴紫汪，马巍. 冻土强度与蠕变 [M]. 兰州：兰州大学出版社，1994.
[38] 杨绪灿，杨桂通，徐秉业. 粘塑性力学概论 [M]. 北京：中国铁道出版社，1985.
[39] 姚晓亮. 冻土融化沉降理论与应用研究 [D]. 北京：中国科学院大学，2010.
[40] 俞茂宏. 双剪理论及其应用 [M]. 北京：科学出版社，1998.
[41] 俞茂宏. 强度理论百年总结 [J]. 力学进展，2004，34 (4)：529-560.
[42] 余寿文，冯西桥. 损伤力学 [M]. 北京：清华大学出版社，1997.
[43] 张德，刘恩龙，刘星炎，等. 冻结粉土强度准则探讨 [J]. 岩土力学，2018 (9)：3237-3245.
[44] 张德，刘恩龙，刘星炎，等. 冻土二元介质模型探讨——以-6℃冻结粉土为例. 岩土工程学报，2018，40 (1)：82-90.
[45] 张德. 冻土细观强度准则和二元介质静、动本构模型研究 [D]. 北京：中国科学院大学，2019.
[46] 张革. 冻结混合土的细观力学特性及热力学本构模型研究 [D]. 北京：中国科学院大学，2020.
[47] 赵玥，韩巧玲，赵燕东，等. 基于 CT 无损扫描技术的冻土内部物质研究现状与分析 [J]. 冰川冻土，2017，39 (7)：1307-1315.
[48] 郑颖人，孔亮. 岩土塑性力学 [M]. 北京：中国建筑工业出版社，2010.
[49] 周家作. 土在冻融过程中水、热、力的相互作用研究 [D]. 北京：中国科学院大学，2012.
[50] Amine B A. Plastic potentials for anisotropic porous solids [J]. European Journal of Mechanics A-Solids，2001，20：397-434.
[51] Barthélémy J F O，Luc D. A micromechanical approach to the strength criterion of Drucker-Prager materials reinforced by rigid inclusions [J]. International Journal for Numerical and Analytical Methods in Geomechanics，2004，28 (7-8)：565-582.
[52] Black P B. Applications of the Clapeyron Equation to Water and Ice in Porous Media. Cold Regions Research and Engineering Laboratory [M]. US Army Corps of Engineers，1995.
[53] Bodner，S R.，Partom Y. 1975. Constitutive equation for elastic-viscoplastic strain-hardening materials [J]. Journal of Applied Mechanics，43：385-389.
[54] Castañeda P P，Willis J R. The effective behavior of nonlinear composites：A comparison between two methods [J]. Materials Science Forum，1993，123 (125)：351-360.
[55] Chen X，Xu J. A viscoplastic creep model of sea ice [J]. Engineering Mechanics，1993，10 (4)：52-57.
[56] Coussy O. Poromechanics [M]. New Jersey：John Wiley & Sons Ltd，2004.
[57] Dormieux L，Lemarchand E，Kondo D，et al. Strength criterion of porous media：Application of homogenization techniques [J]. Journal of Rock Mechanics and Geotechnical Engineering，2017，9 (1)：62-73.
[58] Eshelby J. D. The determination of the elastic field of an ellipsoidal inclusion and related problems

[J]. Proceedings of the Royal Society of London. Series A. Mathematical and Physical Sciences, 1957, 241 (1226): 376-396.

[59] Eshelby J. D. The elastic field outside an ellipsoidal inclusion [J]. Proceedings of the Royal Society of London. Series A. Mathematical and Physical Sciences, 1959, 252 (1271): 561-569.

[60] Fish A. M. Strength of frozen soil under a combined stress state. Proceedings of 6th International Symposium on Ground Freezing, vol 1, no. 1, pp 135-145, 1991.

[61] Gilpin R R. A model for the prediction of ice lensing and frost heave in soils. Water Resources Research, 1980, 16 (5): 918-930.

[62] Gurson A L. Continuum theory of ductile rupture by void nucleation and growth: Part I—Yield criteria and flow rules for porous ductile media. Journal of Engineering Materials and Technology [J]. 1977, 99: 2-15.

[63] Hashin Z, Shtrikman S. Note on a variational approach to the theory of composite elastic materials [J]. Journal of the Franklin Institute, 1961, 271 (4): 336-341.

[64] Hou F, Lai Y M, Liu E L, et al. A creep constitutive model for frozen soils with different contents of coarse grains [J]. Cold Regions Science & Technology, 2018, 145: 119-126.

[65] Kilbas A A, Srivastava H M, Trujillo JJ. Theory and applications of fractional differential equations [J]. Elsevier, 2006, 204 (49-52): 2453-2461.

[66] Konrad J M. Hydraulic conductivity changes of a low-plasticity till subjected to freeze-thaw cycles. Géotechnique, 2010, 60 (9): 679-690.

[67] Li J, Weng G J. A secant-viscosity approach to the time-dependent creep of an elastic-viscoplastic composite [J]. J. Mech. Phys. Solids, 1997, 45 (7): 1069-1083.

[68] Li J, Weng G J. A unified approach from elasticity to viscoelasticity to viscoplasticity of particle-reinforced solids [J]. Int. J. Plast., 1998, 14 (1): 193-208.

[69] Lai Y M, Gao ZH, Zhang S J, et al. Stress-strain relationships and nonlinear mohr strength criterion of frozen sand clay [J]. Soils and Foundations, 2010, 50 (1): 45-53.

[70] Lai Y M, Liao M K, Hu K. A constitutive model of frozen saline sandy soil based on energy dissipation theory [J]. International Journal of Plasticity, 2016, 78: 84-113.

[71] Lai Y, Pei W, Zhang M, et al. Study on theory model of hydro-thermal-mechanical interaction process in saturated freezing silty soil. International Journal of Heat and Mass Transfer. 2014; 78: 805-19.

[72] Lee M Y, Fossum A, Costin L S, et al. Frozen soil material testing and constitutive modeling [J]. Sandia report, Sand, 2002, 524: 8-65.

[73] Liu E L, He S M, Xue X H, et al. Dynamic properties of intact rock samples subjected to cyclic loading under confining pressure conditions [J]. Rock Mech. Rock. Eng, 2011, 44: 629-634.

[74] Liu E L, He S M. Effects of cyclic dynamic loading on the mechanical properties of intact rock samples under confining pressure conditions [J]. Engineering Geology, 2012, 125: 81-91.

[75] Liu E L, Xing H L. A double hardening thermos-mechanical constitutive model for overconsolidated clays [J]. Acta Geotechnica, 2009, 4, 1-6.

[76] Liu E L, Yu H S, Deng G, et al. Numerical analysis of seepage-deformation in unsaturated soils. Acta Geotechnica, 2014, 9 (6): 1045-1058.

[77] Liu E L, Lai Y M, Liao M K, et al. Fatigue and damage properties of frozen silty sand samples subjected to cyclic triaxial loading. Canadian Geotechnical Journal. 2016, 53: 1939-1951.

[78] Liu E L, Yu H S, Zhou C, et al. A binary-medium constitutive model for artificially structured soils based on the disturbed state concept and homogenization theory. International Journal of Geo-

mechanics, 2017, 04016154: 1 - 15.

[79] Liu E L, Lai Y M, Wong H, et al. An elastoplastic model for saturated freezing soils based on thermo - poromechanics. International Journal of Plasticity, 2018 (107): 246 - 285.

[80] Liu E L, Lai Y M. Thermo - poromechanics - based viscoplastic damage constitutive model for saturated frozen soil. International Journal of Plasticity, 2020, 128: 102683.

[81] Liu X Y, Liu E L, Zhang D, et al. Study on effect of coarse - grained content on the mechanical properties of frozen mixed soils [J]. Cold Regions Science and Technology, 2019, 158: 237 - 251.

[82] Liu X Y, Liu E L, Zhang D. Study on strength criterion for frozen soil [J]. Cold Regions Science and Technology, 2019 (161): 1 - 20.

[83] Liu X Y, Liu E L, Song B T, et al. New twin - shear unified strength criterion. Geotechnique Letters, 2020, 10: 231 - 241.

[84] Liu X Y, Liu E L, Yu Q H. A new double hardening constitutive model for frozen mixed soils. European Journal of Environmental and Civil Engineering, 2021, 25 (11): 2002 - 2022.

[85] Maghous S, Dormieux L, Barthélémy JF. Micromechanical approach to the strength properties of frictional geomaterials [J]. European Journal of Mechanics - A/Solids, 2009, 28 (1): 179 - 188.

[86] Miao T D, Wei X X, Zhang C Q. A study on creep of frozen soil by damage mechanics. Science in China B, 1995. 25 (3): 309 - 317.

[87] Monismith C L, Ogawa N, Freeme C R. Permanent deformation characteristics of subgrade soils due to repeated loading [J]. Transp. Res. Rec, 1975 (537): 1 - 17.

[88] Morgenstern N R, Smith L B. Thaw - consolidation tests on remoulded clays. Canadian Geotechnical Journal, 1973, 10 (1): 25 - 40.

[89] Mori T, Tanaka K. Average stress in matrix and average elastic energy of materials with misfitting inclusions [J]. Acta metallurgica, 1973, 21 (5): 571 - 574.

[90] Mura T. Micromechanics of Defects in Solids [M]. Netherlands: Springer, 1987.

[91] Nixon JF. Discrete ice lens theory for frost heave in soils. Canadian Geotechnical Journal, 1991 (28): 843 - 859.

[92] O'Neill K, Miller RD. Exploration of a rigid ice model of frost heave. Water Resources Research, 1985, 21 (3): 281 - 296.

[93] Perzyna P. The constitutive equations for rate sensitive plastic materials [J]. Quarterly of Applied Mathematics, 1963, 20 (4): 321 - 332.

[94] Qi J L, Ma W. A new criterion for strength of frozen sand under quick triaxial compression considering effect of confining pressure [J]. Acta Geotechnica, 2007 (2): 221 - 226.

[95] Raynaud S, Fabre D, Mazerolle F, et al. Analysis of the internal structure of rocks and characterization of mechanical deformation by a non - destructive method: X - ray tomodensitometry [J]. Tectonophysics, 1989, 159 (1 - 2): 149 - 159.

[96] Sakai M, Toride N, Šimůnek J. Water and vapor movement with condensation and evaporation in a sandy column. Soil Science Society of America Journal, 2009, 73 (3): 707 - 717.

[97] Shen W Q, Shao J F. A micro - mechanics - based elastic - plastic model for porous rocks: applications to sandstone and chalk [J]. Acta Geotechnica, 2018, 13 (2): 329 - 340.

[98] Sheng D, Zhou A. Coupling hydraulic with mechanical models for unsaturated soils. Canadian Geotechnical Journal , 2011, 48 (5): 826 - 840.

[99] Thomas H R, Cleall P, Li Y - C, et al. Modelling of cryogenic processes in permafrost and seasonally frozen soils. Geotechnique. 2009, 59 (3): 173 - 184.

[100] Tice A R, Anderson DM, Banin A. The prediction of unfrozen water contents in frozen soils from liquid limit determinations [R]. CRREL, US Army Corps of Engineers. 1976.

[101] Wang D, Liu E L, Zhang D. An elasto - plastic constitutive model for frozen soil subjected to cyclic loading. Cold Regions Science and Technology, 2021 (189), 103341.

[102] Wang P, Liu E L, Song B T, et al. Binary medium creep constitutive model for frozen soils based on homogenization theory. Cold Regions Science and Technology. 2019, 162, 35 - 42.

[103] Wang P, Liu E L, Zhang D, et al. An elastoplastic binary medium constitutive model for saturated frozen soils. Cold Regions Science and Technology, 2020, 174: 103055.

[104] Wang P, Liu E L, Zhi B, et al. A macro - micro viscoelastic - plastic constitutive model for saturated frozen soil. Mechanics of Materials, 2020, 147: 103411.

[105] Yang Y, Lai Y, Chang X. 2010. Experimental and theoretical studies on the creep behavior of warm ice - rich frozen sand [J]. Cold Regions Science and Technology, 63 (1 - 2): 0 - 67.

[106] Yin X, Liu E L, Song B T, et al. Numerical analysis of coupled liquid water, vapor, stress and heat transport in unsaturated freezing soil. Cold Regions Science and Technology, 2018, 155: 20 - 28.

[107] Yu M H. Twin shear stress yield criterion [J]. Int. J. of Mechanical Sci. , 1983, 25 (1): 71 - 74.

[108] Yu M H, Zan Y W, Zhao J, et al. A unified strength criterion for rock material [J]. Int. J. Rock Mech. Min. , 2002, 39 (8): 975 - 989.

[109] Zhang D, Liu E L, Liu X Y, et al. A new strength criterion for frozen soils considering the influence of temperature and coarse - grained contents [J]. Cold Regions Science and Technology, 2017, 143: 1 - 12.

[110] Zhang D, Li Q M, Liu E L, et al. Dynamic properties of frozen silty soils with different coarse - grained contents subjected to cyclic triaxial loading. Cold Regions Science and Technology, 2019, 157, 64 - 85.

[111] Zhang D, Liu E L. Binary - medium - based constitutive model of frozen soils subjected to triaxial loading. Results in Physics, 2019, 12, 1999 - 2008.

[112] Zhang D, Liu E L, Yu D. A micromechanics - based elastoplastic constitutive model for frozen sands based on homogenization theory. International Journal of Damage Mechanics, 2020, 29 (5): 689 - 714.

[113] Zhang D, Liu E L, Huang J. Elastoplastic constitutive model for frozen sands based on framework of homogenization theory. Acta Geotechnica, 2020, 15: 1831 - 1845.

[114] Zhang G, Liu E L, Chen S J, et al. Damage constitutive model based on energy dissipation for frozen sandstone under triaxial compression revealed by x - ray tomography. Experimental Techniques, 2019, 43: 545 - 560.

[115] Zhang G, Liu E L, Chen S J, et al. Micromechanical analysis of frozen silty clay - sand mixtures with different sand contents by triaxial compression testing combined with real - time CT scanning. Cold Regions Science and Technology, 2019, 168, 102872.

[116] Zhang G, Liu E L, Chen S J, et al. Effects of uniaxial and triaxial compression tests on the frozen sandstone combining with CT scanning. International Journal of Physical Modelling in Geotechnics, 2019, 19 (5): 261 - 274.

[117] Zhou M M, Meschke G. A multi - scale homogenization model for strength predictions of fully and partially frozen soils [J]. Acta Geotechnica, 2018, 13 (1): 175 - 193.

[118] Zhou Z W, Ma W, Zhang S J. Multiaxial creep of frozen loess [J]. Mechanics of Materials, 2016 (95): 172 - 191.

[119] Zhu Q Z, Shao J F. A refined micromechanical damage - friction model with strength prediction for

rock - like materials under compression [J]. International Journal of Solids and Structures, 2015, 60 - 61: 75 - 83.

[120] Zienkiewicz O C, Cormeau I C. Visco - plasticity—plasticity and creep in elastic solids—a unified numerical solution approach [J]. International Journal for Numerical Methods in Engineering, 1974, 8 (4): 821 - 845.

[121] Zhou J, Li D. Numerical analysis of coupled water, heat and stress in saturated freezing soil [J]. Cold Regions Science and Technology, 2012, 72: 43 - 49.

[122] Yin X, Liu E, Song B, et al. Experimental investigation on frost heave property of gravel mixed soil [J]. 2021 IOP Conf. Ser.: Earth Environ. Sci. 861072141.